Werner Fuld

Walter Benjamin

Zwischen den Stühlen

Eine Biographie

Fischer Taschenbuch Verlag

Fischer Taschenbuch Verlag
April 1981
Vom Autor überarbeitete Ausgabe
Umschlagentwurf: Jan Buchholz/Reni Hinsch
Foto: Gisèle Freund
Fischer Taschenbuch Verlag GmbH, Frankfurt am Main
Lizenzausgabe mit freundlicher Genehmigung
des Carl Hanser Verlags, München und Wien

Gesamtherstellung: Hanseatische Druckanstalt GmbH, Hamburg
Printed in Germany
1280-ISBN-3-596-25033-1

Inhalt

Für die vielfältige Hilfe bei meiner Arbeit
danke ich Günther Anders, Mirjam Ben-Gabriel,
Werner Fritzemeyer, Thea Hamburger, Netty Kellner,
Eva Michaelis und Klaus Seifert.
Ein besonderer Dank gilt meiner Frau,
der dieses Buch gewidmet ist.

Vorbemerkung

Es hat eine Benjamin-Renaissance gegeben; sie ist seit Jahren vorbei. In der Zeit, als es nur ganz unzulängliche Ausgaben seiner Schriften gab, wurde sowohl diese Unzulänglichkeit beständig beklagt, als auch der Autor so intensiv diskutiert, daß nichts vernünftiger erschien, als endlich eine sorgsame Gesamtedition erscheinen zu lassen. Doch es war wohl der rechte Zeitpunkt dazu schon überschritten; der Plan des Verlegers deckte sich nicht mehr mit der innenpolitischen Entwicklung; die Euphorie, die sonst jede Diskussion über Benjamin hervorgerufen hatte, blieb aus. Schlimmer noch. Ein literarischer Einzelkämpfer, der zeitlebens unter schwierigsten Bedingungen nur vereinzelt und ohne rechte Kontinuität seine Gedanken publizieren konnte, hatte lange Zeit für intellektuellen Zündstoff gesorgt; hatte, nachdem er nach dem Krieg erst wieder zu entdecken gewesen war, seine Leser und fast schon Schüler gefunden. Fast genau zu dem Zeitpunkt aber, als seine Gesammelten Schriften erscheinen, ist er für viele nicht mehr »aktuell«. Die Gesamtausgabe seiner Schriften scheint das Grab seiner Ideen zu werden; unerwartet ein deutsches Klassikerschicksal.
Das Ende der Benjamin-Renaissance fällt zusammen mit der Resignation einer jungen Generation vor einem sich immer starrer und inhumaner erweisenden Gesellschaftsgefüge, fällt zusammen mit dem Ende der Kritischen Theorie und der Arbeit der Frankfurter Schule, die sich der sozialen Realität der siebziger Jahre nicht mehr, auch nicht mehr im Widerspruch vermitteln konnte und im bundesdeutschen Klima von Radikalenerlaß, Berufsverbot und dem Leistungsdruck der Schulen sich anpassenden Universitäten den Kältetod starb. So wie dort die Lust an der Diskussion alternativer Denkmodelle einem stets paraten Vorrat abfragbaren Wissens weicht, so werden die Gedanken Benjamins nicht immer wieder neu gedacht, sondern nur noch zitiert. Seit Jahren gibt man sich zufrieden mit der eingestandenen Unkenntnis der Bedingungen und Verflechtungen, der subjektiven Eigenart und historischen Abhängigkeit des Benjaminschen Lebens.

Zu wenig ist bisher über die Bedingungen geschrieben worden, die Benjamin zu der je besonderen Form seiner Texte veranlaßten, zu wenig auch von denen, die ihren Inhalt bestimmten. Man beschränkte sich, so bei den Noten zu seinen Briefen, auf Andeutungen, die einen notwendigen Kommentar weder ersetzen konnten noch wollten. Erst Scholems Buch der Erinnerung hat einiges erhellt; das vorliegende Buch verdankt jenem viel. Trotz aller kaum überschätzbaren Detailhinweise in seinen Erinnerungen hat Scholem dennoch damit nicht das geschrieben, was ein Rezensent »die erste dokumentarisch und persönlich belegte Biografie des Philosophen« nennt (FAZ, Nr. 232, 7. 10. 75). Die eigenwillige Einseitigkeit des Kabbala-Forschers und sein unironischer Antikommunismus sind lange bekannt und überraschen hier nicht. Die langen Jahre der Trennung, die für beide wichtigste geistige Entwicklungen brachten, und in denen sie sich einzig brieflich verständigen konnten, erleichtern es Scholem heute, die kommunistischen Signale seines Freundes fast zu übersehen. Er erzählt mit großer Intensität Privates, ohne es aber durch neue Hinweise auf Zusammenhänge mit Texten Benjamins wirklich vermitteln zu können. Zur Erklärung der Eigenart Benjaminscher Arbeit helfen diese Erinnerungen nicht.

Eine Biographie hätte beides, private Existenz im zeitgenössischen Rahmen und literarische Produktion in ihren Verflechtungen, Bedingtheiten und Ausschließlichkeiten darzustellen. Dies soll hier versucht werden, obwohl die Basis solchen Unternehmens kaum schmaler gedacht werden kann. Von den ca. 1000 erhaltenen Briefen von und an Benjamin sind nur ca. 350 veröffentlicht, zudem oft nach nicht geklärten Kriterien und in unbekanntem Umfang gekürzt. In seinen Erinnerungen bekennt Scholem Seite 18 beispielsweise: »Zu meiner Schande muß ich gestehen, daß ich mich habe bewegen lassen, an einer Stelle eines Briefes von ihm (Br. I, 381) eine solche (spezifisch jüdische, W. F.) Wendung fortzulassen und durch Punkte zu ersetzen.« Dem Kontext des Briefes folgend muß es sich um mindestens einen Satz gehandelt haben. Aber diese späte Selbstbezichtigung, die nebenbei enthüllt, daß Adorno die treibende Kraft bei diesen Kürzungen gewesen ist, ist als solche nur zur Hälfte wahr und damit den wahren Umfang der Streichungen verschleiernd. Scholem hat nämlich nicht nur »an einer Stelle eines Briefes« Unliebsames eliminiert, sondern es gibt mindestens noch einen zweiten Beleg für seine restriktive Editionstaktik. So fehlt in Benjamins Brief an ihn vom 30. November 1930 in der Briefausgabe ein ganzer Satz, und wiederum ist es eine spezifisch jüdische Redewendung, die hier unterdrückt wurde. Scholem selbst veröffentlichte den vollständigen Text in seinem Erinnerungsbuch (S. 205).

Den Erklärungen der Herausgeber der Schriften Benjamins ist mit größter Vorsicht zu begegnen. In der Vorrede Scholems zur Briefausgabe heißt es über derartige Kürzungen: »Sie betreffen rein Technisches, Finanzielles, seine Beziehungen zu seinen Eltern und persönliche Äußerungen über Lebende, zu deren Mitteilung wir uns nicht befugt hielten« (Br. 10). Die an einem weiteren hier folgenden Beispiel mögliche Überprüfung zeigt, daß dies so nicht stimmt. Im Brief 306 vom 10. November 1938 begründet der gerade in die New Yorker Redaktion der »Zeitschrift für Sozialwissenschaft« eingetretene Adorno die Ablehnung des dreiteiligen Aufsatzes »Das Paris des Second Empire« durch die Redaktion. Er wirft Benjamin vor, seiner Dialektik fehle die Vermittlung. »Es herrscht durchweg eine Tendenz, die pragmatischen Inhalte Baudelaires unmittelbar auf benachbarte Züge der Sozialgeschichte seiner Zeit und zwar möglichst solche ökonomischer Art zu beziehen« (Br. 785). Mit einem Wort: Adorno zeiht Benjamin des ökonomistischen Vulgärmarxismus und spricht dies auch deutlich genug aus. Es sei hier nun die betreffende Passage zitiert, wie sie mit der Auslassung in der Briefausgabe zuerst publiziert wurde. Adorno schreibt, daß der Eindruck des Aufsatzes der ist, »daß Sie sich darin Gewalt angetan haben, (...) um dem Marxismus Tribute zu zollen, die weder diesem noch Ihnen recht anschlagen« (Br. 787). Dieser Brief ist ohne jene und die noch folgenden Kürzungen später nochmals veröffentlicht worden in der Sammlung der Beiträge Adornos »Über Walter Benjamin« (Ffm 1970), ohne daß dort auf Kürzungen in der Erstpublikation hingewiesen würde. Die oben zitierte Stelle lautet hier vollständig: »... daß Sie sich darin Gewalt angetan haben. Ihre Solidarität mit dem Institut, über die keiner froher sein kann, als ich es bin, hat Sie dazu bewogen, dem Marxismus Tribute zu zollen, die weder diesem noch Ihnen recht anschlagen.«

Dies sagt nun allerdings etwas ganz anderes und auch wesentlich mehr, als vorab zu lesen war. Dieses »Mehr« war den

damaligen Herausgebern offenbar so wichtig, daß es ihnen sogar einen fälschenden Eingriff in die Syntax wert war. Hier wird nämlich das Motiv erwähnt, dessentwegen Benjamin dem Marxismus Tribute zu zollen bereit schien: die »Solidarität mit dem Institut« – eine Solidarität, die in der Praxis aus einer totalen finanziellen Abhängigkeit Benjamins von den Zuwendungen aus Amerika bestand. Obwohl Adorno in einem »Interimsbescheid«, publiziert in der »Frankfurter Rundschau« vom 6. März 1968, mit dem er auf Angriffe reagierte, die ihm eine Ausnutzung eben jener finanziellen Abhängigkeit und zudem noch Textmanipulationen vorwarfen, nochmals versicherte: »In den Briefen, welche die zweibändige Ausgabe enthält, sind, nach allgemeinem Usus, lediglich irrelevante Sätze ausgelassen oder solche, die noch Lebende verletzen könnten«, so ist diese verschleiernde Behauptung an den zitierten Beispielen leicht widerlegbar.
Es ist nicht die einzige bedeutsame Auslassung in jenem Brief. Wenige Zeilen später heißt es, daß es »der Sache des dialektischen Materialismus und den vom Institut vertretenen theoretischen Interessen am förderlichsten ist, wenn Sie sich Ihren spezifischen Einsichten und Folgerungen überlassen, ohne sie mit Ingredienzien zu versehen, die zu schlucken Ihnen offensichtlich so großes Unbehagen bereitet, daß ich an ihren Segen nicht recht glauben kann«. Auch diese Zeilen, mit denen Adorno offensichtlich Benjamin über seine weitere Mitarbeit an den Veröffentlichungen des Institutes zu beruhigen suchte, fehlen in der Briefausgabe, ebenso einige ihnen vorangehende. In einer nachfolgend weiteren Auslassung hätte u. a. zu stehen: »Sie können zu uns hier das Vertrauen haben, daß wir bereit sind, die extremsten Versuche Ihrer Theorie zu den unseren zu machen. Aber wir haben ebenso das Vertrauen, daß Sie diese Versuche auch tatsächlich anstellen.« Der drohend warnende Unterton des letzten Satzes ist unüberhörbar, und es klingt beinahe zynisch, wenn Adorno bei der Forderung nach einer generellen Umarbeitung des Manuskripts betont, »daß es sich hier um eine Bitte von mir handelt und nicht um einen Redaktionsbeschluß«, um allerdings sofort danach – wiederum in einer Briefausgabe weggefallen – zu betonen, daß der Herausgeber der Zeitschrift für Sozialwissenschaft Max Horkheimer ihn »gebeten« habe, Benjamin zu schreiben.
Benjamin hat diesen Brief durchaus richtig verstanden, indem

er den ihm innewohnenden Zwang deutlich erkannte. An Scholem schreibt er, daß er an die verlangte Arbeit unverzüglich werde gehen »müssen«.
Aus der Perspektive Adornos, der in Amerika ein gesichertes Auskommen hatte, mag es vielleicht richtig sein, wenn er in dem zitierten »Interimsbescheid« davon spricht, daß es nie eine Verbindung zwischen theoretisch wissenschaftlichen Kontroversen und Benjamins finanzieller Lage gegeben habe – schließlich habe auch er an Adornos Texten Kritik üben dürfen – für den isoliert in Paris Schreibenden, der kaum für vierzehn Tage das Nötigste zum Leben hatte, sah es sich anders an. Die jahrelang hinausgezögerte Arbeit an dem Aufsatz über den Sammler und Historiker Eduard Fuchs gibt davon ein deutliches Beispiel. Dieser von Horkheimer mit Nachdruck erbetene Text unterbrach Benjamins Bemühung um sein »Passagen«-Projekt empfindlich. Am 9. 8. 1935 schrieb er an Scholem einige Sätze, die über seine finanzielle Abhängigkeit vom »Institut« und über die Verflechtung von dessen Zuwendungen und zu erbringender Leistung keinen Zweifel offenlassen: »Ich habe einige Wochen intensiver Arbeit in der Bibliothek hinter mir. Sie haben die Dokumentation für mein Buch sehr gefördert. Nun aber werde ich sie – ohne ihren Abschluß erreicht zu haben – für einige Zeit unterbrechen müssen. Mich rettet vor der Arbeit über Fuchs kein Gott mehr. Ja, ich habe mehr denn je Grund, mich den Anregungen des Instituts gegenüber gefügig zu zeigen« (Br. 683). Auch der folgende Satz aus einem Brief Benjamins an Horkheimer sagt einiges über den Zusammenhang von finanzieller Abhängigkeit und theoretischer Konzeption und bedarf der Interpretation nicht: »Wie dankbar ich Ihren Wink aufnehme, diesen Essay mit meiner Arbeit über ›Das Kunstwerk im Zeitalter seiner technischen Reproduzierbarkeit‹ verbinden zu dürfen, brauche ich Ihnen nicht zu sagen« (GS II, 3, 1394).
GEFÜGIG, WIE DANKBAR, ZU DÜRFEN: nicht ein Sprachgestus »chinesischer Höflichkeit«, wie Scholem die Haltung Benjamins tunlichst mißverstand, sondern Untertänigkeitsfloskeln eines taktischen Denkens, das sich an andere Adressaten auch anders artikulierte. Die Adorno-Schüler, die Benjamins Schriften edieren, haben davon nichts begriffen. Ihnen ist Benjamins elende Situation ebenso unbegreiflich wie sein Verhalten, und sie belegen dies mit ihrem Kommentar. Er ist mit einer

bemerkenswerten Empfindlichkeit geschrieben, wo es ums Ökonomische geht; ein wunder Punkt seit langem.
Horkheimer hatte am 23. 2. 1939 Benjamin mitgeteilt, daß er eine Fortsetzung der Unterstützung nicht garantieren könne; daraufhin schreibt Benjamin am 14. 3. 1939 an Scholem: »Was mich in den früheren Jahren bei der Stange gehalten hatte, war die Hoffnung, irgendwann einmal auf halbwegs menschenwürdige Weise beim Institut anzukommen. Unter halbwegs menschenwürdig verstehe ich mein Existenzminimum von 2400,– francs. Von ihm wieder abzusinken, würde ich à la longue schwer ertragen. Dazu sind die Reize, die die Mitwelt auf mich ausübt, zu schwach, und die Prämien der Nachwelt zu ungewiß. Das Entscheidende wäre, ein Interim zu überstehen. Irgendwann einmal werden die Leute wohl noch Geldverteilungen vornehmen. Bei dieser Gelegenheit noch zur Stelle zu sein, wäre wünschenswert« (GS II, 3, 1185).
So peinlich es den Herausgebern sein mag: hier ist schlicht von der Notwendigkeit finanzieller Sicherheit für eine literarische Produktivität die Rede. Benjamin hatte eine gesicherte Produktionsstätte gesucht und fühlte sich getäuscht, in seiner Existenz gefährdet und an den Rand des Selbstmords getrieben. Das Unverständnis für diese Situation zeigt der Kommentar, wenn er die scheinbare Ungerechtigkeit der Sätze Benjamins damit begründet, jener habe schließlich dem Institut »theoretisch nicht wenig verdankt« (GS II, 3, 1186). Obwohl es sich doch eher umgekehrt verhält, ist es für die Argumentation aber irrelevant und offenbart nur die bourgeoise Maxime, daß man Geld eben hat und darüber nicht zu reden sei. Gerade bourgeoises Denken aber wirft der Kommentar Benjamin vor: »Die Dialektik der bürgerlichen Gesellschaft zwingt dem Einzelnen noch dort, wo er aus der ›Verachtung des Bürgerlichen‹ zu handeln überzeugt ist . . ., einen Zynismus auf, der zutiefst im Bürgerlichen verstrickt bleibt« (GS II, 3, 1186). Den proletarisierten Exilanten trifft dieser Satz nicht, sondern den, der ihn schrieb.
Ein weiteres Beispiel der Textmanipulation sei nur noch am Rande angeführt. Der Herausgeber des Bandes IV, 2 der Gesammelten Schriften, Tillmann Rexroth, zitiert im Anmerkungsteil aus einem Brief Benjamins vom 5. März 1924 und verweist bei diesem dreiundzwanzig Worte umfassenden Zitat auf dessen Quelle: »(s. Briefe, 343).« In der Zitationsart der

Gesammelten Schriften lautet es: »Sonst gibt es dies und das aus Muri, aus dessen Vorlesungsverzeichnis übrigens Bloch im neuen Buch Kants Vorlesungen über Erdmann glatt gestohlen hat.« Schlägt man nun die nachgewiesene Quelle der Briefe auf, so finden sich hier nur folgende acht Worte: »Sonst gibt es dies und das aus Muri (...).«

Wiederum ist hier der Sinn durch einen Schlußpunkt verfälscht, wobei durch die Auslassungsklammer vorgetäuscht werden soll, daß die Auslassung nicht direkt mit dem Vorangegangenen verbunden ist. Wenn dieses Verfahren mit dem Wort, man wolle noch Lebende nicht verletzen, gedeckt sein sollte, so hätte der Herausgeber jenes Bandes der Gesammelten Schriften immerhin auf die Auslassung in seiner Quelle aufmerksam machen müssen. Er scheint jedoch mit der nachlässigen Gutgläubigkeit der Leser gerechnet zu haben, die keine Zitatverweise nachzuprüfen gewillt sind. Zudem handelt es sich hier um ein Sachproblem, das der Person Ernst Bloch durchaus untergeordnet ist. Was in der Briefausgabe fehlt: daß Bloch einen Einfall übernahm, trifft durchaus zu, und es gibt keinen Grund, dies zu verheimlichen, außer man wollte Blochs Fähigkeit zu eigenen Einfällen in Zweifel ziehen.

Es gibt nun aber noch ein weiteres nachprüfbares Beispiel des Eingriffs in Brieftexte Benjamins, das in seiner Konsequenz nicht überschaubar ist. In der Einleitung zu den Briefen hatte Scholem geschrieben: »Auslassungen in den aufgenommenen Briefen wurden stets durch Punkte in eckigen Klammern [...] sichtbar gemacht.« So selbstverständlich dieser Hinweis klingt: er entspricht leider nicht der Wahrheit. Im Brief 144 schreibt Benjamin im Zusammenhang mit einer geplanten Übersetzungsarbeit an Rainer Maria Rilke: »Der Weg der Übersetzung, zumal der eines so spröden Werkes, ist zu diesem Ziele gewiß einer der schwersten, eben darum aber auch wohl weit rechtmäßiger, als etwa jener der Reportage.

Meine letzte erschienene Arbeit über Goethes Wahlverwandtschaften erlaube ich, zum Zeichen meiner dankbaren Ergebenheit, mir, Ihnen mit der nächsten Post zugehen zu lassen.«

Soweit dieses Zitat nach der Ausgabe der Briefe, in dem nichts auf eine Kürzung hindeutet. Tatsächlich aber endet die fragliche Stelle im Brief Benjamins im Original, das sich im Rilke-Archiv Gernsbach befindet, nicht mit den Worten »als etwa jener der Reportage«, sondern der Satz fährt fort: », deren gewissenlosestes Beispiel mir kürzlich in Gestalt von Unruhs ›Flügeln der Nike‹ zu Gesicht kam. Brutaler konnte man das Glück, Paris zu einer Zeit zu sehen, wo das den meisten deutschen Freunden des französischen Geistes noch versagt war, nicht verraten. Ich glaube, es wäre an der Zeit, solchen ›Botschaftern‹ des geistigen Deutschland die Beglaubigung abzusprechen. In diesem Sinne plane ich eine Anzeige des Werkes.«

Nun erst folgt der Absatz über die Zusendung der Wahlverwandtschaftenarbeit. Es fehlt also in der Druckversion der Briefausgabe ein äußerst wichtiger Teil, vielleicht sogar der in diesem Brief wichtigste, der Benjamins entschiedene Haltung gegen den Autor Fritz von Unruh belegt und seine Stellungnahme zu dessen Buch ankündigt. Er fehlt, und dies ist das Entscheidende, ohne daß auf eine Kürzung durch Auslassungszeichen hingewiesen wäre. Das Skandalöse dieses Falles liegt nicht allein in seinem Widerspruch zu aller üblichen Editionspraxis, wie sie von Scholem in der Einleitung auch formuliert war, sondern vielmehr in der dadurch entstandenen Situation, daß jeder andere Brief Benjamins auf die gleiche heimliche Weise bearbeitet sein kann, ohne daß dies in Unkenntnis der Originale überprüfbar ist. Leider wird diese unverantwortliche Haltung der damaligen Briefherausgeber durch die heutigen Editoren der Gesammelten Schriften Benjamins gedeckt. Im Kommentar zur Unruhrezension (GS III, 610) wird nämlich der in der Briefausgabe fehlende Teil zitiert, und es wird als Quelle auf eben jene Seite in der Ausgabe verwiesen, auf der die Sätze *nicht* stehen, ohne daß dieser peinliche Umstand vermerkt oder überhaupt auf die frühere Kürzung hingewiesen wäre. Durch solche irreführende falsche Verweisungspraxis soll offenbar der flüchtige Leser getäuscht und eine unhaltbare Situation nachträglich stillschweigend bereinigt werden. Dieses Vorgehen schlägt leider nach zwei Seiten zum Bösen aus: Erstens sanktioniert es die Manipulationen Adornos und Scholems durch Verschweigen, zweitens setzt es die heutigen Herausgeber selbst dem Verdacht der Manipulation aus.

Festzuhalten ist hier zunächst, daß den Angaben über Kürzungen oder Auslassungen in den Briefen mit Mißtrauen zu begegnen ist, da diese über das vorgebliche Maß bis zur Verfälschung hinausgehen können; auch deswegen lassen die noch nicht publizierten Briefe wesentliches und aufschlußreiches Material ahnen. Vieles muß als verloren gelten: der Briefwechsel mit Eltern und Geschwistern, mit Jugendfreunden und Kommilitonen. Dora Benjamin, seine geschiedene, 1964 in London gestorbene Frau, hat aus unbekannten Gründen nichts Schriftliches überliefert. Die Freundin Jula Cohn vernichtete seine Briefe 1925, als sie Fritz Radt heiratete. Was erhalten ist an persönlichen Dokumenten, Manuskripten und Briefen ruht, soweit es nicht bereits publiziert wurde oder in absehbarer Zeit publiziert werden wird, in den zwei Benjamin-Archiven der beiden deutschen Staaten. Es bleibt aber ein Rätsel, warum nicht eine möglichst vollständige Sammlung der Briefe in die Ausgabe der Gesammelten Schriften integriert wurde. Ein unveränderter Neudruck der alten Briefausgabe ist nicht nur wenig sinnvoll, er ist durch die nachweislichen Mängel der Edition eher schädlich. Dies ist um so bedauerlicher, als die Kenntnis möglichst vieler korrekt edierter Briefe für das Verständnis von Leben und Werk Benjamins nicht nur nützlich, sondern unbedingt notwendig ist. [Inzwischen ist der ungekürzte Briefwechsel zwischen Benjamin und Scholem aus den Jahren 1933–1940 erschienen, der die Befürchtung, es könne jeder Brief Benjamins ungezeichnet gekürzt sein, leider in ungeahntem Ausmaß bestätigt hat. Die zweibändige Briefausgabe enthält für den Zeitraum 1933 bis 1940 neunundzwanzig Briefe Benjamins an Scholem, in denen, wie nun jeder Leser anhand der ungekürzten Originaltexte überprüfen kann, allein neunzehn (19) nicht kenntlich gemachte Auslassungen zu finden sind. Was dies hinsichtlich aller anderen Briefe an Adorno, Brecht, Horkheimer etc. bedeutet, muß hier nicht mehr gesagt werden.]

Die Herausgeber der Gesammelten Schriften, die in ihren Textkommentaren bisweilen aus dem Konvolut unveröffentlichter Briefe zitieren, setzen sich mit solcher Praxis dem nicht ungerechtfertigten Vorwurf der Manipulation aus, da sie ihre Zitate beliebig den bislang unedierten Briefen entnehmen können. Mißtrauen ist auch hier, angesichts einer imponierenden textkritischen Arbeitsleistung, nicht unangebracht, solange eine komplette Edition der Briefe fehlt. Zudem ist der dokumentarische Teil des Apparates von recht unterschiedlichem Wert. Die Herausgeber insistieren darauf, daß erst im Verlauf der Editionsarbeiten eine erhebliche Anzahl von Briefen Benjamins neu aufgetaucht sei. »So standen etwa die Briefe

Benjamins an Siegfried Kracauer, in denen manche Hinweise auf die in der ›Frankfurter Zeitung‹ gedruckten Texte – die überwiegend in den 1972 erschienenen Bänden 3 und 4 der ›Gesammelten Schriften‹ enthalten sind – zuerst für den 1974 erschienenen Band 1 zur Verfügung« (GS II, 3, 821). Die Triftigkeit der obigen Erklärung kann hier nicht überprüft werden. Daß in diesem Zusammenhang aber behauptet wird: »Die Auszüge aus vorher ungedruckten Briefen an Scholem, welche dieser 1975 in seinem Buch ›Walter Benjamin – die Geschichte einer Freundschaft‹ veröffentlichte, konnten sogar erst für den vorliegenden (= Bd. 2, erschienen 1977, W. F.) Band benutzt werden.« – diese Erklärung ist mehr als befremdlich. Es kann keine Rede davon sein, daß diese Briefe neu aufgetaucht wären; sie liegen vielmehr seit langem vor und sind in gekürzter Form auch schon veröffentlicht. Es ist höchst unwahrscheinlich, daß die Herausgeber vom vollständigen Wortlaut keine Kenntnis gehabt haben sollten, im Gegenteil heißt es an anderer Stelle: »An Briefen Benjamins sind im Archiv nur wenige Originale vorhanden, jedoch in Abschriften oder Photokopien die Mehrzahl der den Herausgebern der Ausgabe zugänglichen ... Für die Dauer der Arbeit an der vorliegenden Ausgabe stellte die Nachlaßverwaltung – die, durch Scholem, direkt an der Herausgabe beteiligt ist – das Archiv uneingeschränkt für die Editionsarbeiten zur Verfügung« (GS I, 2, 760).

Diese Widersprüchlichkeit in den Editionsberichten der Herausgeber mag jeden Leser zu grundsätzlichen Zweifeln bewegen.

Eine Biographie, die unter solchen hier nur andeutungsweise skizzierten Bedingungen geschrieben wird, kann nur eine vorläufige sein. Sie wird je nach Materiällage immer wieder ergänzt oder korrigiert werden müssen. Es wäre wünschenswert, wenn manches noch heute Unbekannte aus den Archiven ans Licht der Öffentlichkeit gelangte, und sei es, um den Verfasser dieser Arbeit in einzelnen Punkten zu widerlegen. Es würde die Diskussion um Benjamin, den man schon als »Klassiker« kaltzustellen beginnt, noch bevor man umfassend über ihn unterrichtet ist, vielleicht beleben.

»Die Biografie dieses Mannes ist deswegen so bedeutungsvoll, weil sie zeigt, wie hier mit seltner Extravaganz und Rücksichtslosigkeit ein Leben seine Gesetze ganz und gar aus den

Notwendigkeiten seines Schaffens bezogen hat. Und das groteske Mißgeschick, das der Wirkung und dem Verständnis seines Schaffens in Deutschland begegnet ist, und mit dem wir hier immer wieder zu tun haben werden, ist zu einem Teile daher gekommen, daß der nächstliegende organische Weg nicht beschritten wurde: das Leben eines der seltsamsten Zeitgenossen, die wir hatten, darzustellen« (GS II, 3, 1058).
Was Benjamin hier über Proust sagt, gilt nicht wenig für ihn selbst.

Erste Erfahrungen

Als Kind erlebte Walter Benjamin das große Berlin, das in der Prosperität der Gründerjahre zur Weltstadt erwacht war. Er verließ die Stadt 1912, als er und sie erwachsen waren. Walter Benjamin ist kein Berliner gewesen, obwohl er dort am 15. Juli 1892 geboren wurde und, mit Unterbrechungen, dort aufwuchs und auch bis zum Exil zeitweilig noch in Berlin lebte. Was ihm diese Stadt vermittelte, war nicht die noch heute gerühmte Vitalität, mit der seit je, kulminierend in den zwanziger Jahren, die weltpolitischen und privaten Krisen genossen wurden, sondern es war die Erfahrung des Besitzes, die er dieser spekulationswütigen Stadt und seinem großbürgerlichen Elternhaus verdankt, und die er auch in den schwierigsten Situationen des Exils, als er fast nichts mehr besaß, nicht vergaß. Noch etwas schaute er dem Leben der Großstadt ab: die Möglichkeit einer Einsamkeit des Einzelnen in der Masse. Es wird später davon zu reden sein.

Der Genuß des Besitzes, das Umgebensein mit der Aura der Dinge, das war wohl das Wichtigste, was er in seiner Kindheit erfuhr. Das reflektierende Auskosten solcher Aura lernte er erst später, als der Besitz nicht mehr selbstverständlich war. Walter Benjamin schrieb Erinnerungen an seine wohlbehütete Kindheit nieder, als die Atmosphäre solch begüterter Geborgenheit für ihn ins unabsehbar Ferne rückte. Er wußte, daß nicht allein er von der sich anbahnenden gesellschaftlichen und politischen Umwälzung betroffen sein würde; die »Berliner Kindheit um 1900« ist seinem Sohn Stefan gewidmet und erhält dadurch einen fast didaktischen Charakter: so war es, und es wird nie mehr so sein – nimm und ließ.

Entstanden sind die einzelnen Stücke, die wie Monolithe des Gedenkens um das Heiligtum einer Jugend stehen, zuerst als eine »Folge von Aufzeichnungen . . ., die frühe Erinnerungen betreffen«[1] unter dem Titel »Berliner Chronik« im Frühjahr 1932. Bereits im Dezember dieses Jahres hat die Sammlung den endgültigen Titel gefunden,[2] ohne daß sie ihre redaktionell letzte Gestaltung schon erfahren hätte. Benjamin arbeitete lange daran. Sechs Jahre nach Beginn war das Projekt noch nicht abgeschlossen, obwohl schon einiges davon vor 1933 in Deutschland veröffentlicht wurde. Je diffuser und unsicherer seine Lage in den Jahren 1933 bis 1938 sich gestaltete, desto präziser entwarf Benjamin in dieser Zeit das Bild seiner Kindheit. Dessen seltsame Form ist aufs Engste mit dem Schicksal des Erwachsenen verknüpft, aber es wäre bedenkenlos oberflächlich zu sagen, Benjamin sei vor den Schrecken des Faschismus in eine selbstgeschaffene Idylle geflüchtet. Alles ursprünglich nur Anekdotenhafte wird mit fortschreitender Isolierung des Exilanten getilgt; am Ende steht ein Werk, das in seiner esoterischen Klarheit nicht allein das Insulare der Benjaminschen Kindheit, sondern auch die Einsamkeit des sich Erinnernden verzeichnet. Der Zusammenhang von Esoterik und Didaktik wirft gerade bei diesem Text, da man nichts von beidem vermutet, ein Licht auf alle anderen; dazu aber muß der für Benjamin so wichtige Begriff »Esoterik« zunächst, und zunächst nur unscharf, erklärt werden. Er meint nicht, wie aus dem Gegenpol »Exoterik« vermutbar, einen derart nach innen gewendeten Stil, daß er nur noch dem Verfasser und einigen Eingeweihten verständlich wäre, eine Privatsprache also, wie sie die Alchemisten verwandten, um sich vor Repressionen der Hochkirche zu schützen. Gleichwohl ist es eine ganz eigene Sprache, deren Entstehung sich dadurch begründet, daß Benjamin nie einen wirklich bedeutenden Lehrer hatte. Weder die Universität Berlin noch die in Freiburg oder Bern vermittelten ihm die Autorität eines großen Philosophen, deshalb war er nie einer »Schule« zuzurechnen, schrieb auch nie im philosophischen Hochschuljargon. Seine Sprache mußte er sich ohne Anlehnung an einen Lehrer selbst suchen und erfinden. Es ist eine philosophische, die keinem System zugeordnet werden kann, und deren System keineswegs allein in ihrer poetischen Hermetik liegt. Was an Benjamins Sprache esoterisch erscheint, das ist gerade ihre der Didaktik und damit auch einem Rezipienten zugeneigte Seite. »Esoterisch« ist kein ästhetischer Parallelbegriff zum psychologischen »egozentrisch« – im Gegenteil. Benjamins Esoterik ist von der Art, daß zwar seine Sprache sich in ihr Innerstes zurückzieht, aber nur, um es rein nach außen vermitteln zu können. Die Ablösung vom Ego ist dazu wesentliche Bedingung. Es wird dem Leser vielleicht auffallen, wie selten Benjamin in seinen Arbeiten das Wort »ich« gebraucht; auch darin gleichen sich seine Texte an didaktische an. Benjamin wußte sehr genau von dieser stilistischen Eigenart: »Wenn ich ein besseres Deutsch schreibe als die meisten Schriftsteller meiner Generation, so verdanke ich das zum guten Teil der zwanzigjährigen Beobachtung einer einzigen kleinen Regel. Sie lautet: das Wort ›ich‹ nie zu gebrauchen, außer in den Briefen. Die Ausnahmen, die ich mir von dieser Vorschrift gestattet habe, ließen sich zählen.«[3] Zu diesen Ausnahmen zählen einige Stücke der »Berliner Kindheit«, aber auch hier ist die subjektive Form des Ich-Erzählens nicht als nur private gemeint, sondern »als Vorkehrung des Subjekts, das von seinem ›ich‹ vertreten, nicht verkauft zu werden, fordern darf«.[4] Das »Ich« vertritt hier ein Subjekt, das sich nicht in der erzählenden Person erschöpft, sonst würde die Erzählform jenes »verkaufen«, d. h. auf dem Wege literarischer Objektivierung veräußern, wie es das Prinzip modischer Autobiographien geworden ist. Nichts weniger wollte Walter Benjamin: seine »Berliner Kindheit« sollte kein nur autobiographisches Zeugnis sein, das von seiner Person nicht ablösbar wäre, sondern es sollte etwas unvergänglich Typisches entstehen. Nicht sich selbst bot er damit dem Leser an, sondern das Erlebnis einer Kindheit in Berlin, die so nie mehr gelebt werden würde. Vor allem nicht in der unangetasteten Geborgenheit, in deren erinnernder Vergegenwärtigung durch den eigentumslosen Exilanten einst tägliche Dinge die Aura des einzigartigen Besitzes gewinnen.

Walter Benjamin ist in einer großbürgerlichen Atmosphäre aufgewachsen, die man durchaus mit der Kindheit von Marcel Proust, dessen Hauptwerk er später mitübersetzte, vergleichen kann. Hier wie dort gibt es die Parks, in denen das Kind sich unter der Aufsicht eines »Fräuleins« bewegen darf. Die Spaziergänge führten meist zum Park des nahen Tiergartens. Dem Kind, das sich einzig an den Statuen von Friedrich Wilhelm und seiner Königin Luise orientieren konnte, schien das Terrain gleich einem Labyrinth. »Hier nämlich oder unweit muß ihr Lager jene Ariadne abgehalten haben, in deren Nähe ich zum ersten Male, und um es nie mehr zu vergessen, das begriff, was mir als Wort erst später zufiel: Liebe. Doch gleich an seiner Quelle taucht das ›Fräulein‹ auf, das sich als kalter Schatten auf sie legte.«[5] Die Episode bei Proust, in der im Park der Erzähler einer kindlichen Gilberte sein erstes, recht diffuses, erotisches Erlebnis verdankt, gibt hierzu eine reizvolle Parallele.

Es waren nicht die Eltern, die über das Kind wachten – Benjamin erzählt darum sehr selten von ihnen –, sondern ein Kindermädchen zunächst und später eine Gouvernante.
Der Vater Emil Benjamin war aktiver Teilhaber des damals in der Kochstraße gelegenen Lepkeschen Auktionshauses, zugleich Aufsichtsratmitglied und Aktionär einiger anderer Berliner Firmen, kurioserweise auch Anteilseigner am »Eispalast«, der später legendären Berliner Scala. Einmal nahm der Vater seinen Sohn dorthin mit in eine Rangloge, von der aus dieser die manchmal seltsamen Gestalten ungestört betrachten konnte. »Unter ihnen aber befand sich jene Hure in einem weißen sehr eng anliegenden Matrosenanzug, die ... meine erotischen Phantasien auf viele Jahre bestimmte.«[6]
Als der Vater um 1918 dann seine Teilhaberschaft am Auktionshaus aufgab, scheint er fortan nur noch Aktiengeschäfte getätigt zu haben; Benjamin spricht von »spekulativen Anlagen seiner Gelder«.[7] Genaueres weiß er nicht, da der Vater die Kenntnisse seiner Geschäfte patriarchalisch der Familie vorenthielt. »Die ökonomische Basis auf der die Wirtschaft meiner Eltern beruhte, war lange über meine Kindheit und Jugend hinaus von tiefstem Geheimnis um(geben). Wahrscheinlich nicht für mich ... allein, sondern fast genauso für meine Mutter.«[8] Zuweilen gab der Vater als Beruf »Rentier« an, d. h. er konnte von seinem in Aktien angelegten Vermögen leben.
Die Familie Benjamin war sehr wohlhabend, der Handel mit Teppichen und Antiquitäten florierte, und der Vater fuhr jedes Jahr nach Paris, um dort einzukaufen. Er war ein sehr lebenslustiger Mann, ganz den diesseitigen Genüssen ergeben, führte ein offenes Haus, und seine Kenntnis guter Weine war ebenso bekannt wie sein untrügliches Urteil über die Echtheit und Qualität eines alten Orientteppichs. Das tägliche Problem des Antiquitätenhändlers, was echt oder nur nachgeahmt ist, erscheint bei seinem Sohn in dessen Reproduktions-Aufsatz; marxistisch gewendet geht es dort um den Verfall des Echtheitsbegriffs im Zeitalter technischer Reproduktion.
Es gibt in der Familie einen berühmten Verwandten: Heinrich Heine. Zur Familiensaga gehört die Anekdote, daß Walter Benjamins Urgroßmutter Eulalia, eine geborene van Geldern, noch auf dem Schoß Heines geschaukelt worden sei, dessen Mutter ja Elisabeth van Geldern war. Walter Benjamin schwieg

sich über diese Verwandtschaft lieber aus; die Bedeutung Heines erkannte er nicht und teilte wohl stets das vernichtende Urteil von Karl Kraus über den Dichter.
Merkwürdigerweise erwähnt Benjamin auch nie Friderike Benjamin, die Schwester seines Vaters. Sie war mit sechzehn Jahren an den Bankier Josephy verheiratet worden und gebar ihm acht Kinder, die alle je einhunderttausend Goldmark als Taufgeschenk vom Vater erhielten. Diese sehr schöne und sehr kluge Frau war die Lieblingstante Walters. Von ihr soll er früh mit Graphologie vertraut gemacht worden sein. Sie las sehr viel, war für die damaligen Verhältnisse gewiß eine »Intellektuelle«, und sie war es auch, die Walters große Begabung als erste erkannte. Unter dem Eindruck von Nietzsches Übermenschenideal, dem sie nicht zu genügen können glaubte, vergiftete sie sich im Jahr 1916. Auch von der Mutter, Paula B., geborene Schönflies, ist durch den Sohn nichts überliefert; wie gut kennt man statt dessen aus dem Werk und den Briefen die Eltern Marcel Prousts. Paula (oder Pauline) Schönflies war die Tochter eines aus Landsberg an der Warthe stammenden Kaufmannes, der mit seiner Übersiedlung nach Berlin zu einigem Vermögen und einer unabhängigen Stellung kam. Als sie im Jahre 1891 heiratete, war Emil Benjamin 35 Jahre alt, sie 22 Jahre.
Gemeinsam ist diesen Kindern ihre Anfälligkeit fürs Kranksein. Nicht nur, daß Benjamin schon früh wegen seiner Kurzsichtigkeit eine Brille bekam – er war häufig unpäßlich und mußte in einem Schuljahr einmal 173 Stunden dem Unterricht wegen Krankheit fernbleiben.[9] Beiden ist diese Schwäche auch lebenslang geblieben, und nur der Zwang zum Schreiben hat sie immer wieder, als sie schon Männer waren und noch nicht alt, am Leben erhalten. Noch etwas verbindet ihn lebenslang mit dem bewunderten Vivisekteur einer Epoche: die exzentrische Hilflosigkeit. In seinem Aufsatz über Proust zitiert Benjamin dessen Freund Riviere mit viel Verständnis: »Er ist gestorben aus Weltfremdheit, und weil er seine Lebensbedingungen, die für ihn vernichtend geworden waren, nicht zu ändern verstand. Er ist gestorben, weil er nicht wußte, wie man Feuer macht, wie man ein Fenster öffnet.«[10] Benjamin, in seinem vierzigsten Lebensjahr, bekannte, »daß ich noch heute mir keine Tasse Kaffee kochen kann«.[11]
Für Proust sorgte später, als er nur noch im abgedunkelten und

korkgetäfelten Zimmer schreiben konnte, seine Haushälterin Céleste; bei Benjamin war es die jüngere Schwester Dora (geb. 30. April 1901), die mit ihm die kargen Pariser Zimmer teilte. Ein ebenfalls jüngerer Bruder Georg (geb. 10. Sept. 1895), verheiratet mit der späteren Justizministerin der DDR, der als überzeugter Kommunist im Berliner Arbeiterviertel als Arzt praktizierte, starb in einem deutschen KZ. Benjamin hat nicht darüber gesprochen. Die Existenz seiner seit 1935 an der Bechterewschen Krankheit, an einem chronischen Wirbelsäulenrheumatismus leidenden Schwester, die ihm die Manuskripte abschrieb, hat er vor Bekannten in Paris sogar verheimlicht. Werner Kraft erinnert sich, daß Benjamin nebenher einmal sagte, »er wohne hier nicht allein, so daß man annehmen mußte, er wohne mit einer Frau zusammen. Zufällig habe ich viele Jahre später erfahren, daß diese Frau seine Schwester war.«[12] Der Grund für solche Heimlichkeit lag hier in Benjamins Empfindlichkeit, niemanden von seiner wahren pekuniären Not wissen oder nur ahnen zu lassen. Aus Geldmangel nämlich wohnte er mit ihr in einer kleinen Wohnung in der Villa Robert Lindet 7, bevor er ein eigenes Zimmer in der Rue Dombasle 10 mieten konnte. Der Schwester gelang nach 1939 die Flucht aus Paris; sie starb an den Folgen ihrer Krankheit Anfang 1946 in einem Zürcher Hospital.

Auch die Kindheitserinnerungen erzählen vom Einzelkind Walter Benjamin, das keine Geschwister oder Freunde, auch nur Spielgefährten zu kennen scheint. Von gemeinschaftlichen Streichen ist nicht die Rede; man geht mit der Aufsichtsperson in den Park. Unfrei in ihren Möglichkeiten, aber gesichert in den Verhältnissen, verläuft solch eine Kindheit um 1900. »In meiner Kindheit war ich ein Gefangener des alten und neuen Westens. Mein Clan bewohnte diese beiden Viertel damals in einer Haltung, die gemischt war aus Verbissenheit und Selbstgefühl... In dies Quartier Besitzender blieb ich geschlossen, ohne um ein anderes zu wissen. Die Armen – für die reichen Kinder meines Alters gab es sie nur als Bettler.«[13] Nur wenn in der Vorweihnachtszeit den Handwerkern und Heimarbeitern erlaubt wurde, die Weihnachtsmärkte der Villenviertel mit dem selbstgebastelten Spielzeug, den Rauschgoldengeln und bronzierten Nüssen zu beschicken, hätte das Kind dunkel ahnen können, daß es noch eine andere Welt als die seiner Klasse gab. Doch solches Ahnen wurde überblendet vom

billigen Glanz der begehrten Waren, die sich dem Bürgerkind anpriesen, indem sie in ihrer Aufmachung seinem Wesen zu entsprechen versuchten, und die im Bewußtsein des Kindes kraft ihrer Pracht und goldenen Herrlichkeit auch ihre Verkäufer notwendig zu seinesgleichen machen mußte.
Eine wirkliche Verunsicherung erfolgte höchstens durch ungebetene Eindringlinge; Benjamins Eltern waren reich genug, um bestohlen zu werden. Mindestens einmal wurde in eine der Sommerwohnungen der Familie eingebrochen.[14] Das Dienstmädchen wurde verdächtigt, den entscheidenden Hinweis gegeben zu haben. Häufig waren weibliche Angestellte großbürgerlicher Häuser Opfer von Kriminellen, denen sie freiwillig – aus Liebe – oder erpreßt Details aus dem Haushalt preisgaben – wann jemand abwesend oder wo der geeignete Zugang zu finden sei. Es galt als Privileg der Begüterten, den Sommer nicht in der Großstadt verbringen zu müssen. Die Theater- und Ballsaison ging im Mai zu Ende; bei Fontane heißt es an einer Stelle: »Von Juni an schläft dann alles ein, und die heruntergelassenen Rouleaus verkünden einem schon auf hundert Schritt ›Alles ausgeflogen‹; ob wahr oder nicht, macht keinen Unterschied.« Benjamins Erinnerungen verzeichnen zwei solcher Refugien vor der Hitze der Steinwüste Berlin: eine Sommerwohnung befand sich am Brauhausberg bei Potsdam, die andre in Babelsberg.[15] Das Kind erlebt dort Natur in domestizierter Form, im großen Garten darf es mit seiner Heurekapistole auf hölzerne Vögel schießen, die vom Aufprall der leichten Gummibolzen willig umfallen. Ansonsten geht es mit der Botanisiertrommel umher, sammelt Schmetterlinge oder ordnet an Regentagen die Briefmarkensammlung oder das Päckchen gesammelter Ansichtskarten.[16] An der Husarenuniform samt Säbel wird es ebensoviel Spaß gehabt haben wie seine Eltern, die ihren Buben vielleicht auf solche Art gern dem preußisch-christlichen Staat assimiliert sahen. In einer autobiographischen Notiz vom 13. August 1933 heißt es: »Als ich geboren wurde, kam meinen Eltern der Gedanke, ich könnte vielleicht Schriftsteller werden. Dann sei es gut, wenn nicht gleich jeder merke, daß ich Jude sei.«[17] Es ist nicht unwahrscheinlich, daß diese präzise subjektive Aussage zutrifft. Reflektiert wird hiermit aber auch ein spezifisch jüdisches Generationsproblem. Der jahrhundertelange Zwang zu materiellen Berufen, der spätestens in der Mitte des 19. Jahrhunderts zur beherrschenden

Stellung reich gewordener Juden im mitteleuropäischen Bankwesen geführt hatte, wurde nach der Judenemanzipation vielfach als Makel empfunden. Daher schickten nun mehr und mehr jüdische Besitzbürger ihre Söhne auf Universitäten, damit sie dort einen geistigen Beruf lernen sollten. Nur zu diesem Zweck einer intellektuellen Ausbildung der Nachkommen, so sagten die Väter, hatten sie ihren Reichtum eigentlich gesammelt. Der Kunstenthusiasmus vieler Juden spiegelt so die emotionale Abkehr vom bloßen Gelderwerb und mag auch als Verdrängung eines schlechten Gewissens verstanden werden. Es muß aber auch gesagt werden, daß Benjamins Vater später die allem materiellen Gewinn entsagende Lebensform seines Sohnes keineswegs unterstützte. Von dem Familienstreit, in dessen Verlauf der zum Wissenschaftler ausgebildete Sohn genötigt werden sollte, Bankangestellter oder ähnliches zu werden, wird noch zu sprechen sein.
Die erwähnte autobiographische Notiz aber ist noch nicht vollständig zitiert. Veröffentlicht wurde sie in ihren zwei Fassungen jeweils mit der Überschrift »Agesilaus Santander« zuerst im Zusammenhang eines deutenden Aufsatzes von Scholem.[18] Das Eingangszitat lautet in der ersten Fassung vollständig: »Als ich geboren wurde, kam meinen Eltern der Gedanke, ich könnte vielleicht Schriftsteller werden. Dann sei es gut, wenn nicht gleich jeder merke, daß ich Jude sei: darum gaben sie mir außer dem Rufnamen noch zwei sehr ungewöhnliche. Ich will sie nicht verraten.«[19] In der zweiten, endgültigen Version erscheint der letzte Teil etwas verändert: »Darum gaben sie mir außer meinem Rufnamen noch zwei weitere, ausgefallene, an denen man weder sehen konnte, daß ein Jude sie trug, noch daß sie ihm als Vornamen gehörten.«[20]
Nun geht Scholem in seiner weitreichenden Deutung des Textes davon aus, daß die sonderbare Namenskoppelung des Spartanerkönigs Agesilaus mit der spanischen Stadt Santander eben jene zwei Namen gewesen seien, die Benjamin hier fiktiv als geheime eigene einsetzte. Gewiß ergibt »Agesilaus Santander« bis auf einen überzähligen Buchstaben ein Anagramm, aus dem man »Der Angelus Satanas« herauslesen kann, und sicherlich hatte Klees Bild »Angelus Novus« eine tiefe Wirkung auf Benjamin, doch ist es wissenschaftlich zunächst falsch, den Worten Benjamins in ihrem nüchtern sachlichen Bericht nicht zu glauben und den ganzen Text von vornherein

für ein »Produkt einer Fieberphantasie« zu halten.[21] In dem Irrtum befangen, die Überschrift »Agesilaus Santander« beziehe sich auf jene zwei geheimen Namen, nicht vertrauend auf den Satz Benjamins »Ich will sie nicht verraten«, der dieser Hypothese entgegensteht, breitet nun Scholem seine Kenntnis aus, um zu einer Deutung zu kommen. Ausdrücklich heißt es: »Benjamin geht von der Fiktion aus, seine Eltern hätten ihm bei der Geburt noch zwei weitere durchaus sonderbare Namen gegeben, damit er sie gegebenfalls als literarisches Pseudonym verwenden könne, ohne als Jude unmittelbar erkannt zu werden, wie es beim Gebrauch des Namens Walter Benjamin unumgänglich war.«[22] Da Scholem von einer vielleicht durch einen fiebrigen Malariaanfall verursachten »Fiktion« Benjamins ausgeht und jene Namen nur auf die Namen der Überschrift, die jenes Anagramm »Der Angelus Satanas« ergeben, beziehen will, muß er fortfahren: »Freilich drückten die Eltern damit, daß sie gleichsam – wenn auch nur in Benjamins Imagination – auf seine Beziehung zu seinem Engel vorgriffen, mehr aus, als sie ahnen konnten.«[23] Es gibt vielleicht einige Gründe, warum Scholem glauben konnte, daß es sich bei Benjamins Worten über zwei geheime Namen, die als Pseudonym dienen mochten, um eine Fiktion handele: der einfachste ist, daß er als bester Freund es nicht besser wußte. Zum zweiten hatte Benjamin, wenn er unter Pseudonym schrieb, gern das Anagramm des eigenen Namens »Anni M. Bie« gebraucht. Unter dem gänzlich unverdächtigen Pseudonym »Detlef Holz« veröffentlichte er die Briefsammlung »Deutsche Menschen« 1936 in einem Schweizer Verlag. Scholem hätte jedoch wissen müssen, daß er den Worten des Freundes vertrauen kann; in jener Notiz heißt es, daß er die Namen, die eigentlich zum öffentlichen Gebrauch bestimmt waren, geheim hielt, weil er sie vor »Unberufenen« zu schützen gedachte. Der Freund konnte und wollte nicht in Erwägung ziehen, daß auch er zu jenen zählen könne; deshalb blieb er an jenes »Agesilaus Santander« fixiert und knüpfte daran eine weitreichend theologische Interpretation, die gewiß manches Richtige enthält, deren Ausgangspunkt jedoch falsch ist.

Wie Benjamin schreibt, waren seine Eltern so weitblickend gewesen, ihm zu seinem Rufnamen zwei weitere hinzuzufügen, denen man nicht so leicht das Judentum angesehen hätte. Daß er diese Namen nie verwandte, lag in seiner Ver-

antwortung. Er hielt sie jedenfalls so geheim, daß auch sein engster Freund von ihrer Existenz nichts wußte. Sein Bruder Georg und die Schwester Dora bekamen keine weiteren Vornamen.
Tatsächlich bekam Benjamin folgende Namen: Walter Benedix Schönflies Benjamin. Walter war der Rufname, Benjamin der Vatername. Als weitere Vornamen wurden Benedix und der Geburtsname der Mutter: Schönflies eingetragen. Nach dem Willen der Eltern hätte das Pseudonym des künftigen Schriftstellers also »Benedix Schönflies« lauten müssen. Deren wohlmeinende Intention wurde vom Sohn ignoriert, und jener »geheime« Name auch geheim bewahrt. »Anstatt die beiden vorsorglichen Namen mit seinen Schriften öffentlich zu machen, schloß er sie in sich ein. Er wachte über sie wie einst die Juden überm geheimen Namen, den sie jedem von ihren Kindern gaben«[24] schreibt Benjamin dazu. Es mag makaber scheinen, wenn jenes »Geheimnis« gerade durch ein Papier der national-sozialistischen Gestapo nun an den Tag kommt. Scholem hätte gut daran getan, die Worte seines Freundes nicht als fiebrige Imagination zu lesen, sondern ihrem sachlichen Inhalt zu vertrauen; seine Interpretation ist wohlmeinend, aber alle herangezogene Faktizität der Wissenschaft vom »Angelus« und vom »Satanas« verbirgt nicht den Unglauben an den einfachen Worten des Freundes, der selbst nur niederschrieb, was seine Eltern dem Kind auf den Weg als vermeintliche Hilfe mitgaben. Ein Rätsel jedenfalls, das Scholem daraus macht, weil er die kabbalistische Lösung zu kennen glaubt, sollte es nicht sein, im Gegenteil. Dazu kannten sie wohl ihre eigne Historie zu gut und wollten sie auf das Kind nicht übertragen, sondern es davon befreien. In jener Zeit galt es, jenen engen Begriff des »Juden« aus dem Bewußtsein zu löschen, auf dessen vielleicht erweiterten Sinn Scholem heute Benjamin zu fixieren versucht.
Die Eltern übten auf das Kind zunächst keinerlei Zwang aus, auch nicht religiösen. Die Erinnerungen berichten nichts von orthodoxem Ritual oder von jüdischen Eigentümlichkeiten familiärer Lebensführung. Gefeiert wurden sowohl das christliche Weihnachtsfest als auch die hohen jüdischen Festtage. Vielleicht war dafür der reformistische Einschlag der Mutter verantwortlich, wahrscheinlich aber ist, daß man in jener Zeit sich weniger als Jude, denn als Humanist und Europäer zu

fühlen gewohnt war. Ein Bekannter Benjamins, der spätere Arzt Martin Gumpert, hat in der Autobiographie »Hölle im Paradies« sein ganz ähnliches Elternhaus beschrieben. Das Judentum des Vaters entsprang einer romantischen Tradition zum kosmopolititschen Humanismus. Wohl stand die jüdische Ethik in Ehren, aber sie wurde von der aristotelischen und christlichen ergänzt. Einen Antisemitismus konnte man schon deshalb nicht ernst nehmen, weil er von scheinbar lächerlichen, proletarisch anmutenden Gestalten verkündet wurde, denen die Familie, der Clan, als sichtbarstes Argument leicht ihre finanzielle Überlegenheit beweisen konnte.[25] Das wichtigste Indiz dafür, daß Benjamin nicht konsequent als Jude erzogen wurde, ist von einem späteren Zeitpunkt seines Lebens aus das am meisten einleuchtende: als er Gerhard Scholem kennenlernt, einen überzeugten Juden, der sich in seinem Studium zunächst der Mathematik, später aber immer mehr der Erhellung jüdischer Spezifika, besonders der Kabbala widmete, konnte er nicht mitreden. Scholem schreibt: »Da Benjamin kein Experte für Hebräisch war, konnten wir über solche Dinge nicht direkt verhandeln«;[26] es ist dies eine freundschaftliche Untertreibung: Benjamin konnte überhaupt kein Hebräisch und seine nicht wenigen Vorsätze, es zu lernen, endeten alle negativ.

Das Kind wurde, im zeitgenössischen Verständnis, durchaus liberal erzogen; auch seine ungestüme Lesewut wird von den Eltern nicht gebremst. Als Benjamin 1902 auf die reformierte Kaiser-Friedrich-Schule kommt, macht er sogleich von der Schülerbibliothek Gebrauch. Er las, wenn es auch paradox klingen mag, wahllos aber gezielt. Die Bände »Aus vaterländischer Vergangenheit« verabscheute er mit Recht; er ließ sich nicht gern langweilen und suchte »Schmöker« mit exotisch-fremden Stoffen. Der letzte Mohikaner oder Pompejis letzte Tage waren ihm Entschädigung für »das ganze Elend des öden Schulbetriebs«.[27] Zwar liest er auch »Soll und Haben« oder »Zwei Städte«, doch geheimnisvolle Spukgeschichten werden bevorzugt. Zeitlebens hält er »Das Phantom der Oper« für ein bedeutendes Buch. Auch E.T.A. Hoffmann erregt ihn; wohl nicht zuletzt deshalb, weil die Eltern ihm die Lektüre des »Gespensterhoffmann« ausnahmsweise verbieten.[28] Der Bücherschrank ist als einziger im elterlichen Hause nie abgeschlossen, also liest er den »Gespensterhoffmann« doch,

heimlich und in kleinen Raten. Später wird er sich für die differenziertere Art des Unheimlichen entscheiden und Jean Paul den Vorzug geben.
Die Tatsache, daß alle anderen Schränke verschlossen waren, und die Mutter stets ihren Schlüsselkorb – aus Skepsis gegen die Dienstmädchen und gleichzeitig zum Nachweis ihrer Rolle als Domina – bei sich trug, erhöhte das Geheimnis um den Inhalt der Schubladen und Regale.[29] Wenn eine Abendgesellschaft erwartet wurde, erschloß sich das Rätsel den Kinderaugen und blieb doch stets ein Rätsel, wie es ein gefundener Schatz aufgibt. Der Erinnerung Benjamins ist jene Faszination vom versteckten Besitz noch ablesbar. Er spricht von »langen, langen Reihen von Mokkalöffeln oder Messerbänkchen, Obstmessern oder Austergabeln«;[30] Gegenstände die er wohl kannte, aber durch deren Anhäufung er sich faszinieren ließ. Das Büfett ließ ihn »in seinen Schächten, die mit Samt wie mit graugrünem Moos bezogen waren, den Silberhort des Hauses sehen ... Was aber dort auch lag, das war nicht zehnfach, nein zwanzig- oder dreißigfach vorhanden.«[31] Der Besitz, das selbstverständliche und unaufdringliche Vorhandensein der Dinge, über deren Wert er wußte, bannte ihn. Auch die Stadt lernte er in frühester Zeit nur kennen unterm Aspekt des Geldes und der Waren: wenn seine Mutter zu Einkäufen ihn mitnahm. Er sah, »wie uns das väterliche Geld eine Gasse zwischen den Ladentischen und den Verkäufern und den Spiegeln und den Blicken meiner Mutter bahnte«.[32] Geld blieb ihm so allemal ein Faszinosum. Max Rychner überliefert eine charakterisierende Anekdote aus dem Jahr 1931: Benjamin hatte ihn in Berlin zum Essen eingeladen. Als es ans Bezahlen ging, zog er die Brieftasche, die, wie Rychner staunend bemerkte, prall gefüllt mit Banknoten war. »Nun lag die Brieftasche vor ihm, vor der Kassiererin, und ich als Kiebitz schaute auch hinein und sah dann, wie er träumerisch wurde und in den Anblick versank und zu vergessen schien, was vor ihm lag und was er zu tun hatte. Er blätterte plötzlich ganz sanft nach vorn, nach hinten, wie wenn er ein Buch vor sich hätte ...«[33] Der Vergleich ist nicht schlecht gewählt. Benjamin konnte sich nie mehr von jener kindlichen Erfahrung lösen, obgleich er es auf differenzierte Art versuchte. Doch wenn er vom Gefühl spricht, seiner Klasse der Besitzenden den Abschied gegeben zu haben, nennt er es ehrlich »ein trügerisches leider«.[34] Sicher-

lich gehört zu den Methoden, sich seines Besitzes zu entledigen und dennoch gleichzeitig als Besitzender erkannt zu sein, Benjamins große Leidenschaft des Schenkens. Er beschenkte Freunde nicht mit Dingen, die nur teuer waren, sondern als treibe ihn das schlechte Gewissen dessen, der mehr hat als der Beschenkte (was in den seltensten Fällen zutraf), trug seine Gabe den Ausweis geistigen Anspruchs, ohne aber ihren materiellen Wert verleugnen zu können: der Büchersammler Benjamin schenkte vorzugsweise Erstausgaben. Werner Kraft, ein Jugendfreund, der Benjamin später im Pariser Exil wiedertraf, erinnert sich, daß er vor dem Krieg von ihm Friedrich Schlegels Gedichte in der Ausgabe von 1809 bekam, und: »Einmal fand ich beim Abendessen in meine Serviette eingewickelt die Originalausgabe von Grillparzers ›Der Traum ein Leben‹ «.[35] Erreicht hat Benjamin damit vielleicht, was er später als Maxime festhielt: »Gaben müssen den Beschenkten so tief betreffen, daß er erschrickt«[36] – ob in der tiefsten Bedeutung dieses Satzes bleibe dahingestellt.
Wie jeder Bücherkenner, der an der Grenze zum Bibliomanen sich bewegt, hatte Benjamin ein durchaus erotisches Verhältnis zu Büchern. In seinem Buch versammelter Reflexionen, das er der Freundin Asja Lacis widmete und »Einbahnstraße« nannte, gibt es dreizehn Sätze über die Gemeinsamkeiten von Büchern und Dirnen. Der erste Satz lautet: »Bücher und Dirnen kann man ins Bett nehmen«, der letzte: »Bücher und Dirnen – Fußnoten sind bei den einen, was bei den andern Geldscheine im Strumpf.«[37] Benjamins Verhältnis zu Büchern geht in Wahrheit ebensoweit über solche Sätze hinaus wie seines zu Frauen. Mit der Freudschen Bestimmung vom Verhalten des Kleinkindes, das sein Spielzeug nicht deswegen wegwirft, weil es sich von ihm befreien, sondern weil es dieses zurück erhalten will, läßt sich von Benjamins Schenklust sagen, daß er wertvolle Bücher aus seiner Bibliothek weggab, um sie irgendwann lustvoll in einem Antiquariat wieder zu finden. Er gab den Dingen ihre Freiheit, zu ihm zurückzukehren, wie lange er auch warten müßte. Benjamin selbst hat solche Gedanken in jener schon zitierten autobiographischen Notiz vom 13. August 1933 auf Frauen und Geschenke bezogen: »Wo dieser Mann auf eine Frau stieß, die ihn bannte, war er unversehens entschlossen, auf ihrem Lebensweg sich auf die Lauer zu legen und zu warten, bis sie krank, gealtert, in zerschlissenen

Kleidern ihm in die Hände fiele. Kurz, mit nichts war die Geduld des Mannes zu entkräften.«[38] Was diese Geduld beflügelt, schreibt Benjamin weiter, das ähnele allem, wovon er sich 1933 habe trennen müssen, den Menschen und vor allem den Dingen. Der Engel der Geduld wohnt in den Dingen, die Benjamin nicht mehr besitzt und erscheint hinter jedem, dem sie zugedacht sind. »Darum bin ich von niemandem im Schenken zu übertreffen.«[39] Benjamin schenkte mit der geduldigen Hoffnung auf Rückgewinn, und sein Engel der Geduld verkörpert eben jenes Glück, das im »Widerstreit, in dem die Verzückung des Einmaligen, Neuen noch Ungelebten mit jener Seligkeit des Nocheinmal, des Wiederhabens, des Gelebten liegt«,[40] einzig für ihn zu finden ist. Verständlich wird so der Vergleich von Büchern und Frauen, die man unter der Bedingung geduldigster Aufmerksamkeit immer wieder als neue und schon erkannte finden kann. In einer Rezension aus dem Jahr 1928 heißt es in diesem Sinn: »Wir wissen, daß sie (die Wiederholung, W. F.) dem Kind die Seele des Spiels ist; daß nichts es mehr beglückt, als ›noch einmal‹. Der dunkle Drang nach Wiederholung ist hier im Spiel kaum minder gewaltig, kaum minder durchtrieben am Werke als in der Liebe der Geschlechtstrieb. Und nicht umsonst hat Freud ein ›Jenseits des Lustprinzips‹ in ihm zu entdecken geglaubt. In der Tat: jedwede tiefste Erfahrung will unersättlich, will bis ans Ende aller Dinge Wiederholung und Wiederkehr, Wiederherstellung einer Ursituation, von der sie den Ausgang nahm.«[41]

Bücher gehören vorzugsweise als selbstverständliches Requisit zur Kindheit und Jugend Benjamins; Dirnen bleiben als notwendiges der Jugend. In Stefan Zweigs gewiß nicht unrepräsentativen Memoiren vollziehen sich frühe sexuelle Erfahrungen großbürgerlicher Jugend zumeist am weiblichen Dienstpersonal. Benjamin verzeichnet nichts dergleichen. Es ist zwar eine kurze Novelle aus dem Jahr 1913 mit dem Titel »Der Tod des Vaters« erhalten,[42] deren Inhalt in einem Brief beschrieben ist: »Ein junger Mann verführt bald nach dem Tode seines Vaters das Dienstmädchen. Wie dann diese beiden Ereignisse zusammenfließen und eine Schwere die andere (Schwangerschaft des Mädchens) in der Waage hält.«[43] Die Anregung stammt jedoch nicht aus eigenem Erleben, sondern aus der Erzählung eines Bekannten. Benjamin aber hatte die mehr als zahlreichen Dirnen Berlins früh genug entdeckt und dies unter seltsamen Bedingungen. Einmal sollte er am jüdischen Neujahrstag an einer Feier in der Synagoge teilnehmen, wohin ihn weder Vater noch Mutter begleiteten. Er erhielt die Anschrift eines entfernten Verwandten, der ihn mit sich nehmen sollte. Ob er die Adresse vergaß oder sich in den Straßen verirrte – jedenfalls fand die Feier ohne ihn statt. Im ziellosen Umhergehen aber lernte er die Straßen kennen und ihre eindeutige Versuchung, die, wie er schreibt, »mich hier zuerst die Dienste ahnen ließ, welche sie den erwachenden Trieben leisten sollte«.[44] Benjamin erfuhr intensiv den jugendlichen Anreiz, »auf offener Straße eine Hure anzusprechen«.[45] Dieser Anreiz bestand zunächst darin, daß im offiziellen großbürgerlichen Weltbild, wie es sich am Familientisch ausprägte, solche Wesen gar nicht existierten. Entsprechend schwierig gestaltete sich für einen Jugendlichen dieser Klasse die Unternehmung: »Stunden konnte es dauern, bis es dahin kam. Das Grauen, das ich dabei fühlte, war das gleiche, mit dem mich ein Automat erfüllt hätte, den in Betrieb zu setzen, es an einer Frage genug gewesen wäre. Und so warf ich denn meine Stimme durch den Schlitz. Dann sauste das Blut in meinen Ohren und ich war nicht fähig, die Worte, die da vor mir aus dem stark geschminkten Munde fielen, aufzulesen. Ich lief davon, um in der gleichen Nacht – wie häufig noch – den tollkühnen Versuch zu wiederholen. Wenn ich dann, manchesmal schon gegen Morgen, in einer Toreinfahrt innehielt, hatte ich mich in die asphaltenen Bänder der Straße hoffnungslos verstrickt, und die saubersten Hände waren es nicht, die mich freimachten.«[46]

Natürlich gab es auch Wege zum schönen Geschlecht, die näher lagen, besonders die des zoologischen Gartens. Hier flanierten die Berliner zwischen »den Sandplätzen der Gnus und Zebras, den kahlen Bäumen und Riffen, wo die Aasgeier und die Condore nisteten, den stinkenden Wolfsgattern und den Brutplätzen der Pelikane und Reiher ... Das war die Luft, in der zum ersten Mal der Blick des Knaben einer Vorübergehenden sich anzudrängen suchte, während um so eifriger er zu seinem Freund sprach.«[47] Der seit seiner Kindheit fast tägliche Gang durch den Zoo wurde durch die Aktienanteile des Vaters an der Berliner-Zoo-AG ermöglicht, da die Aktionäre und ihre Familienangehörigen nicht das obligate Eintrittsgeld zu entrichten hatten, das die weniger begüterten Berliner von solch regelmäßigen Vergnügen ausschloß. Wiederum liegt der Vergleich zur Akazienallee Prousts nahe, aber auch der späteren großen Bedeutung des Blicks im Vorübergehen, so in Benjamins Interpretation von »A une passante«, sei schon hier gedacht.

Mit seinem privaten »Dirnenproblem« teilt Benjamin ein vieldiskutiertes Thema der Zeit. Bereits 1846 hatte der radikaldemokratische Schriftsteller Ernst Dronke in seinem wegen der argumentativen Schärfe und der präzisen Physiognomik einer Großstadt überaus lesenswerten Buch »Berlin«[48] von der heuchlerischen Moral des Besitzbürgertums und vom Elend des Proletariats geschrieben. »Der Begriff der Moral ist der des Reichtums, der Begriff des Unmoralischen ist der der Armut; der Reichtum selbst ist die Moral und Sittlichkeit.«[49] Die Herrschaftsmoral läßt sich in der Klasse der Besitzenden ständig in dem Maße erweitern, als sie sich für die ärmeren Klassen verengt. Der Kampf um die Existenz, der bei den Besitzenden versteckt und unter immer skrupelloserer Ausnutzung scheinbar legaler Methoden wie z. B. der der Spekulation geführt wird, äußert sich beim Proletariat in der »rohesten Form«: »Bei den Armen besteht er in der Prostitution und im Verbrechen. Die Prostitution ist in Berlin namentlich zu einer Ausdehnung gekommen, welche beweist, wie ungeheuer die Zahl derjenigen ist, welche durch äußere Verhältnisse der Existenz und der Erziehung in einen *offenen* Kampf gegen die Moralgesetze getrieben werden.«[50] Dronke gibt für das noch längst nicht zur Großstadt erwachte Berlin von 1845 die Zahl von rund 10 000 Prostituierten bei 170 000 weiblichen Einwohnern an. Stefan Zweig schreibt in seinen Memoiren über die Vorkriegssituation: »Während heute auf den Großstadtstraßen Prostituierte so selten anzutreffen sind wie Pferdewagen auf der Fahrbahn, waren damals die Gehsteige derart durchsprenkelt mit käuflichen Frauen, daß es schwerer hielt, ihnen auszuweichen, als sie zu finden.«[51]

Wie in allen Großstädten blieb dieser Erwerbszweig nicht auf ein bestimmtes Viertel begrenzt, sondern breitete sich in mannigfachen Formen über die ganze Stadt aus. Wenn die auf »Moral« bedachte preußische Regierung nicht per Gesetz die kontrollierbaren Bordelle verboten hätte, hätte die Entwicklung vielleicht einen anderen Verlauf genommen; so aber wurden die meisten Prostituierten auf die Straße gezwungen und erweiterten erfinderisch ihren Liebesmarkt bis in scheinbar seriöseste Etablissements. Da sie gehalten waren, sich nicht auffällig zu kleiden, gingen sie in der Masse auf und waren doch dem Aufmerksamen jederzeit verfügbar. Es ist ein frommer Selbstbetrug, wenn Georg Zivier in seinem kleinen Buch über das Café des Westens und das spätere Romanische Café, dem Treffpunkt der Berliner intellektuellen Bohème nach der Jahrhundertwende, einerseits von Mädchen schreibt, »die sich wie heimatlos zwischen den Tischen hin und herschlängelten, mit diesem und jenem oder dieser und jener ein kurzes Gespräch führten, da und dort Platz nahmen und bald wieder unrastig weiterpendelten«, andererseits aber bieder behauptet: »die Prostitution bleibt vor der Tür des Cafés des Westens.«[52] Der Selbstbetrug liegt darin, daß unter Prostitution hier nur die Straßenprostitution verstanden wird, die sicher die zahlenmäßig stärkste, aber auch schon 1846 für Dronke die ärmlichste Form darstellte. Eine nur wenig bessere war die der Caféhauskurtisanen, die nebenbei noch ein geistiges Hobby betrieben, und nur wenn die Konversation ihnen genehm war, ihren eigentlichen Beruf verrieten. Dies soll nicht heißen, daß alle, die sich im Café des Westens als Künstlerinnen ausgaben, durch Prostitution sich ernährt hätten, aber – wie Zivier selbst sagen muß – viele waren »Lyrikerinnen oder Malmädchen mit zweifelhaften Geldquellen«.[53]

Auch wenn Benjamin nicht, wie er es selten genug tat, seinen Kaffee im »Romanischen« genommen hätte – es genügte, daß er im Tiergarten flanierte oder nur den Kurfürstendamm betrat. Die Damen waren überall. Als die Expressionisten sich um 1912 aufmachten, die Großstadt zu entdecken, da organisierten sie sich sorgsam deutsch in kleinen Expeditionstrupps, als gelte es, ein fernes Land zu erkunden. Viele Großstadtgedichte Georg Heyms sind solchen Ausflügen in die großstädtische Realität unter Führung Kurt Hillers und anderer zu verdanken. Daß mit der so neu gewonnenen Form der Großstadtpoesie auch die Hure ins Bewußtsein trat, ist nur konsequent. Die Impressionisten konnten sie noch als bindungslos freies Individuum darstellen, die Symbolisten sie im verführerischen Dämon Weib charakterisiert finden, für die Expressionisten ist die Hure nicht mehr und nicht weniger als ein Opfer der bürgerlichen Moral und des Kapitals, das solche Moral garantiert. Ihren ohnmächtigen Protest gegen die nicht zuletzt durch die Auseinandersetzungen um die Lex Heinze pervertierte Kultur des Wilhelminischen Deutschland gründeten die Expressionisten auf eine Solidarität mit den Prostituierten. Der berüchtigte Prozeß gegen den Zuhälter Heinze und seine als Prostituierte tätige Frau begann 1891 und lenkte die Aufmerksamkeit der Bürger für fast zehn Jahre mit heuchlerischem Blick auf diesen »Abschaum der Menschheit«.[54] Die poetische Avantgarde der Expressionisten war es, die das Wagnis unternahm, sich der Herrschaftsmoral entgegenzustellen und auch Prostituierte als Menschen ihresgleichen – und überhaupt als Menschen – anzusehen. Daß die in einem solchen Anlauf enthaltene Kritik am bestehenden Kulturbild sich rasch in eine allgemeine »Mensch o Mensch«-Verbrüderung verflüchtigte, daß einzig das »Menschliche« an der Hure erkannt wurde, und kaum noch die soziologischen Bedingungen der Existenz, was notwendig zu einer Politisierung der Aussagen hätte führen müssen, sei nur am Rande erwähnt. Wichtig ist in diesem Zusammenhang nur die zeitgenössische Situation Berlins, in die Walter Benjamin hineinwuchs und von der er auch berichtete. Es ist nach allem kein Zufall oder nur von privatem Belang, wenn er in einem frühen Brief auf das Problem der Prostitution eingeht. Den Zeilen ist zu entnehmen, daß er seinem ehemaligen Mitschüler auf dem Kaiser-Friedrich-Gymnasium, Herbert Belmore, mit dem er auch als Student noch einige Jahre in Verbindung blieb, und ebenso dem Freunde Franz Sachs, eigene kritische Gedanken über jenes Problem mitteilte, nachdem Belmore sich in traditionell ästhetisierender Weise dazu geäußert hatte. Die Briefe Belmores sind zwar nicht erhalten, aber Benjamins eingehender Brief vom 23.6.1913 ermöglicht solche Rekonstruktion. Es heißt dort: »Wir für uns – nicht wahr – nehmen Sittlichkeit und Personenwürde in Anspruch. Aber wir sollen es wagen uns vor die Dirne zu stellen und nennen sie Priesterinnen, Tempelgeräte, Königinnen und Symbol. Du mußt wissen, daß mich das so sehr empört, wie Franzens ›Mitleid‹. Noch viel mehr. Denn mit diesem Mitleid, (das immer noch elend genug bleibt für den der mit ihr schläft – aber es kann wenigstens ehrlich sein) ist die Dirne doch noch sittlicher Mensch ... Irgend ein schönes Ding ist Dir die Dirne. Du achtest sie wie die Mona Lisa ... Aber Du denkst Dir nichts dabei, tausende von Frauen zu entseelen und sie in der Galerie der Kunstwerke hinüber zu schieben. Als ob wir gar so kunstwerksam mit ihnen verführen! Sind wir ehrlich, wenn wir die Prostitution ›poetisch‹ nennen. Ich protestiere im Namen der Poesie... Ich möchte, Du sähest den schalen Ästhetizismus in dem was Du schreibst. Du selber willst nicht auf Menschlichkeit verzichten. Aber doch soll es Menschen geben, die Sachen sind. Du privilegierst Dir die Menschenwürde. Das andere sind schöne Dinge. Und warum? Damit wir eine edle Geste für unedle Taten haben.

Wenn wir selber sittlich sein wollen, wenn wir zugleich die Prostitution anerkennen wollen, so gibt es nur die Frage: Welchen sittlichen Sinn hat das Leben der Dirne? – Indem es ein sittlicher ist, kann es kein andrer sein, als der unsres eignen Lebens. Denn Du fragst noch zu schüchtern: ›Entweder sind alle Frauen Prostituierte oder keine?‹ Nun, antworte wie Du willst. Ich aber sage: wir alle sind es. Oder sollen es sein. Wir sollen Ding und Sache sein vor der Kultur... Wenn wir selbst all unsere Menschlichkeit als ein Preisgeben vor dem Geist empfinden und kein privates Gemüt, keinen privaten Willen und Geist dulden – so werden wir die Dirne ehren. Sie wird sein was wir sind.«[55]

Daß der Adressat Herbert Belmore dies alles nicht verstand und den Worten Benjamins das Postulat einer desintellektualisierten Versachlichung der Beziehung zur Dirne entnahm, läßt sich Benjamins Entgegnung vom 3. Juli 1913 entnehmen: »Daß Du mir aber das zutraust: der Mann soll sich bei der Dirne befriedigen, damit er frisch gestärkt (und friedlich-heiter) an seine Arbeit geht!«[56] Benjamin vertröstet Belmore auf eine Novelle, die er zu diesem Thema gerade schreibt; vielleicht sei aus ihr seine Meinung leichter verständlich. Ob sie beendet wurde, ist nicht bekannt; es ist kein Manuskript erhalten. Noch einmal nimmt er 1914 in einer kleinen Notiz, die unter seinem Pseudonym »Ardor« in der »Aktion« erschien, zu diesem Thema Stellung.[57]

Über den ephemeren Anlaß hinaus ist Benjamins Brief an Belmore von grundsätzlicher Bedeutung, da schon hier das vielleicht wichtigste Prinzip der späteren Arbeiten sichtbar ist. Der Satz: »Wir sollen Ding und Sache sein vor der Kultur« kommentiert nicht allein die schon erwähnte Verweigerung der Ich-Form in Benjamins Stil, sondern hat mit dieser zusam-

men eine weitreichende Konsequenz in der später zu besprechenden Sprachtheorie.
Doch zunächst soll die Darstellung sich der Ausbildung und damit einer der wesentlichsten Erfahrungen des jungen Benjamin zuwenden.

Jugendbewegung

Der stets kränkliche Knabe wurde 1905 vom reformierten Kaiser-Friedrich-Gymnasium in das thüringische Landerziehungsheim Haubinda geschickt und blieb dort fast zwei Jahre, bis er wieder nach Berlin zurückkehrte und dort 1912 sein Abitur ablegte. Diese zwei Jahre aber waren von entscheidender Bedeutung. Benjamin lernte in Haubinda eine Schulform kennen, die sich vom üblichen eintönigen Drill strikt unterschied. Er machte Bekanntschaft mit den pädagogischen Ideen Gustav Wynekens, und dieses Erlebnis bestimmte sein Denken nahezu ein Jahrzehnt. Aus dem kränklichen Knaben wurde ein selbstbewußter Schüler, aus dem bewußtseinslosen Kind ein Verfechter eigenwilliger Jugend und ein Protagonist der »entschiedenen Jugendbewegung«. Deren Keimzelle war die »Freie Schulgemeinde«, die Wyneken 1906 in Wickersdorf gründete.

Wyneken hatte im Sommer 1900 die kurz zuvor von Herrmann Lietz gegründeten »Landerziehungsheime« kennengelernt. Er wurde, zunächst in Ilsenburg, dessen Assistent. Als Wyneken aus der Kirche austritt und als Erzieher den vorgeschriebenen Religionsunterricht nicht als Geschichte der Offenbarung, sondern als Religionshistorie erteilt, verlangt die Schulbehörde sein Ausscheiden aus dem Amt. Daraufhin wird er von Lietz 1903 als Lehrer in Haubinda eingesetzt. Benjamin erlebte ihn dort ein Jahr lang als Erzieher. Aber 1906 mußte er auch dieses Haus verlassen und gründete seine eigene »freie Schulgemeinde«. Sie war unabhängig von den nach 1900 zahlreich aufkommenden reformpädagogischen Ideen (Ellen Key hatte das 20. Jahrhundert zu dem des Kindes proklamiert), sie war auch unabhängig von der Wandervogel-Bewegung, die schließlich in Hans Blüher ihren kompetenten Psychographen fand. Dennoch ist sie mit dieser verbunden im von Blüher geweckten Bewußtsein, daß »Jugend« ein eigenständiger Wert sei und nicht nur eine Entwicklungsstufe vom Kind zum Erwachsenen. Zudem hatte gerade Blüher den emanzipatorischen Anspruch einer Jugendbewegung als Protest gegen die erstarrte Kultur der Väter zum wesentlichsten Indiz für diese

neue Jugend ernannt. Leider sind die Tagebücher und theoretischen Aufzeichnungen Benjamins, in denen er sich in Haubinda mit den Ideen Wynekens auseinandersetzte, nicht erhalten, so daß man zur Kenntnis seiner Position auf Aufsätze und Berichte aus der ersten Zeit der Zeitschrift jener Jugendbewegung, des »Anfang«, angewiesen ist. Der »Anfang« wurde von Georges Barbizon gegründet, einem Schüler der Freien Schulgemeinde Wickersdorf, der eigentlich Georg Gretor hieß. Die ersten Nummern von 1910/11 waren diffus und in ihren Beiträgen unbedeutend, da sie noch nicht die kritische Schärfe der nachfolgenden Jahre erreichten. Unter dem Pseudonym »Ardor« veröffentlichte Benjamin hier einige Gedichte und einen kleinen Aufsatz über die Schulgemeinde. Erst als Barbizon zusammen mit Siegfried Bernfeld nach einem Jahr der Unterbrechung die Zeitschrift im Mai 1913 neu gründete und auch bis zur letzten Vorkriegsnummer vom Juli 1914 als deren Herausgeber zeichnete, wurde sie wirklich zu dem bestimmenden Organ der »entschiedenen Jugendbewegung«. Da Barbizon noch nicht volljährig war, mußte Gustav Wyneken selbst formell als Chefredakteur auftreten. Er hat jedoch auf die redaktionelle Gestaltung des Blattes kaum Einfluß genommen. Den Verlag übernahm Franz Pfemfert, der mit seiner »Aktion« zur links von der Sozialdemokratie stehenden Opposition gehörte. Er hat sich der Sorgen und Anfechtungen, die der »Anfang« von konservativer Seite erleben mußte, in der »Aktion« auch immer verteidigend angenommen.
Zu den Mitbegründern des »Anfang« gehörte auch Martin Gumpert, ein unter dem Pseudonym »Grünling« publizierender junger Freund Benjamins, der in seiner im Exil erschienenen und heute vergessenen Autobiographie schreibt: »Verlassen von unseren Eltern, von denen wir wußten, daß ihre Harmlosigkeit uns ins Unglück jagen würde, versuchten wir, uns gegen unser Schicksal zu sträuben, und glaubten an eine Welt, die die Stimme der Jugend hören würde. Führertum und Gefolgschaft spielten eine bedeutsame Rolle. Wir lasen Stefan George und die strengen Epen des Schweizer Dichters Carl Spitteler.«[58] Tatsächlich organisierte sich die Jugendbewegung unter dem Leitprinzip des »Führers«, dessen Rolle zeitweise der überragende Gustav Wyneken übernahm. Auch Benjamin war das Vokabular von Führer und Gefolgschaft durchaus geläufig, ohne daß es jedoch Anklänge an den späteren Miß-

brauch des Inhalts dieser Begriffe gegeben hätte. Wyneken war eine durchaus sokratische Persönlichkeit und damit eigentlich nie autoritär, aber auch nie demokratisch. Hans Blüher hat richtig geschrieben, daß die Grundlage der Schulgemeinde der antike Eros war,[59] d. h. es wurde ein Prinzip verwirklicht, das den Erzieher zum beschützenden Kritiker seiner Schüler machte, wie eben Sokrates seinen Schülern alle Geborgenheit einer Gemeinschaft zu vermitteln bereit war und doch die geistigen Kompromisse, wie sie familiär auftreten müssen, strikt vermied. Der Begriff des Eros, den die Zeitgenossen nach Lektüre der Wandervogel-Monographie Blühers als bloße Homosexualität mißverstanden, bedeutet zunächst nichts anderes und nichts weniger, als daß jeder ein Gefühl für die eigene Person entwickeln sollte, dessen Differenzierungen sich dann als Hilfe oder Mitleiden, als Zuwendung und Erleben in der Gemeinschaft bewähren sollten. Die Diffamierung männlicher Begegnung schadete der Jugendbewegung ebensosehr wie – auf anderer Ebene – dem diffamierenden Kreis konservativer Erwachsener, da dieser sich hiermit unfähig zu einem adäquaten Verständnis dieses jugendlichen Denkens zeigte. Es sei aber auch nicht verschwiegen, daß Wyneken 1920 wegen seiner homoerotischen Neigung vor Gericht kam. Etwas später, ab 1925, war übrigens Peter Suhrkamp, der spätere Verleger Benjamins, Lehrer und Pädagogischer Leiter der Freien Schulgemeinde Wickersdorf.

Wyneken war, wenngleich als Führer apostrophiert, immer im antiken Begriff primus inter pares. Aus dem damals noch unverbrauchten Wort vom »Führer« aber ließ sich recht bald ein Indiz gegen die Jugendbewegung gewinnen. Martin Gumpert schreibt, daß die geistige Atmosphäre jener frühen Reden und Aufsätze über Führer und Gefolgschaft eine »mystische Mitschuld am Nationalsozialismus« enthalte: »Wenn ich diese alten Aufsätze heute lese, in denen vom ›Einsatz für die Sache‹, vom ›Aufhören des Einzelnen‹, vom ›neuen Glauben‹, die Rede ist, so frage ich mich entsetzt, was aus diesen Formeln unseres Pathos geworden ist. Mit diesem Ruf sind meine Freunde als Freiwillige in den Krieg gezogen, mit diesem Ruf auf den Lippen gestorben. Das Echo dieses Schreies ist in der Luft geblieben, vom falschen Messias erbeutet und entstellt klingt es heute in den Ohren einer neuen Jugend, die neuem Elend entgegentaumelt.«[60] Man kann solch verständig anklagenden

Sätzen nicht widersprechen, vor allem nicht, wenn man weiß, daß Wyneken 1914 die deutsche Jugend zum Krieg begeistern wollte, weshalb Benjamin mit ihm brach. Es wäre absurd, wollte man Walter Benjamin für die Entstehung des Nationalsozialismus mitverantwortlich machen, und doch war er Teil jener Jugend, aus der Hitler später seine Anhänger gewinnen konnte und hatte bereits ihr Vokabular mitgeformt. Nur seine rechtzeitige Distanzierung von Wyneken rettet ihn vor der apologetisch vernichtenden Phrase einer »idealistisch mißbrauchten Jugend«.

Es war der emphatische Begriff der »Jugend«, der nach 1900 zur Gemeinschaft verpflichtete und alle, später um so krasser hervortretenden, Differenzen überdeckte. Hans Blüher, der eng an die männerbündische und z. T. schon antisemitische Wandervogel-Bewegung attachiert war, konnte sich im Namen einer überparteilichen Jugendbewegung durchaus von Gustav Wyneken begeistern lassen. Am Anfang ihrer Bekanntschaft stand 1912 eine Zeitungsnotiz, derzufolge es Wyneken verboten worden war, weiterhin Schüler auszubilden. »Dieser Wyneken, so hieß es, baue sein pädagogisches System auf der Überzeugung auf, daß Spitteler im Vergleich zu Goethe der größere Dichter sei und also in der Erziehung dominieren müsse.«[61] Es liest sich dies zunächst etwas kurios. Man muß aber bedenken, daß Goethe von der Vätergeneration als Vollender der Dichtkunst und der poetischen Kultur ausgegeben wurde; nicht wenige Literaturgeschichten des 19. Jahrhunderts folgten Gervinus, der seine Geschichte der deutschen Nationalliteratur mit einer Würdigung Goethes und der Weimarer Klassik als dem Höhepunkt erreichbarer Kunst beschlossen hatte. Eine Opposition gegen den zwar wenig gelesenen, aber kritiklos verteidigten Goethe mußte zu jener Zeit notwendig eine Opposition gegen die erstarrten Bildungsnormen und deren Vertreter – Lehrer wie Väter – bedeuten. Der Vorzug, der Carl Spitteler vor Goethe gegeben wurde, ist so dubios wie nebensächlich; wesentlich ist in historischer Perspektive allein der Protest gegen eine überlieferte Kulturtradition im Namen der Jugend. Auf dieser Basis fanden sich heterogenste Geister zusammen, so auch Hans Blüher und Gustav Wyneken. In seiner Autobiographie schreibt Blüher: »Er überzeugte mich davon, daß, wenn die Schule einen ernsthaften Sinn haben sollte, sie ihn nur dadurch bekommen könnte, daß sie allein

dem Geiste diente – ›scholae, non vitae discimus‹. Er verwies auf das Mittelalter, da ein Stand von homines religiosi der Verwahrer der geistigen Güter war und diese ad majorem Dei gloriam verwaltete und lehrte. Von solcher Art sei seine Gründung in Wickersdorf.«[62]
Blüher war damals dermaßen von Wynekens Vorstellungen eingenommen, daß er in einer Schrift »Führer und Volk in der Jugendbewegung« die gesamte deutsche Jugend auf den »Führer« Wyneken verpflichten wollte. Wenn er sich schon nicht 1914 von Wyneken distanzierte, so spätestens 1919, denn Blüher war und blieb Monarchist, Wyneken dagegen näherte sich Kurt Hillers »geistigen Arbeitern« an. Das mitgeteilte Zitat aber offenbart besser als alle Selbstzeugnisse Wynekens den Kern seiner Lehre, durch die sich Benjamin lange – und in Details lebenslang – beeinflussen ließ. Es enthält eine scharfe Absage an Schule und Universität als bloße Ausbildungsstätten; Benjamin wird dies in einem Vortrag 1914 bekräftigen. Es enthält ferner eine Definition der Religiosität, wie sie in Benjamins Frühschriften so häufig erscheint. Es seien »homines religiosi« gewesen, welche die geistigen Güter verwalteten ad maiorem Dei gloriam. Nicht für sich individuell und zu einem naheliegenden Zweck dient also das Erfahren des Geistigen, sondern es ist Verstehen der Sache selbst aus ihrem eigentlichen Ursprung. Die homines religiosi haben die Sache erkannt und werden durch ihre Erkenntnis zu Lehrenden, nicht für sich selbst, sondern »für die Sache«, die in ihrem Wert identisch ist mit ihrem Ursprung und nicht etwa mit ihrem Erfolg oder Nutzen. Diese Einsicht ist bei Benjamin Voraussetzung für die »Sittlichkeit« des Menschen. Er übernimmt vollkommen die kantianische Argumentationsweise Wynekens, wenn er vom sittlichen Willen sagt, dieser müsse »motivfrei« sein: »Eine Berufung auf den Ausgang hat mit sittlicher Motivation nicht das geringste zu tun. Die Grundstimmung des Sittlichen ist Abkehr, nicht Motivierung durch den eigenen, noch überhaupt einen Nutzen.«[63]
Es wird deutlich, wie mißverständlich solche Argumentation werden konnte; »für die Sache« war nach Wagner zu einer prototypisch deutschen Phrase geworden. Dennoch hat Benjamin eben dies Prinzip lebenslang beibehalten, um es allerdings gravierend zu verändern. Sich versenkend ins Gegenständliche, um es zu verstehen: das ist bereits der Kernsatz des Briefes

über die Prostitution: »Wir sollen Ding und Sache sein vor der Kultur.« Martin Gumpert zitiert aus dem Vokabular der Zeit vom »Einsatz für die Sache« und vom »Aufhören des Einzelnen«; diese Phrasen waren einst für Benjamin inhaltsschwer gewesen und bargen noch keine Gefahr in sich. Daß Benjamin immer über alles Gemeinsame hinaus einen eigenen Weg suchte, sieht man allein daran, daß er Wynekens Urteil, Spitteler sei höher zu schätzen als Goethe, nie annehmen wollte – im Gegenteil. Schon sehr früh zitiert er Goethe in seinen Briefen und Aufsätzen. Die Werke Spittelers dagegen ließ er sich zwar zum Geburtstag schenken, las sie auch, zeigte sich aber von ihnen nicht lange beeindruckt. Kunst war es für ihn kaum, aber pädagogisch verwertbar: gerade das hatte Wyneken nicht gewollt. Vielleicht ist es nicht unrichtig, wenn man vermutet, daß für Benjamin der entscheidende Fehler Wynekens eben jenes nur scheinbar ästhetische Fehlurteil war. Vielleicht auch ist Benjamins frühe und intensive Beschäftigung mit Goethe eine nie eingestandene geheime Abrechnung mit seinem Lehrer gewesen. Kein Schüler verzeiht einem verehrten Lehrer einen solchen Fehler.

Nach dem Abitur verläßt Benjamin Berlin und läßt sich zum Sommersemester 1912 in Freiburg als Student der Philosophie einschreiben. Gustav Wyneken hatte ihn gebeten, die Leitung der Abteilung »Schulreform« in der Freiburger »Freien Studentenschaft« zu übernehmen. Benjamin, der mit Recht fürchtet, daß sein Studium unter organisatorischen Belastungen leiden würde, sagt unter der Bedingung zu, daß er eine intakte Organisation bereits vorfinden müsse. Es stellt sich aber rasch heraus, daß die Freiburger Studentenschaft völlig arbeitsunfähig ist, und daß von ihr keinerlei Initiativen ausgehen. »Man sieht hier keine Anschläge am Schwarzen Brett, keine Abteilungen – keine Vorträge.«[64] Benjamin zeigt sich nicht entschlossen, seine Studienzeit dem Aufbau einer intakten Studentenorganisation zu opfern, schreibt aber einen kleinen Artikel über das Problem der Schulreform.[65]

Die Semesterferien verbringt er im Sommer 1912 zusammen mit dem ehemaligen Klassenkameraden Franz Sachs in Stolpmünde. Er lernt dort den Oberprimaner Kurt Tuchler kennen, der ihn mit den Ideen des Zionismus vertraut macht. Benjamin schreibt in einem Brief vom 12. August 1912: »Einen ernsten Einfluß kann Stolpmünde auf mich vielleicht noch ausüben.

Hier zum ersten Male ist Zionismus und zionistisches Wirken als Möglichkeit und damit vielleicht als Verpflichtung mir entgegengetreten.«[66] Franz Tuchler erinnerte sich später: »Während dieser ganzen Ferien war ich täglich, um nicht zu sagen stündlich, mit Benjamin zusammen, und wir hatten einen unerschöpflichen Gesprächsstoff. Ich versuchte, ihn in meinen zionistischen Vorstellungskreis einzuführen. Er versuchte seinerseits, mich in seinen Gedankenkreis zu ziehen. Wir setzten unseren Gedankenaustausch brieflich mit großer Intensität fort.«[67] Leider ist dieser Briefwechsel nicht erhalten. Immer wieder im Laufe seines Lebens ist Benjamin mit Zionisten zusammengetroffen, von denen Gerhard Scholem sein engster und vielleicht einziger Freund wurde. Auch er aber konnte Benjamin letztlich nicht zu einer Übersiedelung nach Palästina überreden, wiewohl dieser später zuweilen mit solchen Gedanken umging. Auch in mehreren Briefen an Ludwig Strauß begründet Benjamin ausführlich seine Stellung zum Zionismus und seine Verbundenheit mit den Ideen Wynekens. Diese wichtigen biographischen Zeugnisse sind erst jüngst in den Gesammelten Schriften (Bd. II, 3, 836 ff.) veröffentlicht worden.

Aufschlußreich sind vor allem einige Sätze aus dem letzten Brief an Strauß vom Januar 1913, in denen Benjamin seine Position klar absteckt: »... ich kann nicht den Zionismus zu meinem politischen Element machen. (Und deshalb werde ich ihn in radikaler Politik allerdings bekämpfen müssen.) Im tiefsten Sinne ist Politik die Wahl des kleinsten Übels. Niemals erscheint in ihr die Idee, stets die Partei ... – wir wenden uns dahin, wo wir noch am ehesten unterkommen können. Der Zionismus aber ist für mich nicht dieser Ort, der Zionismus, so wie er existiert und allein existieren kann: mit dem Nationalismus als letztem Wert ... Ob ich mein politisches Unterkommen im linken Liberalismus oder auf einem sozialdemokratischen Flügel finden werde, weiß ich noch nicht bestimmt. Im ganzen Komplex meiner Gesinnungen, die ja im Politischen in bestimmter Richtung zusammenzuziehen sind, spielt das Jüdische nur eine Teilrolle. Und eben nicht sowohl das National-Jüdische der zionistischen Propaganda ist mir wichtig, als der heutige, intellektuelle Literaten-Jude ...«

Benjamins frühe Hoffnung auf die politische Linke wird enttäuscht werden; am Ende wäre es doch der ihm so fremde

realpolitische Zionismus gewesen, wo er noch am ehesten hätte unterkommen können, und nicht die alleingeistige und zudem stets gefährdete »Heimat« des Instituts für Sozialforschung.
In Freiburg fand Benjamin schwer Kontakt und pflegte brieflich seine Verbindung zu den Bekannten in Berlin um so intensiver. Erst als er 1913 Philipp Keller kennenlernt, der gerade an einem Roman »Gemischte Gefühle« schreibt, und durch ihn in den Kreis des »Akademikerheimes« eingeführt wird, löst er sich aus seiner Zurückgezogenheit. Dieses von der »Freien Studentenschaft« unabhängige »Akademikerheim« wurde nun an jedem Dienstagabend der Treffpunkt von Benjamin und sechs oder sieben Bekannten, die hier eigene Gedichte oder Aufsätze vortrugen. Auch der junge Dichter Friedrich Heinle, den Benjamin zum Mitarbeiter für die »entschiedene Jugendbewegung« gewinnt, gehört zu diesem Kreis, der anfangs von Philipp Keller dominiert wird. Immer häufiger aber kommt es zu Auseinandersetzungen zwischen ihm und Benjamin, die mit dem Rückzug Kellers enden. Von diesem Zeitpunkt an versucht Benjamin, Wynekens Ideen an den Kreis heranzutragen. Er diskutiert über Spitteler oder liest Aufsätze seines Lehrers vor.
Über Pfingsten, vom 9. bis 22. Mai fährt Benjamin mit Kurt Tuchler und Siegfried Lehmann, ebenfalls einem Zionisten, der später das Berliner jüdische Volksheim gründete, nach Paris. Die Stadt wird ihm zu einem unvergeßlichen Erlebnis, das er in einem Brief rekapituliert. Er habe 14 Tage mit so intensivem, wachem Bewußtsein gelebt, wie man nur als Kind leben könne. »Ich war den ganzen Tag unterwegs, ging fast nie vor 2 Uhr zu Bett. Die Vormittage im Louvre, in Versailles, Fontainebleau oder im Bois de Boulogne, nachmittags in den Straßen, in einer Kirche – im Café. Abends mit Bekannten oder in irgendeinem Theater: vor allem dann jeden Abend auf dem Grand Boulevard, das man ein wenig mit den Linden vergleichen könnte, wenn es nicht weniger breit (gemütlicher!) wäre und wenn nicht durch die ganze innere Stadt diese Straße sich ziehen würde, deren Häuser nicht zum Wohnen zu sein scheinen, sondern steinerne Coulissen zwischen denen man geht. Im Louvre und im Grand Boulevard bin ich fast heimischer geworden, als im Kaiser-Friedrich-Museum oder in Berliner Straßen.«[68]
Es ist kein Zweifel: Benjamin hatte sich in Paris verliebt, wie

man sich nur in eine Stadt verlieben kann. Dieser erste kurze Besuch wurde bestimmend für sein Leben. Er gab den Anstoß zur Beschäftigung mit Baudelaire, dem Dichter der Großstadt, und später zur Wahl der Stadt als Heimat im Exil. Nirgends, so schreibt Martin Gumpert, »kann man so tröstlichtraurig einsam sein als in dieser Stadt«.[69]

Kurz nach seiner Rückkehr erscheint das erste Heft des neuen »Anfang«. Der Herausgeber Barbizon hatte es in der »Aktion« vom 14. 5. 1913 folgendermaßen programmatisch angekündigt: »Diese neue Zeitschrift der Schuljugend hat inhaltlich wenig mehr zu tun mit ihren Vorgängerinnen gleichen Namens ... Aus zagen, schüchternen Versuchen, ›den betreffenden Kreisen (nämlich den pädagogischen ...) auch einmal die Auffassung der Jugend‹ zu Gehör zu bringen, ist eine selbstbewußte Zeitschrift entstanden mit dem Programm: ›durch die Jugend, für die Jugend!‹ ›Der Anfang‹ soll eine Tribüne sein, von der aus mit lebensfroher Stimme die Forderungen der modernen Jugend erhoben werden, von der aus sie ihren Kampf um Achtung, um Recht der Persönlichkeit, um Freiheit der Überzeugung, um eine neue Lebensgestaltung führen und sich zum ersten Male selbst finden und zum Bewußtsein ihres Wesens und ihrer gemeinsamen Interessen gelangen kann ... Die moderne Jugend hat das krampfhafte Wettrüsten untereinander, um ja nur einem (sic) möglichst breiten Platz am gedeckten Tisch des Lebens zu erobern, unter Verzicht auf eigene innere Bildung, unter Verzicht auf tiefere Erkenntnis, unter Preisgabe ihrer Jugendlichkeit und all ihrer Ideale gründlich satt. Der Popanz ›Ernst des Lebens‹ macht keinen Eindruck mehr auf uns ...«

Dies sollte nicht nur, im vielleicht jugendlichen Überschwang geschrieben, die Absage an eine erstarrte Form schulischer und familiärer Erziehung sein, es war deutlich und unüberhörbar die Kampfansage einer sich organisierenden Jugend an die ganze Generation der Väter und Lehrer. Zugleich mit dem ersten Heft des »Anfang« mußte es darüber zum Eklat kommen. Nochmals sei ausführlich der Herausgeber Barbizon zitiert, der in der »Aktion« vom 11. 6. 1913 auf den durch das vorgelegte Programm entstandenen Entrüstungssturm der Älteren mit scharfen Worten reagierte: »Die Jugend hat endlich erkannt, wie wichtig es für sie ist, sich zu organisieren, damit sie in der ernüchterten Welt ihrer Väter ihren Willen zum Fortschritt und zur Kultur behaupten kann. Sie hat das Mittel erkannt, die sich stets wiederholende Tragödie der Generationen – ihre vorzeitige Vergreisung und Lähmung – von sich abzuwenden... Unser erstes grünes Heft war noch nicht eine Woche in die Welt hinausgesandt, als sich schon ein Sturm panischen Schreckens in der konservativen Presse erhob.« Barbizon zitiert nun einige Pressestimmen, voran die »Kreuz-Zeitung«, die von den Vätern »mittelalterliche Strenge« verlangte, »um die Keime solcher Verkommenheit bei ihren Söhnen zu vernichten«. Die »Norddeutsche Allgemeine« war der Meinung, daß die Jugend sich lieber ihrer wahren Kultur »auf Turn-, Spiel- und Sportplätzen« widmen sollte, »in Gottes freier Natur und am Familientische«. Sie beläßt es jedoch nicht bei dieser Ermahnung, sondern wendet sich an die Eltern, ihren Kindern jede Teilnahme an der Jugendbewegung zu verbieten, andernfalls sie ihre Jungen »eines von den Schulgesetzen mit Recht streng verbotenen Unfugs wegen von der Schule nehmen müßten«.

Deutlicher konnte die Reaktion der Erwachsenen kaum ausfallen; mit derart ignoranten und bösartig nötigenden Kommentaren aber gab sie der Jugendbewegung eine eindringliche Bestätigung ihrer historischen Notwendigkeit und Wichtigkeit; die Unversöhnlichkeit, die hier gezeigt wurde, wird manchem noch zögernden Jugendlichen den Weg zur Jugendbewegung geebnet haben. Die jugendliche Initiative blieb nicht allein auf die Zeitschrift beschränkt. Im Gefolge des neuen »Anfang« wurde eine von Walter Benjamin und einigen Freunden schon 1912 in Berlin gegründete Einrichtung wieder aktiviert: die sogenannten »Sprechsäle«. Hier konnten sich die Jugendlichen treffen und ihre Probleme diskutieren. In den Jahren 1913 und 1914 erfreuten sich die rasch nacheinander in mehreren Universitätsstädten gegründeten »Sprechsäle« großer Beliebtheit. Im Gegensatz zum »Wandervogel« war die »entschiedene Jugendbewegung« kein reiner Männerbund, so daß auch Mädchen an den Diskussionen teilnehmen konnten. Der Kreis bestand ausschließlich aus Jugendlichen bürgerlicher Familien; als Martin Gumpert einen Aufsatz für den »Anfang« schrieb, in dem es hieß, daß auch die Arbeiterjugend zur Jugendbewegung gehören müsse, wurde dieser von Wyneken abgelehnt.[70]

Durch die unerwartet starke Resonanz, die von einer nur

kleinen Gruppe bei der deutschen Jugend ausgelöst wurde, kam Benjamin fast zwangsläufig in die Situation, sich wieder mehr der Organisation der Freiburger »Freien Studentenschaft« widmen zu müssen. In einem Brief aus dieser Zeit heißt es: »Mein Denken geht immer wieder von meinem ersten Lehrer Wyneken aus, kommt immer wieder dahin zurück.«[71] Wenn es dem Kreis um den »Anfang« bis dahin an einer konkreten Möglichkeit, sich im tagespolitischen Geschehen zu profilieren, gefehlt hatte, dann war sie gänzlich überraschend durch Gerhart Hauptmanns »Festspiel« zum 100. Jahrestag der Befreiungskriege 1813 gekommen. Am 23. April 1912 hatte der Breslauer Magistrat Hauptmann gebeten, ein Festspiel zu schreiben, das Max Reinhardt inszenieren sollte. Hauptmann war sich durchaus der Tatsache bewußt, daß von ihm ein Schauspiel zur Verherrlichung der Befreiung Deutschlands von Frankreich und zur Feier militärischer Heldentaten erwartet wurde; er gedachte jedoch nicht, solchem Erwartungshorizont zu entsprechen. Mit Reinhardt war er sich über die grundlegend antimilitaristische und antinationalistische Perspektive des zu schreibenden Stückes einig; in einem Brief an den Festspielausschuß vom 4. Juni 1912, der die aus der Tendenz des Stückes entstehenden Konflikte vorausahnend vermeiden will, heißt es: »Das Manuskript muß in der vom Dichter festgelegten Form angenommen werden. Keiner Kommission oder behördlichen Persönlichkeit darf Einfluß auf die Ausgestaltung und spätere Inszenierung des Festspiels zugestanden werden. Die Namen Gerhart Hauptmann und Max Reinhardt müssen den Veranstaltern genügende Garantie geben, daß der Dichter in voller Erkenntnis der nationalen Bedeutung mit dem gebotenen Takt ein patriotisches Werk schaffen wird, dessen Grundton die Vaterlandsliebe ist. Billiger Hurrapatriotismus und höfisch-byzantinische Rücksichten dürfen bei diesem Werk nicht erwartet werden.«[72]
Taktisch sehr geschickt bietet Hauptmann kurz darauf seinen Rücktritt von dem Projekt an, worauf die Breslauer ihn rasch – wie erwartet – zur Produktion bitten ließen. Statt allerdings ein pathetisches Heroenspiel um und über die Befreiungskriege zu schreiben, griff Hauptmann nationalistische Tendenzen und den deutschen Militarismus an. Er tat dies in der Form eines jahrmarktüblichen Marionettenspiels, das anfangs von einem Puppenspieldirektor und seinem Gehilfen gelenkt zu sein

scheint. Durch diesen verfremdenden Kunstgriff mochte Hauptmann sich wohl vor dem platten Vorwurf einer Verunglimpfung geschützt gedacht haben, doch als in der Umkehr solcher Verfremdung die Masse der Puppen den Direktor ganz realistisch aus der Spielhandlung treibt und als ihr eigner Souverän und eigentlicher Urheber der Geschichte sich zu etablieren trachtet, wird Hauptmanns Konzept auch dem monarchisch Wohlmeinenden deutlich. Am Ende kehrt das nun von den Figuren selbst gespielte Geschehen wieder in den Rahmen eines Puppenspiels zurück: der Direktor erscheint und packt alles in seinen Kasten.

Am 31. Mai 1913 wurde in der Breslauer Jahrhunderthalle vor vielleicht 10000 Zuschauern das »Festspiel in deutschen Reimen« in der Inszenierung Max Reinhardts mit 2000 Darstellern uraufgeführt. Die Premiere war, wohl der einfallsreichen Inszenierung wegen, ein großer Erfolg; Hauptmann wurde wiederholt herausgerufen und bejubelt. Sehr rasch aber besann man sich auf den Inhalt dessen, was man gesehen hatte: damit begann der Skandal. Man hatte ein Puppenspiel gesehen, in dem deutsche und nicht nur deutsche Geschichte dargestellt wurde. Die Konservativen hätten es noch lächelnd geduldet, wenn einzig Napoleon als Puppe auf der Bühne erschienen wäre, aber sie mußten all ihre Nationalhelden so erblicken: den preußischen Staatsphilosophen Hegel und den Turnvater Jahn, den Judenfeind Freiherr vom Stein und sogar Friedrich den Großen. Alle »deutschen Werte« reduzierten sich in den Augen des Publikums zu verfügbaren Puppen eines weisen Theaterdirektors. Am Ende, als dieser seinen Kasten schon zusammenpacken will, wehrt sich die Puppe Blücher und will säbelschwingend ihr Leben in der Realität weiterführen. Doch der Direktor, abgeschaut dem Herrgott aus Goethes »Faust«, nimmt sie und führt sie in ihr Puppenhaus zurück. Mit einem Wort des Feldherrn, nun an die Puppe und ans Publikum gerichtet, beendet der Direktor das Spiel:

> »Du wackrer Graukopf, lieg an deinem Ort.
> Was leben bleiben soll, das sei dein Wort.
> Ich schenk es Deutschland, brenn es in sein Herz –
> nicht deine Kriegslust, aber – dein: Vorwärts!«

Mit diesen Sätzen war einer zunächst verwirrten Unruhe, dann aber einer wütenden Reaktion das Tor geöffnet. Wie leicht ließ sich doch jenes letzte Wort nicht auf Blücher, den man ja kaum mehr kannte, sondern auf das vorangegangene »Deutschland« beziehen. Und war nicht »Vorwärts« das Zentralorgan der sozialdemokratischen Arbeiterbewegung? Sollte das vielleicht eine Verhöhnung der nationalen Befreiungstat Blüchers bedeuten, daß Hauptmann ihm mit seinem Wort die Empfehlung eines aufrührerischen sozialdemokratischen Blattes in den Mund legte? Und wenn er vielleicht auch nur Blüchers Parole zitieren wollte, immerhin sind seine Verse deutlich pazifistisch und damit in den Augen der Konservativen zwangsläufig sozialdemokratisch. Im Jahre 1913 war entschiedener Pazifismus nahezu ein Staatsverbrechen. Hauptmanns Festspiel wurde eben zu der Zeit aufgeführt, als im deutschen Reichstag eine Wehrvorlage beraten wurde, der man schließlich auch zustimmte: da Frankreich und Rußland aufrüsteten, mußte auch das deutsche Heer um zwei neue Armeekorps verstärkt werden. Was hieß hier »Kriegslust«? Deutschland fühlte sich bedroht und eingekreist; der Krieg wurde konsequent als aufgezwungener Verteidigungskrieg ausgegeben. Und diesem deutschen Opferwillen wollte Herr Hauptmann mit seinem sozialdemokratischen Pazifismus ins Gesicht schlagen? Ein Entrüstungssturm ging durch die deutsche Presse, nicht nur durch die bekannt konservative. Nach der 11. Vorstellung mußte man das Stück unter dem Druck der veröffentlichten Meinung absetzen.

Als Benjamin von diesem inoffiziellen Verbot erfuhr, reagierte er prompt. Mit dringlichen Briefen an Gustav Wyneken veranlaßte er, daß die August-Nummer des »Anfang« einzig Gerhart Hauptmann und dem Festspiel gewidmet wurde: »Die Jugend möge einer politisch verkalkten Öffentlichkeit antworten.«[73] Er war von dem Stück begeistert, sah aber auch in einem Hauptmann-Heft eigene Ziele: »werden wir sobald wieder Gelegenheit finden, zu zeigen, was jugendliches Urteil in der Öffentlichkeit soll?«[74] Er engagiert sich nun mehr als zuvor, aber er hängt noch der Illusion an, Wynekens Jugendbewegung könne apolitisch bleiben. Wenn irgendwann noch vor Kriegsbeginn, so wäre zu diesem Zeitpunkt nicht allein die Möglichkeit, sondern auch die Notwendigkeit offenbar geworden, eine eindeutige politische Position zu beziehen. Benjamin dagegen schreibt am 22. Juni 1913 einen Artikel »Erfahrung«, der im Oktoberheft des »Anfang« gedruckt wurde und nur das wiederholt und bekräftigt, was Barbizon schon in seinen in der »Aktion« erschienenen Artikeln gesagt hatte: daß die Jugend um ihrer bewußten Jugendlichkeit willen das ignorieren muß, was ihr die Erwachsenen als eigne deprimierende Erfahrung stets in Exempeln vorerzählen. Die Jugend muß ihr Leben zu gestalten lernen, ohne der hindernden Ermahnungen der Vätergeneration Gehör zu schenken. Nach dem Erlebnis der Umstände des Festspiels ist es ein durchaus nivellierender Beitrag, der recht deutlich die Grenzen Benjamins und der Jugendbewegung markiert. Benjamin vertraute auf eine Bewegung, die ihre Stärke aus der Quantität der Mitglieder gewinnt; später wird sich dies radikal ändern. Jetzt sah er noch nicht, daß der Anlaß Gelegenheit zur Solidarität mit noch nicht integrierten Jugendlichen gegeben hätte, weil er diese Jugendlichen, die Arbeiterjugend, noch nicht sah; er wollte unpolitisch bleiben: »unbedingt muß der ›Anfang‹ erhalten bleiben als erstes rein geistiges (nicht ästhetisches od. sonst wie) Blatt, dennoch fernstehend der Politik.«[75]

Es gehört wohl zum Charakteristischen eines solchen Lebens, das sich beständig weigerte, politisch zu werden, daß es am Ende dazu gezwungen wird. Leicht entsteht so das Bild des Märtyrers. Politisch sein: das bedeutete für Benjamin, der »Idee« entsagen und nicht ins Tagesgeschäft eingreifen. Nie hat er dies gewollt, er hätte es auch nicht gekonnt. Er war wohl ein bedeutender Organisator der Jugendbewegung, aber er war es als Kristallisationspunkt ihrer Ideen. Praxis bedeutete ihm nichts, wenn sie der »Idee« nicht entsprach; Wirklichkeit wurde von ihm geleugnet, wenn sie »der Idee« sich nicht fügte.[76] Daß er damit Hegel schon näherstand als dem von ihm streng verehrten Kant, wußte er nicht. Später sammelte er Kant-Anekdoten; die beste über Hegel kannte er damals wohl noch nicht: daß Hegel einmal, als ihm vorgeworfen wurde, seine Ideen hätten keinen Boden in der Wirklichkeit, entgegnete: um so schlimmer für die Wirklichkeit.

Für die »Idee« der Jugendbewegung arbeitet Benjamin nun in Freiburg fast ausschließlich. Er schränkte seine freie Zeit und sein Studium ein, verkehrt fast nur noch mit Friedrich Heinle und arbeitet in der Organisation der verschiedenen Abteilungen der »Freien Studentenschaft« verantwortlich mit. Den

Kontakt zur Außenwelt erhält er fast einzig durch seinen intensiven Briefwechsel mit Berliner Freunden. Er ist ganz der Idee einer neuen Jugend verschrieben; mit seinen Gefährten will er »die Offenheit und Herzlichkeit von Kindern ... vorbereiten«, und er lebt dabei mit Hoffen: »wir werden uns ganz fest auf die Jugend verlassen.«[77]
Ein Besuch in Basel im Juli 1913 unterbricht die Arbeit Benjamins. Unerwartet gerät er in eine Ausstellung von Originalen Albrecht Dürers: »vor allem die Melancholie ist ein unsagbar tiefes ausdrucksvolles Blatt.«[78] Die Liebe zu diesem rätselvollen Stich hat Benjamin nicht verlassen. Im Trauerspiel-Buch gedenkt er seiner mit einer kenntnisreichen Interpretation. Doch schon kurz nach den Semesterferien findet am 6.–7. Oktober in Breslau die »Erste studentisch-pädagogische Tagung« statt, auf der Walter Benjamin als studentisch intellektueller Kopf der Bewegung sprechen muß. Der amt- und stellungslose Gustav Wyneken nimmt in der Funktion eines Berichterstatters der »Frankfurter Zeitung« an der Tagung teil. Benjamin will seinen Lehrer, der nun in solcher Funktion nicht erscheinen darf, ehren, indem er mit wenigen Worten dessen wahre Bedeutung hervorhebt. In einem Brief vom 30. 7. 1913 heißt es diesbezüglich: »vor allem betonend: daß wir durch ihn in unsrer Zeit das Glück gehabt hätten, im Bewußtsein eines Führers aufzuwachsen«.[79] Man muß solche heute diffamierend klingenden Worte zur Kenntnis nehmen, um Benjamin zu verstehen. Die geistige Spannung, die von den Leitbegriffen Führer und Gefolgschaft, in der Praxis: von Erzieher und Schüler, ausging, erfuhr er tiefer und auch anders, als es seine Gefährten vermochten. Für ihn war ein Führer Bedingung einer Gemeinschaft, doch diese hatte wiederum nur ihren eigentlichen Sinn, wenn sie auf das Subjekt, auf das Ich zurückführte. Man wird bei Benjamin kein Argument für einen wie immer gearteten Kollektivismus finden, der praktisch doch nur das Subjekt seiner Verantwortlichkeit enthebt. Die Jugendbewegung hatte aber erklärt, daß sie das »Ich« aus seiner Vereinzelung holen wollte. So schrieb Barbizon in der »Aktion« vom 11. 6. 1913, daß es der Vätergeneration nur gelänge, den »vereinzelten jungen Menschen« durch Ermahnungen einzuschüchtern, weswegen die Jugend sich organisieren müsse, um endlich als geeinigte ihre Kraft zu zeigen. Benjamin dagegen schreibt in einem Brief vom

4. 8. 1913 über die Notwendigkeit der Einsamkeit innerhalb der Gemeinschaft. Auch zur Einsamkeit, das heißt für Benjamin zu einer Bewußtheit des Subjekts, »kann erst eine Idee und eine Gemeinschaft in der Idee« den Menschen führen: »Ich glaube, daß nur in der Gemeinschaft, und zwar in der innigsten Gemeinschaft der Gläubigen ein Mensch wirklich einsam sein kann: in einer Einsamkeit, in der sein Ich gegen die Idee sich erhebt.« Das durch die Gemeinschaft geweckte Bewußtsein des Menschen von sich selbst muß sich notwendig gegen die Schranke der Gemeinschaft erheben, um sich als individuelles Bewußtsein zu bewähren. Hat es daran aber noch sein Gefühl des Subjekts, so besteht die tiefste Einsamkeit für Benjamin in einer Beziehung zum Objekt, in der Idee, »die sein Menschliches vernichtet. Und diese Einsamkeit, die tiefere, haben wir erst von einer vollkommenen Gesellschaft zu erwarten«.[80] Das Absterben der Menschlichkeit und zum Ding werden vor der Idee (resp. vor der die Idee realisierenden Kultur) war bereits der Kernsatz Benjamins im zitierten Brief über die Prostitution. Neu hinzugekommen ist, daß er nun von einer Gemeinschaft als Voraussetzung zu dieser Aufgabe des Subjektiven spricht. Die Bedingung erscheint dialektisch: ohne Gemeinschaft kann das Ich in seiner Kraft des Subjektiven sich nicht bewußt werden, aber es benötigt die »Idee« und die von ihr bedingte ideale Gemeinschaft, um sich des bloß Subjektiven in eben dieser idealen oder vollkommenen Gemeinschaft zu entledigen.

Hinter solchen Worten steckt mißverständlich wiederum einiges, das zum Gedankengut des Deutschen von 1914 oder 1933 gehört. Martin Gumpert hat es, wie zitiert, als »Aufhören des Einzelnen« etc. charakterisiert – Benjamin ist damit nicht zu treffen. Seine Aversion gegen Politik ist gerade auch dadurch politisch, daß sie den zeitgenössisch nationalistischen Phrasen keinen Raum läßt.

Der Gedanke einer reinen Apolitie der Jugendbewegung fesselte Benjamin derart, daß er außerstande war, eine gegen die Kriegshetze der Erwachsenen offen opponierende Partei der Jugend zu bilden. Zwar kann Schweigen eine Waffe sein, doch müßte auch der Gegner diese Funktion des Schweigens verstehen. Benjamins Glaube an die »Idee« machte ihn jedoch blind vor der Wirklichkeit des Gegners, oder wie er in einem Brief schrieb, er negierte jede Wirklichkeit, »die sich nicht der Idee fügt«.[81] Selbst die nun unter seiner Mitwirkung entstehende Form der Jugendbewegung erscheint ihm zu tendenziös, zu sehr einem Ziel verpflichtet und nicht mehr dem objektiven Geist Kantischer Philosophie. Er schreibt: »jung sein heißt nicht so sehr dem Geist dienen, als ihn *erwarten*... das ist das wichtigste: wir dürfen uns nicht auf einen bestimmten Gedanken festlegen, auch der Gedanke der Jugendkultur soll eben für uns nur die Erleuchtung sein... Aber für viele wird eben auch Wyneken, auch der Sprechsaal, eine ›Bewegung‹ sein, sie werden sich festgelegt haben, und den Geist nicht mehr sehen, wo er noch freier, abstrakter erscheint. Dies ständige vibrierende Gefühl für die Abstraktheit des reinen Geistes möchte ich Jugend nennen.«[82]

Die Jugendlichen, die sich eine Gemeinschaft erhofft hatten, in der grundlegende Konzepte zur Verbesserung ihrer Lebenssituation erarbeitet würden, oder die auch nur praktische Unterstützung in ihrem Kampf gegen die Vätergeneration, wie ihn Barbizon angekündigt hatte, erwarteten, müssen von Benjamins Vorstellungen zutiefst enttäuscht gewesen sein. Im Berliner Sprechsaal wurden später unter Benjamins Leitung kaum mehr aktuelle Probleme diskutiert, sondern es wurden abstrakte Begriffe wie »Haltung« oder »Hilfe« zum Thema gemacht, das nun möglichst philosophisch ergründet werden sollte.

Benjamin kehrte nach einer im Sommer 1913 gemeinsam mit seiner Mutter und einer Tante unternommenen Reise durch Südtirol im September nach Berlin zurück, um hier sein Studium fortzusetzen. Nach einem Semester, zu Beginn des Sommersemesters 1914, wird er zum Präsidenten der Freien Studentenschaft Berlins gewählt und muß versuchen, in gerade ausbrechenden Machtkämpfen sich etablierender Flügel zu vermitteln. Während Barbizon zu einer linken, dem Kreis um den »Aktion«-Herausgeber Franz Pfemfert sich anschließenden Position neigte, wollten Heinle, der mit Benjamin aus Freiburg nach Berlin gewechselt war, Benjamin selbst und Simon Guttmann entschieden die apolitische Linie Wynekens weiterführen. Simon Guttmann war der Entdecker Georg Heyms gewesen, der Anfang 1910 den bis dahin literarisch unbekannten Studenten der Rechte ins Nollendorf-Casino, dem Clublokal des »Neopathetischen Cabarets« einführte. Der noch nicht zwanzigjährige Guttmann hatte im Feuilleton des

»Berliner Anzeigers« eine Notiz veröffentlichen lassen, derzufolge junge Autoren für eine neuzugründende Bühne bisher unaufgeführte Werke einsenden sollten. Georg Heym schickte seine »Atalanta« an Guttmann, und dieser wurde mit ihm dann im »Neopathetischen Cabaret«, dessen Kopf Kurt Hiller die poetische Begabung Heyms sofort erkannte, vorstellig.
Obwohl selbst engagiert, versuchte Benjamin als Präsident in den Flügelkämpfen fair zu vermitteln. Er hatte jedoch keinen Erfolg, es kam zu einem Bruch mit Barbizon.
Am 4. Mai 1914 fand der offizielle Eröffnungsabend der Berliner »Freien Studentenschaft« statt, an dem Benjamin seine Präsidialantrittsrede unter dem Titel »Das Leben der Studenten« hielt. Wohl enttäuscht von der Entwicklung der Jugendbewegung und gleichermaßen auch vom Lehrbetrieb wie den Studenten, gab Benjamin seiner Rede eine überaus kritische Gestalt. Einzelne Aspekte daraus sind besonders zu unserer Zeit, wo allenthalben Schule und Universität als scheinbare Bildungsstätten in die Rolle offenkundiger Ausbildungsanstalten gezwungen werden, von brisanter Aktualität. Es sei ein entsprechender Passus zitiert. Benjamin weist kritisch darauf hin, »daß für die allermeisten Studenten die Wissenschaft Berufsschule ist. Weil ›Wissenschaft mit dem Leben nichts zu tun hat‹, darum muß sie ausschließlich das Leben dessen gestalten, der ihr folgt. Zu den unschuldig-verlogensten Reservaten vor ihr gehört die Erwartung sie müsse X und Y zum Berufe verhelfen. Der Beruf folgt so wenig aus der Wissenschaft, daß sie ihn sogar ausschließen kann. Denn die Wissenschaft duldet ihrem Wesen nach keine Lösung von sich, sie verpflichtet den Forschenden in gewisser Weise immer als Lehrer, niemals zu den staatlichen Berufsformen des Arztes, Juristen, Hochschullehrers.«[83]
Läse man solchen Text ohne Bezug auf die Person, von der er verfaßt wurde, so müßte man kritisch einwenden, daß den Sätzen ein allzu emphatischer Anspruch von Wissenschaft zugrundeliegt. Sie wird zu einem Wert an sich deklariert, ohne daß dieser erklärt würde. Deutet man die Sätze aber als eine Lebensmaxime Benjamins, so gewinnen sie ihren wahren Sinn. Er wurde »Wissenschaftler«, der durch diese vom Beruf sich ausschließen ließ und dessen Leben sie bestimmte. Auf den didaktischen Charakter seiner Schriften ist zu Beginn bereits hingewiesen worden; Benjamin folgte der Wissenschaft und

ließ sich von ihr »in gewisser Weise« zum Lehrer verpflichten.

In seiner Rede kritisiert Benjamin scharf, daß es keiner studentischen Organisation, auch der »Freien Studentenschaft« nicht, bisher gelungen sei, den Begriff des »Studenten« mit der Totalität des Inhalts zu verbinden, den er eigentlich verlangt. Immer seien Nebeninteressen, Ego- und Altruismen geblieben; eine tiefgreifende Neugestaltung des Lebens, wie sie von der Jugend und für sie einst gefordert wurde, habe es nicht gegeben. Student sein bedeute, der Wissenschaft und damit dem Geiste anzugehören, ohne einen Zweck zu verfolgen. Jeder Zweck spekuliere nämlich schon mit dem Status des erwachsenen Berufstätigen und erniedrige die Jugend zu eben dem, was sie nicht sein wollte: bloßes Übergangsstadium zu den Fleischtöpfen des Establishments, ohne je ein Gefühl seiner Individualität gekannt zu haben. »Wo die beherrschende Idee des Studentenlebens Amt und Beruf ist, kann sie nicht Wissenschaft sein. Sie kann nicht mehr in der Widmung an eine Erkenntnis bestehen, von der zu fürchten ist, daß sie vom Wege der bürgerlichen Sicherheit abführt.«[84] Das wahre Studententum existiere heute gar nicht, weil es die eigentlichen Probleme ignoriert, und weil die Studentenschaft selbst »ständig im Schlepptau der öffentlichen Meinung, in ihrem breitesten Fahrwasser dahinzieht, indem sie das von allen Parteien und Bünden umschmeichelte und verdorbene Kind ist, von jedem gelobt, weil jedem irgendwie gehörig ...«.[85] Die Studenten vertändelten ihre Jugend, weil sie ihre Zukunft schon verkauft hätten.

Es ist kaum anzunehmen, daß viele der Zuhörer Benjamins scharfe Abrechnung mit der Jugendbewegung wirklich verstanden haben; im engeren Kreis jedoch erntet er ungeteilte Zustimmung. Mit Rosen beglückwünscht ihn Dora Sophie Pollak, Ehefrau von Max Pollak und Tochter des Wiener Anglisten Professor Leon Kellner, Herausgeber der Schriften Theodor Herzls. Sie überreicht ihm die Blumen im Namen seiner jüngst Verlobten Grete Radt, die in München studiert. Benjamin hatte das Ehepaar Pollak zwei Monate zuvor kennengelernt.

Trotz seiner Kritik am Wesen der Jugendbewegung, in der bereits Resignation anklingt, entwickelt die »Freie Studentenschaft« unter Benjamins Leitung neue Aktivität. Ab Mai 1914 finden Kunstführungen statt, die Simon Guttmann leitet, der beste Beziehungen zum »Brücke«-Kreis unterhält. Die erste Führung galt einer Ausstellung der Bilder Schmidt-Rottluffs. Benjamin selbst besucht Martin Buber und lädt ihn ein, über sein neues Buch »Daniel, Gespräche von der Verwirklichung« (1913) zu sprechen. Buber nimmt an, und am 23. Juni 1914 kommt es im Berliner Sprechsaal zu einer intensiven Diskussion. Der »Sprechsaal« war eine kleine Wohnung, die Benjamin zusammen mit dem Kommilitonen und späteren Arzt Ernst Joel gemietet hatte. Unter seiner Beobachtung führte Benjamin viele Jahre später seine Haschisch-Experimente durch. Damals war er mit Joel nicht eigentlich befreundet, denn dieser war Leiter der Studentengruppe für »soziale Arbeit«, die von Benjamin nicht zuletzt in seiner Präsidialrede scharf attackiert wurde. Jedenfalls teilte man sich die Räume für die strikt getrennten Interessenbereiche. Ernst Joel gab dann ab Juli 1915 eine Schrift heraus, »Der Aufbruch. Monatsblätter aus der Jugendbewegung«, in der auf einer durchaus linksorientierten Basis der Primat des Geistes vor der Realität proklamiert wurde. Autoren waren neben Ernst Joel vor allem Gustav Landauer – mit dem Artikel »Stelle Dich, Sozialist!« schon in der ersten Nummer vertreten – und Kurt Hiller, der zur Doppelnummer vom August/September 1915 eine kritische Zeitschriftenlese beitrug. In einer vehementen Kritik verschiedenster Periodika, denen er »Suchtheit, Kleinlichkeit und fade(n) Frivolismus« vorwarf und ihre Herausgeber als »verkrachte Zirkusreiter« bezeichnete, forderte er programmatisch ein »Sprachrohr einer wollenden Gemeinschaft«, geleitet von einem »Vertrauensmann«, das eine »Umgestaltung der Welt nach dem Befehl der Idee« als Ziel habe.[86] Was Benjamin von solchem Ziel der Gruppe um Ernst Joel trennte, war eben dies: daß sie ein Ziel hatte. Ebenfalls im Juni findet in Weimar die erste Tagung aller »Freien Studentenschaften« statt, an der Benjamin als Berliner Vertreter teilnimmt. Von Weimar aus reist er für eine Woche nach München zu seiner Verlobten Grete Radt. Kurz darauf erhält er den Brief eines jungen Wieners, der sich dem Kreis anschließen will. Mit zehn Jahren habe er ein Drama verfaßt, »Das Recht auf Jugend«, welches er als Manuskript beilege. Sein Name war damals noch Arno Bronner; später sollte er als Arnolt Bronnen bekannt werden.

Mit den Intellektuellen, die zu dieser Zeit in Berlin ein neues Lebensgefühl und eine neue Dichtung kreierten, den Expressionisten, hatte Benjamin so gut wie keinen Kontakt. Einmal traf er im Café des Westens die Lyrikerin Else Lasker-Schüler. Sein Urteil war vernichtend: »Sie ist im Umgang leer und krank-hysterisch.«[87] Ihre einzigartigen Gedichte hat er erst später gelesen, sie in ihrer Bedeutung aber nie recht gewürdigt.

Er zeigt sich immer enttäuschter von der Jugendbewegung, immer frustrierter auch von der Universität, die ihn in seiner Erkenntnis nicht weiterbringt: »Die Hochschule ist eben der Ort nicht, zu studieren.«[88] Er besucht viele Kunstausstellungen, leidet unter den bürokratischen Anforderungen seines Amtes und rettet sich immer häufiger in die Hinwendung zu seiner Verlobten Grete Radt, durch deren Verständnisbereitschaft er sich einzig getröstet fühlt.

Dann aber begann Deutschland den Krieg gegen die Welt.

Als am 28. Juni 1914 das österreichische Thronfolgerpaar, Franz Ferdinand und seine Frau Sophie, in der bosnischen Hauptstadt Sarajevo von einem Terroristen erschossen wurde, war man allgemein geneigt, dies für eine rein österreichische Angelegenheit zu halten. Aber auch die Österreicher zeigten sich zunächst wenig beeindruckt; der Thronfolger war, wie Stefan Zweig schreibt, »keineswegs beliebt gewesen ... Er hatte keinen Sinn für Musik, keinen Sinn für Humor ... (man) wußte, daß der alte Kaiser ihn von Herzen haßte, weil er seine Thronfolger-Ungeduld, zur Herrschaft zu kommen, nicht taktvoll zu verbergen verstand ... Es gab viele an diesem Tag in Österreich, die im stillen heimlich aufatmeten, daß dieser Erbe des alten Kaisers zugunsten des ungleich beliebteren jungen Erzherzogs Karl erledigt war«.[89] Vielleicht würde es eine kleine Strafexpedition nach Serbien geben, mutmaßten die Unpolitischen, die wachsame Skepsis nie gelernt hatten. Äußerlich schien der europäische Friede ungefährdet; erst nach knapp einem Monat stellt Österreich den Serben ein Ultimatum, worauf diese sich mit Rußland verständigen. Der Kronrat beschließt, Serbien auch bei Gefahr einer Mobilmachung zu unterstützen, worauf Österreich den Krieg erklärt. Am 31. Juli erfährt man in Berlin von der russischen Mobilmachung. Nun entfaltet das dumme, von Fürst Bülow in der Reichstagssitzung vom 29. März 1909 zuerst gebrauchte Wort von der »deutschen Nibelungentreue« seine verheerende Kraft. Rußland wird zum Kriegsgegner, ebenso Frankreich; weitere Staaten folgen zwangsläufig.

Was im Juni noch niemand ernstlich erwartet hatte, war zwei Monate später Wirklichkeit: der Weltkrieg begann. Man vergaß vor schierer Verblüffung, daß er schon seit Jahren durch nationalistische Hetze und mehr oder weniger offene Aufrüstung von Deutschland vorbereitet worden war. Schon 1907 kannte das Ausland Details des Schlieffen-Planes, der zwei Jahre zuvor, also in scheinbar ruhigster Friedenszeit, vom Generalstabschef entwickelt worden war. Er sah einen Zweifrontenkrieg vor, bei dem drei Viertel des deutschen Heeres gegen Westen marschieren, während ein Viertel den Osten hält, bis Frankreich in 49 Tagen geschlagen sein würde. Nötig war hierzu der Marsch durch das neutrale Belgien. Falls Belgien gegen diesen eklatanten Vertragsbruch sich militärisch wehren sollte, mußten seine starken Festungen so rasch als möglich genommen werden. Zu diesem Zweck hatte Krupps Chefingenieur Rausenberger in jahrelanger geheimer Arbeit ein Steilfeuergeschütz unter dem Decknamen »Bertha« entwickelt, das mit einer Reichweite von ca. dreizehn Kilometern betonbrechende Granaten abfeuern konnte. Planmäßig fiel am 1. Februar 1914 der erste Probeschuß, wenige Monate später war Gelegenheit zum praktischen Einsatz. War der Krieg unerwartet, vielleicht wie man früher sagte, als Weltgewitter über Deutschland gekommen?

Der jahrelang geschürte Haß gegen den »Erbfeind« Frankreich entfaltete sich nun zu einer nationalen Massenpsychose. Die deutsche Jugend drängte sich begeistert von den Kasernen in die Waggons und versprach den Müttern, zu Weihnachten wieder zu Hause zu sein. Es ging längst nicht mehr um Serbien, von dem man ohnehin kaum wußte, wo es lag, sondern um die »deutsche Kultur«, die man den laxen Franzosen und überhaupt Europa beibringen wollte. Aus der Unzahl von Kriegsgedichten, die beitrugen, die deutschen Kriegsziele begeistert zu verschleiern, seien einige Verse von Richard Dehmel zitiert:

»Dank dem Schicksal, Volk in Waffen,
Deutschland gegen alle Welt!
Nicht um Beute zu erraffen,
uns hat Gott zum Kampf geschaffen,
rein zum Kampf im Ehrenfeld,
Heldenvolk!«

In seinem »Flottenlied« wird Dehmel noch eindeutiger:

»Der Kaiser, der die Flotte schuf,
der steht mit Gott im Bunde,
denn das ist Deutschlands Weltberuf:
es duckt die Teufelshunde.«[90]

Aber nicht nur der heute recht unbekannte Dehmel, auch der nachmals zu Ehren gekommene Thomas Mann schrieb seine »Gedanken im Kriege«: »Erinnern wir uns des Anfangs – jener nie zu vergessenden ersten Tage, als das Große, das nicht mehr für möglich Gehaltene hereinbrach! Wir hatten an den Krieg nicht geglaubt, unsere politische Einsicht hatte nicht ausgereicht, die Notwendigkeit der europäischen Katastrophe zu erkennen. Als sittliche Wesen aber – ja, als solche hatten wir die Heimsuchung kommen sehen, mehr noch: auf irgendeine Weise ersehnt... Unsere Siege, die Siege Deutschlands – mögen sie uns auch die Tränen in die Augen treiben und uns nachts vor Glück nicht schlafen lassen, so sind doch nicht sie bisher besungen worden... Deutschlands ganze Tugend und Schönheit – wir sahen es jetzt – entfaltet sich erst im Kriege.«[91]
Auch manche der damals ca. 600000 deutschen Juden glaubten, daß nun ihre Stunde historischer Bewährung gekommen sei. Einst des Vaterlandes verlustig, dann stets als vaterlandslos diffamiert, sahen sie in einem nationalistischen Bekenntnis die Möglichkeit einer Integration. Des Kaisers Wort: »Ich kenne keine Parteien und auch keine Konfessionen mehr; wir sind heute alle deutsche Brüder und nur noch deutsche Brüder« schien ihnen ermutigend. Nur wenige allerdings waren derart fanatisch wie der von Adorno so hoch geschätzte Rudolf Borchardt, an den Werner Kraft sich eng attachierte. Borchardt hielt später beklemmende Reden, in denen er für einen starken Führer warb. Als triebe sie ein Minderwertigkeitsgefühl, nicht

mit der Waffe im Feld gegen den Feind anzutreten, tönten die Schriftsteller und Wissenschaftler um so lauter mit dem zur hetzenden Phrase pervertierten Wort. Nur achtzig deutsche Professoren, darunter Albert Einstein und Max Planck, unterschrieben eine Resolution gegen die deutschen Kriegsziele; ihnen standen 3000 sich begeistert äußernde Wissenschaftler entgegen. In der offiziellen »Erklärung der Hochschullehrer des Deutschen Reiches« vom 16. 10. 1914 heißt es:

»Jetzt steht unser Heer im Kampfe für Deutschlands Freiheit und damit für alle Güter des Friedens und der Gesittung nicht nur in Deutschland. Unser Glaube ist, daß für die ganze Kultur Europas das Heil an dem Siege hängt, den der deutsche ›Militarismus‹ erkämpfen wird, die Manneszucht, die Treue, der Opfermut des einträchtigen freien Volkes.«[92]

Einer der wenigen, die kalten Verstandes blieben und sich nicht täuschen ließen, war Karl Kraus. Er hielt am 19. November 1914 in Wien eine Rede, deren Anfang berühmt geworden ist:

»In dieser großen Zeit, die ich noch gekannt habe, wie sie so klein war; die wieder klein werden wird, wenn ihr dazu noch Zeit bleibt; und die wir, weil im Bereich organischen Wachstums derlei Verwandlung nicht möglich ist, lieber als eine dicke Zeit und wahrlich auch schwere Zeit ansprechen wollen; in dieser Zeit, in der eben das geschieht, was man sich nicht vorstellen konnte, und in der geschehen muß, was man sich nicht mehr vorstellen kann, und könnte man es, es geschähe nicht –; in dieser ernsten Zeit, die sich zu Tode gelacht hat vor der Möglichkeit, daß sie ernst werden könnte; von ihrer Tragik überrascht nach Zerstreuung langt, und sich selbst auf frischer Tat ertappend, nach Worten sucht; in dieser lauten Zeit, die da dröhnt von der schauerlichen Symphonie der Taten, die Berichte hervorbringen, und der Berichte, welche Taten verschulden; in dieser da mögen Sie von mir kein eigenes Wort erwarten. Keines außer diesem, das eben noch Schweigen vor Mißdeutung bewahrt. Zu tief sitzt mir die Ehrfurcht vor der Unabänderlichkeit, Subordination der Sprache vor dem Unglück. In den Reichen der Phantasiearmut, wo der Mensch an seelischer Hungersnot stirbt, ohne den seelischen Hunger zu spüren, wo Federn in Blut tauchen und Schwerter in Tinte, muß das, was nicht gedacht wird, getan werden, aber ist das, was nur gedacht wird, unaussprechlich. Erwarten Sie von mir kein eigenes Wort. Weder vermöchte ich ein neues zu sagen; denn im Zimmer, wo einer schreibt, ist der Lärm so groß, und ob er von Tieren kommt, von Kindern oder nur von Mörsern, man soll es jetzt nicht entscheiden. Wer Taten zuspricht, schändet Wort und Tat und ist zweimal verächtlich. Der Beruf dazu ist nicht ausgestorben. Die jetzt nichts zu sagen haben, weil die Tat das Wort hat, sprechen weiter. Wer etwas zu sagen hat, trete vor und schweige!«

In der Umkehrung wird noch hier, in dieser schneidend kalten Diktion, das Pathos der Zeit sichtbar.

Benjamin kannte Kraus damals noch nicht; Werner Kraft wies 1916 auf seine Gedichte hin, und Benjamin versuchte, seinen Freund von Kraus abzubringen. Mit einigem Recht wandte er sich auch gegen Borchardt; es kam Anfang der zwanziger Jahre darüber zum Streit zwischen den Freunden. Später hat Benjamin die Bedeutung von Karl Kraus erkannt und in seinem Essay von seltsam facettierter Selbstdarstellung eben jene Sätze aus der Rede zitiert. Auch er schwieg zu den Zeiten, doch war sein Schweigen weniger beredt als das von Karl Kraus. Zunächst fügt sich Benjamin fast resigniert den Forderungen des Staates. Im alten Café des Westens saß er in den ersten Augusttagen mit Freunden, darunter Fritz Heinle, und traf, mit ihnen sich absprechend, die Wahl, in welcher Kaserne man sich melden sollte. »Sie fiel auf die der Kavallerie in der Bellealliancestraße und da trat ich dann auch an einem der folgenden Tage an – keinen Funken Kriegsbegeisterung im Herzen, aber so reserviert ich in meinen Gedanken war, denenzufolge es sich einzig darum handeln konnte, bei der unvermeidlichen Einziehung sich seinen Platz unter Freunden zu sichern, in dem Schwall von Leibern, der sich damals vor den Toren der Kasernen staute, war auch meiner. Freilich nur für zwei Tage: Am achten trat dann das Ereignis ein, das diese Stadt und diesen Krieg auf lange Zeit für mich versinken ließ.«[93] Jenes Ereignis kündete sich ihm in einem Brief an, den Heinle und seine Freundin zum Abschied ihm schreiben. Es hieß darin: »Sie werden uns im Heim liegen finden.« Benjamin konnte nicht mehr helfen. Er fand Heinle und Rika Seligsohn tot; im Sprechsaal waren sie aus Verachtung gegen die Zeit, die sie getrennt hätte, freiwillig aus dem Leben geschieden. Benjamin war davon so betroffen, daß er beschließt, sich dem Kriegsdienst möglichst zu entziehen.

Jener Selbstmord ist schweigender Ausdruck der Hoffnungslosigkeit und zugleich das sprechendste Zeugnis, wie kläglich die so emphatisch begonnene Jugendbewegung gescheitert war. Gescheitert in sich selbst, an ihren Prinzipien und nicht ohne moralische Mitschuld Benjamins, der sich strikt einem möglichen politischen Kurs verweigert hatte. Später ist er sich dessen durchaus bewußt gewesen. In seiner »Berliner Chronik« schreibt er von der Illusion, die zeitgenössische Gesellschaftsstruktur »unberührt lassen zu können, um nur die Schulen in ihr zu verbessern, nur die Unmenschlichkeit der Eltern ihrer Zöglinge zu brechen, nur den Worten Hölderlins oder Georges in ihr ihren Platz (zu) geben«. Es sollte lange dauern, bis für ihn »die Erkenntnis reif war, daß niemand Schule und Elternhaus verbessern (kann), der den Staat nicht zertrümmert, der die schlechten braucht«.[94] Vom Weltkrieg ist Benjamin mehr fürchterlich überrascht, als daß er ihn für eine konsequente Entwicklung der voraufgegangenen Politik halten könnte. Sein Entsetzen über den nun unbändig hervorbrechenden Nationalismus ist ebenso glaubhaft wie naiv. Es bedurfte geraumer Zeit des betroffenen Schweigens, bis er nach Kenntnisnahme der kriegsbejahenden Schrift Gustav Wynekens zu einer entschiedenen Position kam, die er in aller Konsequenz dann entwickelte. Wyneken, der zeitlebens der SPD nahestand, hatte noch auf dem »Hohen-Meißner-Treffen« 1913 vor einem Krieg gewarnt, den sudetendeutsche Teilnehmer lautstark forderten. Ein Jahr später fand er jedoch nicht den Mut, sich von der Partei zu distanzieren. Am 4. August 1914 bewilligte die sozialdemokratische Reichstagsfraktion, seit 1912 mit 34,8% stärkste Partei, die Kriegskredite in Höhe von 5 Milliarden Reichsmark mit nur 17 Gegenstimmen. Sie konnte sich auf einen Satz des gerade verstorbenen Bebel aus der Etatdebatte des vorangegangenen Jahres berufen: »Es gibt in Deutschland überhaupt keinen Menschen, der sein Vaterland fremden Angriffen wehrlos preisgeben möchte. Dies gilt namentlich auch von der Sozialdemokratie ...«[95] Wyneken ließ sich von den Wogen der Kriegsbegeisterung mittragen. In einer späten Schrift übergeht er dies schweigend, schreibt aber, enthüllend genug: »Die Jugend hat die ihr vom Schicksal aufgebürdete Pflicht mustergültig erfüllt.«[96]

Mit einem Brief vom 9. 3. 1915 sagt Benjamin sich formell und inhaltlich von seinem verehrten Lehrer und der von ihm mitverantworteten Jugendbewegung los. Die Zeilen lassen ebensoviel Achtung für das Werk Wynekens wie tiefe Enttäuschung über dessen Entwicklung erkennen. Benjamin ist auch hier, wo es ihn Überwindung gekostet haben muß, fair. Er ist es immer geblieben und beließ es stets bei der Kritik, die den Kritisierten für wert hält, diese zu verstehen. Sein entschiedener Brief an Wyneken mag dies bestätigen:

»Lieber Herr Doktor Wyneken,
ich bitte Sie diese folgenden Zeilen mit denen ich mich gänzlich und ohne Vorbehalt von Ihnen lossage als den letzten Beweis der Treue, und nur als den, aufzunehmen. Treue – weil ich kein Wort zu dem sprechen könnte, der jene Zeilen über den Krieg und die Jugend schrieb und weil ich doch zu Ihnen sprechen will, dem ich noch nie – ich weiß es – frei sagen konnte, daß er mich als erster in das Leben des Geistes führte ... Sie haben den fürchterlichen scheußlichen Verrat an den Frauen begangen, die Ihre Schüler lieben. Sie haben dem Staat, der Ihnen alles genommen hat, zuletzt die Jugend geopfert ... Sie ist Ihren irrenden Händen entfallen und wird weiter namenlos leiden. Mit ihr zu leben ist das Vermächtnis, das ich Ihnen entwinde.«[97]

Mit diesem Brief beendete Benjamin einen in jeder Hinsicht wichtigen Lebensabschnitt. Manche Idee der späteren Werke ist schon im Keim entwickelt. Benjamin lebte auch weiterhin mit der Jugend, freilich auf eigne Art. Seine Sammlung alter Kinderbücher und Spielsachen ist inzwischen ebenso berühmt geworden wie seine Sammlung eigener Kindheitseindrücke und Reflexionen; eine glückliche Kindheit verpflichtet. »Kind und Sammler ... – sie stehen auf gleichem Boden.«[98] Ihnen kehrt noch im verborgen Nebensächlichsten die Dingwelt ihr wahres Gesicht zu und läßt sie an ihren Geheimnissen teilhaben. Immer wieder schrieb er im Lauf seines Lebens eindringliche Artikel über Bücher, die sich der Historie des Kinderbuches und des Spielzeugs, des Märchens und auch der Pädagogik annahmen. Als er auf manche Art politisiert war, verfaßte er für seine kommunistische Freundin Asja Lacis das »Programm eines proletarischen Kindertheaters«. Sie hatte bereits 1918 in Orel ein solches Kindertheater als Stätte proletarischer Erziehung gegründet; zehn Jahre später versuchte sie, im Berliner Liebknecht-Haus das Experiment fortzusetzen. Benjamin entwickelte dazu ein theoretisches Konzept, das nicht allein wegen seiner heute fast selbstverständlich modernen Perspektiven Beachtung verdient, sondern das auch zu lesen ist als Abrechnung eines Desillusionierten mit der Jugendbewegung. Besonders die von ihm einst begrüßte Führergestalt wird einer radikalen Kritik unterzogen. Wo Kinder sich selbst als Person erlebten, wie in jenem Theater, da könne sich kein »Leiter« behaupten, »der irgendwo den echt bourgeoisen Versuch unternehmen wollte, unmittelbar als ›sittliche Persönlichkeit‹ auf Kinder zu wirken«.[99] Benjamin, der hier wohl offen zum ersten Mal sein Denken innerhalb der Jugendbewegung widerruft, schreibt vom »Kaltstellen der ›moralischen Persönlichkeit‹«, das erst eigentliche Erziehung ermögliche. Vor allem aber erkennt der nun vom kantischen Idealismus Freigewordene den wesentlichen Fehler der damaligen Jugendbewegung; er erkennt und verschleiert ihn zugleich, indem er ihn der Bewegung nach dem Kriege zuschreibt. Diese mit dem Namen »Jugendkultur« bezeichnete Gruppierung zeige deutlich die »Verlogenheit der bourgeoisen Pädagogik«: sie »entleert den jugendlichen Enthusiasmus durch idealistische Reflexionen über sich selbst, um unmerklich die formalen Ideologien des deutschen Idealismus durch die Inhalte der Bürgerklasse zu ersetzen«.[100] Die Selbstkritik ist deutlich genug. Benjamin hat mit diesem Satz den Kardinalfehler der Jugendbewegung bezeichnet, ohne den es kaum zu dem pathetischen Einverständnis der Jugend mit der Kriegslust der Vätergeneration gekommen wäre.

Der Bruch Benjamins mit seiner nahen Vergangenheit wird bald nach Kriegsbeginn auch veräußerlicht deutlich: er verläßt Berlin, um zunächst in München, dann in Bern sein Studium fortzusetzen. Er verläßt die Stadt, der er seine frühesten Erfahrungen verdankt, ohne sich auf ihre Gesetze je eingelassen zu haben. Er konnte dies, weil er kein Berliner war, und das meint hier scheinbar paradox: weil er in Berlin geboren war. Das Charakteristikum Berlins war noch um 1900 der Zuzug und das Kolonialistentum; schon zwischen 1810 und 1890 war die Stadt durch ostpreußische, vornehmlich schlesische Landflucht um ca. 1,3 Millionen Einwohner gewachsen. Auch beide Familien der Eltern Benjamins waren in dieser Zeit zugezogen. Um 1900 zählte Berlin 1 700 000 Einwohner, von denen nur 40% in Berlin geboren waren. Nicht die gebürtigen Berliner, sondern die Zugereisten bestimmten den Stil und Lebensrhythmus der Stadt. Nicht die große Etagenwohnung mit Wintergarten des im Jahr 1912 bezogenen villenartigen Grunewald-Mietshauses in der Delbrückstraße, oder die frühere, in seiner ersten Schulzeit noch bewohnte in der Carmerstraße, auch nicht die Zwölfzimmerwohnung seiner Großmutter im Blumeshof waren repräsentativ für die Berliner Lebensform, sondern die Mietskasernen mit ihren durchschnittlich drei Hinterhöfen von je 5 qm Raum. (Um vom Lebensstil der Familie eine wenigstens räumliche Vorstellung zu geben: die Wohnung der Großmutter im Blumeshof 13 kostete vor dem Krieg ungefähr 5000 Mark Miete im Jahr; das Entree maß über 40 qm, die einzelnen Zimmer jeweils ca. 50 qm.) Werner Hegemann, einer der frühen kritischen Bauhistoriker dieses Jahrhunderts nannte sein von Benjamin rezensiertes Buch: »Das steinerne Berlin. Geschichte der größten Mietskasernenstadt der Welt«,[101] und er zitiert die zynische Stimme Treitschkes, der da sagte: »So elend ist keiner, daß er im engen Kämmerlein die Stimme seines Gottes nicht vernehmen könnte.« Auf Gott war man wohl angewiesen, da man von den Baubehörden verlassen war. Im Jahr 1895 gab es in Berlin 27 471 Wohnungen, die aus einem Raum bestanden, in dem sechs und mehr Personen lebten oder auch nur schliefen. Das Vermieten von Schlafstellen war üblich; kaum wurde dazu ein Spind gestellt: es war nicht erforderlich, da die »Schlafburschen« keine Habe besaßen. Es gab keine Bedürfnisse außer dem mühsam bewahrten Anspruch aufs nackte Leben. Unter Ausnutzung der billigen Arbeitskraft wurde Berlin innerhalb weniger Jahre in eine riesige Produktionsstätte verwandelt. Da aber die Produkte verkauft werden mußten, war die Stadt auch bald ein einziges Warenhaus, das alle Genüsse so wohlfeil wie nirgends sonst anbot. Es herrschte Überproduktion, also wurde der Umsatz beschleunigt. Damit wurde Berlin auch zur Stadt der Flüchtigkeit, die man als geschäftige Eile bemäntelte, und der Ungenauigkeit, die als Großzügigkeit ausgegeben wurde. Es mußte schnell und immer schneller konsumiert werden. Vorab wurde es sichtbar in den für die Stadt typischen Stehbierhallen und Schnellrestaurants; tiefgreifend auch in der Wohnkultur: Marmor und Bronze wurden durch bemalten Stuck abgelöst, dessen beste Eigenschaft es war, rasch zu zerbrechen. Da er billig war, ließen sich Statuen und Büsten rasch ersetzen. Es mußte immer alles neu sein: das ständig

Neue des Immergleichen gehört zum charakteristischen Bedürfnis des Berliners. Wohl deshalb ist Berlin zuletzt die Stadt der Kabaretts geworden. Der Berliner liebt es zu lachen, weil er nicht geneigt ist, etwas in seinem Ernst zu überdenken. Sein sprichwörtlicher Witz ist eine Abwehrgeste: man lacht über etwas und glaubt damit, es aus der Welt geschafft zu haben. Weil die Berliner diesen Mangel an Einsicht nicht wahrhaben wollen, brauchen sie das immergleiche Neue, über das sie wiederum lachend hinweggehen können. Derart geringschätziger Zynismus offenbart sich spielerisch in zeitgenössischen Liedtexten: »Wer wird denn weinen, wenn man auseinandergeht, wenn an der nächsten Ecke schon 'ne andre steht...«
Zudem stellte sich nach dem Ende des Weltkrieges immer deutlicher eine Verquickung von Kultur, Ware und trübem Kapital dar. In den ehemals renommierten Cafés saßen Jünglinge, die es sich leisteten, einen Schriftsteller auszuhalten oder eine Revue zu finanzieren. Ihr Geld verdienten sie nicht selten durch »Arbitrage«, durch die Kursunterschiede der Börsen von Berlin, München oder Köln. Sie handelten mit Waren, die sie nie sahen und brauchten dazu nur ein Telefon. Es waren kleine Agenten des großen Kapitals, die sich als Belohnung für ein profitables Geschäft ein schlechtes politisches Gedicht gleichsam als ästhetisches Alibi gönnten. Als die Börsianer überzählig wurden, wechselte Benjamin vom Romanischen ins Prinzeßcafé, in dem wenigstens noch die Kokotten die alten waren. Hier saß er lange Abende und schrieb, die laute Jazzkapelle ignorierend, an seinem »Ursprung des deutschen Trauerspiels«, sorgsam mit kleinen Zetteln und Notizbüchern hantierend, fast heimlich und eigentlich sehr deplaciert. Irgendwann wurde aus dem Prinzeßcafé das Café Stenwyk, dem Benjamin dann fernblieb.
Zur Problematik der in jenen Kreisen blühenden Literatur hat er sich andeutungsweise 1929 in einer Rezension der Gedichte Mehrings,[102] dann aber 1931 vehement anläßlich der Verbrauchslyrik Erich Kästners geäußert: »Die linksradikalen Publizisten vom Schlage der Kästners, Mehring oder Tucholsky sind die proletarische Mimikry des zerfallenen Bürgertums. Ihre Funktion ist, politisch betrachtet, nicht Parteien sondern Cliquen, literarisch betrachtet, nicht Schulen sondern Moden, ökonomisch betrachtet, nicht Produzenten sondern Agenten hervorzubringen. Und zwar ist diese linke Intelligenz seit

fünfzehn Jahren ununterbrochen Agent aller geistigen Konjunkturen, vom Aktivismus über den Expressionismus bis zu der Neuen Sachlichkeit gewesen. Ihre politische Bedeutung aber erschöpfte sich mit der Umsetzung revolutionärer Reflexe, soweit sie am Bürgertum auftraten, in Gegenstände der Zerstreuung, des Amüsements, die sich dem Konsum zuführen ließen... dieser linke Radikalismus ist genau diejenige Haltung, der überhaupt keine politische Aktion mehr entspricht... Die Verwandlung des politischen Kampfes aus einem Zwang zur Entscheidung in einen Gegenstand des Vergnügens, aus einem Produktionsmittel in einen Konsumartikel – das ist der letzte Schlager dieser Literatur...«[103] (In seinem Essay »Der Autor als Produzent«, zitiert er, leicht verändert, diesen Abschnitt, ohne sich als Autor zu nennen. Das kryptische Selbstzitat firmiert unter dem Annoncement eines »einsichtigen Kritikers«.[104])

Walter Benjamin, der diese nun so scharf vom neu gewonnenen politischen Horizont kritisierten Formen der »Neuen Sachlichkeit« aus Berlin kannte, hatte sich nie auf sie eingelassen; aber auch schon die Expressionisten waren von ihm auf bemerkenswerte Weise ignoriert worden. Erst nach dem Krieg erkannte er z. B. die poetische Kraft der Gedichte Georg Heyms. Obwohl er in der Stadt aufwuchs, die ein Zentrum der neuen Literatur war, las er kaum zeitgenössische Werke. Seine Lektüre mutet in einer Zeit explosiver literarischer Neuentwicklung recht seltsam an: Shakespeare, Hebbel und andere Dramatiker werden von 1908 bis 1914 mit Klassenkameraden an einem wöchentlichen Leseabend in verteilten Rollen rezitiert. Für sich liest Benjamin Eichendorff, Hölderlin, Angelus Silesius, Tolstoi, Wassermann und Gottfried Keller. Statt Trakl, Heym, Stadler oder vielleicht Benn zur Kenntnis zu nehmen, vertieft er sich in Kleist, Lenz oder Balzac. Was vor seinen Augen nur als »Mode« erschien, ignorierte er; auch darin war er kein Berliner.

Dem Verlassen seiner Geburtsstadt nach dem Bruch mit Wyneken und der Jugendbewegung tritt ein anderes biographisches Detail hinzu, das ebenfalls auf eine neue Lebensperiode vorausweist: Benjamin verliebt sich, ohne sich dessen noch recht bewußt zu sein, in Jula Cohn, die Schwester seines Schulfreundes Alfred Cohn. Auf sonderbarste Weise ist diese später so spannungsreiche Liebe mit dem Urerlebnis des

Besitzes verbunden und scheint in Benjamins Erinnerung mit der Kostbarkeit eines Gegenstandes verknüpft: mit einem antiken Ring. In der »Berliner Chronik« schreibt Benjamin, daß Alfred Cohn wohl Ende 1914 bei einem Antiquitätenhändler vier in Halbedelstein geschnittene Ringe erwarb, um sie an nächste Bekannte zu verschenken. Der gemeinsame Freund Ernst Schoen erhielt eine italienische Renaissance-Kamee mit dem vermutlichen Profil des Pompeius; eine griechische Arbeit mit dem Bildnis der Leda war einer Freundin zugedacht. Vom Herausgeber der »Chronik« ist deren Name nicht dechiffriert: Frau Dorothea J. Da Benjamin schreibt, bis auf einen Ring, den er aus den Augen verloren habe, seien sie noch alle im Besitz derer, denen sie geschenkt wurden, und da mit diesem einen Ring wohl nur der gemeint sein kann, den er selbst seiner damaligen Verlobten Grete Radt schenkte, zu der er bald keine Verbindung mehr hatte, läßt sich vermuten, daß jene Trägerin des Leda-Ringes die Frau des ihm wohlbekannten Ernst Joel war.

Ein anderer Ring, ein in Granat geschnittenes Medusenhaupt, war ihm selbst zugedacht: »doch nur als ganz interimistischem Besitzer; im Grund war er bestimmt, durch mich als mein Geschenk an meine damalige Verlobte Grete R(adt) zu kommen... Kurze Zeit nachdem ich ihn verschenkt hatte, löste ich meine Beziehungen zu seiner neuen Besitzerin. Mein Herz ging schon damals mit dem letzten jener vier Ringe, welchen der Geber seiner Schwester (Jula Cohn, W. F.) vorbehalten hatte.«[105] Es war ein Lapislazuli mit einer eingeschnittenen, von Laub umkränzten Laute. Nur wenige Tage, nachdem Jula von ihrem Bruder das Geschenk erhalten hatte, sandte Benjamin ihr ein wohl eigenes Sonett, das sich nicht erhalten hat. Erst Jahre später wird Jula Cohn in Benjamins Leben und in dem seiner nächsten Freunde schicksalsbestimmende Bedeutung gewinnen.

Ein neues Leben

Kurz vor seiner Abreise aus Berlin hatte Walter Benjamin im Frühjahr 1915 anläßlich einer Diskussion über einen Vortrag Kurt Hillers Gerhard Scholem und Werner Kraft kennengelernt. Nach dessen Erinnerung hatte Hiller über »den Sinn der Geschichte« gesprochen; das mußte 1915 heißen: über den Sinn des Krieges. Die Diskussion, an der auch Hans Blüher und Dora Sophie Pollak teilnahmen, ging wohl unentschieden »zwischen der Bejahung und der Verneinung der Geschichte und des Krieges« hin und her.[106] »Da stand ein mir unbekannter Mensch auf, eben er (Benjamin, W. F.) und hält eine Rede, sie glühte von innerem Feuer, meine Ohren empfanden sie als revolutionär.«[107] Wenn man der Erinnerung Krafts glauben darf, wiederholte Benjamin hier zentrale Gedanken aus seiner Rede über »Das Leben der Studenten«.

Auch Scholem meldete sich als Diskussionsredner und griff das ahistorische Konzept Hillers scharf an. Nach einigen Tagen kam es zu einem zufälligen Treffen von Benjamin und Scholem in der Universität; Benjamin erinnerte sich an den Diskussionsredner und lud ihn zu einem Gespräch in das väterliche Haus. Am 21. 7. 1915 fand Scholem sich dort ein, und es begann ein lebenslanger Dialog, der mit großer Intensität von beiden Seiten geführt wurde. Ihr Briefwechsel ist bedeutend, für das Verständnis Benjamins und seiner Schriften ist er unentbehrlich. Nach Scholems Erinnerung wurde bei jenem ersten Treffen ein Einverständnis in der Ablehnung der zeitgenössischen Situation, namentlich des Krieges festgestellt und versucht, alternative Denk- und Lebensformen zu entwerfen. Scholem berief sich auf Landauers »Aufruf zum Sozialismus«, den Benjamin sicher kannte, da er zum Programm seines ideologischen Kontrahenten Ernst Joel gehörte. Während Scholem aber Sozialismus und Zionismus zu verbinden suchte und dazu Martin Buber ins Gespräch brachte, dem er selbst nicht positiv gegenüberstand, lehnte Benjamin diesen wegen seiner eindeutigen Stellungnahmen zum »Erlebnis« des Krieges ab.

Zu jenem Entstehen einer engen Freundschaft trat die Vertiefung der Beziehung zu Dora Pollak, die Benjamin im Frühjahr 1915 auf einer Reise nach Genf begleitete, wo er seinen Schulfreund Herbert Belmore wiedertraf. Im Herbst dieses Jahres wird Benjamin zur Musterung vorgeladen und wohl wegen seiner starken Kurzsichtigkeit vorerst für ein Jahr vom Kriegsdienst zurückgestellt. (Es gibt einige Legenden, an deren Entstehen Benjamin wohl nicht unschuldig ist: er habe sich der Musterungskommission in Felix Krull-Manier als chronischer Zitterer präsentiert und sei dadurch dem Wehrdienst entgangen. Abgesehen von der nicht unüblichen Praxis einer bei Mokka und Zigaretten durchwachten Nacht vor der Musterung, die entsprechende Wirkung zeigen sollte, darf man solches nicht zu ernst nehmen.) Daraufhin zieht er nach München, wo seine Verlobte Grete Radt studiert, wo aber auch die als Bildhauerin arbeitende Jula Cohn ein Atelier unterhält. Er lebt zurückgezogen und arbeitsam. Von der Belastung organisatorischer Verpflichtungen befreit, widmet er sich ganz dem Studium und seiner eigenen Produktion. Entstanden sind in dieser Zeit die Interpretationen »Zwei Gedichte von Friedrich Hölderlin« und eine von Scholem (Briefe, 124) fälschlich als verloren angezeigte Arbeit »Regenbogen«. Anderes ist wohl nur Fragment oder Projekt geblieben, so seine Gedanken über Medizin und Moral,[108] die vielleicht angeregt worden waren durch die Berliner Bekanntschaft mit Martin Gumpert, der zum Kreis des »Anfang« gehörte und dessen Vater ein bekannter Arzt war; der Sohn folgte ihm in diesem Beruf.

Unerwartet erreicht ihn ein Brief Martin Bubers, der zur Mitarbeit an der neu gegründeten Zeitschrift »Der Jude« einlädt. Benjamin antwortet höflich, aber hinhaltend, und als Gerhard Scholem ihn vom 16.–18. Juni in München besucht, beredet er mit diesem Bubers Vorschlag. In den Gesprächen klärt sich Benjamins eigene Position, die er nun ausführlich in einem Brief an Buber darlegt. Da hier zum erstenmal Überlegungen zum Problem der »Sprache« erscheinen, ist der Brief über den Anlaß hinaus von zentraler Wichtigkeit. Zunächst stellt Benjamin fest, daß er der politischen Richtung der Zeitschrift grundsätzlich entgegensteht, dann aber erweitert er seine Ablehnung auf den Bereich der Sprache, die, wie bei diesem Beispiel einer Zeitschrift, etwas bewirken will und damit nicht unmittelbare Sprache, sondern nur Zweck zu einer Handlung oder einem Ziel ist. Benjamin lehnt solchen Sprachgestus prinzipiell ab: »So unmöglich es mir ist, wirkendes Schrifttum zu verstehen, so unfähig bin ich, es zu verfassen.«[109] Er entwickelt einen Gegenbegriff, der auf äußerlich abgerichtete Effektivität von Sprache verzichtet: »In wievielerlei Gestalten auch Sprache sich wirksam erweisen mag, sie wird es nicht durch die Vermittlung von Inhalten, sondern durch das reinste Erschließen ihrer Würde und ihres Wesens tun.«[110] Das »Geheimnis« der Sprache, d. h. das, was an ihr »unmittelbar« ist, sei ihre eigentliche Wirkung, der Benjamin mit seinen Schriften zum Leben verhelfen will. »Mein Begriff sachlichen und zugleich hochpolitischen Stils und Schreibens ist: hinzuführen auf das dem Wort versagte; nur wo diese Sphäre des Wortlosen in unsagbar reiner Macht sich erschließt, kann der magische Funken zwischen Wort und bewegender Tat überspringen, wo die Einheit dieser beiden gleich wirklich ist. Nur die intensive Richtung der Worte in den Kern des innersten Verstummens hinein gelangt zur wahren Wirkung.«[111]

Von Martin Buber wurde dieser Brief nicht beantwortet; der Kontakt blieb abgebrochen. Es erschien jedoch knapp ein Jahr später, im Frühjahr 1917, ein Buch Bubers mit dem Titel »Die Lehre, die Rede und das Lied« – gerade diese waren die von Benjamin gewählten Differenzierungen sprachlicher Äußerung gewesen, an denen er seine hier zitierten theoretischen Prämissen exemplifizierte. Es mag dieses Buch als kryptische späte Antwort zu verstehen sein, in gewissem Sinne ist es aber auch ein Plagiat Benjaminscher Gedanken. Es wird jedoch nicht das letzte Mal sein, daß aus seinen Worten andre rasch ihre Bücher schrieben.

Die zitierten Sätze stellen den Beginn einer jahrelang immer zwingenderen Versenkung in das Wesen der Sprache dar, die mit dem theoretischen Rahmen des Trauerspiel-Buches einen nur provisorischen Abschluß fand. Sie enthalten zugleich die nie aufgegebene Maxime für Benjamins Art der Annäherung an ein poetisches Werk. Im Aufsatz über Goethes »Wahlverwandtschaften« hat seine Interpretationskunst einen frühen und in dieser Konzentration nie mehr erreichten Höhepunkt. Seine vorigen Sätze gleichsam in einer Arbeitsanweisung präzisierend heißt es Ende 1916 in einem Brief: »Die wahre Kritik geht nicht wider ihren Gegenstand: sie ist wie ein chemischer Stoff der einen anderen nur in dem Sinne angreift,

daß er ihn zerlegend dessen innre Natur enthüllt, nicht ihn zerstört.«[112] Alles Kritische sei nach innen, in das Herz der Sprache zu verlegen; in ihm vollzieht sich die Krisis der Wahrheit.
Welcher Art aber nun dieses Herz sei, in dem das Geheimnis bewahrt ist – dieser Frage wendet sich Benjamin in der folgenden Zeit verstärkt zu. Im Wintersemester 1916/17 hört er bei Walter Lehmann Vorlesungen über aztekische Mythologie, wobei ihn zentral der hieroglyphische Bildcharakter und die Relation von Zeichen und Ding in der altsüdamerikanischen Sprache interessieren. In einem nicht vor 1938 erstellten Lebenslauf, der von den Herausgebern der »Gesammelten Schriften« 1971 in einem »Dossier« veröffentlicht wurde, schreibt Benjamin: »Von vorneherein ist das Interesse für die Philosophie der Sprache neben dem Kunsttheoretischen vorherrschend bei mir gewesen. Es veranlaßte mich während meiner Studienzeit an der Universität München der Mexikanistik mich zuzuwenden – ein Entschluß, dem ich die Bekanntschaft mit Rilke verdanke, der 1915 ebenfalls die mexikanische Sprache studierte. Das sprachphilosophische Interesse hatte auch an meinem zunehmenden Interesse für das französische Schrifttum Anteil. Hier fesselte mich zunächst die Theorie der Sprache, wie sie aus den Werken von Stephane Mallarmé hervorgeht.« Die bevorzugte Erwähnung französischer oder in Frankreich bekannter Schriftsteller, auch eine für einen knappen Lebenslauf ungewöhnlich breite Darstellung der Aufenthalte in Paris lassen vermuten, daß es sich hier um ein Dokument handelt, das Benjamin im Herbst 1939 schrieb, als der französische PEN sich um seine Entlassung aus dem Internierungslager bemühte, oder das seine Naturalisierung in Frankreich fördern sollte. Die Erwähnung des auch in Frankreich wohlbekannten Rilke ist im Hinblick auf den Gesuch-Charakter des Lebenslaufes eine taktische. Tatsächlich hat Benjamin Rilke nur wenig und noch weniger seine Dichtungen akzeptiert. Scholem schreibt: »Bei aller Schärfe der Kritik, die Benjamin später an Rilke als Klassiker ›aller Schwächen des Jugendstils‹ übte, hat er sich nie zu jener später so beliebten ›sozialkritischen‹ Narretei herabgelassen, einen berühmten Vers Rilkes in einem Gedicht über Franz von Assisi als snobistisch-reaktionäre Anpreisung der Armut zu verhöhnen.«[113] Wenn man von dem kritisierenswerten Tenor dieser

Äußerung absehen will, mag ihr Inhalt so hingehen. Indirekt aber, und von Scholem unerwähnt, hat Benjamin auf jenen im Weltlauf immer zynischer sich erweisenden Satz Rilkes »Denn Armut ist ein großer Glanz aus Innen ...« mit einem Abschnitt seines Buches »Einbahnstraße« geantwortet: »Aber nie darf einer seinen Frieden mit Armut schließen, wenn sie wie ein riesiger Schatten über sein Volk und sein Haus fällt. Dann soll er seine Sinne wachhalten für jede Demütigung, die ihnen zuteil wird und so lange sie in Zucht nehmen, bis sein Leiden nicht mehr die abschüssige Straße des Grams, sondern den aufsteigenden Pfad der Revolte gebahnt hat.«[114] Deutlicher läßt sich eine Gegenposition zu Rilke wohl kaum artikulieren. Zu fast derselben Zeit schrieb Benjamin gleichwohl eine damals nicht publizierte »Notiz gegen Blei«, in der er sich gegen den sarkastisch inadäquaten Stil des am 7. 1. 1927 in der »Literarischen Welt« erschienenen Nachrufs auf Rilke von Franz Blei wendet. Benjamin befand sich zu diesem Zeitpunkt in Moskau; der Anlaß aber schien ihm wichtig genug, mit einer Erwiderung nicht bis nach seiner Rückkehr zu warten. Er schrieb seinen Artikel »Rainer Maria Rilke und Franz Blei« am 21. und 22. Januar 1927 in Moskau und diktierte ihn am folgenden Tag in die Maschine. Er will nichts vom Inhalt der Worte Bleis zurückweisen, selbst nennt er nur vier Gedichte aus dem Lebenswerk Rilkes, die vielleicht überlebten; ihn störte einzig die positive Erwähnung Borchardts und der süffisante Ton dieses Nachrufs. Es ist ein Versuch der Fairness, nichts weniger. Man kann auch aus dieser Notiz keine Sympathie zu Rilke und seinen Werken herauslesen. Zwar wohnte der unstete Rilke fast zwei Jahre, von 1915 bis 1917, in München und besuchte auch dort die Universität, doch jede nähere oder engere Verbindung in dieser Zeit ist allein durch die Tatsache problematisch, daß Rilke sich in dieser Zeit dem antisemitischen Kreis der sich »Kosmiker« nennenden Schwarmgeister um Schuler und Klages anschloß. Es ist indessen möglich, daß auch Benjamin Gast bei einem der drei Vorträge Schulers war, die 1915 vor einem kleinen Kreis abgehalten wurden – Rilke war nur beim letzten zugegen – und in denen er, mit Rilkes Worten, »von einer intuitiven Einsicht ins alte kaiserliche Rom her, eine Welterklärung zu geben unternahm, welche die Toten als die eigentlich Seienden, das Toten-Reich als ein einziges unerhörtes Dasein, unsere kleine Lebensfrist aber als

eine Art Ausnahme davon darstellte: dies alles gestützt durch eine unermeßliche Belesenheit...«[115]
Von Wolfskehl stammt die Überlieferung, zum Umgang von Schuler habe neben einem jungen Mann namens Ferdinand auch einer namens Adolf gehört. Er sei beim ersten Vortrag zugegen gewesen, als Schuler über das Symbol der Swastika sich ausließ. Es wäre pikant, wenn man nachweisen könnte, Benjamin habe *den* Adolf einst getroffen, aber die ganze Anekdote aus dem Munde Wolfskehls, die Boehringer dann verbreitete, ist wohl nur gut erfunden.
Mit einer wie immer gearteten Bekanntschaft Benjamins mit Schuler, die insofern nicht auszuschließen ist, als er ja auch Klages schon 1914 kennengelernt hatte, ließe sich eine spätere kryptische Bemerkung erklären, als Benjamin sich 1930 verstärkt dem Studium der Publikationen des George-Kreises widmet. In dem Buch von Friedrich Wolters »Stefan George und die Blätter für die Kunst« findet er einzig die Mitteilungen über Schuler für ihn wesentlich; »aus freilich sehr besonderen Konstellationen«, wie er anmerkt.[116] Von Rilkes naiver Faszination dürfte sich Benjamins Urteil über die Phantasien Schulers stark unterschieden haben; wenn er sich 1930 ein Bändchen mit dessen Aufzeichnungen beschafft – »zum verborgenen Anstaunen« – dann dürfte es wohl seine Sammlung der Werke Geisteskranker komplettiert haben. Eindeutig ist dies ohne Kenntnis der Benjaminschen Tagebücher wohl kaum zu klären. Vermutlich im Wintersemester 1917/18 las er im Zusammenhang des von ihm für die Promotion benötigten Nebenfach-Seminars »Über die Trieblehre Sigmund Freuds« Schrebers »Denkwürdigkeiten eines Nervenkranken«. Zufällig hatte er kurz zuvor die Erstausgabe von 1903 in einem Berner Antiquariat gefunden. Es sollte eines der wichtigsten Bücher seiner »Pathologischen Bibliothek« werden. 1928 schrieb er darüber einen kleinen Aufsatz, in dem er sich, die psychische Verstörtheit des Verfassers eingestanden, durchaus achtungsvoll über dessen sprachliche Prägnanz und bewundernd über die semantische Eigenart des Schreibers äußert.[117] Schrebers Ausführungen hatten für ihn weit mehr Bedeutung als Freuds sich daran anschließende Interpretation. (Unabhängig davon beurteilte er in einem ausführlichen Referat für jenes Seminar die Freudsche Theorie gänzlich negativ.)
So ist auch Benjamins Satz über Schuler, daß »dessen Kenntnis

des alten Roms und dessen Vertrautheit mit dem römischen Leben ans Wunderbare grenzten«,[118] kein Beleg für sein wissenschaftliches Urteil, zumal der Aufsatz, dem dieser Satz entnommen ist, eine rein taktische Bedeutung für ihn erfüllen sollte, da es sein erster Auftrag für eine französische Zeitschrift im Exil war. Die »Nouvelle Revue Française«, die ihn hätte drucken sollen, lehnte dann ab.

Deutlich anders liegt es im Fall seiner Beziehung zu Klages. Benjamin wußte sehr wohl von dessen Antisemitismus, was ihn nicht hinderte, seine Bücher als zumindest teilweise wertvoll anzuerkennen. Nach der Lektüre des »Kosmogonischen Eros« heißt es in einem Brief vom 28. 2. 1923: »Ich gestatte mir, bei Gelegenheit dieser Zeilen es Ihnen auszusprechen, welche Freude und welche Bestätigung eigener Gedankengänge ich dankbar Ihrer Schrift über den kosmogonischen Eros entnommen habe.«[119] (Dieser Brief ist nicht in die Auswahlbände aufgenommen worden.) Benjamin, der zu diesem Zeitpunkt Bachofens Schriften noch nicht gelesen hatte, was er erst 1934 anläßlich des Auftrages der »Nouvelle Revue Française« nachholte: »So komme ich zum ersten Male dazu ihn selbst zu lesen; bisher war ich vorwiegend auf Bernoulli und Klages angewiesen gewesen.«[120] – Benjamin scheint tatsächlich als ernstzunehmende Opposition gegen heroischen Kriegspatriotismus und korrupten Systemsozialismus erschienen zu sein, was Klages in enger Anlehnung an Bachofens großes Werk teils gröblich mißverstand, teils zu seinem kaum eignen Buch andeutend mißbrauchte. Wegen der mangelnden Sachkenntnis ist der Aufsatz über Bachofen seine wohl schwächste Arbeit. Während er über Spengler ein rasches Urteil fand: »Ein trivialer Sauhund«,[121] blieb sein Blick für die Bewertung der Schriften Klages', die er getreulich las, sonderbar getrübt. Noch 1930, nach Kenntnisnahme von »Der Geist als Widersacher der Seele«, vermag er sich nicht von Klages ausdrücklich zu distanzieren, da er dessen System, in dem Begriffe wie Schlägerkolonnen durchs Denken marschieren und dessen straffer Anarchismus dem Terror einer Kristallnacht sich annähert, nicht benennen kann. Er hält das Buch für »ein großes philosophisches Werk«.[122] Trotz der Erkenntnis, daß die Basis ein »hanebüchener metaphysischer Dualismus« sei, verteidigt er die »wirklich neuen und weittragenden Konzeptionen«, die auf solcher Basis entstanden seien. Erst in der

Mitte der dreißiger Jahre wandelt sich die Einsicht Benjamins unter dem Einfluß Adornos zu einer klaren Absage an Klages, die der Konsequenz seines Denkens schon damals weit mehr entsprochen hätte.

In allem unterschied sich Benjamins ästhetische Haltung von der des »Kosmiker«-Kreises, nicht zu reden von der politischen. Hier wurde die Intuition der Ekstase als geschwätziges Außersichsein verstanden, für Benjamin bestand sie in der schweigenden Versenkung ins Innerste, in das Herz der Sprache. Seine Gedanken faßte er im Herbst 1916 in einer Schrift zusammen, der er mit systematisierendem Anspruch den Titel gab: »Über die Sprache überhaupt und über die Sprache des Menschen.«[123] Sie handelt, mit seinen Worten, von dem Wesen der Sprache »in immanenter Beziehung auf das Judentum und mit Beziehung auf die ersten Kapitel der Genesis«.[124] Gemeint ist damit die von der christlichen differierende rabbinische Tradition, wie sie in Genesis 2, 19 f. erscheint, derzufolge nicht Gott den Dingen und Wesen ihren Namen gab, sondern Adam. Er benannte alles, auch sich selbst und Gott; er zeigte mit der Nennung der Namen, daß er das Wesen der Dinge und Tiere, sein eigenes und auch das Gottes erkannte. Durch jene letzte Erkenntnis wurde er schuldig.[125] Benjamin kannte diese Überlieferung wohl schon seit seiner Kindheit. In einem Brief aus dem Jahr 1913 machte er sie unausgesprochen zur Grundlage theoretischer Erwägungen; alle Erkenntnis sei Schuld, sagte er damals.[126]

Sein Entwurf über die Sprache enthält Grundgedanken, die Benjamin beständig reflektierte, sie nicht allein später im Trauerspiel-Buch, sondern auch an scheinbar gänzlich unvergleichbaren Themen wieder aufgreift. Seine letzte Arbeit, wie anders das Thema, wie verändert die Perspektive auch scheinen mag, kann nur verstanden werden vor der Folie dieser zu den ersten philosophischen zählenden Schrift. Nicht wenige interpretatorische Mißverständnisse entstanden durch deren Ignorierung.

Zunächst begnügt sich Benjamin mit der Feststellung, daß es eine traditionelle Definition von Sprache gibt, die diese auf die *Mitteilung* geistiger Inhalte festlegt. Dieser Inhalt selbst aber läßt sich nur als Sprache begreifen, so daß jene eben nicht allein das ist, was *durch* sie ausgedrückt wird, sondern ebenso das, was *in ihr* sich ausdrückt; dieses ist das geistige Wesen. Da jedes Ding, eine Lampe oder ein Tier, solches Wesen besitzt, muß es über eine Sprache verfügen, sofern jenes überhaupt irgend mitteilbar ist. »Was *an* einem geistigen Wesen mitteilbar ist, *in* dem teilt es sich mit.«[127]

Wenn das geistige Wesen der Dinge ihre Sprache ist, in dem es sich mitteilt, dann bedeutet dies für den Menschen, daß er sein Wesen in seiner Sprache erscheinen lassen muß. Da er in Worten spricht und mit ihnen die Dinge benennt, teilt er sein Wesen in eben jener (und nicht durch jene) Benennung mit. (Es gibt keine benennende Sprache außer der menschlichen, obwohl es hinreichend außermenschliche Sprachen gibt.) In ihr, im »Namen teilt das geistige Wesen des Menschen sich Gott mit«.[128]

Dieser hohe Bezug muß von Benjamin begründet werden. Er verweist dazu auf die ersten Kapitel der Genesis.

Im Namen, der das innerste Wesen der Sprache sei, teile sich diese selbst mit. Da der Mensch der Benennende ist, teilt sich ihm das geistige Wesen der Sprache mit. So wird er Herr über die Natur und die Dinge, die sich ihm mitteilen und im Vermögen, ihre sprachliche Mitteilung im Namen zu erfassen, gelangt er zu ihrer Erkenntnis. Gott hat den Dingen mit ihrer Erschaffung zugleich ihr geistiges Wesen gegeben, aus dessen Verständnis heraus der Mensch nun die Schöpfung vollendet, indem die Dinge von ihm ihre Namen erhalten. Aber: »die Sprachen der Dinge sind unvollkommen, und sie sind stumm. Den Dingen ist das reine sprachliche Formprinzip – der Laut – versagt. Sie können sich nur durch eine mehr oder minder stoffliche Gemeinschaft einander mitteilen.«[129] Es wird im Anschluß noch davon zu reden sein, wie Benjamin jene stumme Gemeinschaft der Dinge zu ergründen suchte.

Durch sein Wort hat Gott alle Dinge und die Natur erschaffen; in ihm ist das Wort schaffend und, so es Name ist, erkennend. Nur in Gott ist das Erkennende des Namens mit dem Schaffenden des Wortes identisch; Gott schuf die Dinge in ihren Namen erkennbar, der Mensch aber gibt ihnen Namen entsprechend seiner Erkenntnis. So wird der Mensch zum Erkennenden in derselben Sprache, in der Gott Schöpfer ist: er schuf den Erkennenden zum Bild des Schaffenden. Indem er Sprache hat, erkennt der Mensch die Dinge in ihrem Wesen und tut dies durch den Namen, den er vergibt. Alle Sprache des Menschen ist so Erkenntnis durch Benennung und nie bloße Mitteilung eines Sachverhalts. »Die Sprache gibt niemals *bloße* Zeichen.«[130]

Die Sprache des Menschen im paradiesischen Zustande muß eine vollkommen erkennende gewesen sein, da hier der Mensch von Gott sich noch nicht entfremdet hatte. Gott hatte am letzten Tag der Schöpfung erkannt, daß sie sehr gut sei. Die Schlange des Widersachers im biblischen Baum aber verführt zu einer Erkenntnis, die nicht mit der Gottes identisch sein mag: zu unterscheiden, was gut und was böse sei. Innerhalb des Paradieses ist solches nichtig, da es durch die Unterscheidung den Rahmen verläßt, in dem Gott schon alles als gut erkannt, und der Mensch die Schöpfung durch die Namensgebung als solche bestätigt hatte. »Das Wissen um gut und böse verläßt den Namen, es ist eine Erkenntnis von außen, die unschöpferische Nachahmung des schaffenden Wortes. Der Name tritt aus sich selbst in dieser Erkenntnis heraus: Der Sündenfall ist die Geburtsstunde des *menschlichen Wortes*.«[131] Durch die von außen herangetragene Unterscheidung von gut und böse, die der Absicht Gottes widerspricht, verliert der Mensch seine Identität mit Gott, indem er seine sprachliche Identität: die benennend erkennende, verliert. Da Gott nur als Schöpfung faßlich ist, herrscht notwendig Identität zwischen ihm und den Dingen. Nur der Mensch, der als Mittler zwischen Gott und den Dingen steht, kann den durch eine Subjekt-Objekt-Relation bedingten schöpferischen Akt der Benennung durchführen; der so gegebene Name ist noch durchaus bedeutungslos, er ist mit dem Wesen des Benannten identisch. Erst wenn durch Sprache der Mensch für sich eine Relation zu den Dingen herstellt, wenn also über sie gesprochen wird, verwandelt sich das Benennen ins Bedeuten, und das eigentliche nomen proprium wird zwangsläufig zum nomen generale, das den Dingen ihre Individualität nimmt. Von nun an wird Sprache nicht göttlich schaffend, nicht erkennend sein; sie wird Urteil werden. Nicht mehr sich selbst wird sie mitteilen, sondern durch sie wird etwas mitgeteilt werden. Die Sprache wird für den von Gott entfremdeten Menschen zum bloßen Zeichen werden, welches eine Nachricht vermittelt.

Es wird so verständlich, warum Benjamin in seinem oben zitierten Brief an Buber strikt jede Sprache ablehnte, die sich der Vermittlung von Gedanken zum Ziele einer Tat widmet. Jede im üblichen Sinn politische Sprache ist damit für ihn diskreditiert, da sie nicht zum Zentrum des identischen Ursprungs zurückkehren, sondern in ihrer urteilenden Entfremdung beharren will. Wieweit aber sie sich von ihrem Zentrum entfernt haben mag, es haftet ihr, wie immer verborgen und unerkannt, stets noch ein Rest der ursprünglichen Identität an. In Benjamins äußerem Leben ein Jahrzehnt überspringend sei im Vorgriff auf das Trauerspiel-Buch gesagt: die Rückerkenntnis des Ursprungs, die erneute verinnerlichte Versenkung in den Kern der Identität, das ist, was Benjamin unter »Philosophie« verstand. Er wollte als Philosoph das alte sprachliche Recht, Name und Erkenntnis zu sein, restituieren. In der »Erkenntniskritischen Vorrede« zum Trauerspiel-Buch heißt es in diesem Sinn: »Die Idee ist ein Sprachliches, und zwar im Wesen des Wortes jeweils dasjenige Moment, in welchem es Symbol ist. Im empirischen Vernehmen, in welchem die Worte sich zersetzt haben, eignet nun neben ihrer mehr oder weniger verborgenen symbolischen Seite ihnen eine offenkundige profane Bedeutung. Sache des Philosophen ist es, den symbolischen Charakter des Wortes, in welchem die Idee zu Selbstverständigung kommt, die das Gegenteil aller nach außen gerichteten Mitteilung ist, durch Darstellung in seinen Primat wieder einzusetzen. Dies kann, da die Philosophie offenbarend zu reden sich nicht anmaßen darf, durch ein aufs Urvernehmen allererst zurückgehendes Erinnern einzig geschehen. Die platonische Anamnesis steht dieser Erinnerung vielleicht nicht fern. Nur daß es nicht um eine anschauliche Vergegenwärtigung von Bildern sich handelt; vielmehr löst in der philosophischen Kontemplation aus dem Innersten der Wirklichkeit die Idee als das Wort sich los, das von neuem seine benennenden Rechte beansprucht. In solcher Haltung aber steht zuletzt nicht Platon, sondern Adam, der Vater der Menschen als Vater der Philosophie, da. Das adamitische Namengeben ist soweit entfernt, Spiel und Willkür zu sein, daß vielmehr gerade in ihm der paradiesische Stand sich als solcher bestätigt, der mit der mitteilenden Bedeutung der Worte noch nicht zu ringen hatte. Wie die Ideen intentionslos im Benennen sich geben, so haben sie in philosophischer Kontemplation sich zu erneuern. In dieser Erneuerung stellt das ursprüngliche Vernehmen der Worte sich wieder her.[132] Wesentliche Elemente der Sprachtheorie Benjamins gleichen denen Martin Heideggers in seinem 1936 in der Zeitschrift »Das Innere Reich« erschienenen

Aufsatz »Hölderlin und das Wesen der Dichtung«; manche Sätze erscheinen fast als wörtliche Zitate. Das Ende dieses Textes Heideggers läßt sich übrigens als verschlüsselte Kritik an der nationalsozialistischen Gegenwart verstehen.
Was dem Philosophen Benjamin als »anschauliche Vergegenwärtigung von Bildern«, in denen sich Gemeinschaft herstellt, versagt durch den Abstraktionszwang war, das versuchte der Physiognomiker Benjamin im wie immer seltsam erscheinenden Experiment. Jean Selz, den er auf Ibiza 1932 kennenlernte und ihn zum Übersetzer einiger Stücke seiner »Berliner Kindheit« ins Französische machte, überliefert eine bezeichnende Situation. Benjamin und er kamen eines Abends in seinem Zimmer zusammen. Zufällig standen und lagen dort einige Dinge verstreut, die durch ihre gemeinsame Farbe den Farbcharakter des ganzen Raumes bestimmten: rote Rosen und Nelken, rote Granatapfelblüten und, beleuchtet vom Schein einer Lampe, ein rotes Bauerntuch. Benjamin besah sich dies alles intensiv, dann wandte er sich dem leuchtend roten Tuch zu und sagte: »Für mich steht es zwischen ›torche‹ (Fackel) und ›torchon‹ (Handtuch).« Jean Selz fügt an: »So stellte er zwischen zwei Wörtern wieder eine Beziehung her, die sich von ihrem gemeinsamen Ursprung aus (torquere, tordre) im Sinn voneinander entfernt hatten.«[133] Wohl einiges von Benjamins Intention hat Selz erkannt, wenn er dazu schreibt, daß Benjamin den Worten ihre innerste Übereinstimmung abgewinnen wollte und die Dinge zwang, »ihr Geheimnis preiszugeben«. Kaum besser als mit dieser Anekdote läßt sich verdeutlichen, was Benjamin unter einer »unsinnlichen Ähnlichkeit« verstand. Er verwendet diesen Begriff bereits in der kurzen Notiz »Über das mimetische Vermögen«,[134] dann in der im Frühjahr 1933 auf Ibiza entstandenen Erweiterung »Lehre vom Ähnlichen«.[135] In diesem in unmittelbarer zeitlicher Nähe zur obigen Anekdote entstandenen Text heißt es, daß die Wahrnehmung der natürlichen Korrespondenzen der Dinge – die Erkenntnis ihrer unsinnlichen Ähnlichkeit – an einen einzigen Augenblick des Erkennens gebunden ist. »Sie huscht vorbei, ist vielleicht wiederzugewinnen, aber kann nicht eigentlich wie andere Wahrnehmungen festgehalten werden. Sie bietet sich dem Auge ebenso flüchtig, vorübergehend wie eine Gestirnkonstellation. Die Wahrnehmung von Ähnlichkeiten scheint also an ein Zeitmoment gebunden.«[136]

Diese kurze Bemerkung ist das vermittelnde Glied zwischen einem Aspekt der frühen Rede »Das Leben der Studenten« und Benjamins wohl letzter Schrift: den philosophischen »Thesen zum Begriff der Geschichte«. Bereits die Rede von 1914 begann nämlich mit folgender geschichtsphilosophischer Einleitung: »Es gibt eine Geschichtsauffassung, die im Vertrauen auf die Unendlichkeit der Zeit nur das Tempo der Menschen und Epochen unterscheidet, die schnell oder langsam auf der Bahn des Fortschrittes dahinrollen. Dem entspricht die Zusammenhanglosigkeit, der Mangel an Präzision und Strenge der Forderung, die sie an die Gegenwart stellt. Die folgende Betrachtung geht dagegen auf einen bestimmten Zustand, in dem die Historie als in einem Brennpunkt gesammelt ruht, wie von jeher in den utopischen Bildern der Denker. Die Elemente des Endzustandes liegen nicht als gestaltlose Fortschrittstendenz zutage, sondern sind als gefährdetste, verrufenste und verlachte Schöpfungen und Gedanken tief in jeder Gegenwart eingebettet. Den immanenten Zustand der Vollkommenheit rein zum absoluten zu gestalten, ihn sichtbar und beherrschend in der Gegenwart zu machen, ist die geschichtliche Aufgabe. Dieser Zustand ist aber nicht mit pragmatischer Schilderung von Einzelheiten (Institutionen, Sitten, usw.) zu umschreiben, welcher er sich vielmehr entzieht, sondern er ist nur in seiner metaphysischen Struktur zu erfassen, wie das messianische Reich oder die französische Revolutionsidee.«[137]

Benannt sind hier bereits alle später wesentlichen Elemente: die Suspendierung der bürgerlich historischen Geschichtsauffassung und die Kritik des Fortschrittglaubens, das Erfassen eines Augenblicks, in dem Historie sich sammelt und dessen Vergleich mit der Endzeit oder der Idee der Französischen Revolution. Nur in jenem einzigen konkreten historischen Augenblick, in dem alle Geschichte sich sammelt und sich erkennt in ihrer möglichen Verwandtschaft, wird revolutionäre Aktion möglich sein; nur aus der Perspektive jenes Augenblicks wird die Gegenwart zur erfüllten »Jetztzeit« werden. Benjamins Sprachphilosophie und die Rekonstruktion der Identität vermittels der in einem Nu aufblitzenden »unsinnlichen Ähnlichkeit« erweist sich so als eng mit seiner politischen Geschichtsphilosophie verbunden.

Die Arbeit »Über Sprache überhaupt und über die Sprache des Menschen«, hatte er noch nicht ganz beendet, als er in einem

Brief den Freund Scholem auf die Freiburger Antrittsvorlesung Martin Heideggers aufmerksam macht: »Über das ›Problem der historischen Zeit‹ ist in der letzten oder vorletzten Nummer der Zeitschrift für Philosophie und philosophische Kritik ein Aufsatz ... erschienen, der in exakter Weise dokumentiert, wie man die Sache *nicht* machen soll. Eine furchtbare Arbeit, in die Sie aber vielleicht einmal hineinsehen, wenn auch nur um meine Vermutung zu bestätigen, daß nämlich nicht nur das, was der Verfasser über die historische Zeit sagt (und was ich beurteilen kann) Unsinn ist, sondern auch seine Ausführungen über die mechanische Zeit schief sind, wie ich vermute.«[138] Die hier angesprochene Antrittsvorlesung vom 27. 7. 1915 zur Erlangung der venia legendi, die im Gesamtwerk Heideggers unter dem Titel »Der Begriff der Geschichtswissenschaft« publiziert wurde,[139] enthält zwar einige Vokabeln, deren sich auch Benjamin bedient, so jener aus seinen Thesen zum »Begriff der Geschichte« bekannte Terminus »Jetztzeit«,[140] doch läßt sich daraus keine »Abhängigkeit« Benjamins konstruieren, obwohl der Name des Schwarzwälder Philosophen den Lebensspuren Benjamins unerbittlich folgt, so daß man diese frühe Briefstelle im Zusammenhang mit den geschichtsphilosophischen Erwägungen Benjamins kaum überbewerten kann.

Es scheint, als habe sich Benjamin 1916 aus einer Verpuppung befreit und käme nun, tastend noch, zu seiner Gestalt. Er schreibt viel, nicht zur Publikation, sondern um mit sich über seine Gedanken ins Klare zu kommen. Entstanden sind in diesem Jahr außer dem erwähnten »Sprache«-Aufsatz Arbeiten mit den Titeln »Das Glück des antiken Menschen«, »Sokrates«, »Trauerspiel und Tragödie« und »Die Bedeutung der Sprache in Trauerspiel und Tragödie«. Seiner Produktion sind auch Übersetzungen Baudelairescher Gedichte zuzurechnen. Nach einer Bemerkung Benjamins datiert die erste Arbeit an diesen Übersetzungen bereits 1914; erhalten sind früheste Manuskripte aus dem Jahr 1915 mit achtzehn Übertragungen.[141] Im nächsten Jahr, 1916, greift Benjamin die begonnene Arbeit wieder auf.

In diese Zeit fällt auch eine bedeutsame Veränderung in seinem Privatleben. Von seiner Verlobten Grete Radt hatte er sich schon vor einiger Zeit getrennt. Scholem erzählt, daß er mit Grete Radt nur aufgrund eines Mißverständnisses verlobt war.

»Sie war mit ihm seit 1913 eng befreundet und verbrachte im Juli 1914 eine Zeit mit ihm zusammen in den bayerischen Alpen. Ende Juli telegraphierte ihm sein Vater ein Warnungstelegramm ›sapienti sat‹, wohl um ihn zu veranlassen, etwa in die Schweiz zu gehen. Benjamin mißverstand aber die Depesche und teilte daraufhin förmlich mit, er sei in der Tat mit Grete Radt verlobt.«[142] Es wäre dies hier nicht erwähnenswert, wenn es als Mißverständnis der Situation nicht symptomatisch für Benjamin wäre; später folgten andere, die sich weniger konfliktlos bereinigen ließen. Er heiratet nun die inzwischen von ihrem Mann geschiedene Dora Sophie Pollak. Benjamin kannte Dora und ihren sehr wohlhabenden Mann aus den Tagen der Jugendbewegung, wo sie, ohne selbst aktiv zu werden, nicht selten gesellschaftlicher Mittelpunkt war. Nach der Genfer Reise zu Herbert Belmore löste sie ihre Beziehung zu Benjamin, da sie ihre Ehe nicht zu stark belasten wollte; das Ehepaar wohnte schon damals nicht mehr in Berlin, sondern in Seeshaupt am Starnberger See. Dora trennte sich jedoch 1916 von ihrem Mann und nahm die Beziehung zu Benjamin wieder auf. Während des Scheidungsprozesses trafen sich Benjamin und Scholem zu langen Gesprächen in der Villa Pollak, die nicht zuletzt eine sehr wertvolle Bibliothek beherbergte. Benjamin wohnte offiziell damals in München, Königinstraße 4, verbrachte aber seine Zeit zumeist in Seeshaupt in der Dora verbliebenen Villa. Die Trauung fand am 17. April 1917 statt. Von einer Bekannten wird Dora als schön und sehr sensibel beschrieben. Sie war, wie Benjamin selbst, leicht und häufig kränkelnd. Der Bedeutung ihres Mannes sei sie sich durchaus bewußt gewesen, doch fühlte sie sich im Lauf der Ehe immer mehr von seinem eigenwilligen Wesen unterdrückt.[143] Benjamin war gewiß ein großer Liebender, aber nicht unbedingt ein guter Ehemann, was immer das sein mag. Sicher ist, daß er recht konservative Vorstellungen vom weiblichen Geschlecht und besonders von dessen intellektuellen Fähigkeiten hatte. In einem Brief vom 31. 7. 1918 heißt es bezeichnend: »Zufällig begegnete ich heute in meiner Lektüre für die Dissertation dem Buch einer Frau Luise Zurlinden: Gedanken Platons in der deutschen Romantik. Das Grausen das einen überkommt wenn Frauen in diesen Dingen entscheidend mitreden wollen ist unbeschreiblich. Es ist die wahre Niedertracht.«[144] Und in einer frühen Aufzeichnung »Metaphysik der Jugend« heißt es bei ihm sehr sonderbar: »Wie kam es, daß Frauen sprachen? Denn die Sprache entseelt sie. Die Frauen empfangen keine Laute von ihr und keine Erlösung. Die Worte wehen über die Frauen hin, die beieinander sind, aber das Wehen ist plump und tonlos, sie werden geschwätzig... Die Worte fingern an ihnen herum, und irgend eine Fertigkeit antwortet ihnen geschwind... Sprechende Frauen sind von einer wahnwitzigen Sprache besessen.«

Seine Frau allerdings hat er wenigstens zu Beginn der Ehe oft an Diskussionen über literarische Probleme beteiligt.

Die Flitterwochen des Paares begannen nahe bei München in dem damals als Moorbad bekannten Dachau, weil Benjamin dort, vergeblich allerdings, Heilung von seinen Ischiasanfällen suchte. Die Wahrheit über eine echte oder nur suggestive Ischiaserkrankung Benjamins liegt sehr im Dunkel. Als er 1916 aufgrund einer Nachmusterung für »feldarbeitsverwendungsfähig« erklärt worden war und zum 8. Januar 1917 einrücken sollte, erkrankte er plötzlich an Ischias und konnte dem Befehl nicht Folge leisten. Dora war inzwischen aus Seeshaupt nach Berlin gekommen und pflegte ihn. Der Termin wurde bis zum 16. Januar verlängert, was bei Benjamin offensichtlich noch heftigere, länger anhaltende Ischiasanfälle hervorrief. Schließlich erhielt er den dienstlichen Besuch einer ärztlichen Kommission an seinem Krankenlager, wonach er für einige Monate vom Wehrdienst befreit wurde. Scholem schreibt, daß Dora durch Hypnose ischiasähnliche Anfälle bei ihm bewirken konnte – es ist dies nicht sehr wahrscheinlich, aber auch nicht unmöglich. Bis Mitte April 1917 lag er in der väterlichen Villa in Berlin, wenig später fand die Trauung statt, nach der beide sofort nach Dachau reisten, wo sie in einem Sanatorium ein Attest erlangen konnten, das Benjamin zu Heilungszwecken die Ausreise in die Schweiz ermöglichte. Seine Briefe zeigen ihn durchaus als Leidenden – daß er dem Wehrdienst sich entziehend in die Schweiz übersiedeln kann, war ihm wohl eher therapeutisch als taktisch begreiflich. Einziger Trost mag für ihn der Erwerb der seltenen Gesamtausgabe der Schriften Franz von Baaders gewesen sein. Von seinem Kommilitonen Max Pulver war Benjamin auf die Bedeutung der Schriften Baaders und dessen Einfluß auf die Romantik aufmerksam gemacht worden, nun vertieft er diesen Hinweis und bittet Scholem, ihm das Standardwerk über die

Kabbala von Molitor: »Philosophie der Geschichte oder Über die Tradition« zu beschaffen – hatte er doch beim ersten Blättern Briefe Baaders an Molitor entdeckt, deren Inhalt ihm bedeutend genug erschienen war. Besonders weist er den Freund auf Baaders Aufsatz »Elementarbegriffe über die Zeit als Einleitung zur Philosophie der Sozietät und der Geschichte« hin, dessen Thematik sich eng mit Benjamins geschichtsphilosophischen Interessen berührt und der für die Interpretation seiner Thesen zum Begriff der Geschichte noch wichtig sein wird. Die Lektüre scheint ihn gefesselt zu haben; er vernachlässigt seine Kant-Studien und gerät, wie er schreibt, »erfreulicherweise zum ersten Male tief in das Studium der Romantik hinein«.[145] Um die wesentlichsten Positionen der romantischen Poetologie und Lebensanschauung zu erfassen, stellt er sich ein eigenes »Lesebuch« zusammen, indem er Fragmente von Schlegel und Novalis nach ihren systematischen Grundgedanken ordnet. Dieses kleine Kompendium wird die Keimzelle seiner Dissertation werden, über deren Thema sich Benjamin vorerst noch unklar ist. Im Wintersemester 1917/18 bezieht er die Universität Bern und erwägt hier – der Einfluß Wynekens, der seine Schüler auf den kantianischen Idealismus verpflichtet hatte, ist noch ersichtlich – eine Dissertation über »Kant und die Geschichte«, da nur in der Geschichtsphilosophie sich die »letzte metaphysische Dignität einer philosophischen Anschauung« erweisen könne.[146] Benjamin beabsichtigte also durchaus keine Kant-Kritik; er schrieb, es könne sich in einer solchen Arbeit »nie und nimmer um eine Erschütterung, einen Sturz des Kantischen Systems handeln«, sondern »vielmehr um seine granitne Festlegung und universale Ausbildung«.[147] Obwohl ihn die Lektüre der als Grundlage solcher Arbeit nötigen Schriften Kants enttäuscht, da sie sich mehr als konkrete Erwägung denn als geschichtsphilosophische Reflexion erweisen, hält Benjamin an dem Thema noch fest. In einem »Programm der kommenden Philosophie«, entstanden zwischen November 1917 und März 1918, betont er die Relevanz des Kantischen Systems ausdrücklich: »Es ist die zentrale Aufgabe der kommenden Philosophie die tiefsten Ahnungen die sie aus der Zeit und dem Vorgefühl einer großen Zukunft schöpft durch Beziehung auf das Kantische System zur Erkenntnis werden zu lassen. Die historische Kontinuität die durch den Anschluß an das Kantische System gewährleistet wird ist zugleich die einzige von entscheidender systematischer Tragweite... Es ist von der höchsten Wichtigkeit für die kommende Philosophie, zu erkennen und zu sondern welche Elemente des Kantischen Denkens aufgenommen und gepflegt welche umgebildet und welche verworfen werden müssen... Auf Grund des Kantischen Systems einen Erkenntnisbegriff zu schaffen dem der Begriff einer Erfahrung korrespondiert von der die Erkenntnis die Lehre ist. Eine solche Philosophie wäre entweder in ihrem allgemeinen Teile selbst als Theologie zu bezeichnen oder wäre dieser sofern sie etwa historisch philosophische Elemente einschließt übergeordnet.«[148]

In Bern führt sich Benjamin durch kleinere Referate in den Seminaren ein. Durch solchen Anlaß eines Referats über einen Abschnitt aus der »Phänomenologie des Geistes«, kommt es zur ersten Bekanntschaft mit Hegel, den Benjamin schlicht »fürchterlich« findet.[149] »Ich glaube wir würden wenn wir uns seine Sachen auf kurze Zeit vornehmen würden bald auf die geistige Physiognomie kommen die daraus blickt: die eines intellektuellen Gewaltmenschen, eines Mystikers der Gewalt, die schlechteste Sorte die es gibt: aber auch Mystiker.«[150] Wohl lernte er Hegel später trotz oder gerade wegen Brechts ständiger Polemik gegen den von ihm nie richtig gelesenen Philosophen etwas höher schätzen, doch blieb es stets bei kühlem Respekt. Die instruktive Disposition des Wahlverwandtschaften-Aufsatzes, die bislang leider nicht dessen Drucken vorangestellt wurde, da Benjamin sie nicht zur Veröffentlichung bestimmte, und die daher nur im Anhang in den »Gesammelten Schriften« publiziert ist,[151] zeugt allerdings in ihrer strikten Anwendung des Hegelschen Thesis-Antithesis-Synthesis-Prinzips, welches in den drei Hauptabschnitten des Aufsatzes unbedingt befolgt wird, von Benjamins intensivem Erfassen Hegelscher Dialektik. Mythos, Erlösung und Hoffnung bezeichnen hier deren Stufen.

Die Arbeit in den Seminaren ist zeitraubend und für ihn kaum erkenntnisreich, aber sie ist nötig, da er sich den Dozenten bekanntmachen muß. Er will promovieren, um, wie er schreibt, »dann für die wahre Forschung die Bahn völlig offen zu haben«.[152] Es ist schon hier deutlich, daß Benjamin nicht vorrangig ein Lehramt anstrebt; er wollte Privatgelehrter werden. Die akademische Würde des Doktorgrades war eine Rücksichtnahme auf die Familie, wie Hannah Arendt in ihrem

Essay richtig schrieb,[153] die das Vermögen für eine solche Existenz als Privatgelehrter bereitstellen sollte. Der durch die Promotion erbrachte Nachweis wissenschaftlicher Befähigung hätte die Familie dazu verpflichtet; durch die Inflation wurden solche Erwartungen zunichte. Benjamin erstrebte dann eine Privatdozentur, scheitert aber an der Ignoranz der offiziösen Germanistik.

Zu Beginn des Jahres 1918 sprach er bei der Dozentin Dr. Anna Tumarkin vor und eröffnete ihr seine Absicht, eine Dissertation über Kant und die Philosophie der Geschichte zu schreiben. Es scheint ihm (glücklicherweise) nicht gelungen zu sein, sie von einem solchen Projekt zu überzeugen, da sie auf seinen Vorschlag nicht reagierte. Daraufhin wendet er sich in Erinnerung an seine Romantiker-Lektüre an Prof. Richard Herbertz und versucht in einem neuen Thema, Kant und die Romantik aufeinander zu beziehen: »Seit der Romantik erst gelangt die Anschauung zur Herrschaft daß ein Kunstwerk an und für sich, ohne seine Beziehung auf Theorie und Moral in der Betrachtung erfaßt und ihm durch den Betrachtenden Genüge geschehen könne... Die Aufgabe wäre, Kants Ästhetik als wesentliche Voraussetzung der romantischen Kunstkritik in diesem Sinn zu erweisen.«[154] Unter dem provisorischen Titel »Die philosophischen Grundlagen der romantischen Kunstkritik«, genehmigt Herbertz die Arbeit. In der endgültigen Fassung der Dissertation sind die Ableitungen aus Kants Ästhetik dann fortgefallen; man kann sagen, daß dies symptomatisch ist: Benjamin wendet sich nun von Kant ab, ohne sich aber von ihm zu distanzieren.

Glücklich über die Annahme des Dissertationsthemas verbringt Benjamin im Februar mit seiner Frau einige Zeit auf einer kleinen Reise durch die Schweiz; als Reiselektüre wählte er sich Goethes »Maximen und Reflexionen«. Notwendig in jener historischen Situation und für ihn vielleicht doch überraschend traf er einige Leute, die ihm aus Berlin bekannt waren, Else Lasker-Schüler und andere. Die Schweiz war Sammelpunkt der europäischen Pazifisten; mit einem fingierten Herzschaden oder vorgetäuschtem Irresein gelangten viele über die Grenze in das kleine Paradies, in dem es noch Kaffee, Milch und Schokolade gab. Genf war das Zentrum der Franzosen: Franz Masereel, Romain Rolland wirkten hier; in Zürich und Basel waren die Deutschen in der Überzahl. Hans Richter, Christian

Schad, Hans Arp, Hugo Ball und viele andere entzogen sich hier dem Krieg. Anfang 1916 traf Richard Huelsenbeck in Zürich ein; er hatte sich von einem befreundeten Arzt für verrückt erklären lassen und damit seine Ausreise aus Deutschland erreicht. Zusammen mit Hugo Ball, der in einem Nachtlokal seine Frau Emmy Hennings zu ihren Liedern auf dem Piano begleitete, gründete er das erste dadaistische Cabaret, das von Ball dann am 5. 2. 1916 als »Cabaret Voltaire« in der Spiegelgasse 1 eröffnet wurde. In einer drei Tage zuvor lancierten Pressenotiz heißt es: »Das Prinzip des Kabaretts soll sein, daß bei den täglichen Zusammenkünften musikalische und rezitatorische Vorträge der als Gäste verkehrenden Künstler stattfinden, und es ergeht an die junge Künstlerschaft Zürichs die Einladung, sich ohne Rücksicht auf eine besondere Richtung mit Vorschlägen und Beiträgen einzufinden.«[155] Die Ankündigung lockte viele an; Ball verzeichnet in seinem Tagebuch über den Eröffnungsabend: »Das Lokal war überfüllt; viele konnten keinen Platz mehr finden. Gegen sechs Uhr abends, als man noch fleißig hämmerte und futuristische Plakate anbrachte, erschien eine orientalisch aussehende Deputation von vier Männlein, Mappen und Bilder unterm Arm; vielmals diskret sich verbeugend. Es stellten sich vor: Marcel Janco, der Maler, Tristan Tzara, Georges Janco und ein vierter Herr, dessen Name mir entging. Arp war zufällig auch da und man verständigte sich ohne viele Worte. Bald hingen Jancos generöse ›Erzengel‹ bei den übrigen schönen Sachen, und Tzara las noch am selben Abend Verse älteren Stiles, die er in einer nicht unsympathischen Weise aus den Rocktaschen zusammensuchte.«[156] Man brillierte dort als Bürgerschreck, und vielleicht glaubten die Künstler wirklich an eine kritische Effizienz ihrer antirationalistischen Zeitkunst namens Dada, wie Hugo Ball, der Initiator, es offensichtlich tat: »Unser Kabarett ist eine Geste. Jedes Wort, das hier gesprochen und gesungen wird, besagt wenigstens das eine, daß es dieser erniedrigenden Zeit nicht gelungen ist, uns Respekt abzunötigen. Was wäre auch respektabel und imponierend an ihr? Ihre Kanonen? Unsere große Trommel übertönt sie. Ihr Idealismus? Er ist längst zum Gelächter geworden, in seiner populären und seiner akademischen Ausgabe. Die grandiosen Schlachtfeste und kannibalischen Heldentaten? Unsere freiwillige Torheit, unsere Begeisterung für die Illusion wird sie zuschanden machen.«[157]

War dies noch vergleichsweise harmlos, so lebten in der Schweiz auch eine Unzahl von Spionen im Dienste aller kriegführenden Nationen, die als vermeintliche Kunstfreunde zu dem Zirkel stießen und ihren Regierungen über jede defaitistische Äußerung zu berichten hatten. »Die Schweiz beherbergte, besonders in Bern und Zürich, ein Heer von Spionen. Sie saßen in den Hotels verborgen in großen Fauteuils, sie hielten sich Zeitungen vor die Nase und belauschten, dahinter verborgen, jedes Gespräch. Sie saßen in Cafés, Restaurants, sie staken hinter jeder Ecke. Schickele behauptete, die Schweiz sei nur noch ein einziges großes Ohr.«[158] Die Schauspielerin Tilla Durieux, von der diese Sätze stammen, erlebte an der Seite Paul Cassirers in den letzten Kriegsjahren selbst ein geheimes diplomatisches Manöver mit: Harry Graf Kessler, früher Adjutant Ludendorffs, war bei der deutschen Botschaft in Zürich beauftragt, Friedenspläne mit Frankreich auszuhandeln, wobei ihm der mit vielfältigen Verbindungen zu französischen Stellen aufwartende Paul Cassirer behilflich sein sollte. Doch erwiesen sich die deutschen Versprechungen, daß z. B. Elsaß-Lothringen »geopfert« werden sollte, immer dann als hinfällig, wenn die deutsche Armee einen kleinen Stellungsvorteil erkämpfen konnte, so daß diese Mission letztlich zum Schaden ihrer Unterhändler ausging, da die deutsche Regierung auf die verwegene Hoffnung eines Endsieges hin diesen fallen ließ und, wenn möglich, zur Front versetzte, um sich eines später vielleicht mißliebigen Zeugen zu entledigen. Zur Aktivität der Geheimdiplomatie auf vorgeschoben höchster Ebene kam unverhüllt die ihrer untersten Chargen. »War es in jenen Tagen doch keineswegs unerhört, daß man sogar auf Schweizer Boden in Privathäuser eindrang, Schriftstücke stahl, beschlagnahmte oder photographierte. Der Schriftleiter der F. Z. (=Freie Zeitung, W. F.) versicherte mir einmal allen Ernstes, daß er in seinem Redaktionszimmer eines Morgens einen ganzen Becher voll fremder Zigarrenasche vorfand, von einer gegnerischen Nachtsitzung herrührend.«[159]

Für all jene Schieber und Nachrichtenhändler, für die Hochstapler, zweifelhaften Damen, falschen Patrioten und ernsten Humanisten gab es die bekannten Treffpunkte: das kleine und seit 200 Jahren berühmte historische Hotel »Schwert« in Zürich, wo sich Werfel und die Lasker-Schüler exzentrisch zu verlieben versuchten, wo der Kunsthistoriker Julius Meier-

Graefe, der die im Reich geächteten französischen Impressionisten zu sehr gelobt hatte, eine Zuflucht fand, wo zuweilen der ruhelose Stefan Zweig Station machte. Wichtiger vielleicht waren Cafés und Restaurants: das Café Astoria, in dem Karl Bleibtreu seinen Stammtisch hielt, zu dem ein von Erich Mühsam denunzierter französischer Spion namens Leo Goldschmitt gehörte – es wurde in mehreren Prozessen nicht geklärt, ob Goldschmitt nun wirklich in französischem Dienst stand, obwohl er deswegen letztlich von einem Schweizer Gericht verurteilt wurde. Im Café Astoria wurde eines der ersten Cabarets gegründet, das sich als Vorläufer des Dadaismus bezeichnen darf – der Krieg war hier sehr rasch zum Gegenstand des Spottes geworden: die Opfer sind selbst schuld, sie waren nicht klug, d. h. nicht anerkannt »verrückt« genug. Es gab das Café de la Terasse, das ebenso ausschließlich für ernsthafte Diskussion reserviert zu sein schien, wie der »Hirsch«, in dem Emmy Hennings sang, als bloßes Vergnügungslokal galt, aber es gab auch das Café de la Banque in der Bahnhofstraße. Marietta, eine heute wohl kaum mehr rühmenswerte Größe des Expressionismus, gastierte dort als Diseuse. Auch dieses Café machte ein Cabaret auf, in dem kriegsgegnerische Chansons vorgetragen wurden, aber wie im Café Odeon trafen sich hier meist Spione und kleine Denunzianten, die sich als Künstler ausgaben und vielleicht auch sich dafür hielten. In Zeitschriften und Flugblättern las man täglich neu von Revolutionen und einem jüngst entstandenen Internationalismus. Kaum hat jemals eine Generation so mit der Realität des Krieges zu spielen Gelegenheit gehabt, wie damals in der Schweiz die Dadaisten und ihre Anhänger. Nach der Rückkehr ins Herkunftsland mußten die Künstler unter ihnen ihren Stil konsequent ändern: sie begannen, die Realität des Krieges und seine Folgen zu erfassen. So schreibt Richard Huelsenbeck, der noch vor 1918 nach Deutschland zurückkehrte: »Berlin bot einen dunklen Aspekt. In Berlin hatte man soeben einen Winter überstanden, wo man im Begriff war, Brot aus Stroh zu backen. Im Mittelpunkt des deutschen Interesses stand die Kohlrübe, die man als Torte, Hasenbraten und Malzbier vorgesetzt bekam, es begann die wilde skrupellose Schiebung, jede moralische Hemmung fiel . . . Die Typen mit den deformierten Körpern und eingefallenen Brustkästen, die Rachitiker des Körpers und des Geistes bekamen die Oberhand... Dabei ging der offizielle Hokuspokus des Krieges weiter, die Militärzüge brachten Fuhren frischen Menschen- und Schweinefleisches an die Front, und jener große Verbrecher und Heuchler Guillaume II. hielt unentwegt Reden an sein Volk. Es war eine Zeit der passiven Resistenz, des kaum beginnenden Zweifels an den Wahrheiten des Patriotismus und der Monarchie, der Gereiztheit, die darauf lauerte, in die Fäuste zu fahren – eine Zeit der Schwüle und des Jammers.«[160]

Benjamin hielt sich in der Schweiz klüglich von aller Tagespolitik zurück, vermied auch fast ängstlich jeden Umgang mit Deutschen. In Bern wohnt er in der Hallerstraße 25 Haus an Haus mit der Diseuse Emmy Hennings und ihrem Mann; erst Anfang 1919 kommt es zu einem Kontakt zwischen ihnen, der sich aber nicht über Diskussionen um moderne Kunst oder aktuelle Politik vermittelt, sondern durch Emmy Hennings frühreife dreizehnjährige Tochter Annemarie, die nach Benjamins Meinung Bilder von großer künstlerischer Aussage malte. Sonst heißt es lakonisch: »Umgang... haben wir hier nicht.«[161]

Benjamin verschloß sich der Zeit bewußt; er liest Goethe und das gerade erschienene monströse Werk »Goethe« von Friedrich Gundolf. In einer privaten Rezension, für die Schublade, kritisiert er es scharf; später arbeitet er seine grundsätzlichen Bedenken in den Essay über die »Wahlverwandtschaften« ein. Die Rezension schickte er an Scholem; sicherlich ist sie identisch mit der in den Gesammelten Schriften im Anhang zu dem Wahlverwandtschaften-Aufsatz gedruckten »Bemerkungen über Gundolf: Goethe«.[162]

Am 11. April 1918 wird Dora von einem Sohn entbunden, der die Namen Stefan Rafael erhält; im nächsten Monat zieht die Familie nach Muri bei Bern, gemeinsam mit Gerhard Scholem, der am 4. Mai 1918 in Bern eingetroffen war und in Muri ein Zimmer nahe der Benjaminschen Wohnung nahm. Wie so manche hatte auch er sich vom Militärdienst auf Grund eines ärztlichen Befundes, der auf »dementia praecox« lautete, befreien können und einen Paß zur Ausreise in die Schweiz erhalten. Die drei Monate, die sie gemeinsam in dem kleinen Dorf verlebten, waren eine Zeit intensivsten Meinungsaustausches und zuweilen heftiger philosophischer Diskussionen. In seinem Erinnerungsbuch hat Scholem darüber, auch über die

ehelichen Zwistigkeiten des Paares, ausführlich geschrieben. Besonders aber irritierte ihn anfangs ein scheinbar amoralischer Zug Benjamins, der sich auf die finanzielle Ausnutzung der Eltern bezog. Scholem erschien mit der wohl naiv anmutenden Idee, er trage für sein Leben und Handeln die alleinige Verantwortung und habe dafür zu sorgen, daß er sich und seine Ideen ernähren könne, wogegen Benjamin der ihm zynisch erscheinenden Meinung war, man habe die bequeme Finanzquelle des Elternhauses solange als möglich zu benutzen – auch mit Vorspiegelungen vielleicht falscher Gegebenheiten. Er betrachtete die Gesellschaft, zu der die Eltern gehörten, als etwas, das es zu eignen Gunsten auszubeuten galt, da alle Regeln, denen jene Gesellschaft gehorchte, von ihm zu verwerfen waren, und er in ihr nur ein Objekt sah, das er gebrauchen konnte. Um von seinen Eltern weiterhin finanziell unterstützt zu werden, verschwieg er ihnen nach seiner erfolgreichen Doktor-Prüfung die erbrachte Leistung fast zwei Monate lang – das Geld benutzte er für einen Urlaub mit seiner Frau.
Scholem bestätigt in seinen Erinnerungen die gesellschaftliche Abgeschiedenheit des Benjaminschen Lebens: obwohl Doras Vater den Schwiegersohn an seinen Freund Samuel Singer, damals Ordinarius für Mittelalterliche Philologie in Bern, empfohlen hatte und Benjamin auch gelegentlich zu diesem privat geladen war, hatten er und seine Frau kaum Anteil am offiziösen Gesellschaftsleben. Nur einmal, so Scholem, seien sie zu einem Debussy-Konzert Busonis gegangen, »das einzige Mal, daß ich sie bei dergleichen gesehen habe«.[163]
Benjamin besuchte, manchmal zusammen mit Scholem, verschiedene Seminare, in denen sich beide gründlich langweilten. Da ihnen das Niveau der angebotenen Veranstaltungen zu niedrig war, gründeten sie, halb scherzhaft, ihre eigene »Akademie«. Der ernste Teil des Vorhabens war die gemeinsame Lektüre des damals wichtigen Werkes »Kants Theorie der Erfahrung« von Hermann Cohen – eine Lektüre, die zwar aus Frustration über jenes Werk alsbald abgebrochen wurde, deren Erfahrung aber dennoch späte Nachwirkungen zeigte. Als Benjamin durch Asja Lacis mit kommunistischen Ideen konfrontiert wird, dürfte er sich der Cohen-Lektüre überrascht erinnert haben. Die Rekonstitution einer philosophischen politischen Theorie, die durch die Marburger Schule mit ihrem bedeutendsten Repräsentanten Hermann Cohen angestrebt

wurde, sollte auf der Basis einer philosophisch fundierten politischen Systemkritik einem »sittlichen« Staat zur Verwirklichung helfen. Scharf wurde von Cohen das Dreiklassenwahlrecht kritisiert, das nur ungerechte Herrschaftsverhältnisse stabilisiert, ebenso das unbeschränkte Recht auf Privateigentum an Produktionsmitteln. Obwohl Cohen keiner Partei zugehörte und er die Sozialdemokraten ebenso ablehnte wie die Sozialanarchisten, betrachtete er sich als Sozialist und verband in dieser Definition sein humanistisches Engagement mit seinem aufgeklärten Judentum. Er reklamierte den Kantischen Begriff des »Selbstzwecks« für eine politische Argumentation, die jeden Gebrauch des Menschen als bloßes Mittel ausschloß, sofern sie ihn nicht zugleich als Zweck in seine Rechte einsetzte. Dies aber sei nur der jüdischen Sozialgesetzgebung des Pentateuch gelungen.[164] Nachweisbaren Einfluß auf die Theorie des Sozialismus gewann die Philosophie Kants nach der Trennung der sog. Revisionisten vom orthodoxen Marxismus, als diese die Entwicklung einer Verelendung des Proletariats über die Stufe der Kapitalakkumulation mit dem Endziel des Sozialismus nicht mehr als historisch zwangsläufig anerkennen wollten und außer ökonomischen Fakten auch dem moralischen Bewußtsein und der menschlichen Sittlichkeit in ihren Überlegungen Raum einräumten. Eduard Bernstein stützte sich in seinen frühen Schriften ebenso auf Kant wie vor ihm Jean Jaurès. Unter dem Einfluß Hermann Cohens versuchte Kurt Eisner, eine Verbindung zwischen Marx und Kant herzustellen, die, wiederum vom Kantschen Sittengesetz: »Handle so, daß du die Menschheit, sowohl in deiner Person als in der Person eines jeden anderen, jederzeit zugleich als Zweck niemals bloß als Mittel brauchst«, ausgehend in der Konsequenz gipfelte, solche Ethik sei unter den zeitgenössischen Bedingungen nur einzig im Sozialismus zu realisieren.[165]
Benjamin wußte mit solchen Folgerungen 1918 noch nichts anzufangen, da er bei Kant nach »reiner Erfahrung« suchte, die dessen Exeget Cohen ihm vermitteln sollte. Da er dies bei ihm nicht fand, schalt er ihn einen Rationalisten, der alle Texte vergewaltigend kommentiere. »Da kann ich auch gleich katholisch werden«, lautete sein enttäuschter Schlußsatz zu diesem Versuch einer philosophischen Lektüre.[166]
Bei weitem erquicklicher gestaltete sich der satirische Teil der Privat-»Akademie«. Eine Universität Muri wird gegründet

und Benjamin zum Rektor, Scholem zum Pedell des Religionswissenschaftlichen Seminars ernannt. Beide tauschten bis 1925 briefliche Anspielungen auf imaginäre Vorgänge, Bibliothekseinkäufe oder aufsehenerregende Rezensionen innerhalb dieses seinerseits imaginären Wissenschaftsbetriebes aus, deren satirische Wirkung der Öde des offiziösen Betriebs entspringt. Ein Vorlesungsverzeichnis wird erarbeitet, in dem so bedeutsame Veranstaltungen verzeichnet sind wie: »Prof. Robert Eisler: Geschichte des abendländischen Paginismus von Papageno bis Paganini« oder auch Professor Harnacks lehrreiche Ausführungen über »Das Osterei. Seine Vorzüge und seine Gefahren«. Im Fachbereich Philosophie liest ein »Prof. I. Kant« zur Philosophie von Leibniz bis Bahlsen und in der Jurisprudenz gibt es eine »Einführung in die Theorie der Verschleppungstaktik«. Der Rezensionsteil der Mitteilungen der Akademie gibt Kunde von Theodor Däublers sensationellem Reisebuch, in welchem zum erstenmal exakt nachgewiesen wird, daß die Mönche vom Berge Athos keineswegs jene bekannten Atheisten seien, und auch die zusammenfassende Darstellung »Robinson und sein Einfluß auf Gustav Freitag« wird gebührend erwähnt. Ein Pamphlet, welches den Reformator Martin Luther für die Verarmung der Kirchenmaus verantwortlich zu machen sich erkühnt, erfährt angemessen barsche Ablehnung, dagegen wird die aufschlußreiche Dokumentation »Der deutsche Ehrendoktor in Wort und Bild« lobend hervorgehoben.[167]

Gewiß: von den vielen bekannten Universitätssatiren keine große, einmalige; die Grenze zum Kalauer wird oft genug überschritten, wie es bei Gelegenheitswitzen so zu erscheinen pflegt, die durch einen Zufall einem späteren Publikum zur Begutachtung erhalten blieben. Biographisch bezeichnend ist vielleicht, daß Kant zum Gegenstand der Satire wird, nicht Goethe oder vielleicht die Romantiker. Eine wenngleich späte, so doch sehr reizvolle Wirkung hat die Satire Benjamins dennoch hervorgebracht; sie soll hier keineswegs übergangen werden, da gekonnte Wissenschaftssatiren in Deutschland recht selten sind und gerade diese sehr gelungene vielleicht kaum Beachtung fände. Es erschien im 50. Jahrgang der ehrwürdig berühmten »Deutschen Vierteljahresschrift für Literaturwissenschaft und Geistesgeschichte« ein Aufsatz von Christian Wagenknecht und Ernst Peter Wieckenberg mit dem Titel

»Die Geheimsprache der Kustoden(.) Voruntersuchungen zu ihrer Erforschung«.[168] Für einen in der Druckersprache nicht Bewanderten sei erklärt, daß man »Kustoden« jeweils die unter der letzten Zeile einer Seite stehenden Silben vom Textbeginn der folgenden Seite versteht. Dieses Merkzeichen wurde in den Büchern des 16. Jahrhunderts bis noch ins Ende des 18. Jahrhunderts verwendet, bis es langsam durch die Paginierung abgelöst wurde. Nun gelingt den Verfassern in ihrem sehr kenntnisreichen Aufsatz der gewiß verblüffende Nachweis, daß manche der Kustoden, wenn sie fortlaufend gelesen werden, einen Sinn ergeben, der als zuweilen kritischer Kommentar zu dem auf den betreffenden Seiten stehenden Text verstanden werden kann. An solche durchaus überprüfbaren Nachweise schließt sich eine weitreichende Theorie der geheimen Sprache der Setzer und Drucker an, eben jener »Kustodensprache«, die bisher völlig unerforscht sei, weshalb denn auch die Verfasser der bestehenden Barockforschung (und nicht allein dieser) einige neue Forschungsaufgaben zuteilen möchten: zunächst die einer »gattungsbezogenen Kustodenlehre«, dann aber auch die einer »Vergleichenden Kustodologie« und schließlich deren allgemeine und umfassende sozialhistorische Erforschung.
Wer dem recht flüssigen, in der Argumentation stringenten und fast spannenden Text über nahezu zwanzig Seiten folgte und an der Seriosität seines wissenschaftlichen Anspruchs bisher keinerlei Zweifel hatte, muß angesichts einer der letzten Fußnoten überrascht innehalten. Es ist dies wohl allerdings auch die einzige Gelegenheit, dem Satyricon über den Weg der Philologie auf die Schliche zu kommen. Jene Fußnote gehört zum Textteil derjenigen Forschungsaufgaben, die eine »Kustodensprache« sozialhistorisch als Geheimsprache der unterdrückten, unterprivilegierten Klassen innerhalb der deutschen Feudalkleinstaatlichkeit zu ermitteln hätte. Sie lautet: »Benjamin Walters Aufsatz ›Kustoden-Probleme‹ (Acta Universitatis Muriensis, Bd. 3, 1927) – dessen Titel vermuten läßt, daß die Geheimsprache der Kustoden bereits vor fünfzig Jahren entdeckt worden sei – behandelt tatsächlich nur die berufliche Stellung und soziale Geltung des Kustos an archäologischen Instituten. Vom selben Autor erschien 1928: Der deutsche Kustos in Wort und Bild (Schriften des Vereins für Berufsberatung Bd. II).«

Nun ist zunächst die Verdrehung des Namens zu Beginn sehr auffällig und deutet, da gerade für solche wissenschaftlichen Aufsätze sehr sorgfältig Korrektur gelesen wird, allein schon Bedenklichkeiten an. Doch es stimmt natürlich auch sonst nichts: weder die philologisch korrekte lateinische Bezeichnung »Acta Universitatis Muriensis« wurde von Benjamin jemals gebraucht, noch gibt es von diesen »Akten« einen 1927 erschienenen dritten Band, in dem ein Aufsatz »Kustoden-Probleme« gedruckt worden wäre. Alles ist Mystifikation und Satire der listigen Verfasser.
Vielleicht ist ihnen damit einiges von dem gelungen, was Benjamins Satire, da sie damals nie auch nur im repräsentativen Auszug veröffentlicht wurde, versagt bleiben mußte. Die Einsicht, daß Satire und Aufklärung notwendig zusammengehören, ist aber wohl leider auch hier, wo »Wissenschaft« sich so heiterkeitserregend mit sich selbst beschäftigt – in Wahrheit aber scheinbar nur mit sich selbst –, eine vergebliche Hoffnung. Heiterkeit und Erregung gehören zu dieser Satire so gut wie zu der Benjamins; es ist beiden zu wünschen, daß nicht allein das Eine oder allein das Andere ihnen zufällt.
Benjamin hütete seinen satirischen Schatz noch lange nach der Abreise Scholems und trug sich wiederholt mit der Absicht, einiges davon als Zeitschriftenbeitrag zu veräußern. Es erschien jedoch einzig ein kurzer anonymer Besprechungsteil aus Muri in der Literarischen Welt vom 16. 10. 1925, mit nur drei knappen Rezensionen imaginärer Neuerscheinungen. Alle anderen Pläne auch auszugsweiser Veröffentlichungen zerschlugen sich.[169] Gerhard Scholem allerdings gewann aus der Satire bibliophiles Material. Ein unter Anteilnahme Benjamins 1918 verfaßtes »Amtliches Lehrgedicht der Philosophischen Fakultät der Haupt- und Staats-Universität Muri von Gerhard Scholem, Pedell des religionswissenschaftlichen Seminars«, erschien 1928 in Berlin als Privatdruck von 250 Exemplaren mit der fingierten Bezeichnung »Zweite, umgearbeitete und den letzten approbierten Errungenschaften der Philosophie entsprechende Ausgabe. Muri Verlag der Universität.« Die lückenhaften Angaben darüber in den »Gesammelten Schriften« sind nicht nur bezüglich der Auflage zu ergänzen: die zahlreichen Strophen-Initialen schuf I. D. Trennat, der Umfang beträgt 17 Blätter.
Benjamin vertiefte sich für seine Dissertation mehr und mehr

in die Schriften der Romantiker und lernte dadurch ihren Konzentrationspunkt Goethe intensiver kennen. Man muß bei solcher Erwähnung einer vielleicht sonderbar späten Goethe-Rezeption allerdings in Rechnung setzen, daß nicht er, sondern Schiller als deutscher Nationaldichter galt und daß auf den damaligen humanistischen Gymnasien wohl »Egmont« und »Iphigenie«, nicht aber »Faust« auf dem Lehrplan standen, dessen zweiten Teil Benjamin auch erst im Januar 1919 zum erstenmal liest.[170] Der Lehrplan umfaßte Schillers »Wallenstein« und »Die Braut von Messina«, zusätzlich seine »Gedankenlyrik«, nicht aber die »Räuber« oder den »Fiesco«. Von Kleist mußte in den Primanerklassen natürlich der »Prinz von Homburg« gelesen werden, von Klopstock »Oden« und Auszüge aus dem »Messias«; auch Grillparzers »Sappho« gehörte zum Lehrplan.

Gegen Schiller behielt Benjamin zeitlebens eine unüberbrückte Distanz, die er schon früh in einer bemerkenswerten literarsoziologischen Formel auflösen konnte: 1918 sei es, nach dem Zeugnis Scholems, gewesen, als Benjamin äußerte, daß Jean Paul der einzige große Schriftsteller sei, der es im damaligen Deutschland aushalten konnte, ohne daß dies als Vorwurf gegen ihn zu wenden wäre – gegen Schiller allerdings sei dies ein großer Vorwurf, »und es gäbe keinen größeren Schwindel als Schillers historische Unschuld«.[171] Große Einsichten gewann er dagegen aus den Schriften Goethes, vor allem aus dessen Briefwechsel mit Zelter. Noch Jahre später wird er ihm im Briefbuch »Deutsche Menschen« gebührend Raum widmen.

Wohl nicht zufällig mit seiner neu entstandenen Rolle als Vater beginnt Benjamin 1918, tatkräftig unterstützt von seiner Frau, Kinderbücher zu sammeln. Den Grundstock zu dieser Sammlung hatte bereits seine eigene Kinderbibliothek gebildet, die er einmal auf dem Wäscheboden seines Elternhauses wiederentdeckt hatte. Dora unterstützte diese Passion nach Möglichkeit: zum Geburtstag am 15. 7. 1918 schenkte sie ihm eine Erstausgabe der Märchen Clemens Brentanos, dazu auch die frühe siebenbändige Gesamtausgabe seiner poetischen Werke. Die nachmals berühmt gewordene Kinderbuch-Sammlung Benjamins ist vor allem deshalb, wenn auch nicht vollständig, noch erhalten, weil er sie als Besitz seiner Frau betrachtete, und diese die Sammlung nach der Scheidung behielt; bis weit in die dreißiger Jahre schenkte er ihr noch seltene Exemplare, die er erstehen konnte. Nach 1940 kam die Sammlung ins Londoner Exil Doras und wurde nach deren Tod im Jahre 1964 vom Sohn Stefan behütet. Dieser starb im Februar 1972, seither wacht seine Witwe Janet Benjamin verständig über sie. Es sind über 200 Kinderbücher, überwiegend aus dem 19. Jahrhundert und zumeist mit zahlreichen handkolorierten Kupferstichen oder Lithographien versehen. Leider haben die Herausgeber eines ersten Gesamtverzeichnisses versäumt, die Namen der Illustratoren nachzuweisen, auf deren Blätter es dem Sammler Benjamin vor allem ankam.[172] Sein liebevoller Aufsatz »Aussicht ins Kinderbuch«[173] läßt dies deutlich erkennen. Besonders hatte es ihm die Produktion Johann Peter Lysers angetan, dessen schönste Werke er besaß und für den ihm kaum ein Lob zu hoch erschien. Da das Ordnungsprinzip der Sammlung in der mehr oder weniger erreichten Vollständigkeit einer Illustratorenproduktion liegt, ist ein gerade diesen Aspekt vernachlässigender Index zur Beurteilung der Sammlung nahezu wertlos. Es sei aber bemerkt, daß ein namentlicher Nachweis der bis heute fast durchweg anonymen Illustratoren wohl Jahre der Forschung kosten würde.

Auf dem Gabentisch lagen 1918 ferner seltene Editionen der Märchen Hauffs und Andersens. Dazu noch erhielt er die »Versuchung des hl. Antonius« von Flaubert, eine Ausgabe des Eckermann und noch einiges mehr. Der so reich Beschenkte äußerte sich dazu: »In einigen Jahren werde ich wissen, was einige dieser Werke mir bedeuten, bei manchen wird es vielleicht sehr lange brauchen. Zunächst kommen sie gleichsam in den Weinkeller, werden in der Bibliothek vergraben: ich berühre sie nicht.«[174]

Hier spricht deutlich der Sammler, nicht der Wissenschaftler Walter Benjamin. Der Besitz der Werke war ihm wertvoller als ihre bloße aktuelle Verwertbarkeit, er stand dieser sogar entgegen. Es ist der Sammler, der ein Buch von seiner Funktion als Tauschobjekt befreit und ihm eine Existenz jenseits allen Warenwerts zuweist, eine neue Freiheit des Ruhens in den Regalen des Kundigen. Sehr viel später wird Benjamin in einer »Rede über das Sammeln« eine Anekdote zitieren, in der Anatole France einem Voreiligen die rechte Antwort erteilt. France hatte einen Bewunderer durch seine Bibliothek geführt, und als dieser beeindruckt schließlich bei der obligaten Frage anlangte: »Und das haben Sie alles gelesen, Herr France?«, da hatte ihm jener überlegt zur Antwort gegeben: »Nicht ein Zehntel. Oder speisen Sie vielleicht täglich von Ihrem Sèvre?«[175]

Walter Benjamin war ein typischer Sammler; dies wird im weiteren noch mehrmals betont werden müssen. Eine sonst vielleicht seltsame Briefnotiz weist ihn am kennzeichnendsten als solchen aus. Auf die Ausrufung der Münchener Räterepublik im November 1918 reagierte er mit der Bemerkung, daß nun infolge des politischen Geschehens eine erwartete Bücherauktion ausbleiben dürfte: »Jedenfalls werden die Aufträge für die Auktion wohl hinfällig sein...«[176]

Mehr hat er zu diesem Zeitpunkt zur Lage in Deutschland nicht zu sagen; allerdings übersah er sie auch nicht. Sicher, noch auch finanziell gesichert in der Schweiz lebend, hielt er sich mit Stellungnahmen über Deutschland klug zurück. Er arbeitet an seiner Dissertation, die er am 7. April 1919 abschließt. Da Scholem in vielen intensiven Gesprächen seinen Entschluß begründet hatte, nach Palästina auszuwandern, erwägt dies nun auch Benjamin für sich und seine Familie – zum erstenmal und, wie auch später, nie gänzlich ernsthaft. Für ihn konnte Palästina nicht »Heimat« bedeuten, stammte er doch aus einem für jene Zeit typischen, weitgehend preußisch angepaßten Elternhaus. Zudem kannte er sich, seine philosophischen Bemühungen, und er hatte Bekanntschaften mit anderen Juden – diese Erfahrung ließ ihn beständig zögern. Zur Zeit des Rigorosums, das zwischem dem 19. und 24. Juli 1919 vollzogen wurde, erkrankte sein Sohn und danach seine Frau schwer an der Spanischen Grippe, die damals grassierte und in Europa 20 Millionen Todesopfer forderte – nicht nur in Deutschland, dessen hungergeschwächte Einwohner den Viren hilflos zu Hunderttausenden erlagen, sondern auch in der Schweiz, wo sich die Spanische Grippe weit ausbreitete. Auch die Großmutter Brunella Benjamin erlag ihr, altersgeschwächt, in jenem Jahr. Sie wurde auf dem heute Ostberliner Friedhof Weissensee beerdigt; der stark verwitterte, aber noch erhaltene Grabstein trägt die Inschrift: »Brunella Benjamin/unsere treue Mutter und Ahnin/1827–1919«. Trotz solcher psychischen Belastung bestand Benjamin sein Examen mit »summa cum laude«. In einem Brief heißt es lakonisch: »Für mich selbst war der Abschluß des Studiums im Doktorexamen kein Problem«[177] – obwohl er, wie Scholem notiert, sehr große Angst vor dieser Prüfung hatte.[178] Gleichsam zur Erholung beginnt er in wiederholtem Anlauf mit der Übersetzung Baudelairescher Gedichte und liest ausgedehnt in den Editionen Crépets. Er mußte nicht nach Palästina auswandern, denn er hatte schon früh seine Wahlheimat im Französischen gefunden, bereits mit dem ersten und bis dahin einzigen Besuch in Paris. Als wohl einziges Periodikum hielt er die Zeitschrift »Nouvelle Revue Française« im Abonnement. In ihr findet er, 1919, Stimmen über Deutschland, die seiner Meinung entsprechen, und in der französischen Kultur erkennt er einen Punkt von »Gegenwart«, wie er ihn deutschen Verhältnissen gegenüber kaum mehr zu erreichen glaubt.[179]

Sein Weg war damit vorgezeichnet. Mußte er sich nicht notwendig nach Paris und nicht nach Palästina wenden? Palästina war nicht »Gegenwart«, höchstens Erinnerung daran, daß er als Jude geboren wurde. Paris bedeutete für Benjamin die Hauptstadt des Geistes; in ihr lebte die europäische Tradition fort. In Paris konnte man Weltbürger sein ohne Rücksicht auf konfessionelle oder nationale Schranken. Paris war das Ziel, dem es sich anzunähern galt. Daß später aus dieser Annäherung eine hastige Flucht werden würde, konnte Benjamin nicht ahnen, und doch war es ihm dann selbstverständlich.

Es gehört vielleicht zur Notwendigkeit Benjaminschen Schicksals, daß schon seine Dissertation keine Zukunft haben sollte. Wegen des Druckes wandte er sich an den Vater Gerhard Scholems, einen Berliner Druckereibesitzer, für den Verlag erschien ihm das Berner Unternehmen Francke geeignet. Unter den Schwierigkeiten, die Arbeit in den ersten Nachkriegsjahren in Berlin drucken zu lassen, war die finanzielle wohl auch die größte. Scholems Vater veranschlagte die Kosten auf über 5000 Mark für ca. 1000–1200 Exemplare, so daß Benjamin sich gezwungen sah, bei der Fakultät um einen erhöhten Druckkostenzuschuß nachzukommen. Es scheint ihm gelungen zu sein, diese Erhöhung zu bewirken, da die Arbeit im gleichen Jahr (1920) als fünftes Heft der von seinem Doktorvater Richard Herbertz betreuten »Neuen Berner Abhandlungen zur Philosophie und ihrer Geschichte« im Verlag Francke erschien. Es ist leider nicht zu ermitteln, wieviel

Exemplare der Verlag absetzen konnte; im Jahr 1924 verbrannte bei einem Lagerbrand der Rest der Auflage bis auf 37 Exemplare, deren Erwerb, wie Benjamin Scholem ironisch mitteilt, »Dir eine königliche Position auf dem Antiquariatsmarkt sichern würde«.[180] Die Ironie des Satzes darf nicht darüber hinwegtäuschen, daß Benjamin sich hier als Unzeitgemäßen charakterisiert, dessen Wert erst spät erkannt werden würde. Der Pedell der Berner Universität verkaufte noch viele Jahre später Exemplare aus dem Archivbestand an Interessenten wie Scholem. Obwohl die Dissertation zu Lebzeiten Benjamins bis auf eine Rezension ohne Resonanz blieb, plante er ernstlich eine erweiterte Neuauflage. In sein Handexemplar fügte er sorgsam neue Abschnitte, bereits druckfertig formulierte Einschübe und ein Errata-Verzeichnis ein, doch erst 1955 erlebte der Text eine Wiederveröffentlichung.

Obwohl die finanzielle Situation der Familie Benjamin ab 1918 prekärer wurde, beschäftigte man ein Dienstmädchen. Vermutlich hat Dora Benjamin, ab Februar 1919 als Übersetzerin aus dem Englischen in einem Büro angestellt, gerade soviel Geld verdient, daß man sich den Luxus eines Dienstmädchens, das auch die Funktion eines Kindermädchens für Stefan übernehmen mußte, noch leisten konnte. Wenn überhaupt von den Zuständen in Deutschland gesprochen wurde, wobei der Freund Scholem die neu entstehende Form der Republik verteidigte, dann setzte sich Benjamin durchaus nicht unbedingt für diese Staatsform ein: Er hielt unter zu bestimmenden Bedingungen auch die Monarchie für eine legitime Staatsform.[181] Zu Diskussionen über aktuelle politische Ereignisse kam es selten genug: die Münchener Räterepublik wurde für Benjamin einerseits durch eine ausgefallene Auktion wichtig, andrerseits weil der von ihm als »Genie« apostrophierte Felix Noeggerath wegen angeblich revolutionärer Umtriebe verhaftet wurde. Ebenso personenbezogen erlebte er die ungarische Räterepublik, als er hörte, daß Georg Lukács, damals der engste Freund Ernst Blochs, verhaftet worden wäre und der Exekution entgegensähe, was sich später als Gerücht offenbarte.

Walter Benjamin lernte Ernst Bloch durch Vermittlung der Familie Ball im Frühjahr 1919 kennen; wie Hugo Ball war auch Bloch, damals in Interlaken untergekommen, Mitarbeiter der »Freien Zeitung«. Beide waren offensichtlich voneinander recht angetan; Benjamin las nach manchen Unterredungen

Blochs Werk »Geist der Utopie« im Herbst 1919 und plante schon sehr bald eine Rezension: er werde »vielleicht, was daran zu loben ist, ihm (dem Manne, nicht dem Buche) zulieb öffentlich hervorheben«.[182] Benjamin betont an anderer Stelle nochmals, daß er der Person Ernst Blochs weit mehr verpflichtet sei als seinem Buch: er sei der einzige Mensch von Bedeutung, den er in der Schweiz kennenlernte. Wesentlicher als sein Buch sei »sein Umgang, da seine Gespräche so oft gegen meine Ablehnung *jeder* heutigen politischen Tendenz sich richteten, daß sie mich endlich zur Vertiefung in diese Sache nötigten, die sich wie ich hoffe gelohnt hat. Von meinen Gedanken kann ich noch nichts verlauten lassen. (...) Es mag Ihnen genügen, zu hören, daß dies doch das einzige Buch ist, an dem ich mich als an einer wahrhaft gleichzeitigen und zeitgenössischen Äußerung messen kann.«[183]

Zwischen solcher Projektierung und späterer Realisation geschah einiges, das auf das Leben der Familie Benjamin größten Einfluß nehmen sollte. Kurz nach dem glanzvoll bestandenen Examen fuhren Walter und seine Frau in die Ferien nach Iseltwald. Gänzlich unerwartet wurden sie dort im August von Benjamins Eltern überrascht. Walter Benjamin hatte den Urlaub von jenem Geld finanziert, das er durch die Verheimlichung seines bestandenen Examens von seinem Vater immer noch bekommen hatte. Nun aber kam es zur großen Offenbarung und zum Beginn des großen Familienkrachs, der sich allerdings zunächst nur langsam entwickelte. Benjamin beruhigte seine Eltern, die ihn über seine Zukunftspläne ausfragten, damit, daß er bei Professor Herbertz um die generelle Möglichkeit einer Habilitation angefragt habe, worauf Herbertz versprochen habe, sich um diese Angelegenheit zu kümmern.

Allerdings stimmte dies nur sehr bedingt und diente allein der Besänftigung elterlicher Besorgnis. Herbertz stand nach einer ersten Anfrage dem Problem einer Habilitation recht indifferent gegenüber. Erst nach einem zweiten Besuch bei ihm im Spätherbst 1919 konnte Benjamin melden, daß ihm eine Aussicht auf eine Habilitation eröffnet wurde. Seine Eltern zeigten sich zwar darüber erfreut, legten sich jedoch bezüglich einer weiteren finanziellen Unterstützung ihres Sohnes nicht fest. Trotz der ungewissen Situation ging Benjamin mit seiner Frau, die inzwischen durch Übersetzungen englischer Kriminalromane Geld verdiente, zunächst wieder auf Reisen. »*Niemand* darf das wissen. Ich schreibe es Ihnen nur, weil es mir noch schwerer fiele, Ihnen unter Verheimlichung eines Aufenthaltsortes zu schreiben, als wieder an Sie jene Bitte um vollständige Verschwiegenheit zu richten, die meine jetzigen Lebensverhältnisse mir aufnötigen.«[184] Benjamin befürchtete zu Recht, daß die Kenntnis solch nicht gerade billigen Vergnügens bei den Eltern eine noch größere Verstimmung hervorrufen würde. Am 16. September 1919 fuhr er über den St. Bernhard bis Mesocco und von dort nach Lugano, wo er mit seiner Frau bis Anfang November blieb. Es entstand dort der Aufsatz »Schicksal und Charakter«, den er zu seinen besten Arbeiten zählte. Benjamin geht darin von dem allgemeinen Trugschluß aus, Schicksal und Charakter seien kausal derart verbunden, daß der Charakter als eine Ursache des Schicksals erscheint. Diesen kausalen Zusammenhang leugnet Benjamin und versucht, Schicksal und Charakter neu zu definieren. Das Resultat solcher neuerlichen Bestimmung wird die Divergenz der Begriffe erweisen: »wo Charakter ist, da wird mit Sicherheit Schicksal nicht sein und im Zusammenhang des Schicksals Charakter nicht angetroffen werden«.[185] Zunächst löst Benjamin die Begriffe aus den hohen Bereichen, in denen sie im Bewußtsein allgemein angesiedelt sind: den des Charakters aus dem ethischen und den des Schicksals aus dem religiösen, denn irrtümlich nur seien beide in solche Zusammenhänge geraten. Der falsche Zusammenhang von Schicksal und Schuld, am deutlichsten in der Annahme des schicksalhaften Unglücks als Strafe der zürnenden Gottheit, zeigt sich leicht dort, wo dem Schicksal nicht das Unglück, sondern das Glück beigesellt wird. Nicht als Belohnung oder Bestätigung des rechten Lebens erscheint nämlich Glück im Schicksal, sondern im antiken klassischen Vorbild als Versuchung zur Hybris, einer kaum noch sühnbaren Schuld.

Wenn es keinen Bezug des Glücks und der Unschuld zum Schicksal gibt, wenn die Begriffe Schuld und Unglück die einzig konstitutiven für die Sphäre des Schicksals sind, dann kann dessen Ordnung keine religiöse sein, da eine solche stets Rettung, Glück und Befreiung zu ihren Begriffen zählt. Benjamin findet nach solcher Trennung des Schicksals aus der religiösen Sphäre die einzige, in der Unglück und Schuld sie konstituierende Begriffe sind: die des Rechts (nicht der Ge-

Rolle?

rechtigkeit). In diesem Recht als dem Relikt einer archaischen Existenzform erfährt sich der Mensch als der stets Unterlegene, dessen »moralische Infantilität« ihn verurteilt scheinen läßt, bevor er schuldig wird. »Wie denn Goethe diese beiden Phasen in den Worten zusammenfaßt: ›Ihr laßt den Armen schuldig werden.‹ Das Recht verurteilt nicht zur Strafe, sondern zur Schuld. Schicksal ist der Schuldzusammenhang des Lebendigen ... Der Schuldzusammenhang ist ganz uneigentlich zeitlich, nach Art und Maß ganz verschieden von der Zeit der Erlösung oder der Musik oder der Wahrheit. An der Fixierung der besondern Art der Zeit des Schicksals hängt die vollendete Durchleuchtung dieser Dinge. Der Kartenleger und der Chiromant lehren jedenfalls, daß diese Zeit jederzeit gleichzeitig mit einer andern (nicht gegenwärtig) gemacht werden kann. Sie ist eine unselbständige Zeit, die auf die Zeit eines höhern, weniger naturhaften Lebens parasitär angewiesen ist. Sie hat keine Gegenwart, denn schicksalhafte Augenblicke gibt es nur in schlechten Romanen, und auch Vergangenheit und Zukunft kennt sie nur in eigentümlichen Abwandlungen.«[186] (Wer darüber sich erstaunt, daß Benjamin Kartenleger und Handleser mit ihren dunklen Praktiken in den Zusammenhang einer philosophischen Argumentation bringt, sei daran erinnert, daß er 1918 kategorisch erklärt hatte: »Eine Philosophie, die nicht die Möglichkeit der Weissagung aus dem Kaffeesatz einbezieht und explizieren kann, kann keine wahre sein.«[187])

Nachdem Benjamin so den Begriff des Schicksals von dem des Charakters getrennt und ihren gewöhnlich hypostasierten Kausalnexus aufgehoben hat, kann er zu einer neuen Definition von Charakter gelangen, die diesen aus der Sphäre der Ethik löst. Wie er beim Schicksalsbegriff die Zuziehung der Chiromantenkunst sich erlaubte, so auch bei dem des Charakters, da »in der Chiromantie Charakter und Schicksal ganz eigentlich zusammentreffen. Beide treffen den natürlichen Menschen, besser: die Natur im Menschen, und eben diese kündigt in den, sei es an sich selbst, sei es experimentell gegebenen Zeichen der Natur sich an.«[188] Da nur Handlungen, niemals aber Eigenschaften gut oder böse sein können, enthebt sich der Charakter dem Bereich der Ethik. In der Charakterkomödie entfaltet sich im Helden oft ein Zug, der im Leben der moralischen Verurteilung anheimfiele, auf der Bühne aber hohe Heiterkeit erzeugt. Was er auch anstellt, wirkt auf das Publikum nicht als Tat, sondern einzig in der Reflexion auf seinen Charakter. Dabei machen die Individualität des Charakters nicht eine Vielzahl verschiedener Züge aus, sondern im Gegenteil zeigt Molière im »Avare« oder im »Malade imaginaire« nur jeweils einen Zug, der in diversen Handlungsperspektiven dieser Komödien den individuellen Charakter vorstellt. »Der Charakter entfaltet sich in ihnen sonnenhaft im Glanz seines einzigen Zuges, der keinen andern in seiner Nähe sichtbar bleiben läßt, sondern ihn überblendet. Die Erhabenheit der Charakterkomödie beruht auf dieser Anonymität des Menschen und seiner Moralität mitten in der höchsten Entfaltung des Individuums in der Einzigkeit seines Charakterzuges. Während das Schicksal die ungeheure Komplikation der verschuldeten Person, die Komplikation und Bindung ihrer Schuld aufrollt, gibt auf jene mythische Verknechtung der Person im Schuldzusammenhang der Charakter die Antwort des Genius. Die Komplikation wird Einfachheit, das Fatum Freiheit ... Dem Dogma von der natürlichen Schuld des Menschenlebens, von der Urschuld, deren prinzipielle Unlösbarkeit die Lehre und deren gelegentliche Lösung den Kultus des Heidentums bildet, stellt der Genius die Version von der natürlichen Unschuld des Menschen entgegen ... Die Vision des Charakters aber ist befreiend unter allen Formen ...«[189]

Ein großer Gedanke erscheint hier zum ersten und leider auch zum einzigen Mal: der Zusammenhang von Komödie und Freiheit; Benjamin hat sich um ihn nicht weiter bemüht. Es ist auch fraglich, ob er in den hier zitierten Sätzen diesen Konnex in seiner ganzen Dimension erfaßt hat, denn einer soziologischen Interpretation hält seine Argumentation kaum stand. Um ihm mit einem Beispiel einer Charakterkomödie Molières zu entgegnen: im »George Dandin« ist die kritische Einsicht des Dichters in die moralische Verkommenheit des Adels verknüpft mit der Warnung, sich diesem allzusehr zu nähern. Der Verschlagenheit seiner adligen Frau steht der Bauer Dandin trotz aller Erkenntnis hilflos gegenüber. Er muß sich von seiner Frau betrügen lassen und selbst beschämt aus solcher Lage als Verspotteter herauskommen. Seine Ohnmacht gipfelt in dem Hinweis ans Publikum, nie über den eigenen Stand hinauszuwollen. Das Lachen über ihn bzw. über seinen Charakter bestätigt nur diese Warnung, und in dieser Heiterkeit wird der schon zum Einverständnis verinnerlichte Verzicht auf Veränderung sichtbar. Freiheit ist gerade hier nicht realisierbar.

Es bedürfte einer eingehenden Untersuchung über die Form der Komödie und ihrer Charaktere, um Benjamins Satz von der Anonymität der Menschen in ihr, die zur Freiheit verhilft, zu seinem Recht kommen zu lassen. Ohne Kommentar ist solcher Satz eher mißverständlich und in vielen Fällen auch falsch, gerade in solchen der Charakterkomödien. Benjamin spricht nicht von der Form der Verwechslungskomödie, die unter bestimmten historischen Bedingungen durchaus Freiheit versprechen kann.

Denn »verwechselt« zu werden, bedeutet: nicht man selbst sein zu müssen, Freiheit vom Ich und seinen gesellschaftlichen Rollen, bedeutet gerade jene individuelle Anonymität, die einem Subjekt Freiheit möglich macht. Die Freiheit, ein anderer zu sein, ist nicht allein für triviale Bühneneffekte gut; Brecht immerhin bedient sich des bewährten Tricks im »Guten Menschen von Sezuan«, um seiner Person die Freiheit, gut zu sein, zu ermöglichen. Die höchste Form einer Verbindung von Komödie und ernster Utopie allerdings stammt von Oscar Wilde; es ist sonderbar, daß sein Stück »The Importance of Being Ernest« oder, geläufiger, »Bunbury«, nie mehr nach seiner Uraufführung so verstanden wurde; es lag dies wohl nicht am Stück, sondern am allzu einseitig berüchtigten Namen des Autors. Nichts in jener Komödie »Bunbury« ist real oder will es sein; auch die darin erscheinende Gesellschaft spiegelt nur Wildes Vorstellung von ihr wider: im Stück wird es nie Werktag, und die Menschen sind allesamt Sonntagskinder. Wohl gibt es eine Handlung, doch besteht sie aus Stil; sie wird nicht von den Gefühlen der Personen, sondern durch die Wendungen ihrer Sätze getragen, und da fast jeder Satz den vorangegangenen aufhebt, kommt die Handlung schließlich fast gegen ihre Intention zu einem Ende. Aber dieses Ende mit seiner märchenhaften Lösung aller Verwechslungen ist nur das reine Abbild jener sinnvollen Absurdität, von der der Dialog lebt. Die Sinnlosigkeit des Zufälligen wird formal in ein System gebracht, das negierend und neu schaffend in einem ist: es entsteht auf der Bühne eine Gesellschaft, die in ihrer Künstlichkeit so perfekt ist, daß sie jene andere des Publikums Lügen straft und ihr gerade damit eine neue Freiheit gibt.

Aus finanziellen Gründen kehrte die Familie nicht in ihre Schweizer Wohnung zurück, sondern verbrachte den Winter 1919 bis Mitte Februar 1920 in einem in Breitenstein bei Wien gelegenen Sanatorium, das einer Tante Dora Benjamins gehörte. Dora war von der überstandenen Grippe noch sehr geschwächt, litt an akutem Gewichtsabfall und Blutarmut und hoffte, hier auch ihre gesundheitliche Lage bessern zu können. »Auch das Kind mit einer Pflegerin ist hier und meine Frau hat Zeit und Ruhe.«[190] In die Schweiz wollte die Familie zwecks der Habilitierung Benjamins durchaus zurückkehren; noch im Laufe des Jahres wurde diese Hoffnung durch das Ausbleiben der väterlichen Unterstützung allerdings zunichte. Auf der Reise nach Österreich geht das Gepäck verloren, und Benjamin muß den Verlust wertvoller Bücher und vor allem seiner Manuskripte befürchten; nach einem Monat werden die Kisten unversehrt in Budapest aufgefunden und zurückgebracht. Er arbeitet in Breitenstein intensiv an einer Rezension von Blochs »Geist der Utopie«, in der er sich auch mit dem Expressionismus auseinandersetzen will. Diese Rezension wurde im Januar 1920 beendet und ist verloren; aus den Briefen ist ihr Inhalt nicht rekonstruierbar. Nachweisbar ist nur, daß sie auf eine Bitte Blochs nach langer Vorarbeit in Angriff genommen wurde und sich grundsätzlich reserviert, versteckt auch ablehnend zu dessen Buch verhielt, was freilich nur in den letzten neun Zeilen der Rezension zum Ausdruck kommen sollte. Da Benjamin wußte, daß er hier eine Gefälligkeitsarbeit unternahm, befleißigte er sich eben darum größter wissenschaftlicher Sorgfalt und bemäntelte seine Motivation zu solcher Anstrengung mit der Hoffnung, daß Blochs philosophische Entwicklung dadurch zu beeinflussen sei. In der Februarmitte verläßt die Familie das Sanatorium und wohnt bis Ende des Monats in Wien, Messerschmidgasse 28, bei dem Vater Doras, den Benjamin schon vorher zuweilen aufgesucht hatte, um dessen umfangreiche Bibliothek nutzen zu können. Jener Schwiegervater, Professor Leon Kellner, war Anglist und hatte sich zudem als Herausgeber der Schriften Theodor Herzls einen Namen gemacht.
Seit dem Spätherbst 1919 drängte der Vater Benjamins auf eine Rückkehr des Sohnes nach Berlin; dazu der Sohn: »Vorläufig warte ich ab.«[191] Da sich die Eltern zunächst mit einer Habilitation in Bern abgefunden hatten, verstärkt er seine Bemühun-

gen um ein Arbeitsthema. An Scholem schreibt er am 13. Januar 1920 aus Breitenstein, daß er sich um eine Untersuchung bemühe, »welche in den großen Problemkreis Wort und Begriff (Sprache und Logos) fällt... Vorläufig suche ich angesichts der ungeheuren Schwierigkeiten nach Literatur, die wohl nur im Bereich der scholastischen Schriften oder von Schriften über die Scholastik zu suchen ist... Ich bin Ihnen für jeden bibliographischen Fingerzeig, den Sie mir auf Grund dieser Angaben machen können, *außerordentlich* dankbar.«[192] Scholem antwortet auf diese Nachricht mit einem Hinweis auf die gedruckte Habilitationsschrift von Martin Heidegger: »Die Kategorien- und Bedeutungslehre des Duns Scotus«, die Benjamin bisher unbekannt gewesen war.
Zunächst hatte die Familie geplant, sich bis zur vollständigen Klärung einer Habilitationsaussicht in der Schweiz in der Nähe Münchens, wo Scholem studierte, eine Wohnung zu suchen, doch durch sehr dringende Briefe aus Berlin wurde dieser Plan vereitelt: »weil wir von Hause die kategorische Vorschrift bekommen, bei meinen Eltern von jetzt ab zu leben, da die schlechten Vermögensverhältnisse meines Vaters ihm nicht gestatten uns ausreichend zu unterstützen um außerhalb des Hauses leben zu können.«[193] Benjamin dachte durchaus nicht daran, daß solche Forderung für ihn verbindlich sei. Er fuhr zur Besprechung der Situation im März 1920 nach Berlin, währenddessen seine Frau in der Schweiz einige Ersparnisse in Schweizer Franken ansammeln sollte, die hernach in Deutschland zu verwerten seien.
In Berlin eskaliert, für Benjamin nicht unerwartet, aber in solcher Konsequenz auch nicht befürchtet, die familiäre Auseinandersetzung. »Hier ist die erste Woche fürchterlich verlaufen.«[194] Es blieb nicht bei dieser ersten Woche, und es blieb auch nicht nur bei Auseinandersetzungen. Benjamin verbrachte, später auch zusammen mit Dora, über einen Monat in der elterlichen Villa, und es endete mit einem totalen Bruch. Später schreibt er über diese Zeit, »daß es mir elend gegangen ist wie fast nie in meinem Leben.«[195] Der Vater blieb unerbittlich und verlangte, daß die von ihm zu unterstützende junge Familie auch innerhalb seines Kontrollbereiches lebte, was der Sohn entschieden ablehnte. Der Vater versagte aus diesem Grund für die Zukunft jede weitere finanzielle Unterstützung, so daß eine Habilitation in der Schweiz in weite Ferne rückte. Der über-

aus frustrierte Walter Benjamin rettete sein Bewußtsein in Bücherkäufen: trotz seiner »traurigen« Finanzlage erstand er mehrere antiquarische Kostbarkeiten, über die er den davon benachrichtigten Freund Scholem dringend zu schweigen bittet.[196]

Obwohl der Freund seit der Spezialisierung seines Studiums auf die Kabbalistik auch einige familiäre Schwierigkeiten erlebte, da der Vater mit solchen Studien anfangs durchaus nicht einverstanden war, hatte er es dennoch leichter. In einem Gespräch mit Benjamin äußerte der Druckereibesitzer Scholem, er wisse sehr wohl, daß sein Sohn ein Genie sei – aber: »Gott bewahre jeden Vater vor einem Genie.«[197]

Benjamins Vater, dessen Vermögenslage gänzlich undurchsichtig bleibt, provozierte durch seine unnachgiebige Haltung, daß der Sohn mit Dora und dem Kind zu dem befreundeten Ehepaar Gutkind nach Falkenberg in ein kleines Häuschen zieht. Es gehörte zur Genossenschaftssiedlung, die der Architekt Bruno Taut entworfen und realisiert hatte. Erst 1912 hatte die Arbeiterbaugenossenschaft im Reichstag durchsetzen können, daß ihr Staatsmittel für den Bau von Wohnungen gewährt würden. Mit finanzieller Unterstützung der Gewerkschaften bzw. der von ihnen abhängigen Arbeiterbank konnte die Siedlung mit 130 Häusern zwischen 1913 und 1915 erstellt werden. Besonderes Aufsehen erregte der außergewöhnlich bunte Fassadenanstrich, da Bruno Taut die Häuser zitronengelb, schwarz, olivgrün, blau, rostfarben und ocker anstreichen ließ. Die Familie konnte nur bis Ende August dort wohnen, weil Gutkinds am 1. September nach Italien fuhren, und Benjamin während ihrer zweimonatigen Abwesenheit nicht in dem Haus bleiben wollte. Seine Suche nach einer Vierzimmerwohnung war allerdings vergeblich, so daß die Familie zunächst wieder in die elterliche Villa zog.

Später kommt es dann zu einem großen Krach, als von Benjamin verlangt wird, er solle Buchhändler oder Verleger werden: »Nun verweigert mir auch dazu mein Vater Kapital.«[198] Resigniert richtet sich Benjamin darauf ein, einen »bürgerlichen« Beruf ergreifen zu müssen, ohne allerdings auch nur dessen Richtung nennen zu können, und seine eigentlichen Studien nur »heimlich und nächtlich« zu betreiben. Vergeblich bemüht er sich um eine Lektorenstelle; Ernst Bloch hatte ihn an den S. Fischer-Verlag empfohlen, doch dieser zeigte sich desinteressiert. Um Geld zu verdienen, besinnt er sich auf seine graphologischen Fähigkeiten, die beträchtlich gewesen sein sollen. Im Mai 1920 verdient er 110 Mark mit drei graphologischen Analysen.[199] Die Atmosphäre des jüdischen Haushalts der Gutkinds begünstigte Benjamins Entschluß, hebräisch zu lernen: er belegte dazu ein Seminar an der Universität. Sowohl von Gutkind wie besonders von Scholem wurde er zu einer intensiven Beschäftigung mit jüdischem Gedankengut gedrängt und ihm eine Auswanderung nach Palästina nahegelegt. Mit immer neuen Erklärungen hat er sich hartnäckig dieser Vorstellung widersetzt. Eindrucksvoll ist seine Ablehnung besonders in jenem Brief vom 29. 12. 1920, der auf drängende Fragen Scholems und Gutkinds antwortet: »Ich kann mich den jüdischen Dingen nicht mit einer letzten Intensität zuwenden, bevor ich aus meinen europäischen Lehrjahren dasjenige gezogen habe, was wenigstens irgend eine Chance ruhigerer Zukunft, Unterstützung durch die Familie und desgleichen begründen kann.« Mit solchen Worten ist deutlich, daß Benjamin eine Auswanderung nach Palästina als Flucht eines in Europa Gescheiterten betrachtete, als vielleicht feige Abkehr von Europa, in dem er zu nichts kam. Solche Auffassung stand der Scholems hart entgegen, der in einer Übersiedelung keine Flucht, sondern eine Heimkehr sah, keine Resignation, sondern Hoffnung. Benjamins Heimat war die europäische Kultur, da er ein durchaus assimilierter Jude war und für Siedlungsprogramme keinerlei Sinn hatte. In seinem Brief heißt es vermittelnd weiter: »Ich gestehe ein, daß ich geistig, und schon seit meinem Doktorexamen, an dem Punkte bin, daß ich mich für eine lange neue Lehrzeit vom Europäischen abwenden kann. Aber ich weiß auch, daß der zähe Entschluß, den ich so lange genährt habe, mir die ruhige freie Wahl des Augenblicks der Ausführung überläßt.« Er meint, daß er in höchstens zwei Jahren zur Ausführung des Entschlusses, d. h. zur Auswanderung nach Palästina, bereit sein würde. »In dieser Zeit will ich eine Arbeit aus einem mir irgendwie vorschwebenden Komplex abgrenzen und schreiben.«[200]

Mit jener Arbeit ist die Habilitationsschrift gemeint, deren Realisation er nie aufgegeben hatte. Daß sie die Oberhand über seine palästinensischen Pläne bekam, und Benjamin sie stets vorschob, wenn die Rede auf dieses Gebiet kam, ist bekannt und im nachhinein leicht verständlich. Dennoch hat er sich in

den Jahren 1920 und anfangs auch 1921 so intensiv wie kaum später mit der jüdischen Philosophie beschäftigt. Das bedeutendste Zeugnis für solche Arbeit ist ein sehr kurzer Text, der unter dem Titel »Theologisch-politisches Fragment« von Adorno dem Spätwerk zugerechnet wurde, wogegen Scholem mit Recht, allerdings sonderbar spät, Einspruch erhebt.[201] Allein der lobende Hinweis auf Blochs »Geist der Utopie« würde für eine Datierung auf die Jahre um 1920 genügen. Daß dieses kurze Fragment den späten Thesen über Geschichtsphilosophie zugeordnet werden konnte, liegt in der gemeinsamen Thematik einer Negation alleinpolitisch-fortschrittlicher Tendenz – die Ursachen solcher Haltung sind jedoch notwendig verschieden. Obwohl sich der kurze Text kaum mehr exakt datieren lassen wird, liegt die Vermutung nahe, daß er Anfang 1921, als Benjamin engen Kontakt mit jüdischen Diskussionskreisen hatte, entstanden sein dürfte. Der Text belegt auf merkwürdige Art jene »Ablehnung *jeder* heutigen politischen Tendenz«,[202] an der Benjamin lange festhielt, er belegt diese durch spezifisch jüdische Argumentation, die damals durchaus nicht vereinzelt stand. Bei Benjamin heißt es: »Erst der Messias selbst vollendet alles historische Geschehen, und zwar in dem Sinne, daß er dessen Beziehung auf das Messianische selbst erst erlöst, vollendet, schafft. Darum kann nichts Historisches von sich aus sich auf Messianisches beziehen wollen. Darum ist das Reich Gottes nicht das Telos der historischen Dynamis; es kann nicht zum Ziel gesetzt werden.«[203]
Mit diesen Worten, auch wenn sie nicht publiziert wurden und vielleicht auch nicht Gegenstand einer Diskussion waren, traf Benjamin in ein Zentrum damaliger politisch-jüdischer Auseinandersetzung, in der messianisches Glaubensgut seit dem Machtwechsel 1918 eine herausragende Rolle spielte. Jüdische Theoretiker versuchten, ihre Heilserwartung auf eine sozialistische Gesellschaft zu übertragen, die es nun, in den Anfängen der Weimarer Republik, zu verwirklichen galt. Hermann Cohens Theorie einer partiellen Realisation der jüdischen Theokratie innerhalb einer sozialistischen Demokratie ist bekannt. Schon während des Münchener Experiments einer Räterepublik hatte Sigmund Fraenkel die Funktion des messianischen Erlösungsgedankens innerhalb des Sozialismus beschrieben.[204] Späterhin wurde der Zionismus als säkularisierte Erlösungsbewegung nicht nur in spezifisch jüdischen Organen,

sondern auch in der sogenannt linksbürgerlichen Zeitschrift »Weltbühne« dargestellt und durchaus positiv bewertet. In einem Artikel von Wilhelm Wauer[205] stellt sich der Sozialismus als Lösung aller Erlösungsprobleme der Menschheit dar. Dieser Meinung wurde in der »Weltbühne« des öfteren Raum gegeben; die Diskussion solcher Problematik hielt sich bis zu Beginn der Hitler-Diktatur in diesen Zeitschriften. Der Zionist Robert Weltsch schrieb 1926 in der »Weltbühne«,[206] daß »die messianische Welt, die schon die Propheten verheißen, ... nach jüdischer Auffassung keineswegs ein Jenseits (ist), keineswegs eine vom irdischen Leben wesenhaft geschiedene transzendente Sphäre; sondern sie ist das Ziel, das verwirklicht werden will auf Erden, ein eminent politisches Ziel, das politische Ziel schlechthin«.

Einig sind sich die Autoren darin, daß das zu erstrebende Ziel auf politische Art zu realisieren sei, wobei die Situation des Machtwechsels nach dem verlorenen Weltkrieg und die Krisen der Republik ihrer Argumentation zugute kamen.

Dem widerspricht der Text Benjamins total. Er rekonstruiert die Funktion des Messias, der durch sein Erscheinen erst die Vollendung des historischen Augenblicks der Erlösung ermöglicht. Geschichte kann ohne den Erlöser nicht gedacht werden, da nicht sie es ist, die Erlösung in sich birgt und damit scheinbar zwangsläufig verbürgt, sondern auf den Erlöser angewiesen ist zu ihrer Erfüllung. Das einseitig politische Ziel einer Erlösung der Menschheit ist deshalb hinfällig, weil es die Rolle des Messias unberücksichtigt läßt, der erst dann auftreten wird, wenn die Geschichte nicht allein an ihr Ziel, sondern auch an ihr Ende gekommen sein wird. Er wird *dann* alles aus der Katastrophe zum Heil fügen – *wenn* er kommt.

Zu Beginn des Jahres 1921 schrieb Benjamin seinen Aufsatz »Zur Kritik der Gewalt«, der eigentlich in den »Weissen Blättern« erscheinen sollte. Der Herausgeber Emil Lederer fand ihn dann aber zu lang und zu schwierig und übernahm ihn in das ebenfalls von ihm herausgegebene »Archiv für Sozialwissenschaft und Sozialpolitik«, wo die Arbeit dann im August 1921 erschien.

Der Aufsatz scheint zunächst eher typisch für seine Entstehungszeit der frühesten Weimarer Republik als für seinen Verfasser zu sein – sieht man einmal von der Benjamins Leben und Schriften begleitenden Mißgunst der Umstände ab, die nun diese rechtsphilosophische Arbeit in einer soziologischen Zeitschrift landen ließen, wo sie das ihr zugedachte Publikum nicht finden konnte. Es mag überraschen, eine Arbeit bei Benjamin vorzufinden, die nicht nur abstrahierend sich der Begriffe »Recht« und »Gewalt« annimmt, sondern die auch einen für Benjamins philosophische Versuche seltenen unmittelbaren und sehr kritischen Zugang zur zeitgenössischen politischen Situation eröffnet. Das politisch eindeutige, anarchistische Ende überrascht um so mehr, als der Aufsatz konventionell mit philosophischer Definition beginnt: »Die Aufgabe einer Kritik der Gewalt läßt sich als die Darstellung ihres Verhältnisses zu Recht und Gerechtigkeit umschreiben«, wobei Gewalt definiert ist als Ursache, die »in sittliche Verhältnisse« eingreift, deren Sphäre »durch die Begriffe Recht und Gerechtigkeit« bezeichnet wird.[207]

Notwendig stellt sich schon hier für Benjamin die Frage, ob es sittlich sei, wenn Gewalt als Mittel zu gerechten Zwecken gebraucht wird. Im Gegensatz zum Naturrecht, das hier kein Dilemma sieht, errichtet das positive Recht einer gerechten Zwecken dienenden Gewalt seine Schranken. Während das Naturrecht für den gerechten Zweck alle Mittel billigt, so urteilt das positive Recht allein über die Mittel – ohne Berücksichtigung des Zweckes. Nach Benjamin geht das Naturrecht auf Gerechtigkeit, das positive Recht auf Rechtmäßigkeit aus. Was aber gerechte Zwecke und berechtigte Mittel sind, muß zunächst geklärt werden. Die positive Rechtstheorie scheidet grundsätzlich die Arten der Gewalt darin, ob sie »Rechtszwecken« (historisch legitimiert) oder »Naturzwecken« (nicht historisch legitimiert) dient. »Da die Anerkennung von Rechtsgewalten sich am greifbarsten in der grundsätzlich widerstandslosen Beugung unter ihre Zwecke bekundet, so ist als hypothetischer Einteilungsgrund der Gewalten das Bestehen oder der Mangel einer allgemeinen historischen Anerkennung ihrer Zwecke zugrunde zu legen.«[208] Benjamin exemplifiziert seine Überlegungen an den zeitgenössischen Verhältnissen. Es gilt der Satz, daß keiner einzelnen Person ein vielleicht zweckmäßigerweise gewaltsam zu erlangender Naturzweck belassen wird, sondern daß überall dort, wo jene Möglichkeit der Gewalt besteht, Rechtszwecke eingesetzt werden, die nun nicht mehr vom einzelnen Subjekt, sondern ausschließlich von der Rechtsgewalt realisiert werden können. Durch diese Ersetzung der

Naturzwecke durch Rechtszwecke, die eine nur scheinbare Kongruenz bewirkt, kommt es zu einem bedeutenden Dilemma, welches laut Benjamin »als eine allgemeine Maxime gegenwärtiger europäischer Gesetzgebung formuliert« werden kann: »alle Naturzwecke einzelner Personen müssen mit Rechtszwecken in Kollision geraten, wenn sie mit mehr oder minder großer Gewalt verfolgt werden ... Aus dieser Maxime folgt, daß das Recht die Gewalt in den Händen der einzelnen Personen als eine Gefahr ansieht, die Rechtsordnung zu untergraben.«[209] An einer rechtlich zulässigen Form von Gewalt zeigt Benjamin, aus welchem Grund das Recht, also der Staat, jede Entfaltung der Gewalt fürchtet: am »Klassenkampf in Gestalt des garantierten Streikrechts der Arbeiter ... Die organisierte Arbeiterschaft ist neben den Staaten heute wohl das einzige Rechtssubjekt, dem ein Recht auf Gewalt zusteht.«[210]

Gewiß fügt Benjamin sogleich an, daß Streik als bloße Unterlassung einer Handlung wohl schwerlich als Gewalt definiert werden könne, weshalb denn ja auch der Staat das Streikrecht gebilligt habe, doch präzisiert er seine Definition und erklärt: »Das Moment der Gewalt aber tritt, und zwar als Erpressung, in eine solche Unterlassung unbedingt dann ein, wenn sie in der prinzipiellen Bereitschaft geschieht, die unterlassene Handlung unter gewissen Bedingungen, welche, sei es überhaupt nichts mit ihr zu tun haben, sei es nur etwas Äußerliches an ihr modifizieren, wieder so wie vorher auszuüben. Und in diesem Sinne bildet nach der Anschauung der Arbeiterschaft, welche der des Staates entgegengesetzt ist, das Streikrecht das Recht, Gewalt zur Durchsetzung gewisser Zwecke anzuwenden.«[211]

Gilt dies schon für den Lohnstreik, so noch mehr für den politischen Streik, bei dem sich die kommunistisch organisierte Arbeiterschaft notwendig auf ihr verbrieftes Streikrecht berufen kann, der Staat aber ebenso notwendig erklären muß, daß dieser Zweck das Recht mißbrauche und in Gewalt verkehre. »Und zwar wird ein solches Verhalten, wo es aktiv ist, Gewalt heißen dürfen, wenn es ein ihm zustehendes Recht ausübt, um die Rechtsordnung, kraft deren es ihm verliehen ist, zu stürzen; wo es passiv ist, aber nichtsdestoweniger ebenso zu bezeichnen sein, wo es im Sinne der oben entwickelten Überlegung Erpressung wäre.«[212] Durch diesen sachlichen Widerspruch in der Rechtslage ist es nach Benjamin billig, wenn die Staatsgewalt den Streikenden unter bestimmten Bedingungen, in denen sie sich als Gewalt Ausübende zu erkennen geben, mit Gewalt entgegentritt. Denn der Staat muß solche Gewalt fürchten, da sie nicht nur seinem Recht entgegensteht, sondern es beseitigen will, um ein eigenes neues Recht zu setzen. Streikrecht und Kriegsrecht sind nach Benjamin zwei Arten der Gewalt, die imstande sind, bestehende Rechtsverhältnisse abzuschaffen und neue zu begründen. Jeder Frieden bedeutet schließlich die Anerkennung einer durch kriegerische Gewalt erzwungenen neuen Rechtslage und schafft einen Verlierer so notwendig wie den Sieger, der ohne als »Frieden« sanktionierten Sieg keiner wäre. Daß der Staat derartige Gewalten fürchten muß, liegt auf der Hand und erklärt die rechtsstaatliche Tendenz, zumindest der Einzelperson die Möglichkeit einer auf einen Naturzweck gerichteten Gewalt zu nehmen.

Den rechtssetzenden Aspekt der Gewalt ergänzt jener der rechtserhaltenden, wie er von der staatlichen Institution der Polizei verkörpert wird. Die Polizeigewalt ist im eigentlichen Sinn nicht identisch mit der Rechtsgewalt des Staates; vielmehr »bezeichnet das ›Recht‹ der Polizei im Grunde den Punkt, an welchem der Staat, sei es aus Ohnmacht, sei es wegen der immanenten Zusammenhänge jeder Rechtsordnung, seine empirischen Zwecke, die er um jeden Preis zu erreichen wünscht, nicht mehr durch die Rechtsordnung sich garantieren kann.«[213] Scharf bezeichnet Benjamin die Funktion der Polizei als »rechtserhaltend«, wenn er feststellt, daß sie in Ermangelung einer klaren Rechtslage in zahllosen Fällen zum Zweck der öffentlichen Sicherheit eingreift, oder auch nur »ohne jegliche Beziehung auf Rechtszwecke den Bürger als eine brutale Belästigung durch das von Verordnungen geregelte Leben begleitet oder ihn schlechtweg überwacht«[214] – was gerade in einer Demokratie die bösartigste Entartung der Gewalt darstelle, und was nicht nur die Realität der frühen Weimarer Republik bezeichnet, sondern mehr noch heute für den langsamen Abbau der grundgesetzlich garantierten Freiheiten in unserem Staat gilt.

Benjamin verwendet bewußt den Begriff einer »Entartung« der Gewalt, denn für ihn ist Verzicht auf Gewalt schlechthin nicht denkbar, da ohne sie kein Vertrag geschlossen werden könne. Ist ein solcher Vertrag vielleicht ohne Gewalt zustande gekommen, so gibt er doch auch dem jeweiligen Vertragspartner das Recht, im Falle eines Vertragsbruches gegen den anderen Partner Gewalt in welcher Form auch immer anzuwenden. Ohne solche bei jedem rechtlichen Vertrag mitgedachten Bedingungen wäre der Vertrag selbst unsinnig und seine Unterzeichner handlungsunfähig.

Eben dies ist Benjamins politische Kritik an der lauthals kompromißlerisch pazifistischen deutschen Regierung: »Schwindet das Bewußtsein von der latenten Anwesenheit der Gewalt in einem Rechtsinstitut, so verfällt es. Dafür bilden in dieser Zeit die Parlamente ein Beispiel. Sie bieten das bekannte jammervolle Schauspiel, weil sie sich der revolutionären Kräfte, denen sie ihr Dasein verdanken, nicht bewußt geblieben sind. In Deutschland insbesondere ist denn auch die letzte Manifestation solcher Gewalten für die Parlamente folgenlos verlaufen. Ihnen fehlt der Sinn für die rechtsetzende Gewalt, die in ihnen repräsentiert ist; kein Wunder, daß sie zu Beschlüssen, welche dieser Gewalt würdig wären, nicht gelangen, sondern im Kompromiß eine vermeintlich gewaltlose Behandlungsweise politischer Angelegenheiten pflegen.«[215] Benjamin behauptet, daß die Schwäche der Regierung ebensoviele Meinungen von einer gewaltlosen Beilegung politischer Konflikte abgebracht habe, wie der Weltkrieg sie vorher provozierte – eine These, die in den folgenden Jahren durch den blinden Aktionismus der Kommunisten und Nationalsozialisten bestätigt wird und deren Gültigkeit auch heute bedenkenswert ist.

Es ist wichtig festzuhalten, daß Benjamin in seiner obigen Anspielung auf den Kapp-Putsch und den dadurch bedingten Generalstreik in Berlin am 13. März 1920 eine konsequente Haltung der Regierung vermißt und ihr insbesondere mangelndes revolutionäres Bewußtsein vorwirft. Für seine weitere Einschätzung der Weimarer Republik wird dies bedeutsam bleiben; es widerspricht zugleich der gängigen These, Benjamin habe später eine »Bekehrung« nötig gehabt, um zum Befürworter revolutionärer Kräfte zu werden. Diese müssen sich »reiner«, und das heißt für Benjamin »gewaltloser« Mittel bedienen, als deren Voraussetzung er einige moralische Kategorien nennt, die recht eigentlich zum Inventar des klassischen Idealismus zählen: »Herzenshöflichkeit, Neigung, Friedensliebe, Vertrauen.« Er muß dabei anerkennen, daß durch das Recht jene reinen Mittel nicht oder nicht mehr zu unmittelbaren, sondern nur zu mittelbaren Lösungen führen, daß also eine Konfliktbereinigung auf dieser Ebene nicht zwischenmenschlich, sondern nur auf dem Weg über die Objekte möglich ist. Für das Gebiet der Politik benennt Benjamin eine bestimmte Form des reinen Mittels, indem er mit Sorel zwischen einem politischen und einem proletarischen Generalstreik unterscheidet. Er zitiert zustimmend Sorel: »Der politische Generalstreik demonstriert, wie der Staat nichts von seiner Kraft verlieren wird, wie die Macht von Privilegierten auf Privilegierte übergeht, wie die Masse der Produzenten ihre Herren wechseln wird« – und fügt in treffend bitterer Anmerkung hinzu, daß diese Formel des politischen Generalstreiks auch jene »der verflossenen deutschen Revolution zu sein scheint.«[216] Dem steht der proletarische Generalstreik gegenüber, der sich die Aufgabe einer Aufhebung der Staatsgewalt zum Ziel gesetzt hat. Er spekuliert nicht auf momentanen materiellen Zugewinn, greift also nicht zur Durchsetzung eines solchen Zieles zu erpresserischer Gewalt, sondern ist »als reines Mittel gewaltlos«. Während der politische Streik nach Erreichen bestimmter Änderungen der Arbeitsbedingungen beigelegt wird, erstrebt der proletarische Streik eine prinzipielle Veränderung der Arbeit, indem er sie dem Recht der Staatsgewalt zu entziehen versucht. Deshalb wird ersterer von Benjamin als rechtsetzend, der andere aber als anarchistisch bezeichnet. Zustimmend zitiert er wieder Sorel, der von dem proletarischen Streik alle rechtsetzende Gewalt zurückweist: »Mit dem Generalstreik verschwinden alle diese schönen Dinge; die Revolution erscheint als eine klare, einfache Revolte und es ist ein Platz weder den Soziologen vorbehalten doch den eleganten Amateuren von Sozialreformern, noch den Intellektuellen, die es sich zum Beruf gemacht haben, für das Proletariat zu denken.«[217]

Hier nun, wo deutlich wird, wie positiv Benjamin dieser »tiefen, sittlichen und echt revolutionären Konzeption« gegenübersteht, von der er 1921 nicht ahnen konnte, wie illusionär sie war, da das Proletariat sich später durch politische Streiks um höhere Tarife selbst abschaffte, wird die große Bedeutung dieses gewiß spröden und oft unbeachteten Aufsatzes für das politische Denken seines Verfassers sichtbar. Benjamin war hineingeboren ins Großbürgertum, und er blieb, wie proleta-

risiert er später auch immer war, ein Bürger; er wußte, daß er seine Klasse nicht verlassen konnte. Er war ein Intellektueller, der seine Klasse verriet, sie aber nicht wechselte. Die frühe Erkenntnis, daß der Intellektuelle in einer proletarischen Revolution nichts zu suchen habe, sondern daß er nur in seiner eigenen Klasse als Intellektueller für politische Ziele, die nicht die Ziele seiner Klasse sind, arbeiten kann – dies Dilemma begleitet als Mißverständnis das Denken Benjamins von dem Streit mit seinem Freund Scholem im Jahr 1931 bis hin zur großen Auseinandersetzung unter den Schülern Ende der sechziger Jahre, die ihn jeweils einseitig fürs eigene Lager reklamierten. In seinem wichtigen Brief an Scholem vom 17. April 1931 schreibt Benjamin: »ich bin entschlossen, unter allen Umständen meine Sache zu tun, aber nicht unter jedem Umstand ist diese Sache die gleiche. Sie ist vielmehr eine Entsprechende. Unter falschen Umständen richtig – d. i. mit ›Richtigem‹ – zu entsprechen, das ist mir nicht gegeben.«[218] Bei der bestehenden bürgerlichen Herrschaft will also Benjamin seine entsprechende Sache, die des Intellektuellen, tun – auch wenn er dies kaum noch historisch legitimieren kann. Das historisch Richtige zu leisten, vielleicht Propagandaarbeit für die KPD zu machen, vermag er nicht, da es seiner Klassenidentität widerspricht. Erst für eine siegreiche KPD würde er anderes schreiben können, »das sie mir anders zu schreiben möglich machen würde«;[219] eine Illusion, die ihre Realitätsprobe nie bestehen mußte. Vorerst aber sitzt er zwischen den Stühlen und betreibt ein halsbrecherisches Geschäft: er bekämpft und unterminiert hartnäckig die Klasse, der er entstammt, mit deren eigenen Waffen und in deren eigenen Medien, so daß kein anderer aus seiner Arbeit Nutzen ziehen kann; weder die Bourgeoisie, deren Mythen er kenntnisreich demontiert, noch weniger die Marxisten, mit deren Erkenntnisapparat diese Arbeit geleistet wird. So schotten sich selbst Tagesarbeiten zum Broterwerb wie die zahlreichen Rezensionen gegen beiläufige Rezeption hermetisch ab; sie werden denaturiert, wie Benjamin in dem zitierten Brief an Scholem schreibt, »bestimmt und zuverlässig ungenießbar«.
Nur unter diesen Voraussetzungen kann man verstehen, was Benjamin meinte, als er im Herbst 1932 in einer Diskussion mit Willy Haas mit ganz materialistischen Argumenten und unter marxistischer Perspektive die Forderung, daß Kunst dem Volke

gehöre, ablehnte und ganz eindeutig die These verteidigte, daß Kunst den Intellektuellen vorbehalten sei. Hier wieder treffen sich Esoterik und Didaktik: die Weitergabe der Kenntnis geschieht nur unter bestimmten historischen Bedingungen. Brechen diese ab, verändern sich nicht allein die Bedeutungen der Dinge, sondern auch die Informationen über sie. Das Kapital Benjamins, mit dem er zu wuchern hatte, war die subtile Kenntnis der Kulturgüter seiner Klasse; es lag mithin nicht in seinem eigentlichen Interesse, eine Situation zu verändern, die die Lehre über diese Dinge entbehren könnte. Wenn er dennoch alles tat, um die kenntnisreiche Information über die Mythen der Bourgeoisie mit dem Salz materialistischer Erkenntnis zu würzen, dann tat er dies bewußt und riskierte alles. In jenem schon mehrfach zitierten Brief an Scholem vom 17. April 1931 umschreibt Benjamin seine Situation mit einem treffenden Bild: »Ein Schiffbrüchiger, der auf einem Wrack treibt, indem er auf die Spitze des Mastbaums klettert, der schon zermürbt ist. Aber er hat die Chance, von dort zu seiner Rettung ein Signal zu geben.«
Eine bedenkenswerte Selbstbeschreibung: es wird ein Signal geben, aber niemand ist in Sicht, der es empfangen könnte.

Weimarer Republik: 1919–1925

Die erste deutsche Republik begann mit Streitereien innerhalb der Linken, und sie endete mit deren Eigensinn. Schon 1919 distanzierten sich linke Intellektuelle von den Spartakisten mit dem blauäugigen Satz: »Die Spartaciden hatten, in der Annahme, daß eine Handgranate ein Argument sei, Berlin nicht sicherer gemacht, hatten nichts dagegen zu tun vermocht oder dagegen getan, daß sich zu Idealisten unsaubere Burschen gesellten.«[220]

Den Deutschen war eine Republik als Möglichkeit in den Schoß gefallen, aber sie empfanden dies keineswegs als Geschenk, noch weniger als Verpflichtung. Übertragen läßt sich hier Benjamins Satz zitieren: »Gaben müssen den Beschenkten so tief betreffen, daß er erschrickt«, denn erschrocken war man durchaus, zumal jene Parteien, die nun sich verantwortlich zeigen sollten für Deutschlands Zukunft. Sowohl Sozialdemokraten wie Kommunisten sahen sich zunächst in der Situation eines alternden Bonvivants, dem unerwartet eine unschuldige Schönheit sich anträgt. Ebert und Scheidemann nahmen die Republik zwar mehr oder weniger widerwillig an, aber sie wußten nicht, wie mit ihr umzugehen war. Die Rolle der Regierung hatten sie nie geprobt.

Es ist bequem geworden, allein den Nazis die Zerstörung der Weimarer Republik anzulasten. In Wirklichkeit lag der Keim des Untergangs bereits in ihren Anfängen, als die falschen Männer in den falschen Ämtern falsche Entscheidungen trafen. In einem Brief des bayerischen Gesandten in Berlin an Kurt Eisner, der trotz der Involviertheit seines Verfassers in die Novemberwirrnisse überaus klarsichtig ist, heißt es: »Die herrschenden Regierungsmänner sind unfähig, die großen Aufgaben zu lösen, die in diesem Augenblick das niedergeworfene, von Kräften des Aufruhrs durchzuckte Deutschland bedrängen ... es handelt sich um Klein- und Spießbürger, oder doch um Menschen ohne Leidenschaft und Schwung, denen die Revolution kein heiliges Erbe ist, das es zu mehren gilt, sondern irgendein politischer Vorgang, den man hinnimmt wie einen Punkt der Tagesordnung einer Parlamentssitzung ...

Ebert mag ein aufrichtiger, pflichteifriger Mensch sein: jeder weite Blick, jede Selbständigkeit in der Beurteilung der Lage, der politische Instinkt, der das erst Werdende wittert, geht ihm ab. Erzberger, den ich gestern sprach, hat man richtig als den süddeutschen Scheidemann bezeichnet. Auch ich habe den Eindruck bekommen, daß er bei allem Fleiß seiner Aufgabe nicht von ferne gewachsen ist. Er ist ein Kleinbürger ohne tiefere Bildung, ein Emporkömmling, dessen wichtigste Sorge war, zu fragen, ob ich mich mit Excellenz anreden lasse. Und Männer solchen Schlages sollen dazu berufen sein, ein Volk, das in einem Abgrund stöhnt, wieder ans Licht zu führen...«[221]

Ganz ähnlich äußerte sich Tucholsky, der die meiste Zeit lieber im Ausland verbrachte, 1922 in einem Artikel mit der Überschrift »Die zufällige Republik«: »Diese negative Monarchie, die nur deshalb keine ist, weil ihr der Monarch ausgekniffen ist, hat nicht einmal das eine von ihrem Vorgänger übernommen, dessen Konkursmasse sie verwaltet: nicht einmal den Selbsterhaltungstrieb. Sie kann sich nicht schützen. Denn das, wogegen sie sich schützen müßte, liegt in ihr selbst... Die tiefen Ursachen ihrer Schlappheit liegen darin, daß sie dem Geheimrat und dem Kanzlei-Sekretär rettungslos ausgeliefert ist. Da ist keiner, der wagt, eine Verfügung einfach über den Haufen zu werfen, keiner, der wagt, die alteingesessenen Rechte, die erworbenen, erschlichenen, dahinfaulenden Rechte mit einem Fußtritt zu beseitigen.«[222]

Auch aus dem Tagebuch des republikfreundlichen Diplomaten Harry Graf Kessler ließen sich leicht zahlreiche Eintragungen ähnlichen Tenors zitieren. Es ist gewiß nicht übertrieben, wenn man sagt, daß die Republik an der Inkompetenz derer, die sie verwalten wollen, anstatt sie zu schaffen, scheiterte, und daß die politische Instinktlosigkeit des Reichspräsidenten Ebert, der die heimkehrenden Soldaten in Berlin mit der frohen Botschaft begrüßte: »Ihr seid nicht geschlagen worden!« nur noch von der Korrumpierbarkeit seiner Parteifreunde übertroffen wurde; ein nicht unwesentlicher Grund der Republikverdrossenheit. Die Prozesse gegen die Schieber Barmat und Cutisker brachten Erstaunliches ans Licht: Der »Großkorruptionär« Barmat verschob Millionenwerte mit den besten Empfehlungen des preußischen Ministerpräsidenten. Ein Oberzollinspektor, der Barmat deckt, bekommt im Januar 1923 auf Anweisung des sozialdemokratischen Spandauer Bürgermeisters dreihundert Zentner Koks von der Kreiswirtschaftsstelle Osthavelland – während in Deutschland überall Kohleknappheit herrscht. Im Prozeß stellt sich heraus, daß der Bürgermeister auf Ersuchen Barmats handelte. Im Prozeß nimmt auch eine untergeordnete Beamtin, die Ministerialsekretärin Rosenheim, alle Verantwortung tapfer auf sich: sie habe eine Vollmacht falsch verstanden und ausgefertigt. Damit ist Minister Severing von aller Schuld befreit. Zwar wird bekannt, daß die Sozialdemokraten Bauer, Richter, Heilmann und Scheidemann von Barmat »Zuwendungen« erhalten haben, doch die Berliner machen sich darauf nur ihren bekannten Reim: »Max, du hast das Schieben raus.« Frau Rosenheim allerdings wurde für ihre geschickte Aussage vor Gericht offiziell belohnt: die Sekretärin wurde am 24. Dezember 1927 vom preußischen SPD-Innenminister Grzesinski zum »Regierungsrat« ernannt. Barmat hingegen wurde mit elf Monaten Gefängnis abgefunden – »Weimargate« ohne Folgen.

Diese spektakulären Schieberprozesse bildeten nur die Oberfläche einer in ihren Grundwerten maroden Gesellschaft, die durch den unsinnigen Versailler Vertrag mit seinen grotesken Reparationsforderungen der Alliierten völlig verunsichert und in ihrem Überlebensnerv getroffen war. Als im Juli 1932 durch den Vertrag von Lausanne die Reparationen auf nur noch drei Milliarden reduziert wurden, war es schon zu spät. Ein Tagesschlager des 1928 eröffneten »Top-Kellers« in der Schwerinstraße lautete ganz realistisch: »Wir sind die neue Geistigkeit./ Wir machens mit der Dreistigkeit!« Was später als die »Goldenen Zwanziger« bezeichnet wurde, war nichts weiter als das Ergebnis der Devise: Nach uns die Sintflut! Mit dem Geldverfall gingen ein Verfall der Moral und der menschlichen Beziehungen Hand in Hand, und Berlin war der Kristallisationspunkt, an dem man die Umwertung aller Werte am besten beobachten konnte. Die Geschichte der Weimarer Republik ist bisher meist als Geschichte von politischen Verträgen und Notverordnungen geschrieben worden; derart abstrakt informiert, übersieht man leicht die Folgen dieser Verträge, deren verheerendste sicher die Depravierung des Mittelstandes durch horrende Steuerlasten war. Die Zahl der Selbstmorde und Konkurse, der Skandale, Affären und Zusammenbrüche, das Ausmaß der Erniedrigung so vieler Familien durch Massen-

arbeitslosigkeit bei steigenden Preisen ist durch Zahlen kaum auszudrücken. Allein in Berlin nahmen sich in den ersten drei Monaten des Krisenjahres 1931 fast 500 Menschen das Leben. Durchschaut und auf den Begriff gebracht wurde die elende Alltagswirklichkeit von Walter Benjamin in Aufzeichnungen, die er später in sein Reflexionenbuch »Einbahnstraße« übernahm. Nach einer Reise zu Beginn des Jahres 1923 schreibt er in einem Brief: »Diese letzten Reisetage durch Deutschland haben mich wieder an einen Rand von Hoffnungslosigkeit geführt und mich in den Abgrund sehen lassen.«[223]
Seine Beobachtungen und Erfahrungen hält er fest in den »Gedanken zu einer Analysis des Zustands von Mitteleuropa«, die er gekürzt in Form einer Schriftrolle seinem Freund Scholem im September 1923 zu dessen Auswanderung nach Palästina schenkt. Recht genau ein Jahr später schreibt er ihm, daß dieses Manuskript in erweiterter Form in der »Roten Garde« in Moskau erscheinen wird – dazu kam es aber nicht. Erst 1927 erschien in der »Internationalen Revue« in Holland eine Übersetzung, die mit vielen Abweichungen auf den Text zurückgeht, den Benjamin unter dem endgültigen Titel »Kaiserpanorama« in sein Buch aufnahm. Leider ist der mehrere Seiten umfassende Text zu lang, um ganz zitiert zu werden; es ist ihm die Aufnahme in deutsche Geschichtsbücher zu wünschen, da er scheinbar emotionslos den Beginn einer deutschen Misere festhält, deren Ende noch heute nicht auszumachen ist, wenn auch die Begründungen mit den Zeiten sich ändern.
Auffällig vor allem war für Benjamin die Entfremdung des Menschen von sich und den Dingen: »Eine sonderbare Paradoxie: die Leute haben nur das engherzigste Privatinteresse im Sinne, wenn sie handeln, zugleich aber werden sie in ihrem Verhalten mehr als jemals bestimmt durch die Instinkte der Masse. Und mehr als jemals sind die Masseninstinkte irr und dem Leben fremd geworden..., (so) daß es die eigentlich menschliche Anwendung des Intellekts, Voraussicht, selbst in der drastischen Gefahr vereitelt. So daß in ihr das Bild der Dummheit sich vollendet: Unsicherheit, ja Perversion der lebenswichtigen Instinkte und Ohnmacht, ja Verfall des Intellekts. Dieses ist die Verfassung der Gesamtheit deutscher Bürger...
Die Freiheit des Gespräches geht verloren. Wenn früher unter Menschen im Gespräch Eingehen auf den Partner sich von

selbst verstand, wird es nun durch die Frage nach dem Preise seiner Schuhe oder seines Regenschirmes ersetzt. Unabwendbar drängt sich in jede gesellige Unterhaltung das Thema der Lebensverhältnisse, des Geldes...
Aus den Dingen schwindet die Wärme. Die Gegenstände des täglichen Gebrauchs stoßen den Menschen sacht aber beharrlich von sich ab. In summa hat er tagtäglich mit der Überwindung der geheimen Widerstände – und nicht etwa nur der offenen –, die sie ihm entgegensetzen, eine ungeheure Arbeit zu leisten...
Der Entfaltung jeder menschlichen Bewegung, mag sie geistigen oder selbst natürlichen Impulsen entspringen, ist der maßlose Widerstand der Umwelt angesagt. Wohnungsnot und Verkehrssteuerung sind am Werke, das elementare Sinnbild europäischer Freiheit, das in gewissen Formen selbst dem Mittelalter gegeben war, die Freizügigkeit, vollkommen zu vernichten...
Ist einmal die Gesellschaft unter Not und Gier soweit entartet, daß sie die Gaben der Natur nur noch raubend empfangen kann, daß sie die Früchte, um sie günstig auf den Markt zu bringen, unreif abreißt und jede Schüssel, um nur satt zu werden, leeren muß, so wird ihre Erde verarmen und das Land schlechte Ernten bringen.«[224] Diese stark gekürzten Zitate müssen hier genügen, um Benjamins Blick auf die frühen zwanziger Jahre festzuhalten.
Es ist bekannt und bedarf keiner Erklärung, daß die Konservativen bis Rechtsradikalen die Republik ablehnten, natürlich auch die Kommunisten, deren »Volkshilfe-Verband« sich in seinem Programm »radikal, aber neutral« nannte – niemand scheint damals die Unsinnigkeit solcher Parole bemerkt zu haben.[225] Zwischen den Extremen steht aber nicht allein jene immer schweigende kleinbürgerliche Mehrheit, die eine Regierung – welche auch immer – mehr toleriert als bejaht, sondern im Fall der Weimarer Republik auch die liberalen und linksliberalen Publizisten. Wie standen sie zu dieser Republik, der sie alle Freiheiten verdankten?
Es sei eine beunruhigende Erscheinung, daß viele der ausgezeichneten »Denker und Schriftsteller, die während der ersten Hälfte ihres Lebens begeisterte Vorkämpfer der Republik waren, jetzt, wo sie die Ideale ihrer Jugend verwirklicht sehen, wo die von ihnen verherrlichte, herbeigesehnte Republik eine

herrschende Tatsache ist, sich gegen sie kühl, wenn nicht gar feindselig verhalten« – dies bemerkte Max Nordau 1890 über die Gesellschaft der dritten französischen Republik.[226] Es trifft ebenso auf die Haltung vieler Intellektueller zur Weimarer Republik zu, wobei hier nicht etwa ein Generationsproblem ins Feld geführt werden soll. Wenn man heute Schriftsteller benennen sollte, die in ihrer Heterogenität typisch sind für das geistige Spektrum der Zeit, müßte man sicherlich neben Tucholsky und der »Weltbühne« den alten Widersacher des geflüchteten Kaisers Maximilian Harden mit seiner Zeitschrift »Die Zukunft« nennen, sicher auch den Pamphletisten Kurt Hiller und den Romancier Otto Flake. Von allen ist Maximilian Harden der heute am wenigsten bekannte, und doch hatte er am scharfsinnigsten durchschaut, daß die Fehler der deutschen Politik nicht immer dem Druck der radikalen Rechten anzulasten seien, sondern vor allem einer immanenten Schizophrenie der Sozialdemokratie, die sich als staatstragende Partei heftig bemühte, nur nicht revolutionär zu erscheinen – was sie auch nicht war –, die aber andererseits hartnäckig ihr marxistisches Lehrgebäude verteidigte. Wie zuvor dem Kaiser warf er Ebert unredliche Gesinnung, eindimensionales Denken und »Gesinnungslumperei« vor; mit scharfen Artikeln attackierte er in den Nachkriegsnummern der »Zukunft« das diplomatische Ungeschick und die politische Inkompetenz der Regierung. Zu Unrecht lebt der Name Harden heute nur noch fort durch die Polemiken von Karl Kraus, der ihn zur lächerlichen Figur stilisierte und seinen manieristischen Stil bemängelte. Harden war einer der härtesten Kritiker der schwachen Weimarer Republik, wortgewaltig, kaum zu widerlegen und heute erst wieder zu entdecken.

Auch der stets wortgeschwinde Kurt Hiller wollte nicht die Republik, die es gab. Wie Tucholsky argumentierte er: »Der Unterschied zwischen der Republik, die wir haben, und der Monarchie, von der einige Luisenbund-Tanten noch träumen, ist ein ornamentaler. Die vulgär-republikanische Phrase, die tut, als wär er ein essentieller, verdient endlich zerpeitscht zu werden. Wir wollen nicht diese Republik verteidigen: wir wollen uns sammeln, jene zu schaffen.«[227]

Während der stets aktionsfiebrige Hiller immerhin in diesem Aufsatz mit dem Titel »Konzentration links!« noch das Ziel einer humaneren, gerechteren und überhaupt ganz anderen

Republik propagierte, verkündete der damals sehr bekannte Romancier Otto Flake in der »Weltbühne« schlicht, er wolle mit diesem Staat nichts mehr zu schaffen haben: »Fort mit den Parteien, den Klassen, den Nationen. Ich für meine Person proklamiere fortan die No-cooperation der Intelligenz.«[228] Es war, böse genug, dann gerade die »Intelligenz«, auf deren Arbeit der Staat am ehesten verzichtete. In einem Brief Benjamins vom November 1923 heißt es: »Wer in Deutschland ernsthaft geistig arbeitet, ist vom Hunger in der ernsthaftesten Weise bedroht ... Gewiß gibt es vielerlei Arten zu hungern. Aber keine ist schlimmer als es unter einem hungernden Volke zu tun. Hier zehrt alles, hier nährt nichts mehr.«[229] Und nur kurz vorher schreibt er: »Der Gedanke durch die Flucht die Privatheit meiner Existenz, die mir unveräußerlich ist, vor der hiesigen zersetzenden Kommunikation mit dem Leeren, Nichtigen und Gewalttätigen zu retten, wird mir nachgerade zur Selbstverständlichkeit ... Gerade Berlin ist übrigens im Augenblick völlig unerträglich; die Erbitterung der Menschen ist so groß wie ihre Hilflosigkeit, beides durch einen allgemeinen und plötzlichen Brotmangel in den letzten Tagen gesteigert.«[230]

Benjamin flüchtet oft vor der Realität der zwanziger Jahre: manchmal hegt er Auswanderungsphantasien, meist reicht es nur für Reisen in den Süden. Vor allem aber erscheint seine geistige Arbeit – mit Ausnahme der »Kritik der Gewalt« – wie eine demonstrative Abwehr aller gesellschaftspolitischen Realität.

Benjamin hatte bereits 1914 damit begonnen, Teile aus Baudelaires »Fleurs du mal« zu übersetzen. Er arbeitete daran nicht kontinuierlich, so daß es von den ersten Versuchen bis zur Veröffentlichung der Übersetzungen neun Jahre brauchte. An Ernst Blass, den Dichter und Herausgeber der Zeitschrift »Die Argonauten« schickte Benjamin einige Proben seiner Übersetzung, die Blass an den Verleger Richard Weißbach weitergab. Dieser erklärte sich bereit, die Gedichte in einem der bibliophilen »Drucke des Argonautenkreises« zu veröffentlichen. Darüber heißt es in einem Brief an Scholem: »Auch der Drei-Masken-Verlag in München hat das Manuscript eingefordert. Weißbach wird wohl so gut wie nichts zahlen, auch die Sache nur (in) 250 Exemplare(n) als törichten Büttenschwindel herausbringen. Ich werde sehen, was sich ergibt. Die Gelegenheit zum Druck muß ich aus äußeren Gründen, auch meiner Familie wegen, unbedingt ausnutzen.«[231] Noch ein anderer Satz aus einem Brief an Scholem ist aufschlußreich: es heißt darin, daß er zwar Bedenken habe, aber bei Weißbach das Buch herausbringen will, »und dies wird mir schließlich trotz allem lieber sein, als eine Abstemplung durch den jüdischen (Drei Masken) Verlag«.[232] Es wäre einfach gewesen, der Intention seiner Eltern zu folgen und jenen »geheimen« zweiten Namen Benedix Schönflies als Autorenname zu verwenden, aber dieser blieb in ihm verschlossen.

Benjamin ahnt wohl, daß die Zeit für Baudelaire nicht sonderlich günstig ist, deshalb greift er sofort zu, als sich ihm die Chance für eine kleine Eigenwerbung bietet. Die Buchhandlung Reuss und Pollack am Kurfürstendamm veranstaltete am 15. März 1922 einen »Kammerkunstabend«, der dem französischen Dichter gewidmet war, und bei dem Benjamin eine Einführung gab und auch aus seinen Übertragungen vorlas. Von dem einleitenden Vortrag gibt es keine Aufzeichnungen; wahrscheinlich hat Benjamin frei gesprochen. Obwohl er gehofft hatte, dadurch auch »dem Vertrieb des Buches einen ebenen Weg zu bahnen«,[233] konnten die 250 Exemplare, die im Oktober 1923 auf den Markt kamen, nicht abgesetzt werden. Noch zehn Jahre später war die Auflage nicht annähernd verkauft; heute gehört das Buch zu den teuren Seltenheiten der Antiquariate.

Benjamins Übertragungen, so sehr er auch sich um sie bemühte, entbehren einer wirklichen Eigenart; es sind weder philologisch getreue Übersetzungen, noch rhythmisch adäquate Nachdichtungen. Von den frühesten Fassungen berichtet Scholem, dem Benjamin am 15. August 1915 vier Proben vorlas, er habe alle vier für die Georgesche Übersetzung gehalten.[234] Es ist Benjamin auch später bei keinem Gedicht gelungen, die große Geste der poetischen Nachschöpfungen Georges, die noch heute weithin unerreicht sind, mit deren stilistischer Präzision in einem eigenen Versuch zu vereinen. Als Beispiel seien jene wichtigen Zeilen aus Baudelaires Gedicht »A une passante« zitiert, die später in Benjamins Paris-Fragment noch große Bedeutung gewinnen.

Bei Baudelaire heißt es:

»Longue, mince, en grand deuil, douleur majestueuse,
Une femme passa, (...)

Benjamin übersetzt:

»Hoch schlank, tiefschwarz, in ungemeinem Leide
Schritt eine Frau vorbei, (...)«[235]

Diese Übersetzung verzichtet auf den Wiederklang der Versmelodie; sie gibt zwar die bei Baudelaire stark hervorgehobene Halbzeile »Une femme passa« sinngemäß richtig mit »Schritt eine Frau vorbei« wieder, doch wird gerade diese sinngemäße Übersetzung dieser Stelle nicht gerecht, da sie einseitig das »vorbei« zu stark betont, ohne auf das im Original angelegte abrupte Auftauchen der Frau aus der großstädtischen Menge Rücksicht zu nehmen. Im Gegensatz dazu hatte George die straffe Betonung übernommen und musikalisch genau übersetzt: »Erschien ein Weib«. Im Statischen des »Erscheinens«, das nur scheinbar bewegungslos bleibt, ist die Vergänglichkeit und Flüchtigkeit jeder »Erscheinung« bereits mitgedacht; eine nicht philologisch korrekte Übersetzung, wie sie wohl Benjamin versuchte, aber eine poetisch sehr glückliche Wendung, die den dialektischen Sinn der dargestellten Erfahrung gültig erfaßt. Auch Baudelaire vergleicht die Passantin mit einer Statue, ihren Blick aber mit einem Blitz. Solche Dialektik des Stillstands in der Bewegung ist vom Dichter unübersetzbar schön ins Bild gesetzt: »Agile et noble, avec sa jambe de statue.«
Es gibt zu diesen Übersetzungen ein Vorwort von Walter Benjamin, das leider nicht dem Novalis-Satz, eine Vorrede sei die wahre Rezension eines Buches, entspricht, obwohl dies Benjamin sicher intendierte. Dieser nur schwer verständliche Aufsatz »Die Aufgabe des Übersetzers« war bereits früh geplant, doch bat Benjamin seinen Heidelberger Verleger Weißbach anläßlich der Vertragsunterzeichnung zu den Übertragungen: »Die eventuelle Vorrede über die ›Aufgabe des Übersetzers‹ bitte ich Sie nicht als zum ›Manuscript‹ im Sinne des Vertrages gehörend ansehen zu wollen, weil ich mir noch nicht ganz darüber einig bin ob ich sie schreibe.«[236]
So große Schwierigkeiten ihm die Darlegung des Problems zu machen schien, so intensiv auch bemühte er sich in der

folgenden Zeit, seine Gedanken zur Theorie der Übersetzung zu entwickeln. Am 26. März 1921 schreibt er an Scholem, daß es sich dabei um einen Gegenstand handele, »der so zentral für mich ist, daß ich noch nicht weiß, ob ich ihn, im jetzigen Stadium meines Denkens, mit der ausreichenden Freiheit entwickeln kann, vorausgesetzt, daß mir seine Aufklärung überhaupt gelingt. Was die Darstellung angeht, so vermisse ich eine sehr wesentliche Hilfe in allen philosophischen Vor-Arbeiten früherer Autoren über diesen Gegenstand.«[237] Auch ohne das Angebot derart hilfreich vermittelnder theoretischer Positionen, deren Benjamin sich gern bediente – denn man »kann doch in einer kritischen Analyse (fremder Ansichten) oft Dinge sagen, die man synthetisch noch nicht darzustellen wüßte«[238] – war der Aufsatz nach wenigen Monaten geschrieben. Deutlich ist, daß Benjamin dabei auf Grundgedanken seines früheren Aufsatzes »Über die Sprache überhaupt und über die Sprache des Menschen« zurückgreift, um diese modifiziert weiterzuentwickeln; schwieriger dürfte es sein, ihm eine wie auch immer schwache Beeinflussung durch Reflexionen des Romantikers Johann Wilhelm Ritter nachzuweisen, der im »Anhang« seiner »Fragmente aus dem Nachlasse eines jungen Physikers« Überlegungen zum Problem der Sprache und der Übersetzung anstellt, die denen Benjamins im Kern ähnlich sind. Es ist nicht auszuschließen, daß er diesen Text im Rahmen seiner Romantiker-Lektüre zur Vorbereitung der Dissertation kennengelernt hatte, mit Sicherheit läßt sich dies aber nicht beweisen, zumal Benjamin die »Fragmente« erstmals in einem Brief vom 5. März 1924 erwähnt und dabei derart staunend den Freund Scholem auf jenen »Anhang« hinweist, daß es scheint, als habe er ihn erst soeben für sich selbst entdeckt und für das »Trauerspiel«-Buch hilfreich gefunden. Der Grundgedanke des »Übersetzer«-Aufsatzes entspricht dem der früheren »Sprache«-Arbeit. Dort war von der Sprache des identischen Zustandes vor dem Sündenfall gesagt, sie sei schaffend und erkennend zugleich, indem sie das geistige Wesen der Dinge durch Nennung derer Namen ausspreche und der sprechende Mensch sich in diesem Akt als Schöpfer vorfindet, Gott in der Benennung, Schaffung und Mitteilung des Geistigen in der Sprache gleich. Erst die Erkenntnis des Sündenfalls, was gut und böse sei, entfremdet die schaffende Sprache der erkennenden; ihre Identität zerfällt ebenso wie die des Menschen mit Gott. Fortan wird es Sprache nur als Mitteilung geben, als Urteil über die Dinge. Die Verständigung der Menschen wird sich hinfort der Sprache in ihren verschiedensten Prägungen nur noch als Mittel bedienen.

Wie wenig auch entwickelt, nimmt der »Übersetzer«-Aufsatz hier, bei der reinen Sprache des identischen Zustandes seinen Anfang. Wie es bei Ritter hieß, daß die vorhandenen Sprachen nur Individualisierungen einer allgemeinen Sprache seien, und der Mensch immer nur deren Übersetzer, so ist auch für Benjamin »die Übersetzung zuletzt zweckmäßig für den Ausdruck des innersten Verhältnisses der Sprachen zueinander. Sie kann dieses verborgene Verhältnis selbst unmöglich offenbaren, unmöglich herstellen; aber darstellen, indem sie es keimhaft oder intensiv verwirklicht, kann sie es.«[239] Benjamin definiert ausdrücklich jenes innerste Verhältnis der Sprachen als »das einer eigentümlichen Konvergenz. Es besteht darin, daß die Sprachen einander nicht fremd, sondern a priori und von allen historischen Beziehungen abgesehen einander in dem verwandt sind, was sie sagen wollen.«[240] Nicht also möglichst genaue Ähnlichkeit mit dem Original ist der Übersetzung wünschenswert; diese würde auf das Fortleben der Werke in seinen Wandlungen und Erneuerungen keine Rücksicht nehmen, auch nicht auf das Abgestorbene in ihm, welches sie nur künstlich, durch die Tagessprache der Übersetzung, zu einem scheinbaren Leben erwecken könnte. Vielmehr hat sich eine Übersetzung dem geheimen inneren Kern aller Sprachen anzunähern, in welchem sie als meinende verwandt sind. Solche »Verwandtschaft der Sprachen« besteht darin, »daß in ihrer jeder als ganzer jeweils eines und zwar dasselbe gemeint ist, das dennoch keiner einzelnen von ihnen, sondern nur der Allheit ihrer einander ergänzenden Intentionen erreichbar ist: die reine Sprache.«[241] Die in die diversen Einzelsprachen entfremdet versprengte reine Sprache des identischen Ursprungs hat nun aber an der Übersetzung jeweiliger Texte ihren Gradmesser, wieweit sie der erlösenden Rückkehr zum Ursprung, zum messianischen Reich, in dem sich alles Zerbrochene wieder zum Ganzen fügt, noch entfernt ist. Es ist für Benjamin gewiß, daß aus dem historisch notwendigen Wandel der Sprachen ihr eigentliches Meinen immer klarer hervortreten wird und sich in der Übersetzung auch vermitteln läßt, so daß deren jede zugleich die Probe aufs Ziel wie auch

Erkenntnis von dessen Ferne sei. Denn jenes Ziel, die renovatio der reinen Sprache, macht Übersetzung unmöglich, letztlich vergeblich und überflüssig, da im Kern des Ursprungs nichts der Übersetzung an Aufgabe bleibt. »Genauer läßt sich dieser wesenhafte Kern als dasjenige bestimmen, was an ihr selbst nicht wiederum übersetzbar ist.«[242]

So ist es keineswegs in Benjamins Verständnis Aufgabe des Übersetzers, eine philologisch genaue Wiedergabe eines fremden Textes in die eigne Sprache herzustellen, damit das dort Gesagte anschaulich verständlich würde für einen zeitgenössischen Leser, sondern der Übersetzer muß an die Intention der Sprache sich halten und deren Idee vermitteln: »Denn das große Motiv einer Integration der vielen Sprachen zur einen wahren erfüllt seine Arbeit.«[243]

Die Übersetzung hat, »anstatt dem Sinn des Originals sich ähnlich zu machen«, sich »liebend vielmehr und bis ins Einzelne hinein dessen Art des Meinens in der eigenen Sprache« sich anzueignen.[244] So ist denn auch für Benjamin die »wahre« Übersetzung »durchscheinend, sie verdeckt nicht das Original, steht ihm nicht im Licht, sondern läßt die reine Sprache, wie verstärkt durch ihr eigenes Medium, nur um so voller auf das Original fallen.«[245] Endgültig heißt es: »Jene reine Sprache, die in fremde gebannt ist, in der eigenen zu erlösen, die im Werk gefangene in der Umdichtung zu befreien, ist die Aufgabe des Übersetzers.«[246]

So aufschlußreich der Text »Die Aufgabe des Übersetzers« für das philosophische Denken Walter Benjamins ist, so wenig hilft er zur Beurteilung der Übersetzungsleistung. Es wäre gewiß falsch, den in jenem Vorwort ausgesprochenen theologischen Reflexionen die Schwäche der Übertragungen anzulasten; Theorie und Praxis klaffen hier weit auseinander. Die zuweilen sehr deutliche Dürre und Farbenarmut der Übersetzung rührt weit eher aus einer Kenntnis der französischen Sprache, die mehr literarisch vermittelt als gelebt zu Benjamin kam. Obwohl er auch noch in den späteren Pariser Jahren ein sonderbar literarisches Französisch sprach und in einem fast exzentrisch sorgfältigen Stil auch seine Briefe schrieb, so wäre doch zu erwägen, ob die Übertragungen der Gedichte Baudelaires nicht zu früh, wohl nicht zu unvorbereitet, doch zu unerlebt für ihn kamen. Mit Recht konnten sie sich im deutschen Sprachraum nicht annähernd durchsetzen.

Zur Editionsgeschichte dieses Buches gehört ein privater und mit der Zeit immer komplizierter sich entwickelnder Aspekt. Benjamin war an Ernst Blass, den Herausgeber der »Argonauten«, durch Vermittlung von Jula Cohn gelangt – jener Bildhauerin, die die Schwester seines Schulfreundes Alfred Cohn war, der für seine engsten Freunde Ende 1914 antike Ringe erwarb: für Ernst Schoen eine Kamee mit einem Pompeius-Profil, für Walter Benjamin ein in Granat geschnittenes Medusenhaupt – Benjamin schenkte den Ring bald seiner damaligen Verlobten Grete Radt, von der er sich kurz darauf trennte –, und für die Schwester Jula einen Lapislazuli mit eingeschnittener laubumkränzter Laute. Seit 1920 hatte Jula Cohn ihr Atelier in Heidelberg und gute Verbindung zu Künstlerkreisen, so auch zu Ernst Blass.
Im April 1921 nun kommt Jula Cohn zu Besuch nach Berlin, wo ihr Jugendfreund sie nach fünf Jahren zum erstenmal wieder sieht und sich ganz plötzlich, heftig und unerwidert in sie verliebt. Zuerst scheint Jula Cohn den Gefühlen Walter Benjamins verwirrt gegenüberzustehen, doch bleibt sie zurückweisend: sie nämlich ist dem Bruder von Benjamins ehemaliger Verlobten Grete, Fritz Radt zugeneigt, den sie dann 1925 auch heiratet. Leider hat sie bei diesem Anlaß alle früheren Briefe Benjamins vernichtet; es sind nur die Briefe nach 1925 erhalten. Ihr Bruder wiederum, Benjamins Jugendfreund Alfred Cohn, heiratet ebenfalls – die verflossene Verlobte Grete Radt im Jahr 1921. Dieses rasante Bäumchen-wechsle-Dich-Spiel hat noch eine Pointe: als der gemeinsame Jugendfreund Ernst Schoen sich nach langer Zeit ebenfalls Anfang 1921 wieder bei Walter und Dora Benjamin meldet, verliebt sich Dora ganz hoffnungslos in ihn – die Verwirrung der Gefühle war komplett, die Stimmung schwankte zwischen Euphorie, da jeder der Benjamins glaubte, die große Liebe gefunden zu haben, und Verzweiflung, da weder Walter noch Dora ihre Liebe ernstlich erwidert fanden. Komplett war aber auch die Situation der »Wahlverwandtschaften« Goethes, zu deren Interpretation sich Walter Benjamin in ganz depressiver Stimmung im November 1921 entschloß, teils um sich über die eigene Lage Klarheit zu verschaffen, teils wegen der Ausnutzung einer reichlich sonderbaren privaten Konstellation zu philosophischen Zwecken.
Bevor es aber zu diesem »Wahlverwandtschaften«-Aufsatz

kam, geschah noch einiges: mit Jula Cohn besuchte Benjamin im April eine Klee-Ausstellung in Berlin, und als er Ende Mai/ Anfang Juni nach München kam, auf einer Reise zu Dora nach Breitenstein, kaufte er für 1000 Mark, was damals den Gegenwert von vierzehn Dollars bedeutete, ein Aquarell von Paul Klee, betitelt »Angelus Novus«. Er sah es in der Münchener Galerie Goltz; ob es vorher als Leihgabe bereits in Berlin war, ist nicht zu ermitteln, jedenfalls kaufte er es und behielt eine ungewöhnliche Beziehung zu diesem Bild bis in die letzten Pariser Jahre. Martin Buber soll über Klees Zeichnungen gesagt haben, daß mit ihnen die obere Einfachheit erreicht sei. Kaum läßt sich Klees Produktion besser vorstellen: jene scheinbar kindlich unglücklichen Stricheleien, denen eben doch das Kindliche fehlt; jene labyrinthischen Wege, die weder ein Ziel noch eine Täuschung vorweisen – es ist die Grenze der Einfachheit, die hier Kunst wird. Sonderbar ist diese mit dem Stigma der Nervosität und Irritation behaftet; die hastigen Fragen dieser Stricheleien können weder abgewiesen noch bündig beantwortet werden. Ihre einfache Linie belebt sich zu komplexer Diffizilität, wenn nur der Betrachter ihr standzuhalten vermag. Auch für Benjamin ist so der »Angelus Novus« zum Bild versenkter Meditation und angespannt fragender Ruhelosigkeit geworden.

Das Bild wird zunächst beim Freund Scholem in München deponiert, der lange Aussprachen mit Dora, die mit Ernst Schoen auf der Reise nach Breitenstein in München eintraf, über ihre Ehe hat, wobei sie Walter als Zwangsneurotiker charakterisierte. »Ich habe das später noch öfters von ihr gehört, ohne es aus meinen eigenen Erfahrungen wirklich bestätigen zu können. Dora, die eine sehr sinnliche Frau war, sagte, seine Geistigkeit stünde seinem Eros im Wege.«[247] Vermutlich, so ist zu interpretieren, in *ihrem* Wege.

Nach den Aussagen mehrerer Freundinnen, »daß Benjamin als Mann keine Anziehung auf sie ausübte, so sehr sie von seinem Geist und seinen Gesprächen beeindruckt oder gar entzückt waren«,[248] ist kein größerer Gegensatz zum sinnlich-naiven Brecht denkbar. Die Anziehung, die dieser später auf den »unkörperlichen« Benjamin ausübte, wird auch so leichter erklärlich.

Durch die vertraulichen Aussprachen Scholems auch mit Walter Benjamin schon im April in Berlin ergibt sich die

Einführung der intimen Anrede »Du« im folgenden Verkehr der Freunde. Von München aus fuhr Benjamin Anfang Juli 1921 nach Heidelberg, traf Jula Cohn wieder und erkundigte sich vor allen Dingen nach Aussichten für eine Habilitation.
Immer noch plant Benjamin eine Habilitationsarbeit über sprachphilosophische Probleme, wofür ihm Scholem die gedruckte Dissertation Heideggers genannt hatte, die Benjamin noch nicht kannte. Im Januar 1921 schreibt er, daß er für seine Zwecke die Heideggersche Arbeit vielleicht gebrauchen könnte, da sie das sprachphilosophische Problem »in ganz undurchleuchteter Weise« wiedergibt, »und sich auch das echte Problem im Anschluß an sie schon irgendwie andeuten läßt«.[249]
Während er in Heidelberg ist, erholt sich Dora von einem Lungenspitzenkatarrh im Sanatorium ihrer Tante in Breitenstein. Da Benjamin einen längeren Aufenthalt in Heidelberg plant, läßt er sie durch den Freund Scholem auffordern, lange zur Erholung zu bleiben. Er lebt in Heidelberg am idyllischen Schloßberg in der Wohnung von Leo Löwenthal, der später wie Benjamin Mitarbeiter des Instituts für Sozialforschung wurde. Heidelberg war zu dieser Zeit noch die romantische kleine Universitätsstadt am Neckar, die das Klischee deutscher Gemütlichkeit und studentischer Burschenherrlichkeit in jedem Touristen prägte. Dadurch entging die Stadt einer Vernichtung im Zweiten Weltkrieg, denn irgendein erinnerungsseliger amerikanischer General beschloß, hier nach dem Sieg das Hauptquartier der amerikanischen Streitkräfte in Europa zu stationieren. Erst in den letzten Jahren verfiel die Stadt einem korrupten Fortschrittsglauben und saniert sich seither mit Parkhäusern, Fußgängerzonen und Warenhausbunkern zugrunde; nur die Landschaft ist noch immer wie Benjamin sie beschrieb: »an vielen Stellen südlich.«[250]
Zur Erkundung von Habilitationsmöglichkeiten verschafft er sich einen Überblick über die akademische Diskussion: »Gundolf habe ich mir angehört, auch Jaspers – je eine Stunde. Und will auch noch Rickert und Ehrenberg mir vorführen – Gundolf erschien mir ungeheuer schwächlich und harmlos in seiner persönlichen Wirkung, ganz anders als in seinen Büchern.«[251]
Die Vorlesungen Gundolfs waren Tagesgespräche in der Stadt: er verkündete das Genie Stefan Georges. Auch Gustav Regler, ein späterer Leidensgenosse Benjamins, folgte der Fama und schrieb darüber in seinen Memoiren: »Alle Bänke waren

besetzt. Es war ein Publikum, wie nur Krisenzeiten es kennen: salopp gekleidete und romantisch verkleidete Künstler; grimme Kriegsinvaliden in ihren alten Litewkas ohne Achselklappen; elegante Mirabeaus, die mit entschlossenen Gesichtern ihre Bereitschaft erklärten, ihre Klasse zu verlassen; Frauen, die einen Heiland suchten ...«[252]

Auch Joseph Goebbels saß da; er bewunderte den jüdischen Professor, der ihm das Thema seiner Dissertation vorschlug. 1921 promovierte Goebbels in Heidelberg, bevor er sich auf den Weg zu einem anderen Führer machte. Alle suchten in dieser instabilen Zeit eine Leitfigur, wie ihnen George mit seinen unerbittlichen Zeitgedichten erschien, so auch der spätere Germanist Max Kommerell, der zuerst sich eng an Wyneken angeschlossen hatte, dann aber als Heidelberger Student sich unter Gundolfs Einfluß für George entschied. Im weiteren und engeren George-Kreis hatte man allgemein die nebulose Idee einer geistigen Revolution, man verstand sich als »Staat« in einer sich auflösenden Gesellschaft. George war der »Meister«, die Angehörigen des Kreises nannten sich »Staatsstützen« und die internen Vorgänge wurden »staatliche« genannt.[253] Kommerell hatte dann in Frankfurt mehr Glück als Benjamin; 1930 habilitierte er sich dort mit einer harmlosen Arbeit über den altdeutschen Stabreim. Seinem Buch »Der Dichter als Führer in der deutschen Klassik« widmet Benjamin 1930 eine seiner wichtigsten Rezensionen; 1934 rezensierte er Kommerells Jean Paul-Buch, das immerhin vom »Völkischen Beobachter« gelobt worden war. Als der Wissenschaftler, der für Benjamin einer der Repräsentanten der sich selbst zugrunde richtenden Bourgeoisie war, von den Nazis 1943 ins Pariser »Deutsche Institut« zu einem Vortrag über Hölderlin eingeladen wurde, folgte er dem Ruf, der Georgeschen Disziplin noch hier verpflichtet.

Benjamin war gegen die Lockung Gundolfs und seines Meisters immun, sosehr Gestalt und Werk Georges ihn fesselten; er schreibt darüber in einer kleinen Notiz, die 1928 in der »Literarischen Welt« erschien. »Wohl habe ich ihn gesehen, sogar gehört. Stunden waren mir nicht zuviel, im Schloßpark zu Heidelberg, lesend, auf einer Bank, den Augenblick zu erwarten, da er vorbeikommen sollte. Eines Tages kam er langsam daher und sprach zu einem jüngeren Begleiter. Auch habe ich ihn dann und wann im Hof des Schlosses auf einer

Bank sitzen gefunden. Doch das war alles zu einer Zeit, da die entscheidende Erschütterung seines Werkes mich längst erreicht hatte... Im Frühjahr 1914 ging unheilverkündend überm Horizont der ›Stern des Bundes‹ auf, und wenige Monate später war Krieg. Ehe noch der Hundertste gefallen war, schlug er in unserer Mitte ein. Mein Freund starb. Nicht in der Schlacht.«[254]

Es ist dies die einzige Stelle, an der Benjamin öffentlich vom Selbstmord seines Freundes, des Dichters Heinle und der Freundin Rika Seligsohn spricht und von der tiefgreifenden Erschütterung, die für ihn den Tod dieser Menschen mit dem Gedenken an Georges lebensverachtende Gedichte verbindet.

»zehntausend muß der heilige wahnsinn schlagen,
zehntausend muß die heilige seuche raffen,
zehntausende der heilige krieg.«

Es war kein heiliger Krieg, es starben nicht Zehntausende, sondern Millionen, in Deutschland gab es eine Million Invaliden, eine Million Witwen, anderthalb Millionen Kriegswaisen. »So ist«, schreibt Benjamin, »Georges Wirken in mein Leben gebunden ans Gedicht in seinem lebendigsten Sinn. Wie seine Herrschaft in mir wurde und wie sie zerfiel, das alles spielt im Raume des Gedichts und in der Freundschaft eines Dichters sich ab. Das will aber heißen, die Lehre, wo immer auch ich auf sie stieß, weckte mir nichts als Mißtrauen und Widerspruch.«[255]

Auch Jula Cohn war eine Verehrerin Georges, vom Gefolgsmann Robert Böhringer 1916 angeworben, eine der wenigen Frauen im Kreis – so erhielt sich auch durch sie die große Spannung, die Benjamin an George band und die sich erst 1933 in seinem großen Aufsatz über den Dichter etwas abbaute.

Ganz unerwartet trägt ihm der Verleger Weißbach ein Zeitschriften-Projekt an. Am 4. August 1921 schreibt Benjamin, deutlich noch selbst überrascht, an Scholem: »Ich habe eine eigene Zeitschrift. Ich werde sie vom ersten Januar des folgenden Jahres ab bei Weißbach herausgeben. Und zwar *nicht* die Argonauten (welche soviel ich sehe eingehen werden). Ohne die geringste Andeutung meinerseits hat mir Weißbach eine eigene Zeitschrift angeboten, nachdem ich die Redaktion der ›Argonauten‹ zu übernehmen abgelehnt hatte. Und zwar wird sie durchaus und bedingungslos in dem Sinne gestaltet sein, in dem sie mir während vieler Jahre (genau seitdem ich im Juli 1914 mit Fritz Heinle zusammen den Plan einer Zeitschrift ernsthaft gefaßt hatte) vor Augen gestanden hat. Sie wird also einen ganz engen geschlossenen Kreis von Mitarbeitern haben. Ich will alles mit Dir mündlich besprechen und Dir nur den Namen sagen ›Angelus Novus‹ «.[256]

Wenn aus diesem Zeitschriftenprojekt etwas geworden wäre (es ist schließlich nichts daraus geworden; bei Benjamins Lebensmißgeschick muß man fast sagen: natürlich nicht, wie auch bei zwei späteren Zeitschriftenprojekten), dann hätte es fast den Charakter Anti-Georgescher Esoterik gehabt. Denn Benjamin plante, »eine Zeitschrift zu begründen, die auf das *zahlungsfähige* Publikum nicht die mindeste Rücksicht nimmt, um dem geistigen um so entschiedener dienen zu können«.[257]

Die folgenden Wochen und Monate werden von den Sorgen um dieses Projekt, von der Werbung um geeignete Mitarbeiter und von der Auswahl der geplanten Beiträge bestimmt. Florens Christian Rang sollte mitarbeiten, aber sein Beitrag wird von Benjamin abgelehnt. »Ich hoffe sehr, daß das zu keinen verhängnisvollen Auseinandersetzungen führt.«[258] Später war es dieser abgewiesene Autor, der eine seltsam schillernde und heute noch unentdeckte Gestalt war – preußischer Verwaltungsbeamter zuerst, mit 31 Jahren Theologiestudent, fünf Jahre Pfarrer, dann wieder Staatsdienst als Regierungsrat, Vorstand des Raiffeisenverbandes bis 1920, dann nur noch Privatmensch, nachdenkend, schreibend, umfassend gebildet und in seinen Gedanken doch von radikaler Einseitigkeit – später war es dieser Mann, der Benjamins Wahlverwandtschaften-Aufsatz an Hofmannsthal vermittelte. Von den geplanten Beiträgen zur Zeitschrift »Angelus Novus« wäre der des Sprachphilosophen Ernst Lewy sicher der interessanteste gewesen. Benjamin und Scholem besuchten den Berliner Privatdozenten, der sein Haus im Dörfchen Wechterswinkel in der Rhön hatte, vom achten bis zehnten September 1921; Benjamin erläuterte sein Konzept der Zeitschrift, in der er die Gedichte Fritz Heinles in den Mittelpunkt stellen wollte. In der Prosa suchte er Autoren, die eher zu den Randfiguren des sumpfig aufblühenden literarischen Gewerbes der zwanziger Jahre gehörten. Vor allem sollten sie zur Idee der Sprache ein ähnliches Verhältnis haben wie er selbst. »Lewy war von Benjamins Gedanken über Sprache, obwohl sie weit über seine eignen hinausgingen, angetan und schlug seinerseits vor, für die Zeitschrift eine sprachkritische Analyse der Reden Wilhelms II. zu liefern... (Er) las uns wunderbar einige dieser Reden vor, von seinen Kommentaren begleitet. In der Analyse der Metaphorik und der Syntax brachte er das ganze ›wilhelminische‹ Unwesen zum Ausdruck.«[259] Über die Aussicht hinausgelangte diese Idee nicht. Benjamin plante auch, den Text über die Aufgabe des Übersetzers in seiner Zeitschrift vorabdrucken zu können, ebenso hier seinen Wahlverwandtschaften-Aufsatz zu publizieren. Geblieben ist von der Zeitschrift nur die Ankündigung: allein sie wurde gegen Ende des Jahres 1922 gedruckt. Sie ist eine der wenigen programmatischen Schriften Benjamins, aber sie ist nicht allein dadurch wichtig, vielmehr enthüllt sich auch in ihrer Diktion die immanente Notwendigkeit des Scheiterns Benjaminscher Pläne und zeigt allzu deutlich die Verweigerung jeder gesellschaftspolitischen und historischen Realität. Benjamin sieht die historische Wahrheit gerade in der Verweigerung des Rechtes der demokratischen Massen auf ihren anerkannt schlechten Geschmack: »eine Zeitschrift, deren Aktualität ohne historischen Anspruch ist, besteht zu Unrecht. Daß es diesen mit so unvergleichlichem Nachdruck erheben durfte, macht die Vorbildlichkeit des romantischen ›Athenäums‹. Und zugleich wäre dieses – wenn es not täte – ein Beispiel, wie für die wahre Aktualität der Maßstab ganz und gar nicht beim Publikum ruht.«[260]

Gefordert ist also nicht Kritik der Zeitmoden – Benjamin nennt zum Beispiel »literarischen Expressionismus« als »Nachäffung großen malerischen Schaffens«, sondern die Beschränkung auf das einzelne Kunstwerk. »Denn die große Kritik hat nicht, wie man wohl meint, durch geschichtliche Darstellung zu unterrichten oder durch Vergleiche zu bilden, sondern durch Versenkung zu erkennen. Sie hat von der Wahrheit der Werke jene Rechenschaft zu geben, welche die Kunst nicht weniger fordert als die Philosophie.«[261]

Vor allem wollte sich Benjamin ein gegen Stefan George und seine Schule gerichtetes Blatt schaffen. Sehr scharf urteilt er über dessen Wirkung: »Täuscht nicht alles, so hat eine gefährliche, in jedem Sinne entscheidende Zeit für die deutsche

Dichtung seit der Jahrhundertwende begonnen... Seitdem Georges Wirken in seiner letzten Bereicherung deutschen Sprachgutes historisch zu werden beginnt, scheint ein neuer Thesaurus deutscher Dichtersprache das Erstlingswerk jedes jüngern Autors zu bilden. Und so wenig von einer Schule erwartet werden darf, deren nachhaltigste Wirkung bald darin gesehen werden wird, aufdringlich eines großen Meisters Grenzen dargetan zu haben, so wenig läßt die offenkundige Mechanik allerneuester Produktion Zutrauen zu der Sprache ihrer Dichter fassen.«[262] Auch der große Wahlverwandtschaften-Aufsatz gehört in diesen Zusammenhang der Kritik an der George-Schule: »Darinnen findet die rechtskräftige Aburteilung und Exekution des Friedrich Gundolf statt.«[263]

Die immer wieder enttäuschte Hoffnung auf endliche Realisation der Zeitschriftenpläne und die angespannte finanzielle Situation Benjamins, der darüber mit seinem Vater in ständigem Kampf liegt, zuletzt auch die ungelösten ehelichen Probleme, die nach seiner Rückkehr aus Heidelberg im August verstärkt an ihn herantreten, stürzen Benjamin gegen Ende des Jahres 1921 in schwere Depressionen. Übernervös, fast krank, weil er in Berlin nicht die Ruhe findet, die er zum Arbeiten braucht, flieht er im November wieder nach Heidelberg und beginnt dort seinen Wahlverwandtschaften-Aufsatz. »Mir ist es in der letzten Woche durchaus nicht gutgegangen; ich habe mit Depressionen, die wie es scheint mehr und mehr periodisch erscheinen in aller Form zu kämpfen aber gottseidank keineswegs aussichtslos. Eben bin ich mal wieder entschieden dabei, aufzutauchen, weil mir, dringender Arbeiten halber, gar nichts anderes übrigbleibt. Ich habe meine Kritik der Wahlverwandtschaften abzufassen, die mir gleich wichtig als exemplarische Kritik wie als Vorarbeit zu gewissen rein philosophischen Darlegungen ist – dazwischen liegt was ich darin über Goethe zu sagen habe.«[264] Von Scholem läßt er sich aus München sein Meditationsbild »Angelus Novus« kommen, von dem er Inspiration erhofft, aber: »Wie bisher verschmäht er es, Einflüsterungen – nach Art der Orakel – zu geben.«[265] Dennoch ist die Arbeit bereits im Februar 1922 beendet. Benjamin widmet sie der Frau, deren Erscheinen in seinem Leben sie angeregt hatte: Jula Cohn. Im Herbst dieses Jahres muß er von seinem Verleger Weißbach hören, daß dieser den Satz der Zeitschrift, in der die Abhandlung erscheinen soll, aus wirtschaftlichen

Zwängen einstellen muß. Das Risiko in dieser Inflationszeit ist dem Verleger zu groß; auch Paul Cassirer, der sich für die Herausgabe interessiert hatte, lehnt nach drei Monaten Bedenkzeit ab. Benjamins Lage ist nun recht kritisch: in Heidelberg konnte man ihm keine Aussichten auf eine Habilitation machen, der Versuch einer Existenzgründung als Herausgeber einer eigenen Zeitschrift war gescheitert, für seine Arbeit findet er keine Verleger. Geld hatte er eigentlich nur durch Gelegenheitsarbeiten verdient; Bekannte vermittelten ihm ein Lektoratsgutachten, oder er gab Stunden in Graphologie. Sein Freund Erich Gutkind wird Stadtreisender in Margarine – die Inflation entläßt ihre Intellektuellen. Benjamin immerhin verbringt seine arbeitslosen Tage mit der Suche nach zufälligen günstigen Bücherfunden, deren Weiterverkauf Gewinn bringt. Allerdings verkauft er nicht alles, was er findet; manchmal siegt der Sammler in ihm. Etwas Geld für den gemeinsamen und doch getrennten Haushalt in der Grunewaldvilla Delbrückstraße 23 verdiente auch Dora, die Übersetzungsarbeiten machte und zuweilen auch kleine Feuilletons verkaufen konnte. Sie freundet sich besonders mit einer lesbischen Medizinstudentin, Charlotte Wolff, an, die in dieser Zeit mit den Benjamins in Kontakt kommt. In ihren Erinnerungen zeichnet sie ein gutes Porträt Benjamins: »Ich sehe Benjamin vor mir sitzen, hinter einem großen Tisch, auf dem sich Bücher und Manuskripte stapelten, die Wände seines Zimmers bis unter die Decke voll von Büchern, von einem kleinen Platz abgesehen, wo ein Bild von Paul Klee hing, ›Angelus Novus‹. Für ihn lebte dieses Bild und er sprach darüber, als sei es eine Person. Die geometrischen dünnen Linien gefielen mir nicht, aber ich akzeptierte seine Wertschätzung ohne weiteres. Für mich war Benjamin eine Autorität. Er war ein Mann, der sich für Ideen und ihre Praxis engagierte. Bei Gesprächen pflegte er aufgeregt zu werden und mit schnellen Bewegungen im Zimmer auf- und abzugehen. Er war so dünn, daß seine Beine aussahen wie Stöcke; sein ganzer Körper schien ohne physische Substanz zu sein, als hätte er sich von ihm befreit; nur Mund und Augen zeigten die verborgenen Leidenschaften eines sehr emotionalen Charakters. Seine großen, vollen und sehr roten Lippen, das Zeichen seiner Sinnlichkeit, verdeckte ein Schnurrbart. Dicke Brillengläser verbargen seine Augen, aber dennoch blitzten einem Erregung und Leidenschaft entgegen. Sein gewelltes schwarzes Haar über einer vollkommen geformten Stirn erinnerte mich an einen kleinen Jungen, und in mancher Hinsicht war er ein Kind mit einem Geist, der seinem Alter und seiner eigenen Zeit weit entwachsen war.«[266]

Zu Charlotte Wolff hatte Benjamin eine kurze, aber sehr vertrauliche Beziehung, vielleicht deshalb so vertraulich, weil er sie als Frau nicht zu fürchten brauchte. Er erzählte ihr nicht nur die persönlichen Hintergründe seines Wahlverwandtschaften-Aufsatzes, aus dem er ihr vorlas, sondern er sprach auch von dem toten Freund Heinle, über den er sonst eigentlich nie im Gespräch auch nur eine Andeutung machte. »Walter sprach nicht von Heinle, er machte ihn gegenwärtig, denn er war ihm in seinem Bewußtsein immer gegenwärtig. Walter war mit Heinle über den Liebestod einer Meinung: Er sagte mir fast wörtlich folgendes darüber: Jede Liebe geht im Alltag kaputt; der Alltag drängt sich zwischen die Liebenden und verdünnt die Substanz der Liebe. Da keine Liebe den Kampf mit dem Leben aushalten kann, gibt es nur eine Möglichkeit, sie voll und ganz zu erhalten – den gemeinsamen Tod der Liebenden. Walter war überzeugt, daß Liebe und Tod zusammengehören, ein Thema, das immer wieder in unseren Gesprächen aufkam. Allem Anschein nach hatte Walter Benjamin keine Todesfurcht ... Wahrscheinlich litt er an Todessehnsucht. Er machte sich seine intimen persönlichen Beziehungen so schwer, daß er ihr Mißlingen gleichsam zu wünschen schien. So sublimierte er seine Todessehnsucht.«[267]

Diese Beobachtungen sind nicht falsch, aber man kann sie auch anders interpretieren. Benjamin machte sich deshalb seine intimen Beziehungen so schwierig, weil er deren Alltag fürchtete, das Absinken der Spannung und das Ende der Inspiration. Er brauchte die Unerreichbarkeit dieser geistvollen Jula Cohn, um selbst aufmerksam zu bleiben.

Benjamins Beziehung zu Charlotte Wolff brachte für sie eine entscheidende Hilfe: als nämlich ihre Eltern aus finanziellen Gründen verlangten, daß sie ihr Medizinstudium abbrechen solle, reiste er mit ihr nach Danzig, um den Eltern zu erklären, daß weder seine Frau noch er es für richtig hielten, wenn die talentierte Tochter nur aus Gründen der inflationären Entwicklung einen ungewünschten anderen Beruf ergreifen sollte. Es gelang ihm, die Eltern zu überzeugen.

Ein wenig reiste Benjamin mit seinen Argumenten auch in eigener Sache, denn sein Vater hatte dasselbe mit ihm vor. Gegen Ende des Jahres 1922 kam es im Hause Benjamin zum großen Krach, weil der Vater verlangte, Walter sollte eine Anstellung in einer Bank annehmen. Dieser lehnt kategorisch ab; die Mutter ruft den Schwiegervater, Professor Leon Kellner aus Wien, zu Hilfe, der tatsächlich nach Berlin kommt und Partei für Walter ergreift. In einem letzten Zugeständnis an die Eltern – deren Vermögenslage Benjamin als »sehr gut« bezeichnet, wobei man natürlich nicht weiß, wieweit er das beurteilen kann – willigt er ein, für seinen Lebensunterhalt selbst zu sorgen, allerdings in einem Beruf, der ihm die künftige akademische Laufbahn nicht versperrt. Er will also auf keinen Fall kaufmännischer Angestellter werden; er verlangt vielmehr, daß sein Vater ihm sofort seine Erbschaft auszahlt, damit er ins Antiquariatsgeschäft einsteigen kann. Auch dies verweigert ihm der Vater. Sein Schwiegervater dagegen sorgt in dieser Zeit für das materielle Auskommen der Familie. Benjamins verzweifelte Situation geht so weit, daß er ernsthaft Scholems Vorschlag, vorübergehend eine Leihbibliothek zu eröffnen, erwägt. Der Gedanke an Courths-Mahler und Rudolf Herzog läßt diese Idee allerdings rasch wieder versinken. Statt dessen hofft er unbeirrbar auf eine Privatdozentur: »Denn je starrsinniger meine Eltern sich zeigen, desto mehr muß ich auf meinen Ausweis öffentlicher Anerkennung, der sie zur Ordnung ruft, bedacht sein.«[268] Er ändert nun seine Pläne, im Fach »Philosophie« zu einer Habilitation zu kommen und erwägt das Fach »Neuere Germanistik«. Der Privatdozent Gottfried Salomon, der mit Benjamin bekannt war, empfahl dessen Dissertation und den Wahlverwandtschaften-Aufsatz dem Frankfurter Professor Franz Schultz; Benjamin kam selbst für die Sommermonate 1923 nach Frankfurt, wohin auch Scholem, allerdings der kabbalistischen Handschriften in der Frankfurter Stadtbibliothek wegen, reiste. Vier Monate waren die Freunde dort zusammen – Scholem, der im Herbst nach Palästina auswandern wollte, versuchte seinen Freund ebenfalls dazu zu überreden, aber Benjamin blieb zurückhaltend, trotz der verheerenden Wirkungen der Inflation und des Zusammenbruchs aller menschlicher Beziehungen, die Benjamin in jener zitierten Schriftrolle beschrieben hat, die er »zur glücklichen Ausreise« Scholem auf die Reise mitgab. Sein Schwager, Viktor

Kellner, der Bruder von Dora, war gerade aus Palästina nach Wien zu Besuch gekommen. Er war der Mitbegründer des Dorfes in Israel, das Benjamins Namen trägt: Benyamina. Daß Walter überhaupt noch in Deutschland leben konnte, verdankte er nicht nur der Unterstützung durch seinen Schwiegervater, sondern vor allem seiner Frau, deren Tätigkeit bei einem amerikanischen Journalisten in Dollars entlohnt wurde. In diesen Monaten in Frankfurt lernt Benjamin nicht nur Siegfried Kracauer von der »Frankfurter Zeitung« kennen, sondern auch Theodor Wiesengrund-Adorno und Fritz Sternberg, von dem Brecht später einiges über den Marxismus lernte.
Der Wahlverwandtschaften-Aufsatz indes war noch immer nicht publiziert. Während Dora mit Dollars den Haushalt aufrecht erhält, entwickelt Walter erste Gedanken für die Trauerspiel-Arbeit, denn Professor Schultz in Frankfurt war mit den eingesandten Manuskripten noch nicht zufrieden. »Es handelt sich darum, eine Arbeit, deren Stoff refraktär und deren Gedankenentwicklung subtil ist, zu forcieren. Ich weiß noch nicht, ob es mir gelingt. Auf alle Fälle bin ich entschlossen ein Manuscript anzufertigen, d. h. lieber mit Schimpf und Schande davongejagt zu werden als mich selbst zurückzuziehen.«[269]
Er versucht auch, Beziehungen spielen zu lassen; an seinen Freund Rang schreibt er: »Ich bin nunmehr in jeder Hinsicht bereit, mich, sei es durch Dich, sei es selbst, mit dem Manuscript meiner Wahlverwandtschaftenarbeit an Hofmannsthal zu wenden und erwarte Deine Vorschriften.«[270] Rang hatte mit Hofmannsthal schon Erörterungen über die Schwierigkeiten von dessen Zeitschrift »Neue Deutsche Beiträge« gehabt und ihm gegenüber auch Benjamin und dessen gescheitertes Projekt erwähnt. Hofmannsthal, der qualifizierte Mitarbeiter sucht, greift auf diese Erwähnung zurück und bittet von sich aus Rang um Vermittlung. Die Art dieser Korrespondenz ist eigentümlich kompliziert und spiegelt die Entfremdung der menschlichen Beziehungen in dieser Zeit. Hofmannsthal schreibt: »Ja, ich bitte Sie, und bitte Ihren mir unbekannten Freund Benjamin um Hilfe... Aber weisen Sie mich nicht an ihn. Bleiben Sie nur fürs erste zwischen uns. Auch in diesen Dingen, wie bei der leiblichen Begegnung hat jede Gebärde ihren Sinn, und wir wollen nichts ›vereinfachen‹ und dem ›Normalen‹ angleichen.«[271] Rang gab Benjamin von diesem

Brief Kenntnis, der ihm daraufhin einige Arbeiten zusammen mit dem Wahlverwandtschaften-Aufsatz zur Weiterleitung schickte. Große Hoffnungen scheint er daran allerdings nicht geknüpft zu haben, denn er schreibt: »Ich denke wohl, daß sechs Wochen genügen werden, um ihm einen Einblick mit Muße zu verschaffen; nach dieser Zeit möchte ich mich wieder um die Sachen kümmern.«[272] Vorerst arbeitet er intensiv an der geplanten Habilitationsschrift weiter, auch hier allerdings ohne große Hoffnungen: »Es ist freilich der Fall, daß ich hier nicht nachzulassen gedenke und diese Sache, so oder so, zum Abschluß führe. Dennoch aber sehe ich unerbittlich und unaufschiebbar die Problematik einer wissenschaftlichen Beschäftigung in so zerfallnen Lebensformen und -verhältnisse(n) sich vor mir präsentieren, und schon jetzt beschäftigt sie unablässig mein Nachdenken.«[273] Er will auswandern, da »der verstockte Geist, mit dem dieses Volk zur Stunde sich darin überbietet, seine zuchthaushafte Einzelhaft zu verlängern, allmählich auch seine geistigen Schätze, wenn nicht verschüttet, so doch rostig, schwer zu handhaben und zu bewegen macht. Wir wissen ja, daß die Vergangenheit kein musealer Kronschatz ist, sondern etwas das immer von Gegenwart betroffen ist. Deutschlands Vergangenheit leidet jetzt unter der Abschnürung des Landes vom übrigen Erdleben, wer weiß wie lange sie hierzulande noch lebendig erfaßt werden kann. Ich für meine Person stoße schon jetzt auf die Grenze ... Ich sehe – selbst mit Habilitation – keine Möglichkeit meinen Aufgaben auch nur halbwegs ungeteilt mich zuwenden zu können. Wer in Deutschland ernsthaft geistig arbeitet, ist vom Hunger in der ernsthaftesten Weise bedroht ... Meine Aufgabe, selbst wenn sie hier wäre, wäre hier nicht zu erfüllen. Dies ist die Perspektive, aus der ich das Auswanderungsproblem ansehe. Gebe Gott, daß es lösbar ist. Vielleicht gehe ich schon in wenigen Wochen fort, nach der Schweiz oder nach Italien ... Dora denkt eventuell, zunächst um das Terrain zu sondieren, an Amerika, wohin sie betreffs eines Postens geschrieben hat. Sie hat ihre Stelle nicht behalten können, da die Amerikaner hier das Büro einschränken.«[274]

Dieser verzweifelte Brief gibt Auskunft über die aporetische wirtschaftliche und politische Situation in Deutschland. Unter dem nichtigen Vorwand eines Sachlieferungsrückstandes im Wert von nur 24 Millionen Goldmark (bei tatsächlicher Reparationsleistung von 1478 Milliarden im Jahr 1922!) setzt Frankreich die Besetzung des Ruhrgebiets durch französische und belgische Truppen durch; zeitweise belief sich die Truppenstärke auf 100 000 Mann. Die deutsche Regierung Cuno proklamierte daraufhin den passiven Widerstand, wodurch Fabriken, Bergwerke und Bahnen stillgelegt wurden. Das hatte für die Finanzlage eine verheerende Wirkung: die Inflation beschleunigte sich rapid. Anfang 1923 war der Dollar noch 1800 Mark wert, am Ende des Jahres war dieser Preis auf die aberwitzige Höhe von 4,2 Billionen geklettert, was die gesamte deutsche Wirtschaft an den Rand des Ruins brachte. Nicht nur alle Rentner, sondern sämtliche Lohn- und Gehaltsempfänger standen vor dem Untergang. In diesem Klima verschärften sich die Proteste gegen die französische Besatzungsmacht; es kam zu Sabotageakten, die von den Franzosen mit Willkürakten terroristischen Charakters beantwortet wurden. Die Kommunisten sahen eine Möglichkeit, die Hilflosigkeit des Kleinbürgertums auszunutzen und inszenierten auf Befehl von Moskau einen sinnlosen Aufstand in Hamburg, der die Kommunistenfurcht im Lande nur verstärkte. Immer wieder versuchte die Regierung Cuno, ein Gespräch über die Reparationen in Gang zu bringen und immer wieder scheiterte sie an der Starrköpfigkeit Poincarés, der jede Herabsetzung schroff ablehnte. Erfolglos trat die Regierung am 11. August 1923 zurück, und schon am 13. August übernahm eine Große Koalition unter Stresemann die schwere Verantwortung. Es war klar, daß der Druck Poincarés, zusammen mit dem Zusammenbruch der Finanzen, eine Aufgabe des passiven Widerstandes erzwang. Schon am 18. September wurde die Stillegung der Notenpresse und die Einführung einer Ersatzwährung beschlossen, acht Tage später wurde die Einstellung des passiven Widerstandes verkündet; die Industrie mußte nun mit der Besatzungsmacht zusammenarbeiten. Daraufhin verstärkten sich die separatistischen Bewegungen im Rheinland, die in bürgerkriegsähnlichen Aufständen die Errichtung einer »Rheinischen Republik« durchsetzen wollten. Auch der Putschversuch Hitlers, dessen Parteistärke in diesem Jahr um das Vierfache sich erhöhte, verschärfte die Situation. Gerade noch rechtzeitig vor dem Zerfall des Reiches wurde eine erneute Prüfung der Reparationsfrage durch die Alliierten zugesichert, und es gelang am Ende des Jahres auch, die Währung zu stabilisieren. Die Ausgabe der »Rentenmark«

begann am 15. November, fünf Tage später wurde der Kurswert des Dollars festgesetzt, nach dem eine Goldmark nun einer Billion Papiermark entsprach. Mit einem Schlag war damit ein neues Proletariat geschaffen: die Rentner und der breite bürgerliche Mittelstand waren um alle Ersparnisse gebracht, und die folgende Sparpolitik nahm ihnen zusätzlich jede soziale Absicherung. (In diesen Tagen wurde der oben zitierte entmutigte Brief Benjamins geschrieben.) »Millionen versanken in tiefe Verbitterung gegen den Staat und die neue Zeit, die ihnen dies Opfer auferlegt hatte. Die Wirkung war um so tiefgehender, als die fessellose Spekulation der Inflationsjahre unmittelbar nach den Kriegsgewinnlern der Jahre 1914 bis 1918 wieder eine wenig liebenswürdige Schicht des neuen Reichtums großgezogen hatte.«[275]

Was später die »Goldenen Zwanziger« hieß und eigentlich nur jene fünf Jahre der Beruhigung 1924–1929 meinte, wurde wesentlich von dieser neuen Klasse geprägt.

Für Benjamin ganz unerwartet nahmen die Dinge um seinen Wahlverwandtschaften-Aufsatz in diesen letzten Novembertagen eine überraschende Wende. An den Vermittler Rang schrieb Hofmannsthal: »Erwarten Sie bitte nun nicht, daß ich über den schlechthin unvergleichlichen Aufsatz von Benjamin, den Sie die Güte hatten, mir anzuvertrauen, mich eingehender äußere. Ich kann nur sagen, daß er in meinem inneren Leben Epoche gemacht hat und daß sich mein Denken, soweit nicht die eigene Arbeit alle Aufmerksamkeit erzwingt, kaum von ihm hat lösen können. Wunderbar ist nur – um von dem scheinbar ›Äußeren‹ zu sprechen – die hohe Schönheit der Darstellung bei einem so beispiellosen Eindringen ins Geheimnis; diese Schönheit entspringt aus einem völlig sicheren und reinen Denken, wovon ich wenig Beispiele weiß. Sollte dieser Mann ein jüngerer, etwa weit unter meinen Jahren sein, so wäre ich von dieser Reife aufs Äußerste betroffen. (Benjamin war fast zwanzig Jahre jünger. W. F.) Der Zusammenhang tiefster Art mit Ihrer Welt hat mich ergriffen; welche Wohltat dergleichen gewahr zu werden, in einer bis zum Erschreckendsten zerrissenen Welt.«[276]

Mit dieser enthusiastischen Aufnahme des Aufsatzes bei dem sonst eher zurückhaltenden Hofmannsthal bot sich für Benjamin eine große psychologische Unterstützung und im Vorweisen dieser Referenz – Benjamin erbat sich dazu den Brief von

Rang – eine taktische Hilfe im Umgang mit Verlegern und natürlich mit dem Vater, der diese berühmte Stimme nicht überhören konnte. Hofmannsthal veröffentlichte die ersten beiden Kapitel des Aufsatzes schon im April 1924 in den »Neuen Deutschen Beiträgen«, das dritte Kapitel folgte im nächsten Heft im Januar 1925; außerdem erschien ein Sonderdruck im Verlag der Bremer Presse.

Sicher ist Hofmannsthals hohe Einschätzung der Schönheit des Aufsatzes berechtigt, doch richtig ist ebenso, daß dieser mit einer korrekten Annäherung an den Roman Goethes nicht eben viel zu tun hat. Er konstruiert eine ganz eigene Wirklichkeit, die der Benjamins weit eher entspricht als der des Romans. Gegen Ende des Aufsatzes gibt es eine Stelle, die Benjamins Anspruch deutlich macht; zu ihrem Verständnis ist der vorangehende Kontext notwendig zu zitieren: die Schönheit »ist nicht Erscheinung, sondern durchaus Wesen, ein solches freilich, welches wesenhaft sich selbst gleich nur unter der Verhüllung bleibt. Mag daher Schein sonst überall Trug sein – der schöne Schein ist die Hülle vor dem notwendig Verhülltesten.«[277] Hier zitiert Benjamin kryptisch einen Satz Friedrich Schlegels: »Sie die Schönheit ist freilich nicht bloß der leere Gedanke von etwas, was hervorgebracht werden soll, sondern zugleich die Sache selbst ... nicht bloß eine notwendige Fiktion, sondern auch ein Faktum, nämlich ein ewig transzendentales.«[278] Etwas später heißt es dann: »Die Kunstkritik hat nicht die Hülle zu heben, vielmehr durch deren genaueste Erkenntnis als Hülle erst zur wahren Anschauung des Schönen sich zu erheben ... zur Anschauung des Schönen als Geheimnis. Niemals noch wurde ein wahres Kunstwerk erfaßt, denn wo es unausweichlich als Geheimnis sich darstellte.« An diesen wenigen Worten wird deutlich, wieviel Adorno später von Benjamin lernte und ebenfalls kryptisch übernahm. Seine »Ästhetische Theorie« ist ohne Benjamins Kategorie des Kunst-Schönen als Geheimnis nicht denkbar; Adorno nennt es den »Rätselcharakter« der Kunst und paraphrasiert Benjamin: »Je besser man ein Kunstwerk versteht, desto mehr mag es nach einer Dimension sich enträtseln, desto weniger jedoch klärt es über sein konstitutiv Rätselhaftes auf ... Als konstitutiv aber ist der Rätselcharakter dort zu erkennen, wo er fehlt: Kunstwerke, die der Betrachtung und dem Gedanken ohne Rest aufgehen, sind keine.«[279] Ein weiterer Satz Adornos gehört in diesen Zusammenhang: »Das Rätsel lösen ist soviel wie den Grund seiner Unlösbarkeit angeben: der Blick, mit dem die Kunstwerke den Betrachter anschauen.«[280] Auch dies ist ein modifiziertes Zitat Benjamins aus seinem Baudelaire-Aufsatz: »Die Aura einer Erscheinung erfahren, heißt, sie mit dem Vermögen belehnen, den Blick aufzuschlagen.«[281] Für die theoretische Abhängigkeit Adornos von Benjamin ließen sich leicht noch andere Belege finden, so etwa seine Feststellungen zu Proust, doch sie passen nicht in diesen Zusammenhang. Es ist aber doch bemerkenswert, daß die Schüler des Überlebenden eine Abhängigkeit Benjamins von diesem konstruieren wollen – wobei sie nicht die finanzielle der Pariser Jahre meinen.

Benjamin sprach von »genaueste(r) Erkenntnis«, er sprach nicht von genauester Werktreue als einem Prinzip der Kunstkritik. Dazu gehört als Äußerlichstes seine Praxis des kryptischen Zitierens, wie sie an einer Stelle im Wahlverwandtschaften-Aufsatz besonders deutlich wird. Er schreibt: »Ein Moment des Scheins jedoch bleibt noch im Unlebendigsten erhalten, für den Fall, daß es wesentlich schön ist. Und dies ist der Fall aller Kunstwerke – unter ihnen am mindesten der Musik.«[282] Diese Stelle ist höchst mißverständlich: »am mindesten« im sprachlich korrekten Sinne von »am wenigsten« spräche der Musik jeden Schein ihrer möglichen Schönheit schlichtweg ab. Es wäre eine eigene Sache, hier über die Kompetenz des völlig unmusikalischen Benjamin streiten zu wollen; erhellend ist eher das Original, dem er hier heimlich nachspricht. Bei Novalis heißt es nämlich: »Nirgends aber ist es auffallender, daß es nur der Geist ist, der die Gegenstände ... poetisiert, und daß das Schöne, der Gegenstand der Kunst uns nicht gegeben wird oder in den Erscheinungen schon fertig liegt – als in der Musik.«[283] Man muß der Eindeutigkeit dieser Worte folgen, um deren kryptische Zitation verstehen zu können. Das »Nirgends aber ist es auffallender, ... als in der Musik«, von Novalis wird durch Benjamin sprachlich falsch verkürzt wiedergegeben als »am mindesten der Musik«. Er will das verschwiegene Zitat abmildern und meint: »zumindest in der Musik.« Damit ist aber recht genau das Gegenteil dessen gesagt, was er formulierte.

Zum großen Teil besteht der Aufsatz aus solchen Teilen, die des erhellenden Kommentars bedürfen, so daß es verständlich ist, daß er im Bereich der Philologie keine Wirkung hatte – er ist als Text nicht allein oft nur unverständlich, sondern auch oft deshalb rätselhaft, weil er schlicht fälscht. Benjamin konstruierte sich hier seine eigene Wahrheit, und er manipuliert seine Zitate. So nährt er auch die Legende, der Roman sei von dem zeitgenössischen Publikum abgelehnt worden, und nur Solger und Abeken hätten sich positiv dazu geäußert. Dagegen hieß es in der »Zeitung für die elegante Welt«: »Goethes Wahlverwandtschaften liegen jetzt in allen gebildeten Kreisen auf dem Teppich«,[284] und eine Reihe prominenter Rezensenten sprach sich ähnlich anerkennend wie Savigny aus: »Es ist der großartigste Blick auf diese verwirrte Zeit.«[285] Obwohl Goethe den Anspruch des Romans, »sociale Verhältnisse und Conflicte derselben symbolisch gefaßt darzustellen«[286] nennt, wird diese gesellschaftliche Aktualität, die von den Zeitgenossen auch verstanden wurde, von Benjamin ignoriert: »Das Mythische ist der Sachgehalt dieses Buches: als ein mythisches Schattenspiel in Kostümen des Goetheschen Zeitalters erscheint sein Inhalt.«[287]

In den mythischen Schuldzusammenhang geraten nach Meinung Benjamins die Personen, indem sie nicht handeln: »durch Säumen und Feiern«.[288] Im Roman dagegen wird wohl gearbeitet und entschlußkräftig gehandelt; fast das ganze sechste Kapitel handelt davon. Auch in anderen Punkten steht der Text im Gegensatz zu Benjamins Ausführungen: Charlotte übernimmt die Aussprache, die Benjamin vermißt, und Ottilie verstummt keineswegs, sondern äußert sich freimütig über ihre Beziehung zu Eduard. Falsch ist auch die aus einem in diesem Zusammenhang mißverständlichen Kant-Zitat destillierte Folgerung einer rechtlichen und sittlichen Antinomie des Ehebegriffs, die das Skelett des Aufsatzes bildet. Für Goethe hat es eine solche Antinomie nicht gegeben. Zumindest sonderbar ist auch, wie ungescheut brachial Benjamin das biographische Konzept Gundolfs angreift, der von einer Einheit von Leben und Werk ausgeht, obwohl er selbst in den Aufsatz sein Leben hineinschrieb und sein tiefstes Geheimnis: »Wie aber die Liebe als bitterste Leidenschaft sich selbst vereitelt, wo in ihr die vita contemplativa dennoch die mächtigste, die Anschauung der Herrlichsten ersehnter als die Vereinigung mit der Geliebten ist ...«[289]

Obwohl der Wahlverwandtschaften-Aufsatz noch einmal von

Professor Schultz angefordert wurde, ergaben sich daraus keine akuten Habilitationsaussichten. Benjamin arbeitete weiter in eine unsichere Zukunft. »Unsere Finanzlage ist trostlos und wir stehen in etwa spätestens einem Jahr, möglicherweise viel früher vor dem Nichts.«[290] Dennoch realisierte er seinen Wunsch, aus der elterlichen Villa auszuziehen und mietet ein Zimmer in der Meierotto-Straße 6, teils weil er seinen Vater, der im Herbst 1923 so schwer erkrankte, daß eine Amputation des rechten Beines nötig wurde, nicht sehen wollte, teils weil die Beziehung zu Dora immer komplizierter wurde. Sein Sohn Stephan lebte in dieser ganzen Zeit bei der Mutter und den Großeltern. Im Dezember verbessert sich unerwartet die Aussicht auf eine Habilitation in Frankfurt; man erwartet dort, daß er seine von ihm vorgeschlagene Arbeit über das Trauerspiel vorlegt, deren Materialsammlung er schon an Weihnachten abzuschließen hofft.

Spätestens hier muß einiges zur Arbeitsweise und Zitiermethode Benjamins eingefügt werden – nicht nur der Wahlverwandtschaften-Aufsatz ist in philologischer und historischer Hinsicht kommentarbedürftig. Bereits die Dissertation wirft dazu Probleme auf. Vermutlich der leichteren Lesbarkeit wegen glich nämlich Benjamin dort Quellenzitate und Zitate aus älterer Forschungsliteratur der zeitgenössischen Orthographie an, ohne dies besonders zu vermerken, wie dies im allgemeinen nicht unüblich war. Der bündigen Argumentation willen kontrahierte er allerdings auch eine längere Briefstelle Friedrich Schlegels: »Was den Titel der Fragmente betrifft, so meint er kritische und philosophische sei eine Tautologie, ja sogar kritische Fragmente sei schon eine, denn jedes Fragment sei kritisch«,[291] zu der einfachen Formulierung: »kritisch und Fragmente wäre tautologisch«, die er irreführend als Zitat verzeichnet.[292] Noch konsequenter verfolgt er das Prinzip der unerschwerten Lesbarkeit in seiner Briefanthologie »Deutsche Menschen«, die 1936 in der Schweiz unter dem Pseudonym Detlev Holz erschien. Sowohl das Pseudonym wie auch das Editionsprinzip wurden durch didaktische Argumente verantwortet. Benjamin glaubte, eine Anthologie des unverfälscht wahren Deutschland zusammengetragen zu haben; in einer damals nicht publizierten Einleitung heißt es: »Die Absicht dieser Reihe ist vielmehr, das Antlitz eines ›geheimen Deutschland‹, das man heute so gerne hinter trüben Nebeln sucht, zu zeigen. Denn ein geheimes Deutschland gibt es wirklich.«[293] Benjamin glaubte, mit seiner Anthologie Leser des Nazideutschlands ansprechen zu können, die, wie er in einem Brief schreibt, »sich von der gegenwärtig dort verbreiteten Produktion fern halten. Ihnen könnte das Buch hoch willkommen sein.«[294] Da er glaubte, die Nazizensur umgehen zu können, bat er sogar den in der Pariser Emigrantenwochenzeitschrift »Das Neue Tagebuch« publizierenden Schriftsteller Stephan Lackner darum, *keine* Rezension zu schreiben. Eine in Briefen erfaßte Bildungsgeschichte der Deutschen als untergründig politisches Lehrbuch? Benjamin hat daran geglaubt; wenigstens hat er es erhofft. Aus dem Nachlaß seiner Schwester wurde vor Jahren in einem Zürcher Antiquariat ein Exemplar des Buches mit folgender Widmung entdeckt: »Diese nach jüdischem Vorbild erbaute Arche für Dora – von Walter. November 1936.«[295] Rettung war das Ziel, nicht allein für eine Zukunft, sondern auch für eine Vergangenheit, an die es neu anzuknüpfen galt.

Sein Buch versammelt Briefe, die nach seinen Worten »nicht nur dem breiten Publikum sondern auch der Wissenschaft so gut wie unbekannt« sind. »Es handelt sich somit um klassische Texte, die noch in keiner Weise der Ausschrotung durch den üblichen Bildungsbetrieb anheimgefallen sind.«[296] Die oppositionelle Kraft der Zeugnisse sei noch gänzlich bewahrt: »Festredner und Jubiläen übersahen sie. Und wenn es diesen hin und wieder glückte, die Werke jener Männer umzufälschen als hätten sie uns nichts zu sagen, vielmehr: kein Zeugnis vor uns abzulegen, so genügt ein Blick in ihre Briefe, um uns zu zeigen, wo heut wie damals jenes Deutschland steht, das, leider, immer noch ein geheimes ist.«[297] Deutlich genug ist hier der didaktische Anspruch Benjamins geworden, dem er sein eigenwilliges Editionsprinzip unterordnete. Denn keineswegs entspricht dies, wie er irreführend formulierte, dem »der wissenschaftlichen Edition«,[298] eher einer populären Klassikeranthologie. Häufig wurden in den Briefen Sätze fortgelassen, ohne daß dies vermerkt wäre; auch dann nicht, wenn die Kürzungen in den Sinn des Briefes gravierend eingriffen. Fast durchweg sind Orthographie und Interpunktion den zeitgenössisch üblichen angeglichen, auch einige vielleicht unverständlich gewordene Wendungen wurden stillschweigend durch geläufige ersetzt. Alles deutet darauf, daß Benjamin diese Briefe leicht lesbar machen wollte, auch wenn er sich dabei dem Vorwurf der Verfälschung aussetzen mochte. Sein Verhalten war das eines politischen Taktikers, dem die Bedenken des Philologen unterlagen. Genutzt freilich, wenn dies auch kein Kriterium ist, genutzt hat es weder ihm noch den deutschen Menschen. Vom Briefbuch wurden damals nur einige hundert Exemplare verkauft. Deutlich genug ist wohl auch, an jenem frühen und diesem relativ späten Beispiel, der taktische Umgang Benjamins mit seinem Quellenmaterial geworden, der berücksichtigt werden will, wenn man sich eingehender mit dem Trauerspiel-Text befaßt.

Quellenmäßig ausgewiesen sind darin 497 Zitate aus 178 Werken; davon erscheinen 12 taktisch sehr klug eingesetzte und auch ausgewiesene Selbstzitate Benjamins, die auf frühere Veröffentlichungen differenziert oder pauschal verweisen. Einige weitere Selbstzitate sind nicht quellenmäßig vermerkt, ebensowenig wie mehr oder weniger wörtliche Zitate, Kontrahierungen und Paraphrasierungen von Sätzen Nietzsches, Hegels u. a. Manches davon konnte Benjamin als bekannt voraussetzen, bei einigen rechnete er offensichtlich mit der Ignoranz des universitären Gutachters. (Leider behielt er über solches Maß hinaus recht.) Der Exzerpiertechnik Benjamins mag es anzurechnen sein, daß ca. 15 Zitatverweise falsch sind: entweder findet sich das Zitat nicht an der bezeichneten Stelle oder kann überhaupt nicht nachgewiesen werden. Schließlich existieren mindestens drei der angegebenen Quellen Benjamins vermutlich nicht, auch wenn die Zitate daraus vortrefflich in seine Argumentation passen. Es muß sich aber dabei nicht um eine Mystifikation handeln, vielmehr kann der Sammler Benjamin Ausgaben barocker Literatur benutzt haben, die heute nicht mehr auffindbar sind. Ähnlich stand es bereits bei einem Gedichtszitat des Wahlverwandtschaften-Aufsatzes, in dem Benjamin ein Sonett Zacharias Werners anführte, das lange als verschollen galt. Selbst die Hamburger Ausgabe der Werke Goethes führte das Gedicht in den ersten Auflagen nur aufgrund des Benjaminschen Zitats, bis es schließlich im zweiten Band der Sämtlichen Werke Werners (Grimma 1840, S. 24) gefunden wurde.[299]

Es gibt ein bemerkenswertes und nicht selten in sonderbaren Zusammenhängen zitiertes Wort Benjamins aus seinem Reflexionen-Buch »Einbahnstraße«, das wohl nicht zuletzt auf seine Arbeit zum Trauerspiel-Buch gemünzt ist: »Zitate in meiner Arbeit sind wie Räuber am Weg, die bewaffnet hervorbrechen und dem Müßiggänger die Überzeugung abnehmen.«[300]

Das ist geschickt formuliert, aber: welche Überzeugung hat ein Müßiggänger? Wer, im erwähnten Sinn, müßig durch Benjamins Arbeiten schweift, hat kaum eine andre Überzeugung als die mitgebrachte, die er ohne Waffengang rasch zu der des Autors zu machen sich bequemt. Die Räuber sind gänzlich ohne Arbeit, wo sie in solchem Fall versuchten, die Bequemlichkeit des Denkweges zu verunsichern. Die Praxis sieht anders aus: da es nicht Müßiggänger sind, die Benjamins Schriften durchqueren, sondern allenfalls Laien oder Lernende, im schlechtesten Fall: Bemühte, verstehen sie die Zitate so, wie sie gesetzt sind: allgemein affirmativ; im einzelnen Fall ist die Verwahrung gegen eine fremde Meinung deutlich gemacht. Überwiegend ist der Zitatgebrauch Benjamins affirmativ: eine Argumentationskette wird durch ein Zitat beendet oder vervollkommnet; kein Zitat im Trauerspiel-Buch stellt sich selbst in Frage – oder aber: jedes einzelne stellt den Leser auf die Probe, führt ihn jedoch nie in die Aporie. Jedes Zitat dient auf je verschiedene Weise dem Zusammenhang. Diesen allerdings zu begreifen, bedarf es eines Geistes, der mehr versteht als einzig die Quellenverweisungen. Eine Überzeugung wird ihm dennoch nicht abgenommen, denn gerade solch ein Leser ist kein Müßiggänger. Wozu also jenes Wort? Benjamins Zitate sind keine Räuber, weil es am Wege an Müßiggängern fehlt. Hat Benjamin mit ihnen als Lesern gerechnet? Die Frage muß unbeantwortet bleiben. Sein Wort richtet aber verstärkt jene ganz andere Frage aus: wie verhält es sich mit den Zitaten?

Im »Ursprung des deutschen Trauerspiels« zitiert Benjamin mehrfach aus der »Politischen Theologie« des späteren faschistischen Machttheoretikers und preußischen Staatsrates von Nazis Gnaden, Carl Schmitt. Er übernimmt dessen Souveränitätslehre und stattet mit ihr seine Darstellung des Fürsten im barocken Trauerspiel aus. Man könnte dies für eine beschwichtigende Taktik Benjamins halten, der wußte, daß Professor Schultz in Frankfurt politisch rechts stand. Aber lange nach dem gescheiterten Habilitationsversuch, zu einem Zeitpunkt also, an dem keinerlei Anlaß mehr zu taktischen Erwägungen bestand, schrieb Benjamin an jenen Carl Schmitt folgenden Brief, der vom 9. Dezember 1930 datiert ist:

»Sehr geehrter Herr Professor,
Sie erhalten dieser Tage vom Verlag mein Buch ›Ursprung des deutschen Trauerspiels‹. Mit diesen Zeilen möchte ich es Ihnen nicht nur ankündigen, sondern Ihnen auch meine Freude darüber aussprechen, daß ich es, auf Veranlassung von Herrn Albert Salomon, Ihnen zusenden darf. Sie werden sehr schnell bemerken, wieviel das Buch in seiner Darstellung der Lehre von der Souveränität im 17. Jahrhundert Ihnen verdankt. Vielleicht darf ich Ihnen darüber hinausgehend sagen, daß ich auch Ihren späteren Werken, vor allem der ›Diktatur‹[301] eine Bestätigung meiner kunstphilosophischen Forschungsweisen durch Ihre staatsphilosophischen entnommen habe. Wenn Ihnen die Lektüre meines Buches dieses Gefühl verständlich erscheinen läßt, so ist die Absicht meiner Übersendung erfüllt.

Mit dem Ausdruck besonderer Hochschätzung
Ihr sehr ergebener
Walter Benjamin«[302]

Es lohnte eine genaue Untersuchung, ob und wieweit Schmitts Apologie der Diktatur zu Benjamins kunstphilosophischem Denken in Verbindung steht. Der nach 1945 wieder zu Ehren gekommene Beamte hat sich dazu nicht geäußert, allerdings bestätigen Bemerkungen in einem 1956 erschienenen Buch, daß er die ihm damals übersandte Arbeit Benjamins tatsächlich gelesen hat.[303] Es liegt nahe zu behaupten, daß Schmitts Antisemitismus und sein Bekenntnis zum Nationalsozialismus 1930 noch nicht absehbar war, und einige Forscher neigen zu diesem Urteil. Für Benjamin war Schmitt nicht allein interessant wegen der Übereinstimmungen in der Ablehnung des Parlamentarismus, sondern auch, weil er interdisziplinär arbeitete. In einem undatieren Lebenslauf[304] betont Benjamin diesen Aspekt und stellt Schmitts Einfluß auf die Trauerspiel-Arbeit neben den des Kunsthistorikers Alois Riegl. Obwohl Benjamin nach 1933 von der politischen Haltung Schmitts erfahren haben muß, gibt es kein Zeugnis einer Distanzierung.
Die Respektierung theoretischer Modelle, gleich welcher Provenienz, läßt sich am Beispiel Klages ebenfalls belegen.

Obwohl Benjamin von der antisemitischen Gesinnung des »Kulturphilosophen« Klages wußte, anerkannte er dennoch scheinbar wertvolle Einsichten und scheute sich nicht, den »Geist als Widersacher der Seele« für ein »ohne Zweifel... großes philosophisches Werk«[305] zu halten: »In keinem Falle hätte ich mir vorstellen können, daß ein so hanebüchener metaphysischer Dualismus, wie er bei Klages zugrunde liegt, je sich mit wirklich neuen und weittragenden Konzeptionen verbinden könne.«[306]

Benjamin ist jedoch weniger an theoretischen Konzepten interessiert, als vielmehr an »Ergebnissen«, deren Ableitung er oft leichten Gewissens übersieht. Er sucht Indizien, die seine eigene Beweisführung stützen könnten – und er nimmt, ohne lange zu fragen, bei welcher Gelegenheit und von wessen Tisch die Brosamen fielen.

Als ganz unpolitisches Beispiel für solch gelegentliches Zitieren mag ein Satz aus dem »Paris des Second Empire« stehen, der gerade in der scheinbaren Nebensächlichkeit bedeutend ist. Es heißt dort: »Schon Bulwer instrumentierte seine Schilderung der großstädtischen Menschen im ›Eugen Aram‹ mit dem Hinweis auf die Goethische Bemerkung, jeder Mensch, der beste wie der elendeste, trage ein Geheimnis mit sich herum, das ihn allen andern verhaßt machen würde, sollte es bekannt werden.«[307] Dieser Satz soll als Beleg dienen, daß auch Bulwer die Entwicklung der großstädtischen Massen als beunruhigend empfunden habe, daß er das Ereignis einer großstädtischen Menschenmenge keineswegs als angenehm, eher als potentiell bedrohlich und unheimlich angesehen hatte. Schlägt nun ein Neugieriger jene Stelle in Bulwers »Eugen Aram« nach, wird er erstaunt bemerken, daß sie fast das Gegenteil dessen sagt, wozu Benjamin sie gebrauchen wollte. Denn fortfahrend, im direkten Anschluß an Goethes Bemerkung heißt es: »Die Behauptung ist ohne Zweifel übertrieben; aber gleichwohl, welche dunkle, gewaltige Tiefe in diesem Gedanken! – welch neuen Blick eröffnet er in die Herzen des großen Haufens! – welch eigenthümliches Interesse kann er für den niedrigsten, scheinlosesten Menschen einflößen, der im großen Marktgewühl des Lebens an uns vorbeistreift! Eines der größten Vergnügen ist, bei Nacht durch die langen erleuchteten Straßen der ungeheuren Hauptstadt, so lang die Menge sich noch in denselben umhertreibt, allein hinzuwandern.«[308]

Für Benjamin war diese Fortsetzung seiner Paraphrase unwichtig, da ihm nur an Goethes Bemerkung im Zusammenhang einer Beschreibung der Großstadtmenge gelegen war, auch wenn solche Verweisungspraxis der Quelle Gewalt antun mochte. Ihm ging es um »Indizien«, die er seiner Beweisführung einfügen konnte. Ein fast naiver Glaube an die Faktizität des individuell Zufälligen, verspätet positivistisches Erbe, das gerade im historischen Materialismus für ihn theoretisch unbewältigt blieb, gibt sich da zu erkennen, wo er historisch jenes als Notwendiges zu interpretieren sucht. Über die Photographien Atgets der menschenleeren Pariser Straßen schrieb er: »Sehr mit Recht hat man von ihm gesagt, daß er sie aufnahm wie einen Tatort. Auch der Tatort ist menschenleer. Seine Aufnahme erfolgt der Indizien wegen. Die photographischen Aufnahmen beginnen bei Atget, Beweisstücke im historischen Prozeß zu werden. Das macht ihre verborgene politische Bedeutung aus.«[309] In jenem Prozeß machte er sich zum Ankläger, der die Indizien liefern kann, seltene und einzigartige, nach deren Herkunft keiner mehr fragen will, weil die bloße Tatsache ihrer Auffindung in einem bewundernden Schweigen alle Fragen erstickt. Ganz in diesen Zusammenhang passend heißt es in einem Brief Adornos: »es ist sicher einer der glücklichsten indices Ihrer Arbeit, daß die Stelle aus dem Verlagsprospekt, die Sie zitieren, vor allem deren Schluß, sich so liest, als wäre er bereits Ihre Interpretation.«[310] Trotz dieses in seiner Begründung fast kompromittierenden Beifalls ist gerade Adorno der härteste Kritiker Benjamins gewesen, unnachsichtig zuweilen bis zur blinden Verständnislosigkeit für die persönliche Lage Benjamins. Er war es, der dessen Versuchung, sich einzig der Indizien zu bemächtigen, durchschaute: »staunende Darstellung der bloßen Faktizität«, nannte er es und monierte ein Theoriedefizit,[311] das ihm als ungleich wichtiger auffiel als dem Autor, der an die Faktizität eines Verbrechens fixiert war und daraus historisch die Kategorie der Katastrophe abzuleiten suchte.

Vielleicht läßt sich sagen, daß Benjamin im Prinzip bedenkenlos seine Indizien, die Zitate, sammelt und verwendet. Bei oberflächlicher Betrachtung ist es vor allem eine bemerkenswerte Indifferenz gegen politische Theorien, die ins Auge fällt: die Beispiele Schmitt und Klages wurden hierzu genannt. Diese Haltung ist um so bemerkenswerter, als sie zur peinlich sorgsam beachteten Vorsicht Benjamins, in persönliche Verhältnisse durch Einzelaspekte seiner Arbeiten nicht einzugreifen, deutlich kontrastiert. So im Fall des »Wahlverwandtschaften«-Aufsatzes, bei dem er sich sorgt, ob eine kritische Erwähnung Borchardts nicht den Unmut Hofmannsthals erregen könnte. Kaum hat er solche Bedenken bei Zitaten aus der Staatstheologie Carl Schmitts gehabt; auch nicht, als er den völkischen Literarhistoriker Herbert Cysarz in seinem Barock-Buch zitierte, etwa dreimal so häufig wie Carl Schmitt. Für Benjamin war Cysarz der Germanist, der zur damaligen Zeit eines der wenigen umfassenden Bücher über den deutschen Literaturbarock verfaßt hatte – nur ein Wissenschaftler. Später waren einige Schriften von Cysarz weiter verbreitet als die Schmitts, und sie sind auch heute noch für die geistige Korruption der germanistischen Wissenschaft wichtig: als Beispiel sei die üble Schrift »Das Deutsche Schicksal im Deutschen Schrifttum« genannt, die im dritten Kriegsjahr bei Reclam erschien und über Feldpost größte Verbreitung fand. Dort heißt es eingangs: »Die Geburt Großdeutschlands, die wir jeden Tag unseres alten Lebens ersehnt und erkämpft haben, war nicht nur eines der ungeheuersten Naturereignisse der Geschichte, ein beispielloser Aufstand der Jugend, der Gesundheit, ja gleichsam der deutschen Erde. Und dieser Aufbruch ist nicht nur mit kühnem Wagnis zum richtigen Augenblick in den Schicksalsgang des Geschehens gefügt worden. Zugleich setzt sich in ihm der umfassende Geisteskampf eines Jahrtausends fort. Nun wird ein Schöpfungsgedanke zu Ende gedacht.« Nach Seiten nazistischer Vereinnahmung der bedeutenderen deutschen Dichter heißt es am Ende: »Von je hat auch unser eigenstes Schrifttum für eine übergreifende Ordnung gekämpft... Alle Gedanken, die die Welt bewegen, sind durch Kriege gezeugt oder durch Kriege ausgeboren worden. Noch heute ist Vieles nur ahnende Vorgewißheit, noch kann das Meiste nicht mit Namen genannt werden. Noch stürmt unsere Jugend in Feindesland, ihre Besten opfernd, ihr Bestes in den Flammen immer neuer Siege härtend. Doch die Bahn ist frei und das Feld unendlich. Mit der großen Heimkehr wird das eigentliche Spiel beginnen.« Es ist Benjamin erspart geblieben, diese Sätze lesen zu müssen – erspart um den Preis des Freitods. Hätte er sie ahnen können, als er in seiner Arbeit Cysarz zitierte? Wenn eine gewisse Indifferenz Benjamins gegen

Politik

politische Theorie hier angedeutet werden soll, so ist doch die der bundesdeutschen Germanisten weit bemerkenswerter, die nach 1945 den belasteten Kollegen voll rehabilitierten.

Das radikale Gegenbeispiel zum bisher Vermerkten bildet Adorno, der jüngere Freund Benjamins, der oft genug zu seinem Belehrer – und später zu seinem Verwalter – sich machte. So auch anläßlich eines Zitates aus einer Schrift des Philosophen Georg Simmel, das Benjamin in den Aufsatz »Das Paris des Second Empire« aufgenommen hatte.[312] Adorno ging es bei seinem Einspruch nicht um den Inhalt des Zitats, sondern um den Autor, dessen relativistisches Gesellschaftsbild dem seinen diametral entgegenstand. In der ersten, abgelehnten Fassung besitzt die Simmel-Stelle erhebliche Beweiskraft, da sie innerhalb einer längeren Reflexion als einziges Zitat zur illustrierenden Bestätigung dient. Nach der Lektüre schrieb Adorno bezüglich auf jene Passage, die ihm unter nicht zufälliger Heranziehung des betreffenden Zitates zuwenig dialektisch vermittelt erscheint: »Bei all dem ist mir nicht recht geheuer«,[313] und fügt in einem späteren Brief mahnend hinzu: »Ich kann mir nicht helfen, ich glaube, daß im Schatz der Passagenarbeit hier schärfer geschliffene Dolche sich vorfinden als das Simmelzitat.«[314] Während Adorno hier scheinbar inhaltliche Gründe zur Verwerfung des Zitates geltend machen will, durchschaut Benjamins Antwort diese Taktik sehr genau, indem sie nicht allein den Inhalt, sondern vielmehr den Autor verteidigt, der endlich fürs materialistische Erbe anerkannt werden sollte: »Ihr scheeler Blick auf Simmel –. Sollte es nicht Zeit werden, einen der Ahnen des Kulturbolschewismus in ihm zu respektieren? (Ich sage das nicht, um für das Zitat einzutreten, das ich zwar nicht missen möchte, auf dem aber an seiner Stelle ein zu starker Akzent liegt.) Letzthin nahm ich seine ›Philosophie des Geldes‹ vor. Sie ist gewiß nicht umsonst Reinhold und Sabine Lepsins gewidmet; sie stammt nicht umsonst aus der Zeit, in der Simmel sich dem Kreis um George ›nahen‹ durfte. Man kann aber in dem Buch, wenn man von seinen Grundgedanken abzusehen entschlossen ist, sehr Interessantes finden.«[315]

Deutlicher als mit diesem letzten Satz hätte Benjamin seine wissenschaftliche Haltung nicht beschreiben können: unter Verleugnung des theoretischen Konzeptes suchte er in den Werken der differentesten Autoren nach »Interessantem«,

Walter Benjamin (l.)
und sein Bruder
Georg in der
Sommerfrische,
um 1900.
(Foto: Privatbesitz
Günther Anders)

Walter Benjamins
Tante Friderieke
Josephy, vor 1900.
(Foto: Privatbesitz
Eva Michaelis)

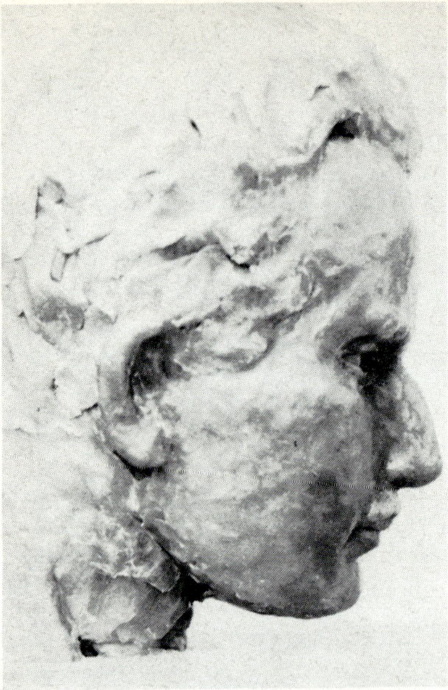

Walter
Benjamin, Büste
von Jula Radt-
Cohn, 1926.
(Foto: Suhrkamp
Verlag)

Walter
Benjamin, Paris
1927.
(Foto: Suhrkamp
Verlag)

Dora Benjamin
mit Sohn Stefan
Rafael, um 1925.
(Foto:
Privatbesitz
Netty Kellner)

Dora Benjamin,
geb. Kellner,
um 1930.
(Foto:
Privatbesitz
Netty Kellner)

Walter Benjamin, Carola Neher (links sitzend), Alfred Kurella, Elisabeth Hauptmann (ganz rechts), um 1930.
(Foto: Akademie der Künste der DDR, Elisabeth-Hauptmann-Archiv)

Benjamin 1937 in Paris. (Foto: Gisèle Freund)

Benjamin in der Bibliothèque Nationale, Paris.
(Foto: Gisèle Freund)

Walter Benjamin vor Brechts Haus in Svendborg, Sommer 1938. (Foto: Suhrkamp Verlag)

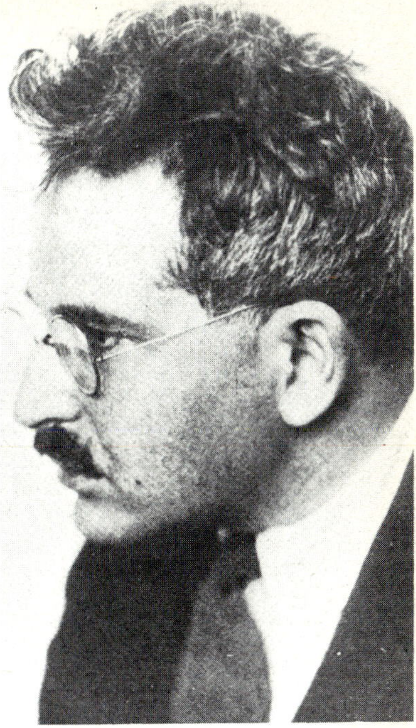

Benjamin um 1937. (Foto: Gisèle Freund)

Geheime Staatspolizei
Staatspolizeileitstelle Berlin

Berlin C 2, Grunerstr. 12 Ecke Dircksenstraße

Eingangs- und Bearbeitungsvermerk

An die

Geheime Staatspolizei

Geheimes Staatspolizeiamt,

Berlin SW 11,

Prinz-Albrecht-Str.8

Geschäftszeichen und Tag Ihres Schreibens

Geschäftszeichen und Tag meines Schreibens

Stapo D 3 - B. 934/38

Berlin, den 23. 2. 1939

Betrifft: Antrag auf Aberkennung der deutschen Staatsangehörigkeit.

Bezug: Erlaß v. 12.4.1937 -II B 3- Allgem. 342 E.-

Anlagen: Eine.

Ich beantrage die Aberkennung der deutschen Staatsangehörigkeit des Schriftstellers

Name:	Benjamin
Vorname:	Walter Benedix Schönflies
Geburtstag u.-ort:	15.7.1892 in Berlin
Abstammung:	Jude
Letzter inländ. Wohnsitz:	Bln.-Charlottenburg, Meinekestr. 9 bei Glücksmann
Jetziger Aufenthalt:	Paris
Zeit der Abwanderung:	1.7.1930.

Begründung:

Benjamin war für die im Jahre 1936 in Moskau neu erschienene Monatsschrift "Das Wort" als Mitarbeiter tätig. Benjamin befindet sich zur Zeit in Paris, wohin er aus Palma di Mallorca geflüchtet ist.

Sonst ist Nachteiliges nicht bekannt.

Inländische Vermögenswerte sind nicht vorhanden.

./.

Fernruf Berlin 51 00 23

Postscheckkonto Berlin ... Kasse des Geheimen Staatspolizeiamts

Anlagen 03-76

Der Genannte ist verheiratet gewesen mit

Vorname:	Dora Sophie
Geburtsname:	Kellner geschiedene Pollak
Geburtstag:u.-ort:	6.1.1890 in Wien
Abstammung:	Jüdin
Tag der Eheschliessung:	17.4.1917
Tag der Scheidung:	13.3.1930

Politischer und krimineller Leumund: nichts Nachteiliges

Die geschiedene Ehefrau hat ihren früheren Familiennamen wieder angenommen.

Aus der Ehe ist das Kind Stefan, geb. am 11.4. 1918 in Bern, Jude, hervorgegangen, das am 1.4.1938 nach unbekannt.abgemeldet wurde.

Die Erstreckung der Aberkennung auf die Ehefrau und das Kind wird nicht beantragt, da die Ehe geschieden ist.

Im Auftrage:

Antrag der Geheimen Staatspolizei auf Aberkennung der deutschen Staatsangehörigkeit *des Schriftstellers Walter Benedix Schönflies Benjamin* vom 23. 2. 1939.

Der Reichsführer-SS
und
Chef der Deutschen Polizei
im Reichsministerium des Innern
S-PP (II B) Nr.5172/39.

Bitte in der Antwort vorstehendes Geschäftszeichen und Datum anzugeben.

Berlin SW 11, den 25. März 1939.
Prinz-Albrecht-Straße 8
Fernsprecher 12 00 40

83-76 25/3 Benjamin

An das

Auswärtige Amt

in Berlin.

Betrifft: Aberkennung der Deutschen Staatsangehörigkeit des Juden Walter Benedix Schönflies Benjamin, geb. 15.7. in Berlin.
Vorgang: Ohne.

Anlagen: 1

In der Anlage übersende ich Durchschrift eines Ausbürgerungsantrages der Geheimen Staatspolizei, den ich heute der Abteilung I des Reichsministeriums des Innern zugeleitet habe.

Die Deutsche Botschaft in Paris hat unter Hinweis auf den dortigen Runderlass vom 31.10. 1937 - 83-76 Allgem. 20/10 - eine weitere Durchschrift des Ausbürgerungsantrages erhalten.

Im Auftrage:
gez.: Jagusch.

Beglaubigt:
Kanzleiangestellte. Scho.

Erwartung des Berichts Paris
zu den Akten.
den 27. III. 1939

83-76

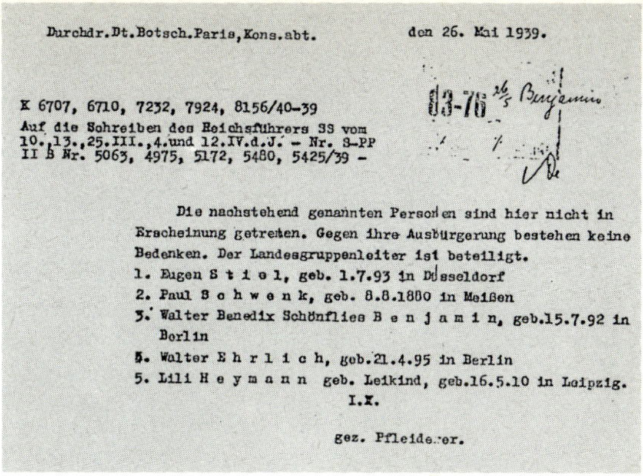

Durchdr.Dt.Botsch.Paris,Kons.abt. den 26. Mai 1939.

83-76 26/5 Benjamin

K 6707, 6710, 7232, 7924, 8156/40-39
Auf die Schreiben des Reichsführers SS vom 10.,13.,25.III.,4.und 12.IV.d.J. – Nr. S-PP II B Nr. 5063, 4975, 5172, 5480, 5425/39 –

Die nachstehend genannten Personen sind hier nicht in Erscheinung getreten. Gegen ihre Ausbürgerung bestehen keine Bedenken. Der Landesgruppenleiter ist beteiligt.

1. Eugen S t i e l, geb. 1.7.93 in Düsseldorf
2. Paul S c h w e n k, geb. 8.8.1880 in Meißen
3. Walter Benedix Schönflies B e n j a m i n, geb.15.7.92 in Berlin
4. Walter E h r l i c h, geb.21.4.95 in Berlin
5. Lili H e y m a n n geb. Leikind, geb.16.5.10 in Leipzig.

I.A.

gez. Pfleiderer.

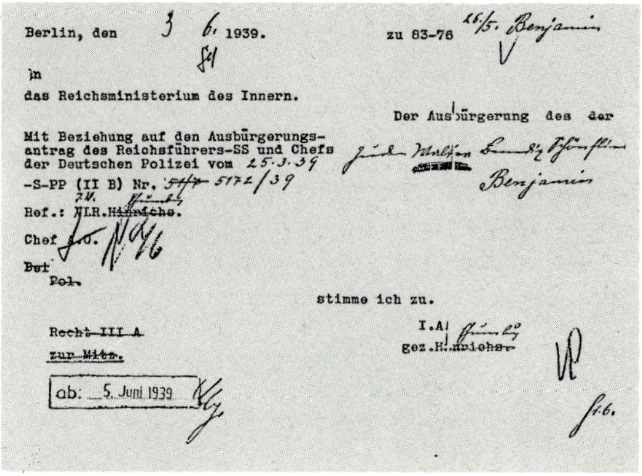

Berlin, den 3 6. 1939. zu 83-76 26/5. Benjamin

An
das Reichsministerium des Innern.

Mit Beziehung auf den Ausbürgerungsantrag des Reichsführers-SS und Chefs der Deutschen Polizei vom 25.3.39 -S-PP (II B) Nr. ~~5172~~ 5172/39

Ref.: ~~VLR.Hinrichs.~~

Chef

~~Pol.~~

Der Ausbürgerung des der Juden Walter Benedix Schönflies Benjamin

stimme ich zu.

I.A.
gez.H~~inrichs~~

~~Recht III A.~~
~~zur Mitz.~~

ab: 5. Juni 1939

Aberkennung der deutschen Staatsangehörigkeit *des Juden Walter Benedix Schönflies Benjamin.* Akten.

Letzte Seite:
Walter Benjamin 1938.
(Foto: Gisèle Freund)

nach für ihn Verwertbarem. Über solchen Sätzen mag Adorno manchmal hilflos kopfschüttelnd gesessen haben. Doch Benjamin fügte sich der Mahnung und setzte das auffällige Zitat in der dann gedruckten Fassung »Über einige Motive bei Baudelaire« an eine weniger exponierte Stelle, wo es zwischen zwei Baudelaire-Zitaten kaum noch Anstoß erregen konnte.[316] Höflich annonciert er Adorno seine beharrliche Nachgiebigkeit, die ihn das Zitat nicht einfach streichen ließ: »Es hat in dem jetzigen Text durch den veränderten Stellenwert eine minder anspruchsvolle Funktion übernommen.«[317] Ganz sicher, ob Adorno nicht vielleicht doch noch eine Streichung veranlassen würde, kann er sich aber nicht sein, deshalb heißt es sofort anschließend, daß er in seinem Aufsatz alles getan habe, um die inhaltlichen und technischen Forderungen zu erfüllen. »Ich wäre glücklich, wenn ihm keine einschneidenden Veränderungen (pour tout dire: Streichungen) zugedacht werden würden.«[318] Der Aufsatz erschien im achten Band der »Zeitschrift für Sozialforschung« 1939; das Simmelzitat, dort auf S. 86, wurde nicht gestrichen.
Walter Benjamin war ein Sammler nicht nur seltener Bücher, sondern auch seltener Sätze. Sein Trauerspiel-Buch war noch nicht begonnen, er besaß dafür noch keinen theoretischen Rahmen außer seiner Verurteilung der Ästhetik Volkelts; und er schreibt auch an Scholem, daß er »diese Sache . . . etwas von oben herab und presto«[319] absolvieren will, charakterisiert sie auch selbst mit dem Wort »einer tollkühnen Eskapade«[320] – und doch verkündet er mit einigem Stolz, welches Material er zur Vorbereitung der Niederschrift gesammelt habe: »ich verfüge allein über ca. 600 Zitate«.[321] Um diese herum schrieb er seine Arbeit, gruppierte um sie die eigenen theoretischen Erwägungen und verband sie untereinander mit tiefgreifenden Interpretationen. Die einfache numerische Erwähnung des gesammelten Schatzes verbürgt ihm die Niederschrift seiner Arbeit, und es ist kein Zufall, daß anschließend an diesen Satz von einigen seltenen Büchern berichtet wird, die er durch glücklichen Kauf seiner Bibliothek einverleiben konnte, und daß über die Eigenart dieser Bücher näheres gesagt wird als über die Herkunft des Zitatenschatzes, aus dem schließlich jenes Buch entstand, das Adorno später, die Umstände der Entstehung nicht erwähnend, Benjamins »theoretisch entfaltetstes Werk« nannte[322] – nicht zu Unrecht.

Es ist hier von einer merkwürdigen Theoriefeindlichkeit Benjamins gesprochen worden, und jenes letzte erwähnte Beispiel könnte sie bestätigen, doch entwickelte er gerade zum Trauerspiel-Buch eine »Erkenntniskritische Vorrede«, die einiges an vorhergegangener Theorie, nicht allein die Volkelts, weit einholt. Benjamin brauchte das aus dem Kontext isolierte Zitat als Objekt der Anschauung, um aus seinem Kern eine Theorie entwickeln zu können. Diese erwies sich dann als Offenlegung der Eigenart des Objekts. Der Sammler Benjamin enthüllte die Objekte, die unter seinem Blick ihr Geheimnis preisgaben, ohne sich je zu verraten. Immer war seine den Dingen, Zitaten wie Bildern, abgewonnene Theorie eine Theorie der Erkenntnis, die nie auf bloße Utilität hinauslief, auch in späteren, von vorgeblich marxistisch Orientierten gern zitierten Aufsätzen nicht. Seine Interpretationen bilden keine anwendbaren Muster, die übertragbar wären, da sie ihre spezifische Erkenntnis nur aus der intimen Anschauung eines einzigartigen Objektes gewinnen. Die Versenkung des Blicks ins Herz der Dinge ist einmalig und nicht wiederholbar; man mag es bedauern, daß eine interpretative Arbeit wie jene über die »Wahlverwandtschaften« zwar ein sprachliches Meisterwerk, aber nicht anwendend übertragbar sei – ihr Wert, der ihr darum von manchen bestritten werden mag, liegt eben darin. Nicht anders beim »Ursprung des deutschen Trauerspiels«: es bleibt das einzige Buch zu diesem Forschungsgegenstand, das Gültigkeit seiner Aussagen beanspruchen kann, und es ist eines, dem der germanistische Wissenschaftsbetrieb mit zahlreichen Einzeluntersuchungen nachzukommen versucht, um immer nur zu erfahren, daß Benjamin nicht unrecht hatte. Solcher Eigenart entspricht die Wirkungslosigkeit des Buches, zumal bei den Germanisten. Eine zeitgenössische Erwähnung in dem offiziösen »Jahresbericht über die wissenschaftlichen Erscheinungen auf dem Gebiete der neueren deutschen Literatur«,[323] sei hier als typische zitiert: »Das Buch bietet nichts Neues. Auf eine schwer lesbare ›erkenntniskritische Vorrede‹ folgen zwei große Abschnitte, die die Darstellung der Tragödientheorie, besonders der deutschen, vom Barock bis zur Gegenwart bringen. Verf. setzt sich gewissenhaft mit allen Theoretikern, insbesondere Volkelt, Nietzsche und dem Idealismus auseinander. Unglücklich ist, daß für den Barock zwar Aristoteles als unwichtig abgetan wird, daß aber dafür des Seneca, Vondel und

anderer kaum Erwähnung getan wird. Ich fand nur Opitz und gelegentlich Scaliger.«[324]
Die Materialsammlung für die Trauerspielarbeit war im Frühjahr 1924 beendet. Benjamins Haltung zu diesem Projekt war sehr skeptisch; für ihn sollte es ja vordergründig taktische Ziele verfolgen und entsprach nicht seinem wirklichen Interesse. »Was sich in monatelanger Lektüre und immer neuem Spintisieren angehäuft hat, liegt nun nicht sowohl als eine Masse von Bausteinen bereit, denn als Reisighaufen, an den ich den Funken der ersten Eingebung gewissermaßen umständlich von ganz woanders her heranzutragen habe. Die Arbeit der Niederschrift wird demgemäß, wenn es glücken soll, sehr erheblich sein müssen. Mein Fundament ist merkwürdig – ja, unheimlich – schmal: die Kenntnis einiger weniger Dramen; längst nicht aller, die in Frage kommen. Eine enzyklopädische Lektüre der Werke in dem winzigen Zeitraum, der mir zur Verfügung steht, hätte unfehlbar einen unüberwindlichen dégout in mir erzeugt. Die Betrachtung des Verhältnisses vom Werk und seiner ersten Eingebung, die alle Umstände der gegenwärtigen Arbeit mir nahelegten, führt mich zu der Einsicht: jedes vollkommene Werk ist die Totenmaske seiner Intuition.«[325]
Dieser letzte Satz gefiel seinem Autor so gut, daß er ihn leicht verändert in seine dreizehn Thesen zur Technik des Schriftstellers übernahm, die am 30. 10. 1925 in der »Literarischen Welt« erschienen; diese wiederum übernahm er in sein Reflexionenbuch »Einbahnstraße«. Dort heißt es: »Das Werk ist die Totenmaske der Konzeption.«[326] Eine Banalität, die den Nachteil der Wahrheit für sich hat.
Der rein zweckgebundene Charakter des Unternehmens wird besonders in einem Brief an Scholem deutlich: »ich plane, in der Hauptsache die Ausarbeitung im Auslande vorzunehmen. Anfang April will ich – auf Biegen oder Brechen – von hier fort und unter der Erleichterung des Lebens in einer großen und freiern Umwelt diese Sache soweit mir das gegeben ist etwas von oben herab und presto absolvieren ... Zuletzt wird sie durch das Tempo ihrer Entstehung und eine *relative* Isoliertheit von frühern Studien von mir, immer etwas von einer tollkühnen Eskapade behalten, welche mir freilich unbedingt die venia einbringen muß. Sie ist bei zunehmender Umdüsterung der finanziellen Situation auch insofern meine letzte Hoffnung, als ich hoffe, mit der Privatdozentur eine Anleihe

aufnehmen zu können. Aber auch sonst hängt meine Situation durchaus von der Frankfurter Sache ab. Wie ich unter diesen Umständen den Auslandsaufenthalt finanziere, steht mir noch nicht fest, doch bin ich im äußersten Fall sogar zu Opfern aus meiner Bibliothek entschlossen.«[327]

Das Gegenteil all dessen trat ein: die Arbeit wurde nicht »presto« geschrieben, sondern brauchte zwei Jahre; sie erwies sich letztlich nicht als isoliert von seinem Denken, sondern trieb es systematisch voran; sie brachte ihm nicht die erhoffte und zugleich insgeheim gefürchtete venia legendi als Privatdozent, und Benjamin opferte natürlich auch keine Kostbarkeiten aus seiner exklusiven Bibliothek, sondern er kaufte sich im Gegenteil gerade in diesen Tagen des Briefes wertvolle Barockliteratur, die selbst der Berliner Universitätsbibliothek fehlte. Das Geld dazu hatte er von seinem Vater, dem der nunmehr Zweiunddreißigjährige drei Briefe Hofmannsthals vorweisen konnte, in denen sich der berühmte Dichter lobend über den in Emil Benjamins Augen eher nichtsnutzigen Sohn äußerte. Der Vater setzte ihm auf Vorlage dieser Briefe auch eine karge Jahresrente aus, wobei es fraglich ist, ob er dabei das hohe Lob seines Sohnes berücksichtigte oder als Antiquar den Verkaufswert der umfangreichen Briefe Hofmannsthals.

Im Vertrauen auf diese halbwegs – auch durch die neugewonnene Währungsstabilität – sichere finanzielle Basis schließt sich Benjamin Ende März oder Anfang Mai 1924 dem Ehepaar Gutkind an und reist nach Capri. Die Insel war, ohne daß Benjamin dies wissen konnte, in diesen Monaten ein internationaler Treffpunkt: Sofia Krilenko, die Schwester des sowjetischen Justizkommissars, hielt sich dort auf, der Futurist Marinetti, der Schriftsteller Maxim Gorki; zeitweilig war Brecht mit Marianne Zoff dort, der zu seinem Freund und Bühnenbildner Caspar Neher nach Positano will – das Bühnenbild zum Galilei hält die Erinnerung an diesen Ort fest –, auch Melchior Lechter, der die prachtvollen George-Bände entworfen hatte: »Ein freundlicher sehr soignierter alter Herr mit einem runden roten Kindergesicht. Er geht an Krücken.«[328] Lapidar heißt es bei Benjamin: »es sind kaum bemerkenswerte Leute hier. Eine bolschewistische Lettin aus Riga, die am Theater spielt und Regie führt, eine Christin, ist am meisten bemerkenswert.«[329] Diese »Bolschewistin«, wie sie Benjamin in diesem Brief auch nennt, war Frau Anna, genannt Asja, Lacis, Lebensgefährtin des Regisseurs Bernhard Reich, der im September 1923 an die Münchener Kammerspiele verpflichtet worden war, die gerade Brechts »Eduard« aufführen wollten. Asja Lacis hatte in Moskau im Studio Kommisarschewskis studiert und war mit der sowjetischen Kunstpolitik gut vertraut. Der große Frager Brecht ließ sich von ihr über die revolutionären Ereignisse erzählen und verpflichtete sie als seine Regieassistentin; er gab ihr auch eine kleine Rolle in seinem Stück.

In ihrem nicht sehr zuverlässigen Erinnerungsbuch erzählt sie, wie sie Benjamin auf Capri kennenlernte. Bernhard Reich war für einige Wochen nach München zurückgekehrt, und sie war mit ihrer Tochter Daga allein. »In einem Laden wollte ich einmal Mandeln kaufen. Ich wußte nicht, wie Mandeln auf italienisch heißen, und der Verkäufer begriff nicht, was ich von ihm haben wollte. Neben mir stand ein Mann und sagte: ›Gnädige Frau, darf ich Ihnen helfen?‹ ›Bitte‹, sagte ich. Ich bekam die Mandeln und ging mit meinen Paketen auf der Piazza – der Herr folgte mir und fragte: ›Darf ich Sie begleiten und die Pakete tragen?‹ Ich schaute ihn an – er fuhr fort: ›Gestatten Sie, daß ich mich vorstelle – Doktor Walter Benjamin‹ – ich nannte meinen Namen. Mein erster Eindruck: Brillengläser, die wie kleine Scheinwerfer Lichter werfen, dichtes dunkles Haar, schmale Nase, ungeschickte Hände – die Pakete fielen ihm aus der Hand. Im ganzen – ein solider Intellektueller, einer von den Wohlhabenden. Er begleitete mich ans Haus, verabschiedete sich und fragte, ob er mich besuchen dürfe.«[330]

Seinen Wunsch erfüllt er sich schon am nächsten Abend. Die Szene, wie er die Tochter Daga kennenlernt, ist in der »Einbahnstraße« erzählt: »Ein Kind, im Nachthemd, ist nicht zu bewegen, einen eintretenden Besucher zu begrüßen. Die Anwesenden, vom höheren sittlichen Standpunkt aus, reden ihm, um seine Prüderie zu bezwingen, vergeblich zu. Wenige Minuten später zeigt es sich, diesmal splitternackt, dem Besucher. Es hatte sich inzwischen gewaschen.«[331]

Das Kind vermittelt erste Gesprächsthemen: sie erzählt von ihrem Kindertheater in Orel, er vermutlich von seiner Kinderbuchsammlung. Es ergibt sich in den nächsten Tagen ein intensiver, regelmäßiger Informationsaustausch. »Ich mußte ihm ausführlich erzählen, nicht nur vom moskauer Theater, sondern auch von den neuen sozialistischen Sitten, von den

neuen Schriftstellern und Dichtern ... Er revanchierte sich und erzählte mir von der modernen französischen Literatur, von André Gide und dem Roman ›Die Falschmünzer‹, von Marcel Proust, den er ganz unglaublich fand, und übersetzte mir vom Blatt einige seitenlange Beschreibungen ... Er brachte mir die Anekdoten und die kleinen Geschichten von Heinrich von Kleist, von denen er sehr begeistert war; einer seiner Lieblingsschriftsteller war Jean Paul.
Benjamin führte in Capri ein unregelmäßiges Leben, oft aß er gar nicht zu Mittag, höchstens eine Tafel Schokolade.«[332]
Für die schöne, aber naive Asja, die sich Benjamin als wohlhabend dachte, mußte dieses unregelmäßige Leben als Boheme erscheinen; es war in Wirklichkeit Ausdruck der finanziellen Misere. Benjamin hatte die Frau zwei Wochen lang beobachtet, bevor er sie ansprach; kein Zweifel, daß er gleich in sie verliebt war. Mit ihr und Daga fuhr er nach Paestum, nach Pompeji und Neapel. Er schlug ihr vor, einen Artikel über Neapel gemeinsam zu schreiben; das Projekt wurde realisiert und der Artikel am 19. August 1925 in der »Frankfurter Zeitung« veröffentlicht. Adorno urteilte, daß »schwer ein Zweifel daran sein kann, daß diese Arbeit ganz und gar das Produkt Benjamins war«,[333] doch wird er wohl nur gemeinsame Eindrücke in Absprache mit ihr endgültig formuliert haben. Benjamin sprach mit Asja Lacis auch über die Arbeit am Trauerspiel-Buch, die ihn gerade beschäftigte, aber als sie hörte, »daß es sich um eine Analyse der deutschen Barocktragödie des 17. Jahrhunderts handele, daß diese Literatur nur wenige Spezialisten kennen, diese Tragödien niemals gespielt werden – zog ich eine Grimasse: wozu sich mit toter Literatur beschäftigen?«[334] Als Kommunistin, die ihren Kopf mit vermeintlich aktuellen Tageskämpfen füllte, konnte Asja Lacis nicht wissen, daß es keine tote Literatur gibt, außer der, welcher die gerade Lebenden nicht genügen können. Benjamin aber, in Unkenntnis so einfältiger Verdrängungstechnik, war irritiert.
Es gibt eine nicht unerhebliche Zahl von Interpreten, die hier einen radikalen Wendepunkt in Benjamins Denken sehen. Sie wollen ihn zumindest sehen, da ihr Theorievermögen an solchem Modell anspringt: Benjamin, der depravierte Privatgelehrte, trifft auf eine schöne Kommunistin, in die er sich zwar verliebt, die aber ihn von der Idee des Kommunismus überzeugt. Diese Erfindung mit allen ihren Konsequenzen

einer Werkeinteilung in theologisch-früh, marxistisch-spät ist falsch und spricht nur vom politischen Standort der Interpreten, nicht von dem Benjamins. Hier sind die biographischen Zeugnisse genau zu beachten; vor allem ist die Abneigung Benjamins gegen die Weimarer Republik und den Parlamentarismus, die er bereits in seiner »Kritik der Gewalt« geäußert hatte, und die ihn in die Nähe des Antiparlamentaristen und späteren Nazis Carl Schmitt brachte, zu berücksichtigen – und auch seine Forschungsintentionen.

Für seine äußerst distanzierte Haltung zur Weimarer Republik gibt es hier ein wichtiges Zeugnis: im Juni 1924, als er mit Asja Lacis schon engeren Kontakt hatte, abonnierte er die ganz rechtsgerichtete französische Zeitung »Action Française«, deren antidemokratische Perspektive für ihn die einzige ist, »von der aus man die Details der deutschen Politik betrachten kann, ohne zu verdummen«.[335] Der Einbezug marxistischer Perspektiven in Benjamins Denken erfolgte nicht durch Vermittlung Asja Lacis, die sein Interesse nur vertiefte, sondern zunächst durch Ernst Bloch, der im Dezember 1923 nach langer Zeit wieder in Berlin mit Benjamin zusammenkam. Bloch arbeitete an einer Rezension des gerade erschienenen Buches »Geschichte und Klassenbewußtsein« von Georg Lukács; es ist fast ausgeschlossen, daß Bloch darüber mit Benjamin nicht gesprochen haben sollte. Die Rezension erschien im Märzheft des »Neuen Merkur«, und Benjamin nahm das Heft und das Buch mit nach Capri. Er schreibt darüber im Juni an Scholem: »Die Besprechung scheint bei weitem das Beste, was er seit langem gemacht hat und das Buch selbst sehr, besonders mir sehr wichtig.«[336] Diese Hervorhebung ist auffällig; sie wird in einer Erläuterung verständlicher: Benjamin zeigt sich deshalb von diesem Buch frappiert, da »Lukács von politischen Erwägungen aus in der Erkenntnistheorie, mindestens teilweise, und vielleicht nicht ganz so weitgehend wie ich zuerst annahm, zu Sätzen kommt, die mir sehr vertraut oder bestätigend sind«.[337] (Scholems Satz: »Auf Capri hatte er das Buch von Lukács noch gar nicht gelesen«[338] ist schon durch die Ortsangabe des Absenders zu widerlegen.) Er wird mit etwas Bekanntem konfrontiert, wenngleich aus marxistischer Perspektive.

Was Benjamin bei Lukács wiederfindet, sind Sätze aus seinem Brief an Florens Christian Rang vom 9. Dezember 1923 – nur Tage, bevor ihn Bloch über das epochale Buch »Geschichte und

Kritik der "Kunstgeschichte"

Klassenbewußtsein« informierte. Im Zusammenhang mit der Vorarbeit am Trauerspielbuch entwickelte Benjamin in diesem Brief Gedanken, die auf der einen Seite seine metaphysisch orientierten Ausführungen im Aufsatz über die Sprache weiterführen und schließlich nahezu wörtlich in die Einleitung zum Trauerspielbuch eingehen, die aber auf der anderen Seite eine Theorie der Kunstkritik enthalten, die im »Gegensatz gegen alle kurrenten Methoden der Kunstbetrachtung« steht, und die ihm die wenig später erfolgende Konfrontation mit marxistischem Gedankengut wesentlich vereinfachte. Er schreibt: »Mich beschäftigt nämlich der Gedanke, wie Kunstwerke sich zum geschichtlichen Leben verhalten. Dabei gilt mir als ausgemacht, daß es Kunstgeschichte nicht gibt ... Es kommt bei den Untersuchungen der kurrenten Kunstgeschichte immer nur auf Stoff-Geschichte oder Form-Geschichte hinaus, für welche die Kunstwerke nur Beispiele, gleichsam Modelle, herleihen ...«[339] Bei Lukács, der die Autonomie der bürgerlichen, spezialisierten Arbeitsbereiche kritisiert, heißt es nun entsprechend, daß es für den Marxismus »keine selbständige Rechtswissenschaft, Nationalökonomie, Geschichte« gibt, sondern nur eine geschichtlich-dialektische »Wissenschaft von der Entwicklung der Gesellschaft als Totalität«.[340]

Benjamin hatte in seinem Brief kritisiert, daß »die sogenannte ›Geschichte‹ der Philosophie entweder uninteressante Dogmen- oder gar Philosophen-Geschichte ist, oder aber Problemgeschichte«,[341] und las nun bei Lukács in dessen Erklärung der dialektischen Methode als einer zur Erkenntnis der Totalität der Geschichte dienenden: »Darum verlieren für sie ›ideologische‹ und ›ökonomische‹ Probleme ihre gegenseitige starre Fremdheit und fließen ineinander über. *Die Problemgeschichte wird tatsächlich zu einer Geschichte der Probleme ...* Die Geschichte der Philosophie wird zur Philosophie der Geschichte.«[342]

Für Benjamin müssen solche Sätze beim ersten Lesen als glückliche Antwort auf seine akuten Überlegungen erschienen sein. Aber das Erstaunen über die Vertrautheit mancher Gedanken führt noch weiter zurück. Schon 1920/21 hatte Benjamin in seinem theologisch-politischen Fragment formuliert, daß Geschichte nicht als Entwicklung auf eine Erlösung hin verstanden werden darf, daß sie mithin kein Endziel in sich hat, sondern auf einen messianischen Erlöser angewiesen ist,

der nach jüdischem Glauben in jeder Sekunde eintreten kann. Benjamin findet dies, politisch anders gewendet, bei Lukács wieder: »Denn wie das Reich der Freiheit uns nicht auf einmal, gewissermaßen als gratia irresistibilis, geschenkt werden kann, wie das ›Endziel‹ nicht außerhalb des Prozesses auf uns irgendwo wartet, sondern jedem einzelnen Moment des Prozesses prozeßhaft innewohnt, so ist die kommunistische Partei, als revolutionäre Bewußtseinsform des Proletariats, ebenfalls etwas *Prozeßartiges.*«[343]
Vermutlich deshalb, weil eine politische Institution, sogar nur eine Partei, als Bannerträger der Wahrheit genannt wird, mißtraut Benjamin diesen zuerst so vertraut klingenden Sätzen. Denn die »Partei« erscheint für ihn nicht allein in solcher Theorie, sondern vor allem in ihrer ihm nicht genau vertrauten Praxis, und mit Recht fragte er sich, ob die Wendungen von Lukács nicht einzig demagogische Phrasen sind. In jenem Fragment von 1920/21 hatte er seine philosophische Lebenshaltung als »Nihilismus« bezeichnet; es ist sicher kein Zufall, wenn er von einer wiederholten, intensiveren Beschäftigung mit Lukács erwartet, daß die »Fundamente meines Nihilismus sich manifestieren würden«.[344] Immerhin aber notiert er, daß »Vieles von dem, was ich mir in meinen bisherigen diesbezüglichen Überlegungen ertastet hatte, bei denen, mit welchen ich davon sprach – (er meint Asja Lacis) – auf ein sehr überraschendes Interesse stieß«;[345] damit ist sehr vornehm ausgedrückt, daß die junge Kommunistin seine unerwarteten Lektüreerfahrungen und ihre Beziehung zu seinem philosophischen Denken überhaupt nicht verstand. Was sie verstand, war, daß Benjamin sich scheinbar plötzlich für den Kommunismus interessierte. Tatsächlich war für Benjamin durch die Lukács-Lektüre nun auch die politische Praxis der Kommunisten ins Blickfeld gerückt, aber er war dadurch nicht einfach »bekehrt«; sein Denken erweiterte sich nur um eine neu gewonnene Perspektive.
Die Diskussionen mit Asja Lacis belasteten sein Trauerspielprojekt mehr als sie es beförderten. Zudem mußte Benjamin noch eine aus Berlin mitgebrachte Auftragsarbeit erledigen: die Übersetzung des Romans »Ursule Mirouet«, der im Rahmen der berühmt gewordenen Balzacausgabe von Rowohlt 1925 erschien.
Gegen Ende September fuhr Asja Lacis zu Bernhard Reich

zurück, der inzwischen in Paris war; am 10. Oktober verläßt auch Benjamin die Insel: »Ich will den Monat Oktober reisen, nicht so sehr Rom als Florenz, Ravenna, Assisi, Ferrara sehen und, wenn keine Schwierigkeiten sich erheben, nach Paris.«[346] Dieser Abstecher zu Asja Lacis nach Paris kam nicht zustande; im November 1924 war Benjamin wieder in Berlin. Von dort schreibt er an Scholem, daß die neuen Erfahrungen ihn bewogen hätten, »die aktualen und politischen Momente in meinen Gedanken nicht wie bisher altfränkisch zu maskieren, sondern zu entwickeln, und das, versuchsweise, extrem«.[347] Zuvor aber will er das Frankfurter Habilitationsproblem unbedingt gelöst haben. Im Februar 1925 fährt er nach Frankfurt und äußert sich zunächst recht zuversichtlich: »Vor fast allem, was mit dem glücklichen Ausgang gegeben wäre, graut mir: Frankfurt voran, dann Vorlesungen, Schüler, etc.«[348] Er weiß schon jetzt: »diese Arbeit ist für mich ein Schluß – um keinen Preis ein Anfang. Bereits mit der nächsten ..., der ›Neuen Melusine‹ will ich ins Romantische zurück und (vielleicht schon) ins Politische voran; ganz anders polar arbeiten, als in dem mir nun zu temperierten Klima der Barockarbeit, wiewohl sie auf andere nicht ganz so temperiert wirken dürfte.«[349] Benjamin überschätzte hier die Bereitschaft der Fakultät, etwas auch nur mißzuverstehen; der Germanist Schultz, der die Arbeit vertreten sollte, wollte sie in den Fachbereich Ästhetik und Kunstwissenschaft abschieben, wo Hans Cornelius residierte. Franz Schultz selbst, der außer durch seine bestechende Mittelmäßigkeit nur durch seine Eitelkeit und Vorliebe für hübsche Studentinnen auffiel, gestand mit solchem Vorschlag seine intellektuelle Inkompetenz ein. Er dankte später, in seiner ersten Vorlesung unterm Naziregime, der Vorsehung dafür, daß eine klägliche Zeit mit einer ebenso kläglichen literarischen Produktion nun vorüber sei, und nahm natürlich auch im Talar an der örtlichen Bücherverbrennung teil. Der von Benjamin überforderte Schultz behandelte die Angelegenheit dilatorisch: im Mai erbittet er vom Kunstwissenschaftler Cornelius ein Gutachten, das am 7. Juli vorliegt. Von diesem Gutachten bekommt der Romanist Matthias Friedwanger Kenntnis, der vermittelnd eingreifen wollte, aber an den mit ihm befreundeten Schwiegervater Benjamins, Professor Kellner, schließlich doch nur die Aussichtslosigkeit des Projektes nach Wien melden konnte. Aus Wien bekam dann Benjamin die Nachricht weitervermittelt; er erkundigt sich schleunigst bei seinem Mentor Salomon nach Details, der ihm aber nur von der übereinstimmenden Meinung der Fakultät berichten kann: er solle sein Habilitationsgesuch sofort zurückziehen. Am 27. Juli 1925 formulierte Schultz dann, unter ausdrücklichem Bezug auf das Gutachten, diese Meinung in einem Brief an Benjamin, der daraufhin im September seinen Antrag förmlich zurücknahm.

Eigentlich hatte er »der Fakultät das ganze Risiko einer negativen Entscheidung«[350] überlassen wollen, und es ist bedauerlich, daß er es nicht tat. Er nahm sich damit die Möglichkeit, der späteren Buchausgabe der Trauerspielarbeit jene kleine Vorrede voranzustellen, die er nach der vorweggenommenen Ablehnung verfaßte, und die nun, in Kommentare abgedrängt, nur wenig bekannt ist, obwohl sie zu diesem Buch unbedingt gehört:

»Ich möchte das Märchen vom Dornröschen zum zweiten Male erzählen.

Es schläft in seiner Dornenhecke. Und dann, nach so und so viel Jahren wird es wach.

Aber nicht vom Kuß eines glücklichen Prinzen.

Der Koch hat es aufgeweckt, als er dem Küchenjungen die Ohrfeige gab, die, schallend von der aufgesparten Kraft so vieler Jahre, durch das Schloß hallte.

Ein schönes Kind schläft hinter der dornigen Hecke der folgenden Seiten.

Daß nur kein Glücksprinz im blendenden Rüstzeug der Wissenschaft ihm nahe kommt. Denn im bräutlichen Kuß wird es zubeißen.

Vielmehr hat sich der Autor, es zu wecken, als Küchenmeister selber vorbehalten. Zu lange schon ist die Ohrfeige fällig, die schallend durch die Hallen der Wissenschaft gellen soll.

Dann wird auch diese arme Wahrheit erwachen, die am altmodischen Spinnrocken sich gestochen hat, als sie, verbotenerweise, in der Rumpelkammer einen Professorentalar sich zu weben gedachte.«[351]

Zur Wirkung erweckt ist dieses Buch noch heute nicht. Dies liegt nicht allein daran, daß es ein »schwieriges« Buch ist – es ist, wie schon der Wahlverwandtschaftenaufsatz, ein sehr privates, das seinen offiziösen Anspruch, die Rettung der Allegorie, nur recht mühsam vorbringt. Das ursprünglich vorgesehene Motto der Einleitung war: »Über Stock und über Steine/Aber brich Dir nicht die Beine«;[352] es gilt für den Leser, aber auch für den Autor, der für die Einleitung seine frühere Sprache-Arbeit benutzte und für eine Theorie des Tragischen einzig auf Anregungen des Freundes Rang zurückgriff, wobei anläßlich der häufigen Zitation Rosenzweigs von Gottfried Salomon bemängelt wurde, daß dessen Ausführungen über das Tragische sich schon bei Hegel fänden. Benjamin hatte die »Ästhetik« Hegels dazu nicht gelesen; der Einwand berührte ihn nicht. Er hatte doch »sein« Buch geschrieben, nicht das der Philologen. Der Titel »Ursprung des deutschen Trauerspiels« ist doppelsinnig: er mag ebenso die literarische Gattung meinen wie auch über die zeitgenössische gesellschaftliche Lage urteilen. Auch wenn Benjamin zu dem letzteren, versteckten Aspekt sich diskursiv nicht geäußert zu haben scheint, enthält der Text doch einige nicht immer leicht erkennbare Hinweise, wie sehr der Autor die Arbeit über den literarischen Anlaß hinaus in soziologischer Hinsicht zu aktualisieren vermochte.

Zunächst stellt er seine Untersuchung als »kunstphilosophische Abhandlung« vor,[353] um jedoch dann, von der Idee des »Ursprungs« ausgehend, sie als eine geschichtliche zu legitimieren. Mit dem literarhistorisch gebräuchlichen Begriff der »Entstehung« freilich hat dies nichts gemein. »Im Ursprung wird kein Werden des Entsprungenen, vielmehr dem Werden und Vergehen Entspringendes gemeint. Der Ursprung steht im Fluß des Werdens als Strudel und reißt in seine Rhythmik das Entstehungsmaterial hinein. Im nackten offenkundigen Bestand des Faktischen gibt das Ursprüngliche sich niemals zu erkennen, und einzig einer Doppeleinsicht steht seine Rhythmik offen. Sie will als Restauration, als Wiederherstellung einerseits, als eben darin Unvollendetes, Unabgeschlossenes andererseits erkannt sein. In jedem Ursprungsphänomen bestimmt sich die Gestalt, unter welcher immer wieder eine Idee mit der geschichtlichen Welt sich auseinandersetzt, bis sie in der Totalität ihrer Geschichte vollendet daliegt. Also hebt sich der Ursprung aus dem tatsächlichen Befunde nicht heraus, sondern er betrifft dessen Vor- und Nachgeschichte ... Die Kategorie des Ursprungs ist also nicht, wie Cohen meint, eine rein logische, sondern historisch.«[354] Wie scheinbar gewiß Benjamin dies auch hier formuliert: erst viel später, beim

Studium des Goethe-Buches von Georg Simmel, wurde ihm, wie er dann in einer Notiz formuliert, »unwidersprechlich deutlich, daß mein Begriff des ›Ursprungs‹ im Trauerspielbuch eine strenge und zwingende Übertragung dieses goetheschen Grundbegriffs aus dem Bereich der Natur in das der Geschichte ist. ›Ursprung‹ – das ist die (!) theologisch und historisch differente, theologisch und historisch lebendige und aus den heidnischen Naturzusammenhängen in die jüdischen Zusammenhänge der Geschichte eingebrachte Begriff des Urphänomens. ›Ursprung‹ – das ist Urphänomen im theologischen Sinne. Nur darum kann er den Begriff der Echtheit erfüllen.«[355] Der Kern der Ursprungsidee liegt in jener »Echtheit« der aufgewiesenen Gegenstände, welche im Akt des Wiedererkennens manifest wird. Wiedererkannt wird die innerste Struktur, die Idee, der Fakten aus »den ohnmächtigsten und unbeholfensten Versuchen sowohl wie in den überreifen Erscheinungen der Spätzeit«.[356] Letzteres ist eine Anspielung auf die zeitgenössisch künstlerische Problematik des Expressionismus, zu der Benjamin seine Darlegung der Allegorie, der Emblematik und des Rituals betont in analoge Bezüge setzte. Dieser Ansatz der analogen Formsprache als Ausdruck einer spezifischen künstlerischen Erkenntnis wurde von der Forschung nicht verstanden. In F. J. Schneiders Untersuchung von 1927 »Der expressive Mensch und die deutsche Lyrik der Gegenwart« wird anläßlich expressionistischer Verse noch von barocker Ausdruckslyrik geredet und ein diffuses metaphysisches Grundgefühl für Analogien verantwortlich gemacht.
Die Idee der Dinge wird in ihren Extremen, auch in ihren »scheinbaren Exzessen der Entwicklung«[357] erkannt und dargestellt als Monade. »Die Idee ist Monade – in ihr ruht prästabiliert die Repräsentation der Phänomene als in deren objektiver Interpretation. Je höher geordnet die Ideen desto vollkommener die in ihnen gesetzte Repräsentation. Und so könnte denn wohl die reale Welt in dem Sinne Aufgabe sein, daß es gelte, derart tief in alles Wirkliche zu dringen, daß eine objektive Interpretation der Welt sich drin erschlösse ... Die Idee ist Monade – das heißt in Kürze: jede Idee enthält das Bild der Welt. Ihrer Darstellung ist zur Aufgabe nichts Geringeres gesetzt, als dieses Bild der Welt in seiner Verkürzung zu zeichnen.«[358]
Niemand wird nach diesen Sätzen erwarten können, eine

literarhistorische Arbeit über die Entstehungszusammenhänge des deutschen Trauerspiels im Barock vorzufinden. Vorgewarnt, daß er keine Untersuchung eines literaturhistorischen Teilabschnittes hier finden werde, war der Leser schon durch das Motto der Arbeit. Benjamin zitiert als Motto einen Absatz aus Goethes »Materialien zur Geschichte der Farbenlehre«, in dem es heißt, daß man sich »die Wissenschaft notwendig als Kunst denken (müsse), wenn wir von ihr eine Art von Ganzheit erwarten. Und zwar haben wir diese nicht im Allgemeinen, im Überschwänglichen zu suchen, sondern, wie die Kunst sich immer ganz in jedem einzelnen Kunstwerk darstellt, so sollte die Wissenschaft sich auch jedesmal ganz in jedem einzelnen Behandelten erweisen.«[359] Das Verfahren geht deutlich auf Totalität. »Die Vertiefung oder historische Perspektive in dergleichen Untersuchungen kennt, sei es ins Vergangene oder ins Künftige, prinzipiell keine Grenzen. Sie gibt der Idee das Totale.«[360] Es sei angemerkt, daß Adorno in seinem letzten Werk Form, Intention und Doppelsinn des Titels von Benjamin übernahm. Denn »Ästhetische Theorie« sagt nicht nur: Theorie der Ästhetik, sondern ebenso: Theorie als ästhetische, wobei letzteres jene auch auf Benjamins Werk bezügliche Spur meint, »welche Gestaltung in allem Gestalteten ohne Gewalt hinterläßt: das Versöhnliche von Kultur in der Kunst, das noch dem heftigsten Protest eignet«.[361] Unzweifelbar, daß wie Benjamin auch Adorno beides zu einigen beabsichtigte; als Motto plante er ein Wort Schlegels: »In dem, was man Philosophie der Kunst nennt, fehlt gewöhnlich eins von beiden; entweder die Philosophie oder die Kunst.«[362] Verbindlich formulierte er: »So wenig Ästhetik hinter der Kunst zurückbleiben darf, so wenig darf sie hinter der Philosophie zurückbleiben.«[363]

Die Perspektive der Totale ist die auf die Monade bzw. auf deren Repräsentation der Phänomene, und wie die Idee der Monade die innerste Struktur der Dinge enthält, so birgt auch das echte Einzelne die Wahrheit: »Das höchste Wirkliche der Kunst ist isoliertes, abgeschlossenes Werk.«[364]

Vom abgeschlossenen, vollendeten und zur Ruhe gelangten Trauerspiel aus kommt Benjamin zur traktatförmigen Darstellung der Welt in einem spezifisch historischen Zustand. Zunächst identifiziert er die zeitgenössische Literatur in ihren Analogien zum Barock: »Die Übung, Adjektiva, die keinen

adverbialen Gebrauch kennen, mit dem Hauptwort zum Block zusammenzupressen, ist nicht von heute. ›Großtanz‹, ›Großgedicht‹ (d.h. Epos) sind barocke Vokabeln. Neologismen finden sich überall. Heute wie damals spricht aus vielen darunter das Werben um neues Pathos ... Die barocken Übersetzer fanden Freude an den gewaltsamsten Prägungen wie sie bei Heutigen zumal als Archaismen begegnen, in denen man der Quelle des Sprachlebens sich zu versichern meint. Immer ist diese Gewaltsamkeit Kennzeichen einer Produktion, in welcher ein geformter Ausdruck wahrhaften Gehalts kaum dem Konflikt entbundener Kräfte abzuringen ist. In solcher Zerrissenheit spiegelt die Gegenwart gewisse Seiten der barokken Geistesverfassung bis in die Einzelheiten der Kunstübung. Dem Staatsroman, dem damals wie heute sich angesehene Autoren widmeten, stehen die pazifistischen Bekenntnisse der Literaten zum simple life, zur natürlichen Güte des Menschen heute so gegenüber wie damals das Schäferspiel.«[365]
Für den zeitgenössischen Leser, der diese noch zur Einleitung gehörenden Sätze zur Kenntnis nahm, offenbarte sich mehr über die expressionistische Kunst in ihnen als über die des Barock. Doch die Analogien finden eine gewichtige Differenz nicht in der Form, sondern im Wesen der Dichtung. Während die Barockliteratur bedeutungsvoll für die Neugeburt Deutschlands im 17. Jahrhundert wurde, urteilt Benjamin hart über die zeitgenössische: »Die zwanzig Jahre deutschen Schrifttums dagegen, die zur Erklärung des erwachten Anteils an der Epoche angezogen wurden, bezeichnen einen, wie auch immer vorbereitenden und fruchtbaren, Verfall.«[366] Über einer derart bezeichneten Differenz darf nicht vergessen werden, daß die Kategorie des Verfalls erkenntnistheoretisch im Zentrum des Trauerspiel-Buches steht, daß also Benjamin von ihr, d.h. von der subjektiv erfahrenen zeitgenössischen Situation aus einzig in der Lage ist, das Trauerspiel als trauriges Spiel der untröstbaren Verzweiflung im Gegensatz zur Tragödie griechischen Vorbilds mit ihren unbeugsamen Charakteren als spezifisch eigene Gattung zu erkennen und in seinen Eigenheiten zu begründen. Gerade die zeitkritische Erkenntnis einer historischen Verfallssituation (hier die Weimarer Republik) ermöglicht im Wiedererkennen die Entdeckung des Gegenstands.
Das Bekenntnis immerhin ist bemerkenswert: daß von 1904

bis 1924 alle deutsche Literatur nur Zeugnis des eigenen Niedergangs sei; wieder erkennt man hier die Abneigung Benjamins gegen die Kultur der Weimarer Republik. Nicht allein literarisch, auch im soziologischen Bereich empfand er die Situation in Deutschland als zunehmend entwürdigend, weshalb es ihm bei seiner Flucht 1933 nur um die verlorenen Publikationsmöglichkeiten leid tat. Noch in der bittersten Zeit des Exils, 1939, schrieb er: »Das Heimweh nach Deutschland hat seine problematischen Seiten; Heimweh nach der Weimarer Republik ... ist einfach tierisch«[367] – für den sonst zurückhaltenden Autor ein starkes Wort. Nach der Kennzeichnung der Weimarer Kultur als einer Verfallskultur hatte auch deren Ende für ihn keine Schrecken; er mußte Hitlers Machtübernahme als konsequent ansehen. Keine Überraschung spricht aus seinen Briefen, nur die Not des Betroffenen.

In Kenntnis dieser Ausgangsposition Benjamins verstehen sich einige Sätze hintergründiger, als sie nur aufs Barock gemünzt erscheinen. So heißt es, daß das Wort »Trauerspiel« im 17. Jahrhundert »vom Drama und historischen Geschehen gleichermaßen« galt,[368] daß überhaupt die Weltgeschichte als ein großes Trauerspiel angesehen wurde, dem das Weltgericht am Ende notwendig kommen müßte – im jüdischen Sinn als Katastrophe.[369]

Den neuralgischen Punkt reichsdeutscher Geschichte bildete damals in immer neuen, durch die Reparations-Kontroversen wachgehaltenen Diskussionen die Weltkriegsproblematik, nicht zuletzt die Ausgangssituation von 1914. Es ist kein nur literarhistorisch interpretierender Satz Benjamins, daß zum deutschen Trauerspiel die Antithese zwischen Herrschermacht und Herrschvermögen gehört; vielmehr rekapituliert er damit ein dunkles Thema deutscher Geschichte. Seinen Satz: »Es webte ein schreckliches Geheimnis nicht erst für dieses Zeitalter um den König«[370] kann man noch als Aussage über den im Kontext erscheinenden Herodes verstehen, der »als wahnwitziger Selbstherrscher ein Emblem der verstörten Schöpfung wurde«[371] – wobei »dieses Zeitalter« das barocke des Gryphius und Hallmann, nicht aber das moderne der »Salome« Oscar Wildes meint – doch endet solches produktiv nachvollziehendes Mißverstehen am Satz von der »Entschlußunfähigkeit des Tyrannen. Der Fürst, bei dem die Entscheidung über den Ausnahmezustand ruht, erweist in der erstbesten Situation, daß ein Entschluß ihm fast unmöglich ist.«[372] Die Charakteristik Wilhelms II. zu Beginn der Kriegssituation 1914 ist hier recht deutlich, zumal in jenem Zusatz, daß nicht Gedanken, sondern schwankende physische Impulse die Entscheidung bestimmen.

Ein Buch über die Welt in der Verkürzung über die Idee des Trauerspiels, ein Buch über das Trauerspiel als strukturelles Wesen der zeitgenössischen Welt? Zum traurigen Spiel gehört der Untröstliche, und es ist Benjamins Rolle darin; ein subjektives Buch ist es kraft seiner Weise der Erkenntnis ohnehin und gerade dort, wo es die Maske der Wissenschaft überzieht. Unübertrefflich listig hat Benjamin seine ironische Haltung zu der als Habilitationsschrift intentionierten Arbeit in dieser selbst vermittels eines Zitats aus dem Werk von Novalis ausgewiesen: »Auch Geschäftsarbeiten kann man poetisch behandeln... Eine gewisse Altertümlichkeit des Stils, eine richtige Stellung und Ordnung der Massen, eine leise Hindeutung auf Allegorie, eine gewisse Seltsamkeit, Andacht und Verwunderung, die durch die Schreibart durchschimmert, – dies sind einige wesentliche Züge dieser Kunst.«[373] Es ist heute schwer begreiflich, daß solche Selbstironisierung nicht erkannt wurde.

Doch ernstlicher und weittragender auch führte er sich als Melancholiker ein; biographisch korrekt, da er »unterm Saturn zur Welt kam – dem Planeten der langsamen Umdrehung, dem Gestirn des Zögern und Verspätens«.[374] Sonderbar, wie weit Benjamin dieser astrologischen Bestimmung gehorchte, zumal dem Verspäten. Unter der Bezeichnung »Zu spät gekommen« gibt es in seinem Erinnerungsbuch »Berliner Kindheit« einen kurzen Abschnitt, der in der Schulanekdote weit über deren Inhalt hinausgeht und das substantiell Unglückliche seines Lebens schon hier festhält: »Die Uhr im Schulhof sah beschädigt aus durch meine Schuld. Sie stand auf ›zu spät‹. Und auf den Flur drang aus den Klassenräumen, die ich streifte, Murmeln von geheimer Beratung. Lehrer und Schüler dahinter waren Freund. Oder alles schwieg still, als erwarte man einen. Unhörbar rührte ich die Klinke an. Die Sonne tränkte den Flecken, wo ich stand. So schändete ich meinen grünen Tag und öffnete. Niemand schien mich zu kennen. Wie der Teufel den Schatten des Peter Schlehmihl, hatte der Lehrer mir meinen Namen bei Beginn der Stunde einbehalten. Ich sollte nicht mehr an die Reihe kommen. Leise schaffte ich mit bis Glockenschlag. Aber es war kein Segen dabei.«[375]

Jenes Verspäten, das kein dummer und nachträglich gutzumachender Zufall für ihn gewesen ist, bestimmt auch sein Ende – oder besser: er ließ dadurch sein Ende bestimmt sein. Als er auf dem Schleichpfad über die Berge nach Port Bou gelangt war, mußte er hören, daß an eben diesem Tag die spanische Grenze gesperrt worden war. Nicht allein mutlos oder resignierend schluckte Benjamin daraufhin die Morphiumtabletten, sondern vor allem davon überzeugt, daß im Bleiben kein Segen mehr sei.

Der zufällige administrative Akt wird dem Melancholiker zum Zeichen, hier wie in der Schüleranekdote. Im Trauerspiel-Buch erklärt Benjamin diese Betrachtungsweise: »Wird der Gegenstand unterm Blick der Melancholie allegorisch, läßt sie das Leben von ihm abfließen, bleibt er als toter, doch in Ewigkeit gesicherter zurück, so liegt er vor dem Allegoriker, auf Gnade und Ungnade ihm überliefert. Das heißt: eine Bedeutung, einen Sinn auszustrahlen, ist er von nun an ganz unfähig; an Bedeutung kommt ihm das zu, was der Allegoriker ihm verleiht ... In seiner Hand wird das Ding zu etwas anderem, er redet dadurch von etwas anderem und es wird ihm ein Schlüssel zum Bereiche verborgenen Wissens, als dessen Emblem er es verehrt.«[376]

Der Bezug dieser Sätze zur Haltung des Sammlers ist nicht zu übersehen. Im Sammeln der Dinge wird der wahre Sammler zum »Physiognomiker der Dingwelt«[377] und darüber hinaus zum »Schicksalsdeuter«. Charlotte Wolff erinnert sich: »Er sammelte auf Schritt und Tritt Material wie ein Maler, der dauernd seine Umgebung skizziert. Er war ein ewiger Student des Ungewöhnlichen und der halben Töne ... Nichts war Walter fremd, weil er eine intuitive Kenntnis von allem hatte ... Es ist nicht überraschend, daß ein solcher Mensch sich niemandem und nichts überlegen fühlte. In diesem Sinne gehörte er zu allem und alles gehörte zu ihm.«[378]

Auch Erfahrungen lassen sich wie Dinge sammeln, wie Bücher, die im besten Fall materialisierte Erfahrungen sind. Der Sammler ist ihr profunder Deuter: »Kaum hält er sie in Händen, so scheint er inspiriert durch sie hindurch, in ihre Ferne zu schauen.«[379] Das einzelne Ding also ist zum »Emblem« geworden, das ihm Erinnerung und Zuflucht verheißt und garantiert, ein Wissen auch um Umstände, die jedem Fremden verschlossen bleiben müssen.

Die hier zitierten Sätze über den Sammler erschienen zuerst innerhalb einer »Rede über das Sammeln« mit dem Titel »Ich packe meine Bibliothek aus«, in der »Literarischen Welt«, Nr. 29 und 30 (17. 7. und 24. 7. 1931). Ein von Benjamin damals gestrichener und konsequent auch in allen Nachdrucken (mit Ausnahme einer DDR-Publikation) unberücksichtigter Schlußabsatz stellt die Verbindung von Sammler und Melancholiker im Wort vom »Einsamen« wieder her. Der Absatz lautet: »Glück des Sammlers, Glück des Einsamen. Ist das nicht die Beseligung, die über den Erinnerungen waltet, daß wir in ihnen mit dem Dasein allein sind, das sich stillschweigend um uns anordnet, und daß selbst die Menschen, die darin auftauchen, dies zuverlässige, bündnishafte Schweigen annehmen. Der Sammler stillt sein Schicksal ...«[380]

... stillt sein Schicksal wie der Melancholiker, ist zu ergänzen. Aus der wissenschaftlichen Sekundärliteratur verzeichnete Benjamin, vielleicht bezüglich seiner eigenen Person schon selektierend, was zum Typus des Melancholikers gehört, zustimmend »die Fülle anthropologischer Einsichten« der antiken Theorien lobend hervorhebend: zunächst die Neigung des Melancholikers zu ausgedehnten Reisen – Benjamins Reiselust muß hier nicht erst belegt werden. Wichtiger ist die der Literatur entnommene Dialektik des Saturnikers, der seinem Geburtsgestirn vielleicht Trägheit und Stumpfsinn, vielleicht auch Trübsinn oder Ekstase, Kraft der Intelligenz und Kontemplation zu verdanken hat. Jedenfalls sind es – nach Marsilio Ficino – keine gewöhnlichen Menschen, sondern vielmehr solche, »die von den andern verschieden sind, göttliche oder tierische, glückselige oder vom tiefsten Elend darniedergebeugte.«[381] Es gibt von Freud eine aufschlußreiche Beschreibung des Melancholikers: »Gar besonders häufig sind die Melancholischen anästhetisch gewesen, sie haben kein Bedürfnis (und keine Empfindung) nach dem Koitus, aber große Sehnsucht nach Liebe in ihrer psychischen Form, man möchte sagen psychische Liebesspannung; wo diese sich anhäuft und unbefriedigt bleibt, entsteht Melancholie.«[382] Dies trifft auf Benjamin exakt zu. Er suchte Liebeserlebnisse und versuchte zugleich, einer körperlichen Erfüllung auszuweichen. »Er machte sich seine intimen persönlichen Beziehungen so schwer, daß er ihr Mißlingen gleichsam zu wünschen schien.«[383] Tatsächlich substituierte er die sexuellen Eroberungen durch andere: durch die des Sammelns seltener Bücher. Oder tat er sich deshalb mit Frauen so schwer, weil er ahnte, daß der Platz sexueller Eroberung bereits besetzt war durch das primäre Bedürfnis des Sammlers?

Die Dialektik ist hier nicht aufzulösen; was der Interpretation des Melancholikers bleibt, ist seine letzte Eigenschaft: die Treue zur Welt der Dinge. Sie ist jene geheimste Instanz, die ihn vor dem Vergessen rettet. Denn um sich selbst Erinnerung sein zu können, umgibt er »sich mit den Bruchstücken der Dingwelt als ihren eigensten, sie nicht überfordernden Gegenständen. Unbeholfen, ja unberechtigt spricht sie auf ihre Weise eine Wahrheit aus, um derentwillen sie freilich die Welt verrät. Die Melancholie verrät die Welt um des Wissens willen. Aber ihre ausdauernde Versunkenheit nimmt die toten Dinge in ihre Kontemplation auf, um sie zu retten.«[384]

Dem Melancholiker, jenem, dem kein Segen schien, wo Verspätung war – dem sei Rettung schließlich überantwortet? Doch ist »Verspätung« selbst hier als persönliches Versagen, nicht als administrativer Zufall zu begreifen, als moralisches, nicht als bürokratisches Ereignis. Schuld an ihr ist nicht die Uhr, die auf »zu spät« steht, sondern das Subjekt, das eben diese Konstellation erblickt. Aber fürs Subjekt Benjamin steht jene Uhr immer falsch, weil es schlechten Gewissens oder mit falschem Bewußtsein zur Stelle war. Der Auswanderung nach Amerika widerstrebte Benjamin lange, weil man dort, wie er gelegentlich sagte, »mit ihm wohl nichts anderes werde anfangen können, als ihn zu Ausstellungszwecken als ›letzten Europäer‹ durch die Lande zu karren.«[385]

Wo sollte bei alledem das Wissen um die Dinge bleiben, jene nur scheinbar konservative Konstruktion einer restaurativ wissenschaftlichen Haltung, die innerhalb der zeitgenössischen Kultur von »Rettung« sprach. Zu retten waren die Dinge nicht zuletzt vorm Fortschritt, der am Bereich des Schönen einzuhalten hatte. Die Definition des Schönen ist im Trauerspiel-Buch keine nur philosophische, indem sie eine Vertiefung einiger Ideen aus dem Wahlverwandtschaften-Aufsatz darstellt, sondern sie ist auch überlegte Kritik an der offiziösen Ästhetik, wie sie durch Volkelt vertreten wurde:

»Die Schönheit hat nichts Eigenstes für den Unwissenden.

Dem ist das deutsche Trauerspiel spröde wie weniges. Sein Schein ist abgestorben, weil es der roheste war. Was dauert ist das seltsame Detail der allegorischen Verweisungen: ein Gegenstand des Wissens, der in den durchdachten Trümmerbauten nistet. Kritik ist Mortifikation der Werke...: nicht also – romantisch – Erweckung des Bewußtseins in den lebendigen, sondern Ansiedlung des Wissens, in ihnen, den abgestorbenen. Schönheit, die dauert, ist ein Gegenstand des Wissens. Und es ist fraglich, ob die Schönheit, welche dauert, so noch heißen dürfe, – fest steht, daß ohne Wissenwürdiges im Innern es kein Schönes gibt... Es ist der Gegenstand der philosophischen Kritik zu erweisen, daß die Funktion der Kunstform eben dies ist: historische Sachgehalte, wie sie jedem bedeutenden Werk zugrunde liegen, zu philosophischen Wahrheitsgehalten zu machen. Diese Umbildung der Sachgehalte zum Wahrheitsgehalt macht den Verfall der Wirkung in dem von Jahrzehnt zu Jahrzehnt das Ansprechende der früheren Reize sich mindert, zum Grund einer Neugeburt, in welcher alle ephemere Schönheit vollends dahinfällt und das Werk als Ruine sich behauptet.«[386]

In diesen programmatischen Sätzen ist deutlich, was Benjamin mit »Rettung« meinte: nicht Apologie des schönen Ganzen, sondern Reduktion auf die verpflichtende Wahrheit. In einem Brief an Adorno aus dem Jahre 1938 teilt er dem Empfänger seinen Plan mit, zur Einleitung der Baudelaire-Arbeit eine Konfrontation des Begriffs »Rettung« mit dem der »Apologie« vorzunehmen.[387] Es ist zu dieser Einleitung nicht gekommen, wohl aber zu einem methodenkritischen Fragment, das in diesem Zusammenhang herangezogen werden soll, um Konstanz und Entwicklung Benjaminschen Denkens näher zu erfassen. Die Basis des nun um eine materialistische Kunsttheorie bemühten Denkens bleibt das Bewußtsein der Einsamkeit. Der Historiker habe »heute nur ein schmales, aber tragfähiges Gerüst – ein philosophisches zu errichten, um die aktuellsten Aspekte der Vergangenheit in sein Netz zu ziehen. Wie aber die großartigen Ansichten, die die neuen Eisenkonstruktionen von den Städten gewährten (...) auf lange hinaus sich ausschließlich den Arbeitern und Ingenieuren erschlossen, so muß auch der Philosoph, der hier die ersten Aspekte gewinnen will, ein selbständiger schwindelfreier, wenn es sein muß, einsamer Arbeiter sein.«[388]

Der privilegierten Erkenntnis des Wissenden, dem Schönheit sich offenbarte, ist auch das Konzept einer materialistischen Theorie der Ästhetik und deren Kritik der Kunst überantwortet. Jede unmittelbare naive Konfrontation der Dinge mit einem nicht vorgebildeten Publikum lehnt Benjamin ab. Die Frage, was das Beispiel Baudelaire etwa den »fortgeschrittenen Caders« der zeitgenössischen Gesellschaft zu sagen habe, ist für ihn eine Scheinfrage, da die Rezeption auch dieser Gruppen von Erfahrungen vorgeprägt ist, die nicht ihren eigenen Interessen entsprechen können. Die Entfaltung historischer Sachgehalte zu gesellschaftlichem Wahrheitsgehalt ist in Absehung der Überlieferung des Gegenstandes nicht zu leisten. Im Trauerspiel-Buch hatte Benjamin geschrieben, daß der Kern des Kunstwerks in seinem Ursprung dessen Vor- und Nachgeschichte betreffe. Im späteren methodenkritischen Fragment heißt es: »Es ist eine vulgärmarxistische Illusion, die gesellschaftliche Funktion eines sei es geistigen, sei es materiellen Produkts unter Absehung von den Umständen und den Trägern seiner Überlieferung bestimmen zu können.«[389] Benjamin will sich hier sicher nicht als der bessere Marxist aufspielen, dies wäre im Bereich der Ästhetik denn doch zu leicht; mit Recht urteilte er wiederholt über die überkommenen marxistischen Versuche einer Kunsttheorie, sie seien »bald bramarbasierend und bald scholastisch«.[390] Zu seinen zitierten Sätzen ist auch nicht der hilfreiche Deus ex machina einer marxistischen »Bekehrung« vonnöten, da sie zu seinem Gedankengut seit langem gehören. Die mehr philosophische Reflexion des Trauerspiel-Buches und die thesenhafte Äußerung aus dem späten Fragment vermitteln sich in einer kritischen Forderung, die er anläßlich einer Rezension aus dem Jahr 1931 aufstellte. Dort heißt es über ästhetische Produkte: »Deren gesamter Lebens- und Wirkungskreis hat gleichberechtigt, ja vorwiegend neben ihre Entstehungsgeschichte zu treten; also ihr Schicksal, ihre Aufnahme durch die Zeitgenossen, ihre Übersetzungen, ihr Ruhm. Damit gestaltet sich das Werk im Inneren zu einem Mikrokosmos oder viel mehr: zu einem Mikroäon. Denn es handelt sich ja nicht darum, die Werke des Schrifttums im Zusammenhang ihrer Zeit darzustellen, sondern in der Zeit, da sie entstanden, die Zeit, die sie erkennt – das ist die unsere – zur Darstellung zu bringen. Damit wird die Literatur ein Organon der Geschichte und sie dazu – nicht das Schrifttum zum

Stoffgebiet der Historie zu machen, ist die Aufgabe der Literaturgeschichte.«[391] Die Worte, der Historiker habe ein philosophisches Gerüst zu errichten, in dessen Netz er »die aktuellsten Aspekte der Vergangenheit« zu ziehen habe, sind hier vorweggenommen. In dieser Rezension unterzieht Benjamin auch die Schriften materialistischer Literarhistoriker einer deutlichen Kritik. So schreibt er von Franz Mehring, dem Nestor jener Gattung, daß er Materialist weit mehr durch seine umfassenden historischen und wirtschaftsgeschichtlichen Kenntnisse als durch seine Methode sei. »Seine Tendenz geht auf Marx, seine Schulung auf Kant zurück.«[392] Leicht ist diese Aussage auf Benjamin selbst zu wenden, und es gibt eine kurze Anzeige, in der er sich sogar auf eigne Art als Nachfolger Mehrings darstellt. In dem umfangreichen Literaturblatt der »Frankfurter Zeitung« vom 20. 3. 1932, der Gedenkausgabe zu Goethes 100. Todestag, erschien eine von Benjamin kommentierte Bibliographie wichtiger und typischer Goetheana, zu der auch die erste materialistische Darstellung Goethes in Franz Mehrings Buch »Zur Literaturgeschichte von Calderon bis Heine« (1929) gehört. Benjamin erwähnt dieses Verdienst im ersten Satz und fügt als zweiten und letzten an: »In anderer Weise hat Mehrings Versuche fortgesetzt Walter Benjamin in seinem Beitrag ›Goethe‹ in der großen Enzyklopädie des Sowjets.«[393] Dieser Satz ist recht mutig, denn er negiert die Relevanz aller materialistischer Literaturinterpretation ab Mehring bis zum eignen Beitrag – in einer Zeit, die so energisch sich um das kulturelle Erbe stritt. Freilich will Benjamin sich nicht als Schüler Mehrings verstanden wissen, den er treffend kritisiert: »So ist das Werk dieses Mannes, der ehern an der Überzeugung festhielt, es müßten ›die edelsten Güter der Nation‹ unter allen Umständen ihre Geltung behalten, viel eher ein im besten Sinn konservierendes als umstürzendes.«[394] Dieses Urteil ist vornehm und gilt mehr den Werken als der Praxis ihrer Aneignung. Diese war im kommunistischen Lager im schlechtesten Sinne konservativ; die Debatten um das »kulturelle Erbe«, die in den zwanziger Jahren die internen Zeitschriften füllten, sollen hier nicht erneut aufgerollt werden. Sie hinterlassen jenes peinliche Gefühl, das man von den selbsternannten Erben dieser Tradition, den Kulturfunktionären der DDR, aus deren Richtlinien für die schaffenden Künstler kennt. Befangen in einer erstarrten

Fortschrittsideologie, die stereotyp dem Proletariat den zwangsläufigen Sieg über eine angeblich absterbende Bürgerklasse zusprach, hieß es damals, daß bürgerliche Kunst nur Verfallskunst sein könne. Da das Bürgertum seine Erzeugnisse nicht mehr selbst gebrauchen könne, das Proletariat aber im Besitz des richtigen Bewußtseins diese Produkte nur richtig sich aneignen müsse, um der Bourgeoisie moralisch überlegen zu sein, entstand eine fatale Haltung der kulturellen Erbschleicherei. Der Sieg des Proletariats sei nicht allein gerecht, sondern geschichtlich notwendig, da es sich nur alle »geistigen Werte« der bisher privilegierten Klasse aneignen müsse, um sie übertrumpfend schlagen zu können. Diese im Kern Franz Mehring verpflichtete Theorie läßt sich am besten aus den Aufsätzen der damaligen Chefkritikerin der »Roten Fahne«, Gertrud Alexander, rekonstruieren.
Solch eminent konservative Haltung verhinderte im Deutschland der zwanziger Jahre eine eigene Bildung selbstbewußter proletarischer Literatur, da nach Meinung Gertrud Alexanders in einem bürgerlichen Staat keine proletarische Literatur entstehen könne; sie ließ noch 1925 nur Literatur aus der Sowjetunion unter diesem Begriff gelten.[395] Die Ignoranz solcher Haltung entsprach der Konzeptionslosigkeit der KPD: bis ca. 1925 hatte die Partei die immense Bedeutung einer intensiven Kulturpolitik nicht im mindesten erkannt. Erst die Neuordnung der KPD auf der Basis von Betriebszellen, zu der der 10. Parteitag 1925 endlich führte, brachte eine theoretische Linie, die unter dem Begriff »Kulturkampf« nichts mehr mit den traditionalistischen Vorstellungen Mehrings gemein hatte, sondern eine eigene proletarische Literatur propagierte, deren Vorbild die seit längerem in der Sowjetunion bestehende »Arbeiterkorrespondenz« war, die nun auch in Deutschland eingeführt wurde. Arbeiter sollten von ihren Arbeitsplätzen über Mißstände und Erlebnisse berichten; ihre Beiträge wurden in kommunistischen Betriebszeitungen und in der parteigebundenen Lokalpresse gedruckt. Gemeint waren solche Berichte allerdings nicht als Beschwerde über einen Mißstand, dem abzuhelfen sei, sondern als affirmatives Exempel für die allgemeine Korruption des Kapitals. Die »Arbeiterkorrespondenz« setzte sich nur sehr dürftig durch; im Jahr 1930 hatte sie nur ca. 500 ständige Mitglieder. Auch die Gründung der »Proletarischen Feuilleton Korrespondenz« 1927, in der nicht

nur Berichte vom Arbeitsplatz, sondern auch Gedichte, Erzählungen und Reportagen gedruckt wurden, hatte dem kümmerlichen Erfolg nicht abhelfen können. Erst die Gründung des »Bundes Proletarisch-Revolutionärer Schriftsteller« (BPRS) im Jahr 1928 und dessen Publikationsorgan »Die Linkskurve« bedeutete einen wichtigen Schritt zur Schaffung einer proletarischen Kultur – zu spät allerdings, und zudem noch von fruchtlosen Diskussionen à la »ob ein Bürgerlicher proletarisch empfinden oder gar schreiben könne« belastet.[396]
Auch die affirmative Diskussion des »kulturellen Erbes« war nicht etwa nach 1925 verstummt, vielmehr wurde sie seit 1930 verstärkt belebt, als von Becher gegen Tretjakov polemisiert wurde. In der Folgezeit wurde Lukács der bestimmende Theoretiker, der gänzlich restaurativ eine literarhistorische Tradition festlegte, die einerseits den Rahmen des »kulturellen Erbes«, andererseits den Boden für eine sozialistisch-realistische Kunst bilden sollte. Indem Lukács bestimmte künstlerische Formen (Montage, offene Form) eindeutig der Tradition eines »dekadenten« Bürgertums zurechnete, verhinderte er jede freie Kunstentfaltung und band die Produktion an pseudosoziologische Normen, die auch künftig die Perspektiven beherrschten. Auf dem 1. Unionskongreß der Schriftsteller (1934) hielt Zdanov seine berüchtigte Rede, in der er kurz und bündig konstatierte, die bürgerliche Kultur sei unfähig geworden, bedeutende Werke hervorzubringen. Ihre Produkte seien Zeugnisse des Verfalls und der Zersetzung, wie eben auch sie selbst im faulenden Verfall begriffen sei. Dieser Feststellung lag das unsinnige biologistische Geschichtsbild zugrunde, daß auf die Blüte einer Gesellschaft (Imperialismus) notwendig ihr Untergang folgen müsse. »Die Zeiten sind unwiederbringlich dahin, in denen die bürgerliche Literatur die Siege der bürgerlichen Ordnung über den Feudalismus widerspiegeln und die großen Werke der Blütezeit des Kapitalismus schaffen konnte.« Durch den vorausgesetzten Automatismus der historischen Entwicklung sei es demnach Sache des Proletariats als der aufsteigenden Klasse, sich der Überlieferung anzunehmen, die Produkte des Bürgertums als ein ihr rechtmäßig und historisch notwendig zugefallenes Erbe ansehend. »Genossen, wie auch auf anderen Gebieten der materiellen und geistigen Kultur ist das Proletariat der alleinige Erbe des Besten, was die Schatzkammer der Weltliteratur enthält. Die Bourgeoisie ließ das

literarische Erbe zerflattern; wir sind verpflichtet, es sorgfältig zu sammeln, zu studieren und nach kritischer Aneignung weiterzuentwickeln.«[397] Wenn dieser letzte Satz ein Programm darstellen sollte, so ist davon bis heute nichts realisiert worden; wohl nicht zuletzt deshalb, weil seine Prämissen falsch sind.

Benjamin hat diese Diskussionen aufmerksam verfolgt, sich allerdings dazu nicht öffentlich geäußert; notwendig hätte dies vernichtende Kritik bedeutet. Erst die späten, ebenfalls nicht zur Veröffentlichung bestimmten Thesen zur Philosophie der Geschichte entladen gewaltig seine Enttäuschung über Theorie und Taktik der Linksparteien.

Bevor allerdings von dieser Zeit die Rede ist, muß noch ein Ereignis im Zusammenhang mit der Trauerspielarbeit erwähnt werden, die nach langen Verzögerungen erst Ende 1928 bei Rowohlt als Buch herauskam. Ihr akademisches Absterben und ihr Zusammenhang mit Benjamins Leben hatten eine ganz unerwartete Wirkung im Bereich der Belletristik. Im Jahr 1931 erschien ein Berliner Schlüsselroman von einem Autor, dessen Arbeitsraum die Tische der einschlägigen Berliner Literatencafés waren, und der sich überall bestens auskannte: gemeint ist Erich Kästners Roman »Fabian«. Die zentrale Figur dieses Romans ist neben dem neusachlichen Titelhelden der Philologe Stephan Labude – die beiden kennen sich aus Heidelberg. Labude lebt im elterlichen Haus im Grunewald, hat aber, nicht zuletzt wegen des sehr gespannten Verhältnisses zu seinem lebenstüchtigen Vater, der Schauspielerinnen finanziert, eine zweite kleine Wohnung im Stadtzentrum. »Wenige wußten davon . . . hier hing er seinen wissenschaftlichen und sozialen Neigungen nach.«[398] Die wissenschaftlichen Neigungen konzentrierten sich auf eine jahrelange Beschäftigung mit dem Trauerspiel, allerdings dem Lessings, zum Zwecke einer Habilitierung; die sozialen Neigungen formuliert Fabian so: »Du willst, träumst du, das Kleinbürgertum sammeln und führen. Du willst das Kapital kontrollieren und das Proletariat einbürgern. Und dann willst du helfen, einen Kulturstaat aufzubauen, der dem Paradies verteufelt ähnlich sieht.«[399] Der Aspekt der Jugendbewegung wird gestreift: Labude arbeitet für eine radikale Jugendorganisation und hält Reden zur Solidarisierung der Jugend. Vor allem aber wird das Warten auf den Bescheid über die längst eingereichte Habilitationsschrift thematisiert:

»Was vom Geheimrat gehört? Hat er deine Arbeit gelesen?«
»Nein. Er hat keine Zeit, sondern Promotionen, Prüfungen, Vorlesungen, Seminare und Senatssitzungen. Bis er meine Habilitationsschrift gelesen hat, habe ich einen kniefreien Vollbart.«[400]
Labude, der zudem eine unglückliche Liebesaffäre hat und eine Bildhauerin zu seinen Bekannten zählt, erhält schließlich die Nachricht, daß seine Arbeit nicht angenommen werden könne. Da man ihm die Blamage einer Weiterleitung an die Fakultät mit dann erfolgender offizieller Ablehnung ersparen wolle, möge er sie vorher selbst zurückziehen. Später stellte sich zwar heraus, daß diese Nachricht der makabre Scherz eines subalternen Universitäts-Angestellten war, aber da ist Labude schon tot. Er hatte sich umgebracht. In seinem Abschiedsbrief heißt es: »Fünf Jahre hat mich diese Schrift gekostet, es war die fünfjährige Arbeit an einer Blamage, die man nun aus Barmherzigkeit im engsten Kreis begraben will ... Die Ablehnung meiner Arbeit ist, faktisch und psychologisch, mein Ruin.« Es heißt weiter, daß sowohl die Geliebte wie auch die Universität ihn zurückgewiesen haben – sein Ausflug nach Frankfurt sei zum Kotzen gewesen, und er mache nun ein Ende: »Wir stehen an einem der seltenen geschichtlichen Wendepunkte, wo eine neue Weltanschauung konstituiert werden muß, alles andere ist nutzlos ... Ich weiß, daß ich recht habe, doch heute genügt mir das nicht mehr. Ich bin eine lächerliche Figur geworden, ein in den Fächern Liebe und Beruf durchgefallener Menschheitskandidat.«[401] Dann gibt es noch eine Anspielung auf das geliebte Paris, und Kästner, selbst promovierter Germanist, läßt sein alter ego Fabian über Labudes Arbeit urteilen: »Es ist eine der besten und originellsten literarhistorischen Arbeiten, die ich kenne.«[402] Obwohl es in der Forschungsliteratur keinen Hinweis darauf gibt, muß doch jedem Leser sofort klar sein, daß es sich bei Stephan Labude um Benjamin handelt. Seinen Selbstmordtraumgedanken hatte er in der »Einbahnstraße« veröffentlicht.[403] Die unbarmherzige Kolportierung seiner Erfahrungen und Gedanken in diesem Roman nimmt einiges vorweg, überläuft sehr oberflächlich anderes. Der Roman ist genau dies, was Benjamin dann Kästners ganzer Produktion vorwarf: nicht Kritik an den Zuständen, sondern gedankenlose Reklame für sie. Schon in der »Einbahnstraße« stehen darüber hellsichtige Sätze, deren Gültigkeit sich an diesem zynischen

Produkt erweist: »Narren, die den Verfall der Kritik beklagen. Denn deren Stunde ist längst abgelaufen. Kritik ist eine Sache des rechten Abstands. Sie ist in einer Welt zu Hause, wo es auf Perspektiven und Prospekte ankommt und einen Standpunkt einzunehmen noch möglich war. Die Dinge sind indessen viel zu brennend der menschlichen Gesellschaft auf den Leib gerückt ... Der heute wesenhafteste, der merkantile Blick ins Herz der Dinge heißt Reklame. Sie reißt den freien Spielraum der Betrachtung nieder und rückt die Dinge so gefährlich nah uns vor die Stirn, wie aus dem Kinorahmen ein Auto, riesig heranwachsend, auf uns zu zittert ... Was macht zuletzt Reklame der Kritik so überlegen? Nicht was die rote elektrische Laufschrift sagt – die Feuerlache, die auf dem Asphalt sie spiegelt.«[404] Dort erst begleitet sie einen auf Schritt und Tritt und bildet so die böse Grundlage des Lebens.

Von Benjamin ist eine direkte Reaktion auf diesen Roman bisher nicht bekannt; vermutlich verhielt er sich damit absichtsvoll ruhig, aber seine gnadenlose Abschlachtung Kästners in einer Rezension vom Ende des Jahres 1930, als Benjamin wahrscheinlich schon das Wesentliche des Fabian-Projektes kannte, verrät seine Wut über derlei anmaßende Indiskretion. Die geharnischte Rezension »Linke Melancholie« wurde, trotz mehrmaliger dringlichster Bitten Benjamins, von der »Frankfurter Zeitung« wegen ihrer scheinbar gegenstandslosen Polemik abgelehnt; sie erschien erst drei Monate später in einer anderen Zeitschrift.

Vermutlich war Benjamin wegen der Ablehnung seiner Arbeit nicht allein deprimiert, sondern auch in gewisser Weise erleichtert; wahrscheinlich hat er sie insgeheim gewünscht. Denn während das Projekt noch lief, bemühte er sich um Verlegerkontakte, versprach neue Arbeiten, plante wieder einmal, Hebräisch zu lernen, und bewirbt sich sogar noch als Redakteur der Radiozeitschrift des Frankfurter Rundfunks, bei dem sein Freund Ernst Schoen inzwischen an leitender Stelle arbeitet. Dazu kommt, daß Rowohlt ihn um Mitarbeit an seiner neuen Zeitschrift »Literarische Welt« bittet, und Benjamin verabredet mit Hofmannsthal, einen Beitrag über dessen Trauerspiel »Der Turm« (nach Calderon) zu schreiben. Diese Ansammlung von Vorsätzen, Plänen und Zusagen innerhalb kürzester Zeit erscheint wie ein Wall, den sich Benjamin gegen die drohende akademische Laufbahn errichtete, obwohl er von Adorno ermutigt wurde, einen zweiten Habilitationsversuch mit der »Trauerspiel«-Arbeit, diesmal nun bei Adornos Freund Max Horkheimer, zu unternehmen. Entgegen allen Erwartungen aber lehnte Horkheimer es ab, Benjamin behilflich zu sein, so daß dieser endgültig auf seine literarischen Projekte verwiesen war.

Als Wichtigstes blieb davon die ständige Mitarbeit an der »Literarischen Welt«. Sie war das zweite Zeitschriftenprojekt Rowohlts, nachdem er für seinen Freund Franz Hessel als Herausgeber die kurzlebige Zeitschrift »Vers und Prosa« gegründet hatte, in deren achtem Heft auch Baudelaire-Übersetzungen von Benjamin und Charlotte Wolff erschienen waren. Für Benjamin war die Beziehung zu Hessel in mancher Hinsicht wichtig: er knüpfte durch ihn nicht nur den Kontakt zu Rowohlt, sondern er erfuhr von ihm auch intime Details aus dem George-Kreis. Hessel hatte in München studiert und gehörte dort zur Gruppe um Schuler, Wolfskehl und Klages, war zeitweiliger Liebhaber der hysterischen Franziska von Reventlow, die über die Gruppe einen kleinen Schlüsselroman schrieb; er floh vor ihr nach Paris, von wo ihn Rowohlt zu sich holte. Im Mai 1940 sollte Hessel in Frankreich interniert werden; durch einen Protest von Jules Romains, dessen großen Roman »Die guten Willens sind« er übersetzt hatte, wurde dies verhindert. Kurz darauf starb Hessel im Emigrantenort Sanary-sur-Mer.

Nach dem Scheitern der ohne Anzeigen gedruckten Zeitschrift »Vers und Prosa« Ende 1924 wurde Willy Haas der Herausgeber der Neugründung »Die literarische Welt«; Franz Hessel widmete sich nun seinen Übersetzungen, zunächst ab 1926 dem vielbändigen Roman Prousts, den er mit Benjamin gemeinsam übersetzte, von dem aber nur drei Bände erschienen.

Für Benjamin begann mit dem Jahr 1923 eine Zeit intensivster literarischer Tagesproduktion. Bis 1933 verfaßte er über dreihundert Zeitschriftenbeiträge, teils große Aufsätze, in der Mehrzahl aber mehr oder weniger umfangreiche Rezensionen, die meist in der »Literarischen Welt«, im »Querschnitt« oder der »Frankfurter Zeitung« erschienen. Eine seiner ersten war die Rezension des Buches »Flügel der Nike« des vom Ulanenoffizier zum Pazifisten gewandelten Fritz von Unruh. »Eine Rezension von Unruhs ›Flügel der Nike‹ soll den Platz, den ich namentlich in der ›Literarischen Welt‹ behaupten will ... abstecken. Diese Rezension muß einfach formidabel werden. Wie denn das Buch der Abhub des deutschen republikanischen Schrifttums ist.«[405] In diesem glänzend formulierten und unbarmherzig vernichtenden Verriß stellt Benjamin programmatisch seine eigene politische Haltung dar. »Daß der Reserveleutnant ehemals als Reisender besonders gern gesehen war, ist bekannt ... Freilich ... ist seine Einführung in französische Kreise vor Jahren bei Verdun nicht ohne Aufsehen, nicht ohne Lärm, nicht ohne Blutvergießen abgegangen. Wie dem auch sei – der Bericht, den er vorlegt ... besagt, daß seine Fühlung mit dem Kundenkreise sich behauptet hat, auch als er nicht mehr schwere Munition, sondern Friedensware bemustert vorlegte ... In jedem Falle ist es äußerst lehrreich, den Pazifismus Herrn von Unruhs näher zu prüfen.« Mit überraschend leichter Hand nimmt Benjamin jene Differenzierungen von Recht und Gerechtigkeit aus seinem frühen Aufsatz zur »Kritik der Gewalt« wieder auf und stellt dem eigentlichen, mystisch bestimmten Bild des Friedens das der westeuropäischen Demokratie gegenüber, das ein nur weltliches, letztlich juristisches ist. »Dem entspricht das Instrument der Schiedsgerichte und

Verträge praktisch. Von diesem großen sittlichen Konflikt des schrankenlosen und bewehrten Friedensrechts mit einer friedlichen Gerechtigkeit ... ist ebenso wie von den weltgeschichtlichen Gegebenheiten dieser Stunde in Herrn von Unruhs Pazifismus nicht die Rede. Vielmehr sind die großen Diners die einzigen internationalen Fakten, denen sein neuer Pazifismus Rechnung trägt. Im Frieden der gemeinsamen Verdauung ist seine Internationale ausgebrütet und das Galamenü ist die magna charta des künftigen Völkerfriedens ... Bewandert in Palästen und in Puffs, vor Pfeilerspiegeln und vor Pfützen gleich sehr zu Hause (wo immer einer sich bespiegeln kann: wie denn sein Bild in den eigenen Lackschuhen eine Abflucht von Tiefsinn im Autor wachruft), kann er das Fazit seiner Reise nicht prägnanter fassen, als in dem Traum, von dem er uns erzählt, daß ein französischer und ein deutscher Genius – Rodin und Lehmbruck – ihn, den Friedensboten, unwiderstehlich nach sich ziehen – zu zwei Huren. Die Geschäftsreise endet als Bierreise und die Völkerverständigung geht im Dreck aus. Denn weiter als die Dummheit dieses Buches reicht die spiegelgeile Eitelkeit des Verfassers, höher als die Eitelkeit des Autors türmt der Unrat einer Produktion sich auf, an der ganz neu die theologische Erkenntnis sich bewährt, daß die Werke der Eitelkeit Schmutz sind. Er ist hier über beide Länderbreiten ausgegossen, daß kein großer und ehrlicher Name mehr bleibt, der von seinem Gestank nicht durchtränkt wäre.«

Als sei es noch nicht genug, zitiert Benjamin am Ende ein übles Kriegsgedicht Unruhs, das in der B. Z. am Mittag, 16. August 1914, veröffentlicht war. Von diesem »Reiterlied« lauten die beiden letzten Strophen:

»Standarten hoch und vorwärts nun,
Zu reden gibts nicht viel –
Die heilge Pflicht, wir werden sie tun,
Paris ist unser Ziel.

Doch dieser Schwur sei ernst getan:
Wie Gott auch bläst die Flammen –
Wir Lützower stehn auf dem Plan
Und hau'n die Welt zusammen.«

Benjamin fügt an: »Hier regt der neue, der verinnerlichte Pazifismus zum ersten Male seine tiefschwarzen Flügel. So fuhr der erste Schrei der Friedenskräfte über die Schlachtfelder ... Von langer Hand ... ist Paris das Ziel gewesen. Es ist erreicht.«[406]

Diese giftige Polemik verursachte zunächst bei der Redaktion der »Literarischen Welt« einige Schwierigkeiten, aber Benjamin konnte den Druck durchsetzen. Die durchschlagende Wirkung aber, die er sich davon versprochen hatte, blieb aus; es gab keine Resonanz. An Hofmannsthal schickte er ein Exemplar des Heftes mit den Worten, es handle sich bei seiner Kritik um den »bewußten Versuch einer ›Annihilierung‹, der Vernichtung einer öffentlichen Person«,[407] doch diese Vernichtung blieb aus. Benjamin hatte didaktische Ziele verfolgt; sie wurden als bloße Meinung konsumiert. Die Republik schluckte vieles.

Geschrieben wurde diese Rezension auf Reisen, denn Benjamin verbrachte die zweite Hälfte des Jahres 1925 im Ausland. Zuvor war seit dem Frühjahr eine Übersetzungsveröffentlichung geplant: für die eben erschienene Dichtung »Anabase« von Saint-John Perse hatte Hofmannsthal einen Übersetzer gesucht und Rilke darum gebeten. Dieser aber schlug Benjamin vor. Bereits am 3. Juli 1925 schickte Benjamin die fast vollständige Übersetzung an Rilke zur nochmaligen Durchsicht. An Scholem schrieb er: »Ich halte das Ding für unbeträchtlich. Die Übersetzung ist außerordentlich schwer, doch lohnt es sich, da das kurze ›Gedicht in Prosa‹ ganz anständig honoriert wird. Als Verlag ist die Insel vorgesehen.«[408] Hofmannsthal schrieb zu der von Benjamin und Bernhard Groethuysen gemeinsam veranstalteten Übersetzung eine Vorrede, aber der Insel-Verlag zögerte, vermutlich auf Veranlassung von Saint-John Perse, mit der Veröffentlichung. Schließlich wurde sie für 1929 angekündigt, aber doch nicht realisiert. Auch eine französische Neuausgabe wurde vom Verfasser erst 1945 konzediert. Die erste deutsche Ausgabe erschien im Jahr 1950; der mit Saint-John Perse befreundete Herbert Steiner überarbeitete dazu die seinerzeit vorgelegte Übersetzung, die aber trotz solcher Revision noch Fehler und Auslassungen enthält.[409]

Eine andere Übersetzerarbeit wurde vertraglich vereinbart: im Sommer 1925 schließt Benjamin den Vertrag zur Übersetzung von Prousts »Sodome et Gomorrhe« ab. »Die Bezahlung ist keineswegs gut aber doch so erträglich, daß ich glaubte die enorme Arbeit auf mich nehmen zu müssen. Zudem kann ich mir, wenn die Übertragung gelingt, davon ein festes Akkreditiv als Übersetzer versprechen, wie es etwa Stefan Zweig hat. Vielleicht haben wir gelegentlich über Proust gesprochen und ich habe beteuert, wie nah mir seine philosophische Betrachtungsweise steht. Ich fühlte sehr Verwandtes, sooft ich von seinen Sachen etwas las.«[410]

Als Honorar erhielt Benjamin von dem Verlag »Die Schmiede« 1500 Mark in mehreren Raten, mit denen er seine weiteren Reisen finanzierte. Er arbeitete kontinuierlich an dieser Übersetzung, die dann jahrelang beim Verlag liegenblieb; dort erschien nur 1927 »Im Schatten der jungen Mädchen« in der Benjamin-Hessel-Übersetzung. Als »Die Schmiede« 1928 endgültig in Konkurs ging, übernahm auf Betreiben seines literarischen Beraters Robert Freund der Verleger Reinhard Piper die deutschen Rechte am Gesamtwerk Prousts, ohne daß damit die »chronischen Komplikationen« (Hessel) beendet worden wären. Es erschienen zwar im Jahr 1930 die beiden Bände »Die Herzogin von Guermantes«, in der Übersetzung von Benjamin und Hessel, aber die Veröffentlichung von »Sodom und Gomorrha« kam nicht zustande. Piper hatte das Manuskript von der »Schmiede« übernommen; es war eine mit der Hand, das heißt bei Benjamin sehr klein, eng und fast unleserlich geschriebene Übersetzung, in der noch viele Worte ausgelassen und ebenso viele französische Worte am Rand notiert waren, mithin kein druckfertiges Manuskript. Piper schickte es zur Überarbeitung an Benjamin zurück, der jedoch im März 1930, vermutlich darüber enttäuscht, daß er keinen festen Übersetzervertrag für die noch ausstehenden Bände bekommen hatte, dem Verleger mitteilte, er lehne jede weitere Arbeit daran ab. Da »Sodom und Gomorrha« bereits im Verlagsprogramm für den Herbst 1931 eingeplant war, sollte Hessel nun die Überarbeitung besorgen. Offenbar hat er es aber nicht erhalten, so daß man vermuten muß, daß es leider auf einem seiner zahlreichen Postwege verloren ging.

Ursprünglich wollte Benjamin zusammen mit Asja Lacis in den Süden reisen, die schon Ende Oktober 1924 nach Berlin zurückgekehrt war. Sie hatte andere Pläne, begleitete aber Benjamin nach Hamburg, wo er auf einem billigen Frachter nach Spanien weiterfuhr. Über Cordoba, Sevilla, Barcelona, Neapel kam er nach Genua, Livorno, will über Marseille im Oktober nach Paris und ist im November in – Riga.

Er war Asja Lacis, die dort mit einer illegalen Theatergruppe agitierte, nachgefahren. »Ich war in Riga, um eine Freundin zu besuchen, angekommen. Ihr Haus, die Stadt, die Sprache waren mir unbekannt. Kein Mensch erwartete mich, es kannte mich niemand. Ich ging zwei Stunden einsam durch die Straßen. So habe ich sie nie wiedergesehen. Aus jedem Haustor schlug eine Stichflamme, jeder Eckstein stob Funken und jede Tram kam wie die Feuerwehr dahergefahren. Sie konnte ja aus dem Tore treten, um die Ecke biegen und in der Tram sitzen. Von beiden aber mußte ich, um jeden Preis, der erste werden, der den anderen sieht. Denn hätte sie die Lunte ihres Blicks an mich gelegt – ich hätte wie ein Munitionslager auffliegen müssen.«[411] Solche explosive Erwartungshaltung wurde von ihr mit einer kalten Dusche entschärft. »Es war der Tag vor einer Premiere. Ich ging zur Probe, – den Kopf voller Sorgen, vor mir stand – Walter Benjamin. Er liebte zu überraschen, aber diesmal gefiel mir seine Überraschung nicht. Er kam von einem anderen Planeten – ich hatte keine Zeit für ihn.«[412] So hat er viel Zeit für sich; eigentlich ist er ihr umsonst nachgereist, aber: »In einer Liebe suchen die meisten ewige Heimat. Andere, sehr wenige aber das ewige Reisen. Diese letzten sind Melancholiker, die da Berührung mit der Muttererde zu scheuen haben. Wer die Schwermut der Heimat von ihnen fern hielte, den suchen sie. Dem halten sie Treue. Die mittelalterlichen Komplexionenbücher wissen um die Sehnsucht dieses Menschenschlages nach weiten Reisen.«[413] Allein geht er durch die Straßen von Riga und versucht, seine Enttäuschung darüber, daß ihr die politische Agitation wichtiger ist, als seine Person zu bewältigen: »Ich kenne eine, die geistesabwesend ist. Wo mir die Namen meiner Lieferanten, der Aufbewahrungsort von Dokumenten, Adressen meiner Freunde und Bekannten, die Stunde eines Rendezvous geläufig sind, da haben ihr politische Begriffe, Schlagworte der Partei, Bekenntnisformeln und Befehle sich festgesetzt. Sie lebt in einer Stadt der Parolen und wohnt in einem Quartier verschworener und verbrüderter Vokabeln, wo jedes Gäßchen Farbe bekennt und jedes Wort ein Feldgeschrei zum Echo hat.«[414] Er versucht, Proust, den er übersetzen soll, zu lesen, aber: »Einer, der sich verlassen glaubt, liest und es schmerzt ihn, daß die Seite, die er umschlagen will, schon aufgeschnitten ist, daß nicht einmal sie mehr ihn braucht.«[415] Dennoch arbeitete er manche Tage von morgens bis nachts an der Übersetzung, um sich nicht ganz seiner Melancholie auszuliefern.

Er fährt enttäuscht Ende November wieder ab, bleibt einige Zeit in Berlin, wo er die Freundin Jula Cohn, gerade verheiratet mit Fritz Radt, wiedertrifft. In dieser Zeit, zu Beginn des Jahres 1926, modellierte sie jene schöne Benjamin-Büste, von der mindestens ein Foto erhalten ist; die Büste selbst scheint verloren. Um die Proust-Übersetzung voranzutreiben, reist er schon Mitte März 1926 nach Paris, wo Franz Hessel und seine Frau, die in Fontenay lebten, ihm ihr Haus als Wohnung anboten. Er allerdings will, um »einmal endlich das Vergnügen, in einem Hotel zu wohnen, auszukosten«, in seinem »netten – wenn auch kalten Zimmerchen« im Hotel du Midi, 4 Avenue du parc Montsouris, bleiben.[416] Er erobert sich die Stadt systematisch: »Ich gehe nur von außen an die Stadt heran: Lage der Straßen, Verkehrsmittel, Cafés und Zeitungen beschäftigen mich.«[417]

Ins Zentrum der sonst so wenig permissiven »besseren Gesellschaft« von Paris wurde Benjamin bestens eingeführt durch Thankmar von Münchhausen, einem Freund Rilkes, den er durch die Vermittlung von Helen Hessel spätestens im Frühjahr 1925 kennengelernt hatte, und der ihn überallhin mitnahm, als er in Begleitung der Prinzessin Bassiano Ende Mai aus Weimar wieder nach Paris zurückkehrte. (Die in seinem Besitz befindlichen Briefe Benjamins an ihn sind leider noch unveröffentlicht.) Mit fröhlicher Naivität schreibt Benjamin davon in einem Brief: »So hat er mich beim Grafen Pourtalès eingeführt, wo ich in vierzehn Tagen einen französischen Vortrag über M. Stefan George zu hören bekommen soll. Ein Salon mit kostbaren Möbeln, von vereinzelten Damen und Herren garniert, die den heillosesten Physiognomien ähneln, denen man nur bei Proust begegnen kann. Das tat, daß ich beim ersten Vortrag, den ich neulich hörte – die Sache findet gegen drei Uhr mittags statt – mitten in der schönsten Snoberei, als man von Dante Gabriel Rossetti etwas vortrug, beinahe eingeschlafen wäre. Münchhausen, neben mir, erhielt sich nur mit Kokettieren mühsam wach. Dann war ich neulich zu einem Frühstück, welches in einem der allerersten Pariser Restaurants die Fürstin Bassiano für sieben Personen, unter denen ich und Münchhausen waren, gegeben hat. Es begann mit riesenhaften Kaviarportionen und ging in dieser Art weiter. Mitten im Zimmer wurde auf dem Herd gebraten und vor dem Anrichten zeigte man alles vor.«[418]

Aus der Gelegenheit solcher Kontakte konnte Benjamin keinen für ihn zweckmäßigen Gewinn ziehen; er wollte es zu diesem Zeitpunkt wahrscheinlich auch nicht, da er sich mit einer ganz anderen Klasse der Gesellschaft und Literatur befaßte: »Meine knappe pariser Bücherei stellt sich hauptsächlich aus einigen kommunistischen Dingen zusammen.«[419]

Er mußte marxistische Literatur lesen, da er durch Vermittlung von Bernhard Reich einen dreihundertzeiligen Lexikonartikel über Goethe für die »Große Russische Enzyklopädie« schreiben sollte. »Die göttliche Freiheit, die in der Entgegennahme solchen Auftrages liegt, hat es mir angetan und ich denke mir hier das Einschlägige aus den Fingern zu saugen.«[420]

Mit dieser Arbeit verbinden sich für ihn notwendig frustrierende Gedanken an Riga, die er mit sehnsüchtigen Träumen an die hoffnungslos geliebte Jula zu vertreiben sucht. Er schreibt ihr zärtliche Briefe: »Ich denke hier viel an Dich und vor allem wünsche ich Dich oft in mein Zimmer, das ganz gewiß keine Ähnlichkeit hat mit dem in Capri und das Dir doch sehr einleuchten würde – und Du *mir sehr* darinnen.«[421] Von schweren Depressionen gequält, beginnt er, Skizzen zur »Einbahnstraße« zu schreiben: »Und dann habe ich, als es mir am schlechtesten ging, den ganzen Proust in die Ecke geworfen und ganz für mich allein gearbeitet und einige Notizen geschrieben, an denen ich sehr hänge ... lauter bittere, bittere Kräuter, wie ich sie jetzt in einem *Küchen*garten mit Leidenschaft ziehe.«[422]

Im Zusammenhang mit diesen Aufzeichnungen beantwortet Benjamin am 29. Mai 1926 einen Brief Scholems, der die bange Frage, wie er es denn nun mit dem Kommunismus hielte, gestellt hatte. Die zentralen Stellen dieses wichtigen Briefes seien hier wiedergegeben: »Im Grunde ist es mir bitter, mich theoretisch resümieren zu sollen, da mein Buch (wenn es denn eines werden sollte) über die Dinge noch nicht gereift ist und das Momentane sich vielmehr als ein Versuch zu erkennen gibt, die rein theoretische Sphäre zu verlassen. Dies ist auf menschliche Weise nur zwiefach möglich, in religiöser oder politischer Observanz. Einen Unterschied dieser beiden Observanzen in ihrer Quintessenz gestehe ich nicht zu. Ebensowenig jedoch eine Vermittlung. Ich spreche hier von einer Identität, die sich allein im paradoxen Umschlagen des einen in das andere (in welcher Richtung immer) und unter der unerläßlichen Voraussetzung erweist, daß jede Betrachtung der Aktion rücksichtslos genug, und radikal in ihrem Sinne verfährt. Die Aufgabe ist eben darum hier nicht ein für alle Mal, sondern jeden Augenblick zu entscheiden. Aber zu *entscheiden*... Immer radikal, niemals konsequent in den wichtigsten Dingen zu verfahren, wäre auch meine Gesinnung, wenn eines Tages ich der kommunistischen Partei beitreten sollte (was ich wiederum von einem letzten Anstoß des Zufalls abhängig mache). Die Möglichkeit meines Verbleibens in ihr ist dann einfach experimentell festzustellen und interessant und fraglich weniger das Ja und Nein als das Wielange?... wer aus unserer Generation nicht nur phraseologisch den geschichtlichen Augenblick, in welchem er auf der Welt ist, als Kampf fühlt und erfaßt, kann auf das Studium, auf die Praxis jenes Mechanismus nicht verzichten, mit welchem die Dinge (und die Verhältnisse) und die Massen ineinander wirken.«

Benjamin erklärt ausdrücklich, daß »ich nicht daran denke, ›abzuschwören‹, wozu ich gestanden habe, warum ich mich des ›frühern‹ Anarchismus nicht schäme, sondern die anarchistischen Methoden zwar für untauglich, die kommunistischen ›Ziele‹ aber für Unsinn und für nichtexistent halte. Was dem Wert der kommunistischen Aktion darum kein Jota benimmt, weil sie das Korrektiv seiner Ziele ist und weil es sinnvoll *politische* Ziele nicht gibt... Und was auch immer geschehen möge: auf mich ist für ein ›System (!) des Materialismus‹ weiß Gott nicht zu rechnen.«[423]

Es sind Angehörige jener Generation, die in den sechziger Jahren mit Benjamin sich intensiv auseinandergesetzt haben, die vielleicht diesen Brief aufmerksam gelesen und seine Einsichten über die Benjamins hinaus befolgt haben – unterstützt von einer Regierungserklärung, in der das Wagnis zur kritischen Demokratie postuliert war –, es sind jene Radikalen, die sich entscheiden wollten, ohne konsequent sein zu müssen, welche heute, unter äußerlich kaum veränderter politischer Lage, mit aller Konsequenz vom Radikalenerlaß und den Berufsverboten betroffen sind. Auch dies gehört, wenngleich von seinen Verwaltern gern verschwiegen, zur Aktualität Benjamins: daß heute einem, der seine historische Situation im

Studium und der Praxis der gesellschaftlich wirksamen Faktoren intellektuell zu bewältigen sucht, dies von Staats wegen nur gestattet wird in einer Lebensform, die Benjamin den Heutigen voraus hatte: als radikalem Zweifler, aber als arbeitslosem, von seinem Beruf ausgeschlossenem. Ausgeschlossen von ebenso inkompetenten, subaltern dienenden Beamten, wie sie einst Benjamin die akademische Laufbahn bedauernd verhinderten. Es war damals kein Antisemitismus, es ist heute keine rechte Kommunistenfurcht, die Karrieren unterbinden, es sind immer nur intellektuelle Inkompetenz und feige Ignoranz, die den intellektuellen Nachwuchs als »Radikale« kriminalisieren, indem sie sich die lästig gewordene Verantwortung für eigenes Denken vom Halse schaffen wollen. Benjamin ist schließlich nicht in die KP eingetreten.

Er beendet nach tiefsten Depressionen und Nervenzusammenbrüchen im September 1926 vorläufig seine Arbeit an dem Reflexionenbuch »Einbahnstraße«, das er Asja Lacis widmet, und fährt mit Jula Cohn-Radt, die seine Einladung angenommen hatte, nach Südfrankreich. Thankmar von Münchhausen hatte ihn gebeten, für den Inselverlag eine Vorschlagsliste von Werken zu erstellen, die Benjamin bei Interesse ins Deutsche übersetzen wollte. Auf der Reise beschäftigt er sich mit solcher Auswahl; seine Liste enthält ältere Werke wie d'Aurevillys Buch über den Dandyismus, aber auch den »Eupalinos« von Valery, den er sehr rühmt. Unterdessen hatte der von Benjamins Übersetzerkünsten beeindruckte Rilke mit Jean Cocteau gesprochen, um dessen Theaterstück »Orphée« von ihm übersetzen zu lassen. Obwohl Benjamin bereits eine Empfehlung an den sehr interessierten Dramaturgen des Hamburger Schauspielhauses, Erich Mosse, hatte, kam diese Übersetzung ebensowenig zustande wie schließlich die für den Inselverlag geplanten. Im Oktober reisen Benjamin und Jula Cohn-Radt über Monte Carlo wieder zurück nach Berlin; er bereitet sich durch das Studium älterer Literaturgeschichten auf seinen Lexikonartikel »Goethe« vor. In einem Brief an Hofmannsthal lobt er die schön profilierte, reliefartige Darstellung von Lebensbildern in älteren Werken, »während nichts wie wohlabgewogene laue Urteilsweise in neueren literargeschichtlichen Werken davor bewahren wird, als spannungs- und interesseloser Ausdruck des Zeitgeschmacks zu erscheinen ... Es traf sich, daß ich gerade in diesen letzten Tagen Walzels

›Wortkunstwerk‹ ein in diesem Sinne typisch modernes Buch ... anzuzeigen hatte.«[424] In Benjamins Rezension heißt es: »man hat es hier mit einem typisch, wesenhaft modernen Buch zu tun, das heißt mit einem Buch, in dem das Richtige falsch und das Falsche richtig gedacht ist.« Er kritisiert vor allem die Methodik und nimmt dabei seinen Grundgedanken, wie er zuletzt im Trauerspielbuch formuliert war, wieder auf: »Der geile Drang aufs ›Große Ganze‹ ist ihr Unglück. Liebe zur Sache hält sich an die radikale Einzigkeit des Kunstwerks und geht aus dem schöpferischen Indifferenzpunkt hervor, wo Einsicht in das Wesen des ›Schönen‹ oder der ›Kunst‹ mit der ins durchaus einmalige und einzige Werk sich verschränkt und durchdringt. Sie tritt in dessen Inneres als in das einer Monade, die, wie wir wissen, keine Fenster hat, sondern in sich die Miniatur des Ganzen trägt.«[425]

Eigentlich hatte Benjamin bis Jahresende in Berlin bleiben wollen, um dann wieder nach Paris zurückzukehren. Im November aber bekommt er von Bernhard Reich die Nachricht aus Moskau, daß Asja Lacis schwer erkrankt und sein Kommen erwünscht sei. Bereits im Mai 1925 sprach Benjamin selbst von seinem Wunsch zu einer solchen Reise; nun war durch ein unglückliches Ereignis jene Situation eingetreten, die er in dem zitierten Brief recht genau ein Jahr später beschrieb: ob er Mitglied der kommunistischen Partei werden würde, wollte er »von einem letzten Anstoß des Zufalls« abhängig machen. Der sich so unerwartet bietende Anlaß des Besuchs in Moskau hätte für ihn also jener Zufall sein können. Was er allerdings in Moskau erlebte, ließ ihn davon Abstand nehmen.

Asja Lacis war im September mit einem schweren Nervenzusammenbruch in ein Krankenhaus eingeliefert worden. Sie schreibt in ihren Erinnerungen: »Schon damals war es sehr schwer, eine Einreisebewilligung in die Sowjetunion zu bekommen. Benjamin bekam sie.« Er war vom 6. Dezember 1926 bis 1. Februar 1927 in Moskau; in seinem Gepäck eine Exposition des bestellten Goethe-Artikels, über den er an Ort und Stelle mit den Lexikonherausgebern diskutieren wollte. »Als er in Moskau eintraf, befand ich mich schon in der Rekonvaleszenz im Sanatorium Rott, das in der Nähe der Gorkistraße lag. Dort gab's freie Besuchszeit, ich durfte auch ausgehen. Benjamin kam jeden Tag, geduldig spielte er mit mir Domino ... Oft gingen ich, Reich und Benjamin spazieren ... Er hatte den guten Willen, sich in das ungewöhnliche Milieu einzuleben und es zu verstehen.«[426]

Benjamins Sicht der Dinge ist schon am 26. Dezember sehr klar; an Jula schreibt er: »Es ist alles im Bau oder Umbau und beinah jeder Augenblick stellt sehr kritische Fragen. Die Spannungen im öffentlichen Leben ... sind so groß, daß sie alles Private in unvorstellbarem Maße abriegeln ... im Grunde sind dies Verhältnisse, zu denen man mitten in ihnen Stellung nehmen kann und muß, dann vielleicht sogar in vielem eine ablehnende ... Und es ist völlig unabsehbar, was dabei in Rußland zunächst herauskommen wird. Vielleicht eine wirkliche sozialistische Gemeinschaft, vielleicht etwas ganz anderes. Der Kampf, der darüber entscheidet, ist ununterbrochen im Gange. Sachlich mit diesen Verhältnissen verbunden zu sein ist höchst fruchtbar – mich aus grundsätzlichen Erwägungen in sie hineinzustellen, ist mir nicht möglich.«[427] Unter »sachlich« verstand Benjamin eine mögliche Publikationsgelegenheit in sowjetischen Zeitschriften. »Es ist sehr viel zu tun und in geisteswissenschaftlichen Angelegenheiten haben die Leute hier einen unvorstellbaren Mangel an sachverständigen Mitarbeitern.«[428] Dies ist aus der Perspektive der Weimarer Republik mit ihrem intellektuellen Proletariat gesehen: es gab solches in Rußland nicht, aber auch keinen Mangel: die Intellektuellen wurden nicht vermißt, und wenn man, wie zum Aufbau der Filmindustrie, Fachkräfte brauchte, bediente man sich aus dem großen Topf der billigen deutschen Republik. Benjamins großartige Impression »Moskau« ist bekannt; er hatte von Bubers Zeitschrift »Die Kreatur«, die sie auch druckte, dafür einen Reisevorschuß erhalten. Unbekannt dagegen ist weitgehend die Existenz des Moskauer Tagebuchs Benjamins, dem er das Material zu seinem Artikel entnahm. Es ist besonders für seine Bemühungen um den geplanten Enzyklopädieartikel über Goethe aufschlußreich. Bernhard Reich und Benjamin überarbeiteten gemeinsam das mitgebrachte Konzept, bevor beide damit vorstellig wurden: »Es saß da (als wir zum zweiten Male (hinkamen), unserer erster Gang dahin war vergeblich) hinter seinem Schreibtisch ein sehr wohlwollender junger Mann, dem Reich mich vorstellte und meine Kenntnisse empfahl. Als ich sodann das Schema zu meinem ›Goethe‹ ihm auseinandersetzte, zeigt sich seine intellektuelle Unsicherheit sofort. Manches an diesem Entwurf verschüchterte ihn und er kam schließlich darauf hinaus, ein soziologisch untermaltes Lebensbild zu fordern. Im Grunde aber kann man materialistisch nicht ein Dichterleben schildern, sondern nur seine historische Nachwirkung.«[429] Benjamin verzeichnet noch, daß solchem Denken pure metaphysische Fragestellung unterliegt, deren unmethodische Banalität er schon bei Bucharin gefunden habe.

Am 13. Januar 1927 schreibt Benjamin im Tagebuch, daß Reich ihm über die Goethe-Exposition nur einen negativen Bescheid geben konnte. »Er war nämlich in dem Büro der Enzyklopädie gewesen und hatte mein Exposé über Goethe dort abgegeben. Zufällig war gerade (Karl) Radek dazu gekommen, hatte das Manuskript am Tische liegen sehen und es aufgegriffen. Mißtrauisch hatte er sich erkundigt, von wem es sei. ›Da kommt ja auf jeder Seite zehn Mal ›Klassenkampf‹ vor. Reich wies ihm nach, das sei nicht richtig und sagte, man könne übrigens Goethes Wirken, welches in eine Zeit von großen Klassenkämpfen falle, nicht entwickeln, ohne dies Wort zu gebrauchen. Radek: ›Es kommt nur darauf an, daß es an der richtigen Stelle geschieht.‹ Die Aussichten für die Annahme dieses Exposés sind hiernach äußerst gering. Denn die armseligen Leiter dieses Unternehmens sind viel zu unsicher, um auch dem schlechtesten Witz irgend einer Autorität gegenüber die Möglichkeit eigner Meinung sich zu behaupten. Reich war der Zwischenfall unangenehmer als mir. Mir wurde er es vielmehr erst am Nachmittag, als ich mit Asja (Lacis) darüber sprach. Sie begann nämlich gleich, etwas müsse an dem, was Radek sage, schon richtig sein. Gewiß, ich werde etwas schon falsch gemacht haben, wisse nicht, wie man hier etwas angreifen müsse und dergleichen mehr. Nun sagte ich ihr auf den Kopf zu, aus ihren Worten spreche nur die Feigheit und ein Bedürfnis unbedingt, um jeden Preis, den Mantel nach dem Winde zu hängen. Ich ging als Reich gekommen war, bald aus dem Zimmer.«[430]

Tatsächlich wurde Benjamins Exposé abgelehnt, aus jenem einfachen, von Radek vorformulierten und durchaus nicht als Witz gemeinten (wie Benjamin es mißverstand) Grund: es war taktisch unklug. Später sollte dieses Argument von ganz anderer, nämlich von Adornos Seite noch häufig in Benjamins Manuskripte eingreifen. Man bot ihm andere Artikel an, Benjamin lehnte ab. »Mir sagte man Bescheid in wenigen

Tagen zu. Im Vorzimmer hatte ich dann noch lange auf Reich zu warten. Wir gingen endlich; er erzählte mir, daß man erwöge, Walzel den Artikel ›Goethe‹ anzutragen.«[431] Ausgerechnet jenem Walzel, dessen Buch »Das Wortkunstwerk« Benjamin kurz zuvor so scharf als typisch modernes, profil- und einsichtsloses Werk kritisiert hatte. Gerade dieser Mann schien nun den Sowjets den gegenwärtigen, bürgerlichen, Erkenntniszustand zu garantieren. Taktisch hatten sie damit nicht unrecht, aber Benjamins Vertrauen in eine grundsätzlich neue, russische Art der Geschichtsschreibung war natürlich verloren. »Den Leuten ist sozusagen das Exposé ... zu radikal gewesen.«[432] Später beauftragte man ihn noch einmal mit diesem Artikel.

»Sehr viel«, schreibt Benjamin aus Moskau an Jula, »bin ich im Theater – über das die ungeheuerlichsten Vorstellungen verbreitet sind. In Wirklichkeit sind von allem, was ich bis jetzt sah, die Vorstellungen bei Meyerhold das einzig Bedeutende.«[433] Über dessen Inszenierung von Gogols »Revisor«, die er am 19. Dezember 1926 sah, und über die am 3. Januar folgende Diskussion schrieb er einen Artikel »Disputation bei Meyerhold«. Die Inszenierung war in der Moskauer Presse und bei der Partei durchgefallen, da der Regisseur kein »proletarisches« Stück aus dem »Revisor« gemacht hatte. Daraufhin lud Meyerhold zu seiner Ehrenrettung in seinem Theater zu einer öffentlichen Diskussion über die Inszenierung ein. Benjamin erlebte in diesen vier Stunden Reden von Andrej Belyj (»der romantische Dekadent in Samtjacke und Binde wie bei Gavarni. Man würde ihn im ganzen heutigen Paris nicht mehr auftreiben«), von Lunatscharsky und Majakowsky, die alle die Inszenierung verteidigten. Als endlich Meyerhold selbst sprach, wurde er aber so unsachlich und polemisch, daß besonders die jugendlichen Diskussionsteilnehmer ihn auspfiffen. Mit seinem unglücklichen Auftritt gab Meyerhold der fast schon gewonnenen Schlacht eine unerwartete Wende: sein Fiasko als Redner wurde ausschlaggebend für die Bewertung der Inszenierungsarbeit. »Es gibt von nun an eine Front gegen Meyerhold.«[434]

In ihren Erinnerungen berichtet Asja Lacis von dieser Diskussion und dem Referat Benjamins, das er am 8. Januar abschloß, und das zu heftigen Auseinandersetzungen zwischen ihr, Reich und Benjamin führte. Was Asja Lacis allerdings noch in diesen späten Erinnerungen gegen den Text Benjamins vorbringt, läßt befürchten, daß sie ihn mißverstand, denn im Text ist jene von ihr vermißte Trennung zwischen dem Redner Meyerhold und seiner Regie genau durchgeführt.

»Meinen Aufenthalt in Rußland schloß ich mit dem Besuch von Sergejero-Lawra ab, dem zweitältesten Kloster des Reiches und der Wallfahrtsstätte aller Bojaren und Zaren. Zimmer voller juwelenbedeckter Stolen, voller unabsehbar aufgereihter illuminierter Evangeliare und Andachtsbücher, von den Manuscripten der Athosmönche bis zu denen des 17ten Jahrhunderts, ebenso zahllose Ikonen aus allen Zeiten mit ihren Goldverkleidungen, aus denen die Madonnenköpfe wie aus chinesischen Halseisen hervorschauen, durchschritt ich, mehr als eine Stunde bei einer Temperatur von 20 Grad unter Null. Es war wie das Gefrierhaus wo eine alte Kultur während der revolutionären Hundstage sich unter Eis konserviert.«[435]

Im Februar ist Benjamin wieder in Berlin, schreibt an seinem Reisebericht »Moskau« für Bubers »Kreatur«, fährt aber schon im März wieder nach Paris. Als Scholem von der Universität Jerusalem einen halbjährigen Urlaub zum Studium kabbalistischer Handschriften in Europa bewilligt bekommt, sehen sich die Freunde nach vier Jahren Ende April in der französischen Hauptstadt wieder, allerdings nur kurz, denn Scholem will weiter nach London. Nach dessen Abreise besucht ihn zu Pfingsten seine Frau Dora. Er zeigte ihr, was er von Paris kannte, dann fuhren beide an die Riviera, und Benjamin gewann in Monte Carlo so viel Geld, daß er sich nach Doras Abreise noch eine Woche Urlaub auf Korsika leisten konnte. Manchmal überkam ihn diese Spielleidenschaft, die allerdings nicht immer ein so glückliches Resultat mit sich brachte. Im Casino von Zoppot verlor er einmal sein ganzes Bargeld und mußte sich das Geld für die Rückfahrt nach Berlin leihen.

Das Glücksspiel ist ein Kommunikationssurrogat der Einsamen. Wie der Flaneur seine Antworten auf den Boulevards, so sucht der Spieler die seinen im Casino. »Das Spiel verwandelt die Zeit in ein Rauschgift.«[436] In ihm steht sie still. Ihr Zusammenhang wird zerstört, da jeder neue coup den vorigen ewig wiederholt, ohne daß er von ihm abhängt. Diese Dialektik des Stillstands in der Bewegung setzt alle herkömmlichen Ordnungen außer Kraft; Erfahrung zählt hier nichts, nur das seltene, seltener wiederholbare Glück.

Nach seiner Rückkehr im Juli von Korsika begann er, »eine seit Jahresfrist fällige Anzeige von Kellers Werken«,[437] zu schreiben – es wurde daraus der erste jener großen Dichteressays der folgenden Jahre. In ihm steht ein bei Benjamin seltenes Wort: »Glück«. Kellers Prosa, so schreibt er, »ist von der Vision des Glücks untrennbar, die diese Prosa realisiert hat. In ihr – und das ist die geheime Wissenschaft des Epikers, der allein das Glück mitteilbar macht – wiegt jede kleinste angeschaute Zelle Welt soviel wie der Rest aller Wirklichkeit.«[438] In seinem Essay über Proust nimmt er das Motiv des Glücksverlangens wieder auf und verknüpft es insgeheim mit denen des Melancholikers, des Sammlers und des Spielers: »Es gibt nun aber einen zwiefachen Glückswillen, eine Dialektik des Glücks. Eine hymnische und eine elegische Glücksgestalt. Dies eine: das Unerhörte, das Niedagewesene, der Gipfel der Seligkeit. Die andere: das ewige Nocheinmal, die ewige Restauration des ursprünglichen, ersten Glücks. Diese elegische Glücksidee ... ist es, die für Proust das Dasein in einen Bannwald der Erinnerung verwandelt.«[439] Benjamin schreibt über Prousts frenetisches Studium und seinen passionierten Kultus der Ähnlichkeit: »Nicht da, wo er sie in den Werken, Physiognomien oder Redeweisen, immer bestürzend, unvermutet aufdeckt, läßt sie die wahren Zeichen ihrer Herrschaft erkennen.«[440] Ihr eigentliches Reich ist das verlorener Zeiten, die nur in Traumwelten wiederkehren. »Zerfetzt von Heimweh lag er auf dem Bett, Heimweh nach der im Stand der Ähnlichkeit entstellten Welt, in der das wahre sürrealistische Gesicht des Daseins zum Durchbruch kommt.« So auch schreibt er von Keller: »In Kellers Weh nach seiner Schweizer Heimat tönt Sehnsucht in die Zeitenferne mit.«[441] Dies ist die Utopie des Sammlers: er »träumt sich nicht nur in eine ferne oder vergangene Welt, sondern zugleich in eine bessere, in der zwar die Menschen ebensowenig mit dem versehen sind, was sie brauchen, wie in der alltäglichen, aber die Dinge von der Fron frei sind, nützlich zu sein«.[442] Die wenig nützliche, immergleiche Handbewegung des Spielers beim erneuten Einsatz, deren Komplement die nützliche, immer wiederholte Handbewegung des Arbeiters am Fließband ist, hat hier ihr Bild. Jene Welt aber, die in ständigen Experimenten der Ähnlichkeit gesucht wird, ist die untergegangene Vorzeit, wie sie Benjamin in seinem frühen Aufsatz »Lehre vom Ähnlichen« andeutete, und wie sie später in seinem Begriff der Aura, der den Haschischprotokollen entstammt, wiederkehrt. Adorno hat dies als einziger von allen Interpreten gesehen: daß es bei diesem dubiosen Begriff um ein »vergessenes Menschliches« sich handelt.[443] In ihm kehrt wieder, was Benjamin in seiner frühen »Lehre vom Ähnlichen« schrieb: »Die Gabe, Ähnlichkeit zu sehn, die wir besitzen, ist nichts als nur ein schwaches Rudiment des ehemals gewaltigen Zwanges, ähnlich zu werden und sich zu verhalten.«[444] Das Wiedererlangen jener Zeit, die zugleich fernste Vergangenheit und nächste Zukunft ist, in einem Nu der Geschichte, Jetztzeit genannt als Moment des Stillstands in der Bewegung, ist gleichbedeutend mit der Erfüllung des Glückswillens, der bestimmend ist nicht nur für die vollendete Schönheit der Kunst, sondern für jede Vollendung: »Denn im Glück erstrebt alles Irdische seinen Untergang, nur im Glück aber ist ihm der Untergang zu finden bestimmt.«[445] In diesem Satz aus dem frühen »Theologisch-politischen Fragment« liegt die Keimzelle wichtigster Gedanken, die ihre endliche Entfaltung, über die großen Essays hinaus, erst in den letzten Thesen zur Geschichtsphilosophie haben werden. Metaphysik und Materialismus sind für Benjamin keine Gegensätze; sein jüdisches Denken ist in der Idee vom Messias, der den Untergang als Erfüllung bringt und damit die Welt zur Ähnlichkeit entstellt, notwendig immer theologisch und historisch-materialistisch zugleich. Es ist bezeichnend, daß er im Jahr 1927, als er die Lektüre marxistischer Klassiker schon ernsthaft betrieb, zugleich den bisher scheinbar ernsthaftesten Ansatz zu einer Existenz in Palästina unternahm.

Als Scholem im August aus den kabbalistischen Schätzen der Londoner Bibliotheken wieder auftaucht und erneut in Paris eintrifft, werden die Erörterungen über den in Scholems Augen gefährlichen kommunistischen Tic seines Freundes erneut aufgenommen. Scholem schreibt darüber, daß er nicht wenig erstaunt war, als Benjamin »einer in die Sache selber tiefer eingehenden Diskussion hierüber auswich. Er sagte, die Dinge seien für ihn noch immer nicht spruchreif. Er könne sich aber keinen Widerspruch zwischen der Gestalt, in der die radikal-revolutionären Perspektiven für seine Arbeit fruchtbar werden könnten, und der von ihm bisher verfolgten, wenn auch ins Dialektische transformierten Betrachtungsweise vorstellen. Er brauche Texte von kanonischer Bedeutung, um an ihrer Kommentierung seine philosophischen Gedanken in adäquater Weise zu entwickeln.«[446] Später wurden es dann, ersatzweise, die Gedichte Brechts, denen er seinen adäquaten, hier sehr uninspirierten Kommentar beigab. Scholem erkannte die unentschlossene, fast hilflose Haltung seines Freundes, der eine Aufgabe suchte, die ihn finanzieren würde. Wie neidlos bewundernd hatte er im Keller-Aufsatz geschrieben: »Es ist erstaunlich, mit welcher Beharrlichkeit das Züricher Patriziat diesen Mann in jahrelanger, opferreicher Veranstaltung zum angesehenen Mitbürger und schließlich zu einem der höchsten Beamten-Staatsschreiber des Kantons – herangebildet hat. Jahre hindurch bestand etwas wie eine Aktiengesellschaft zur Ausbildung und Etablierung Gottfried Kellers, und seit den unergiebigen Anfängen seiner Laufbahn hatte oft und oft das Kapital vermehrt werden müssen, bis er es später mit Zins und Zinseszins seinen Zeichnern zurückgezahlt hat.«[447] Es ist kein Zweifel, daß er solch eine »Aktiengesellschaft« suchte. In dieser Situation sah sich Scholem ermutigt, ein Gespräch mit dem Kanzler der Jerusalemer Hebräischen Universität, Judah Leon Magnes, der zufällig in Paris war, zu vermitteln. Es gab damals noch keine geisteswissenschaftliche Fakultät an dieser Universität, aber vielleicht dachte sich Scholem, daß Benjamin ihr Begründer sein könnte. Zudem stand Magnes politisch weit links, was zur Vermittlung der scheinbar gegensätzlichen Standpunkte helfen konnte. »So kam es zu einem zweistündigen Gespräch zwischen uns Dreien, bei dem Benjamin, der sich auf diese Begegnung offenbar gut vorbereitet hatte, ihm seine geistige Lage in großartiger Formulierung darlegte, seinen Wunsch, sich durch das Medium des Hebräischen den großen Texten der jüdischen Literatur nicht als Philologe, sondern als Metaphysiker zu nähern, präzisierte und seine Bereitschaft erklärte, gegebenenfalls nach Jerusalem, sei es vorübergehend, sei es für dauernd zu kommen ... Benjamin sagte, falls er die finanzielle Möglichkeit dazu erhielte, würde er am liebsten für ein Jahr nach Jerusalem kommen, wo er sich ausschließlich dem Studium der Sprache widmen und herausfinden könnte, ob er imstande sein würde, nicht nur in die Quellen einzudringen, sondern auch als akademischer Lehrer sich zureichend auf Hebräisch auszudrücken.«[448]

Es erscheint merkwürdig, daß Benjamin hier jene akademische

Laufbahn mit ihren Notwendigkeiten, die ihm in Frankfurt so überaus lästig vorkamen, anstrebt. Noch merkwürdiger erscheint die plötzliche Wende nach Palästina und das unerwartete Bekenntnis zum Hebräischen. »Ich selbst«, schreibt Scholem, »war von der bestimmten und positiven Form überrascht, in der Benjamin diese Gedanken ... vortrug ... Nie vorher hatte er sich so entschieden in diesen Zusammenhang hineingestellt – und nie wieder später.«[449] Und doch ist das Verhalten Benjamins keineswegs erstaunlich: es entstammt dem Habitus des Spielers, der an seine Chance glaubt und alles auf diesen einen coup setzt. In Magnes hatte Benjamin den kompetenten Mann vor sich, der ihm ein Stipendium verschaffen konnte, also legte er seine ganze Überzeugungskraft in dieses eine entscheidende Gespräch. Er handelte taktisch, nicht aus Überzeugung, wiewohl er dies Scholem natürlich nicht zeigte. Und er gewann.

Ein von ihm in diesem Zusammenhang gern gebrauchtes Argument war seine Beschäftigung mit einer Arbeit »Pariser Passagen«, angeregt durch die Lektüre von Aragons »Le paysan de Paris«. Der Erinnerung Scholems zufolge las Benjamin ihm schon in Paris aus ersten Entwürfen vor; ein Brief vom 30.1.1928 an den Freund scheint diese Datierung zu widerlegen, doch kann Benjamin in der gedrängten Fülle der Pariser Zeit die Gespräche darüber aus dem Gedächtnis verloren haben. In dem Brief heißt es: »Wenn ich die Arbeit, mit der ich augenblicklich, vorsichtig, provisorisch, beschäftigt bin – den sehr merkwürdigen und äußerst prekären Versuch ›Pariser Passagen. Eine dialektische Feerie‹ so oder so (denn nie habe ich mit solchem Risiko des Mißlingens geschrieben) beendet habe, so wird für mich ein Produktionskreis – der der ›Einbahnstraße‹ – in ähnlichem Sinn geschlossen sein, wie das Trauerspielbuch den germanistischen abschloß. Die profanen Motive der ›Einbahnstraße‹ werden da in einer höllischen Steigerung vorbeidefilieren. Verraten kann ich im übrigen von dieser Sache noch nichts, habe noch nicht einmal genaue Vorstellungen vom Umfang. Immerhin ist das eine Arbeit von wenigen Wochen.«[450] Er liest dafür »Klassenkämpfe in Frankreich«, die erste nachweisliche Marxlektüre, in seinem »Verzeichnis der vollständig gelesenen Bücher« als Nr. 1074 verzeichnet. Diese Nachricht an Scholem gibt die erste schriftliche Erwähnung jener Arbeit, die ihn bis zu seinem Selbstmord beschäftigte, und von deren tausenden Manuskriptseiten Adorno später sagte, daß ihre Idee kaum rekonstruierbar sei.[451]

Benjamin blieb noch bis Mitte Oktober in Paris und kam in Berlin mit einer akuten Gelbsucht an, vermutlich infiziert in einem ersten von jenen Rauschgiftexperimenten, die er in den späteren Monaten und Jahren zeitweilig fortsetzte und aus deren ersten Impressionen der Begriff der »Aura« stammt. Frei von Verpflichtungen, aber damit auch ohne Einkommen, beginnt er nun jenen tragikomischen Kampf um eine finanzielle Stütze aus Jerusalem, in dem er zugleich die Konsequenz solchen Stipendiums, nach Palästina zu gehen, hartnäckig umgeht. Er möchte von Magnes monatlich 300 Mark auf unbestimmte Zeit ausgezahlt haben und organisiert dafür Gutachten über seine Arbeiten. Während Hofmannsthal, der Wiener Professor Brecht und der Münchener Germanist Fritz Strich sich sehr lobend äußerten, gibt es von dem Orientalisten Schaeder, von dem er ebenfalls ein positives Gutachten über das Trauerspielbuch erwartet hatte, einen ganz ablehnenden Brief: »Ich selber habe mir, da ich den Autor von früher her hochschätzte, die Mühe gegeben, durch dreimalige Lektüre und philosophische Interpretation der einzelnen Sätze wenigstens einigermaßen hinter den Sinn des ersten Kapitels zu kommen. Aber ich verhehle mir nicht, daß wohl nur ganz wenige Leser Geduld und Zeit genug haben werden, um sich diese ganz individuelle und bis zur Unverständlichkeit verdunkelte Scholastik zu assimilieren ... Pseudoplatonismus – das ist die Signatur, mit der mir Benjamins Buch gekennzeichnet zu sein scheint; und zugleich ist dies die gefährlichste Krankheit, von der jemand, der es mit geschichtlichen Dingen ex professo oder aus eigener Neigung zu tun hat, überhaupt ergriffen werden kann.«[452]

Es war, wie man sieht, sehr schwierig, über Benjamin kompetente positive Urteile zu sammeln; unmöglich war es bei den zeitgenössischen deutschen Schriftstellern, die er nahezu alle ignorierte und den persönlichen Verkehr mit ihnen vermied. Anders bei den französischen: im Januar kam André Gide wegen eines Vortrages, den er dann ausfallen ließ, nach Berlin und empfing Benjamin als einzigen deutschen Publizisten. Von der zweistündigen Unterredung gibt es einen »freilich sehr für die Öffentlichkeit zensierten Bericht«,[453] der im Februar in der

»Literarischen Welt« erschien. Benjamin besucht auch die Offenbach-Lesung von Karl Kraus »Pariser Leben« am 27. März 1928, in der Kraus heftig gegen Alfred Kerr polemisierte. Benjamin schrieb darüber einen Artikel, aber die »Literarische Welt« zensierte ihn und tilgte zwei auf Kerr sich beziehende Passagen. Kraus hatte Kerr wegen dessen Kriegslyrik von 1914 einen »Schuft« genannt und kostete seinen folgenlosen Skandal in der »Fackel« vom Juni 1928 genüßlich aus.

Zu diesen Gelegenheitsarbeiten, die seine Beschäftigung mit den »Pariser Passagen«, für die er Überlegungen anstellt, »was es mit diesem natürlichen und ganz irrationalen Zeitmaßstab des Geschichtsverlaufs eigentlich auf sich hat«,[454] immer wieder unterbrechen, tritt überraschend noch eine weitere: in Moskau »scheint man sich plötzlich eines Bessern besonnen zu haben und trägt mir, unter sehr annehmbaren Bedingungen, an, den Artikel Goethe für die große Enzyklopädie, im Umfang von einem Bogen, zu schreiben. Ich nehme natürlich an.«[455] Da er nach seinen Erfahrungen in Moskau nun weiß, welchen Erwartungshorizont er erreichen muß, gibt er sich mit dieser Arbeit nicht viel theoretische Mühe. Mit gründlicher Bosheit will er aus den Büchern über Goethe, die er am geringsten schätzt – die Biographien von Baumgartner, Brandes und Emil Ludwig – keinen »Nektar, wohl aber eine flache Schale von prima mittelgutem Opferwein, vor Lenins Mausoleum zu verschütten, destillieren.«[456] Zu diesem Zweck liest er auch Kleinbergs »Deutsche Dichtung in ihren sozialen Bedingungen« und erwähnt sie in einem Brief, »weil es seit Jahren über nichts Gedrucktem mich so geekelt hat«. Für ihn ist es eine »widerliche Mischung von banalem Idealismus und materialistischen Abstrusitäten«. Hohnvoll heißt es in diesem Brief: »Die erste große materialistische Literaturgeschichte. Es ist das einzig Dialektische an diesem Buche, daß es genau an der Stelle steht, an der die Dummheit anfängt Niedertracht zu werden.«[457] Es ist fast überflüssig zu erwähnen, daß auch dieses Goethe-Manuskript von der Enzyklopädieredaktion keinen Beifall bekam. Es erschien in einer grundlegend überarbeiteten Fassung.

So wenig Gewicht diese Gelegenheitsarbeiten auch haben, benutzte Benjamin sie dennoch als Argumente gegen das Drängen zur Palästinareise. Wie er zur Zeit des Habilitationsprojektes sich mit Aufträgen, Absichten und Plänen so dicht umgab, daß an eine Erfüllung akademischer Verpflichtungen nicht zu denken gewesen wäre, so schafft er sich nun mit diesen Arbeiten einen Wall, an dem die drängenden Fragen abprallen sollten. In erster Linie ist es die Passagenarbeit, an deren Ende, wie er Ende Mai 1928 schreibt, »noch längst nicht zu denken« ist, dann der Goethe-Artikel. »Auch das ist Grund genug, vorläufig hier zu bleiben. An das, was sonst noch fällig ist, besonders einige große Artikel über die französische Literaturbewegung, darf ich gar nicht denken.«[458] Damit ist die Reise eigentlich schon ad calendas graecas gerückt, aber Benjamin muß, da er ein Stipendium will, die Wartenden beschwichtigen; also schreibt er, daß er einen Palästinabesuch im Herbst fest eingeplant habe. Im Herbst heißt es, daß er vielleicht im Dezember kommen werde; kurz vor diesem Termin kündigt er, immer unter dem Vorbehalt der dringenden Arbeit an den Passagen, seine Ankunft für das Frühjahr 1929 an, und im Februar verschob er sie wieder auf den Herbst. Inzwischen hatte er bereits im Oktober 1928 durch eine Privatinitiative von Magnes das gesamte erhoffte Stipendiumgeld bar ausgezahlt bekommen; sein taktisches Ziel war damit erreicht.

Zu den unwichtigen Gelegenheitsarbeiten des Jahres 1928 zählt ein Bericht über die Berliner Ernährungsausstellung, der freilich in einem Absatz die Verbindung zwischen der »Einbahnstraße« und seiner Baudelairearbeit, die aus den »Passagen« wuchs, herstellt. Dort hieß es kurz: »Alle entscheidenden Schläge werden mit der linken Hand geführt werden.«[459] In dem entscheidenden Absatz des Berichtes wird dieses Motiv ausgeführt:

»Die Masse will nicht ›belehrt‹ werden. Sie kann Wissen nur mit dem kleinen Chok in sich aufnehmen, der das Erlebte im Innern festnagelt. Ihre Bildung ist eine Folge von Katastrophen, die sie auf Rummelplätzen und Jahrmärkten in verdunkelten Zelten ereilen...«[460] Hier ist nicht allein das Motiv des modernen Großstadtmenschen in der Baudelairearbeit, sondern auch die Bestandsaufnahme filmischer Funktionabilität im Kunstwerkaufsatz schon thematisiert.

Nicht nur durch solche Gelegenheitsarbeiten wurde die Beschäftigung mit hebräischen Dingen immer wieder verschoben, sondern auch durch Asja Lacis. »Ich warte nur die Ankunft meiner Freundin ab, weil mit ihr die Entscheidung über meinen

Aufenthalt in den nächsten Monaten fällt.«[461] Im November 1928 kam Asja Lacis nach Berlin; wie Bernhard Reich schreibt, war die Schauspielerin und Regisseurin von der sowjetischen Regierung »in die Handelsvertretung abkommandiert« worden,[462] er selbst blieb zunächst in Moskau. Benjamin bezieht mit ihr eine gemeinsame Wohnung in der Düsseldorfer Straße 4, zieht aber bereits im Januar 1929 wieder in die elterliche Villa, wo auch seine Frau immer noch wohnte. Von ihr verlangt er nun die Scheidung, um Asja Lacis heiraten zu können. Nach heftigen Auseinandersetzungen wird im Juni 1929 die Scheidung eingeleitet, aber erst im März des folgenden Jahres ausgesprochen. Der Streitpunkt des mit großer Härte geführten Prozesses, den Benjamin schließlich verlor, waren die ihm aus dem Heiratskontrakt entstehenden finanziellen Verpflichtungen: die Eltern Doras bestanden darauf, daß ihre jahrelange finanzielle Unterstützung des Paares an Dora zurückgezahlt werden müsse. Tatsächlich wurde Benjamin zur Rückzahlung von 40 000 Mark verurteilt; eine Summe, die er durch Überschreibung seines gesamten elterlichen Erbteiles beglich.
Vor den in solcher Eskalation nicht erwarteten schweren psychischen Strapazen der Scheidung floh er in die Arbeit am Schreibtisch: er schrieb im Laufe des Jahres 1929 mehr als in sonst einem Jahr zuvor oder später. Meist waren es unwesentliche Rezensionen, aber er begann auch mit Arbeiten für den Rundfunk, den ihm sein Schulfreund Ernst Schoen öffnete. Schoen war im Juni 1929 künstlerischer Leiter des Südwestdeutschen Rundfunks in Frankfurt geworden und vermittelte ihm regelmäßige Vorträge, oft für die Kinderstunde, aber auch literarische Betrachtungen und Vorlesungen eigener Erzählungen. Dazu kamen regelmäßige Beiträge für die Jugendstunde des Berliner Senders und ab 1931 auch die kritischen »Hörmodelle«. Benjamin schätzte diese Arbeiten recht niedrig ein; sie waren für ihn bloßer Broterwerb, auf den er allerdings mehr und mehr angewiesen war.
Viele dieser Rundfunkmanuskripte sind bis heute nicht veröffentlicht, da die einzig erhaltene Sammlung aus Benjamins Nachlaß heute im Besitz der Akademie der Künste der DDR sich befindet, die jede Kooperation verweigert. Es gibt allerdings eine Liste dieser Arbeiten,[463] die zu einer häßlichen Polemik von seiten der Herausgeber der Schriften Benjamins geführt hat und über deren kleinlichen Editorenneid ebenso

peinlich Auskunft gibt wie über die angemaßte Position derer, die sich im Besitz des Herrschaftswissens glauben. Im ersten Band der »Gesammelten Schriften« (S. 765) wird diese Liste zitiert, für die freundliche Mitteilung der Autorin gedankt und auf ihren »demnächst erscheinenden Aufsatz« zu diesem Thema verwiesen. Dieser Aufsatz, der erst ein Jahr nach solcher Mitteilung erschien, enthält neben der Auflistung der Rundfunkarbeiten Benjamins einige spitze Bemerkungen gegen die Frankfurter Herausgeber, die es sich daraufhin nicht nehmen ließen, wiederum zwei Jahre später, im zweiten Band der Schriften bösartig zu reagieren.
Die Autorin Sabine Schiller hatte für ihre Arbeit ganz einfach die Jahrgänge 1924–1933 der Rundfunkzeitschriften beider in Frage kommenden Sendeanstalten durchgesehen, in denen alle Programme und ihre Autoren verzeichnet sind – eine naheliegende Idee, auf die die Herausgeber leider nicht gekommen waren. Offenbar fühlten sich diese so blamiert, daß sie nicht ruhten, bis sie in der über achtzig Nummern erfassenden Liste ganze fünf vermeintliche oder wirkliche Fehler gefunden hatten, deren scheinbar schwerwiegende Bedeutung sie nun zitierten: »Ein Vortrag ›Neues um Stefan George‹ erhält den Titel ›Neues *von* Stefan George‹« – dies nur als beliebiges Beispiel, wie sinnentstellend diese Fehler sind, wobei natürlich die Möglichkeit eines Druckfehlers oder einer Titeländerung in den Programmzeitschriften unberücksichtigt bleibt. Dabei kommt es dann zu einer peinlichen Verballhornung, »daß ein Jugendfunkvortrag, ›Das Leben des Autos‹ als *›Leben der Autos‹* sich verzeichnet findet. Der Kommentator konnte keinen Zusammenhang zwischen Benjamin und Autos herstellen, also erfand er einen Herrn ›Antos‹, der sich immerhin fast nach einem Vorsokratiker anhört. Aber Sabine Schiller hatte durchaus richtig ›Leben der *Autos*‹ wiedergegeben, handelt es sich doch um eine Besprechung des damals gerade im Malik-Verlag erschienenen, aber dem voreiligen Kommentator leider unbekannten Buches ›Das Leben der Autos‹ von Ilja Ehrenburg. Die ohnehin unnötige Polemik erweist sich so als lächerlich.«[464]
Zur Flucht in die Arbeit kommt die Abwechslung einer Reise: der Autor des Rowohlt-Verlages Wilhelm Speyer, wie Benjamin ehemaliger Schüler im Landerziehungsheim Haubinda, lädt ihn zu einer Autofahrt durch Italien ein. Benjamin bleibt

eine Woche in San Gimignano, wo er – heute kaum noch vorstellbar – der einzige deutsche Tourist war. Er beginnt dort eine Rezension: »In San Gimignano habe ich mir die Hände an den Dornen eines allerdings stellenweise überraschend schön blühenden Rosenbuschs aus Georges Garten zerschunden. Es ist das Buch ›Der Dichter als Führer in der deutschen Klassik‹. Sein Verfasser heißt Kommerell und meine Rezension: Wider ein Meisterwerk.«[465] In diesem Titel ist der Text ganz enthalten; er erklärt das Herausragende des Buches als Monument seines Irrtums. Wie immer bei den wichtigen Rezensionen Benjamins hat auch sie ihre ganz private Seite, die in einer großen französischen Tradition steht; so schrieb Goethe über die Kritiker der Revue française: »Die Verfasser nehmen ein herausgekommenes Buch gleichsam nur zum Text, zum Anlaß, wobei sie ihre wohlgegründeten Meinungen und aufrichtigen Gesinnungen an den Tag legen.«[466] Damit ist die kritische Methode Benjamins treffend beschrieben und zugleich der traditionelle Anspruch bezeichnet, dem seine Rezensionen genügen sollen und der heute, da es eine wirkungsvolle Individualpublizistik kaum mehr gibt und Rezensionen meistens nur ideologiefertige Einordnungen in vorgegebene Meinungsfächer sind, kaum mehr verstanden wird.

Es gibt in diesem Verriß eines »Meisterwerks« einen Abschnitt, der Benjamins höchstes Lob ausdrückt, nicht argumentativ oder logisch abstrahierend, sondern in einem Bild, nicht zufällig im Bild des Sammlers: »Der Verfasser nimmt gelebte Stunden zur Hand wie der große Sammler Altertümer. Es ist nicht, daß er darüber redet; man sieht sie, weil er sie so wissend, forschend, andächtig, gerührt, abschätzend, fragend in der Hand dreht, sie von allen Seiten anblickt und ihnen nicht das falsche Leben der Einfühlung, sondern das wahre der Überlieferung gibt. Aufs engste dem verwandt ist des Verfassers Eigensinn; ein sammlerischer.«[467]

Dieses höchste Lob, das Kommerell auf die Ebene Benjamins hebt – wie der Rezensent es in den Eingangssätzen schon formuliert hatte: daß jenes Buch keine eingehendere Kritik finden dürfte als seine – schützt nicht vorm Verriß: unbarmherzig zeigt Benjamin in kurzen Andeutungen die Mängel des Textes, die für ihn in einer veralteten Hierographie, verantwortet durch eine prinzipielle Gegenwartsfeindlichkeit, liegen. Dem stellt er seine Forderung der historisch notwendigen

Theorie entgegen: »Dies Heute mag dürftig sein, zugegeben. Aber es mag sein wie es will, man muß es fest bei den Hörnern haben, um die Vergangenheit befragen zu können. Es ist der Stier, dessen Blut die Grube erfüllen muß, wenn an ihrem Rande die Geister der Abgeschiedenenit erscheinen sollen.«[468]
Eine abstrakte Revolutionssehnsucht erscheint hier, ein leiser Nachklang zur »Einbahnstraße«, in deren »Feuermelder« eben dies thematisiert war. Benjamins Haltung war viel differenzierter, als solche Zeilen ahnen lassen. Er wußte, daß er als Autor bürgerlicher Herkunft mit seinen Sympathien für eine antibürgerliche Veränderung der Gesellschaft zwischen allen Stühlen saß. Fast beiläufig heißt es in einer Rezension: »Denn chimärischer ist kein Dasein als das Dasein zwischen den Klassenfronten im Augenblick, da sie sich fertig machen, aufeinander zu prallen.«[469]
Benjamin konnte sich in dieser Situation um so weniger auf die Seite der kommunistischen Partei stellen, als diese in ihren Parolen einzig die Arbeiter ansprach und das sich ständig vergrößernde Heer proletarisierter Kleinbürger außer Betracht ließ und damit Hitler in die Hände spielte. Er war sich in dieser Frage einig mit Brecht, den er im Mai 1929 durch Asja Lacis kennengelernt hatte. Der schmale, etwas verhungert aussehende Brecht mit den scharfen Falten des Gastropathen, die seinem Mund leicht einen zynischen Ausdruck gaben, und der gerne im provozierenden Ledermantel erschien, die verwundbare Haut über der Kleidung herzeigend, war mit seiner eingängigen Bearbeitung der Beggar's Opera reich geworden. In seiner Atelierwohnung unweit vom Zoo, Hardenbergstraße 19, traf man sich zu langen Diskussionen. Asja Lacis, mit der Benjamin die Veranstaltungen des Bundes proletarischer Schriftsteller besuchte, schreibt, daß die Kommunisten an eine baldige und siegreiche proletarische Revolution glaubten. Sie berauschten sich am Pathos der eigenen Agitation, das auch Benjamin nicht unbeeindruckt ließ. »Doch wurde er besorgt, wenn er an das deutsche Kleinbürgertum dachte. Es ist eine große Masse. Welche Rolle wird diese Mittelklasse, berüchtigt durch Egoismus, Borniertheit, Ignoranz, Mangel an Rückgrat, spielen? Wie wird sich die Masse der Ladenbesitzer, der Eigentümer der kleinen Betriebe, die ihren Besitz, ihre scheinbare wirtschaftliche Unabhängigkeit wild verteidigen, zur proletarischen Revolution verhalten? Die hitlerische Demagogie ist dumm und

grob, offenkundig lügnerisch ... Dennoch macht sie auf das Kleinbürgertum Eindruck. Wenn Hitler es in den Griff bekommt, so wird dies sehr gefährlich werden. Er meinte, man müsse das Kleinbürgertum ideologisch bearbeiten, es rechtzeitig gewinnen. Das ist ungeheuer wichtig. Er meinte, daß man zu wenig tut. Ähnliche Befürchtungen und Erwägungen hörte ich aus dem Munde Brechts.«[470] Der von der Partei ungeliebte Genosse Piscator versuchte eine Revue im Kleinbürgermilieu: »Der Kaufmann von Berlin.« Benjamins Kommentar war eindeutig: »Es gab etwas Unbeschreibliches, Ostjüdisches von Mehring, von dem unglückselig beratenen Piscator mit viel Bravour inszeniert.«[471] Die Schlußszene ist berühmt geworden: drei Straßenkehrer, die zuerst durch die Inflation wertlos gewordenes Papiergeld wegfegen, dann einen Stahlhelm und schließlich einen uniformierten Leichnam. Ernst Busch sang dazu: »Soldat gewesen ... Dreck! Weg damit!« Die Empörung der bürgerlichen Presse war groß; man sah die heiligen Werte der Nation in den Schmutz gezogen und überschätzte so die Aussage dieser allzu billigen Agitation.

Zu lernen war nach der Meinung Brechts und Benjamins eher von der großen Kunst Charlie Chaplins, dessen Film »The Circus« zu Beginn des Jahres 1929 in Berlin seine deutsche Premiere hatte. Brecht lud Asja Lacis und Bernhard Reich zu einer Vorstellung ein: »Derjenige, der zu lernen fähig war, konnte manches lernen, während er über Chaplin lachte und sich amüsierte. Charlie verstand die Kunst, vergnüglich zu lehren.«[472] Benjamin, der Brecht zu diesem Zeitpunkt noch nicht kannte, schrieb anläßlich dieses Films, von ihm als »das erste Alterswerk der Filmkunst« bezeichnet: »Chaplin hat sich in seinen Filmen an den zugleich internationalsten und revolutionärsten Affekt der Massen gewandt, das Gelächter.«[473] Aus dieser Erkenntnis gewinnt Benjamin einen Kernsatz, der später in seinem Kunstwerkaufsatz sich findet: *»Die technische Reproduzierbarkeit des Kunstwerks verändert das Verhältnis der Masse zur Kunst. Aus dem rückständigsten, z. B. einem Picasso gegenüber, schlägt es in das fortschrittlichste, z. B. angesichts eines Chaplin, um.«*[474] Dieser Satz enthält den grundlegenden Irrtum des ganzen Aufsatzes: es ist nicht die technische Reproduzierbarkeit eines Kunstwerks, welche die Publikumsreaktion bestimmt, sondern es ist die Art des Kunstwerks. Die inzwischen milliardenfach verbreiteten Reproduktionen der Werke Picassos haben aus einem rückständigen Publikum kein fortschrittliches gemacht, und die Filme Chaplins sind, eben durch ihre in der Reproduktion angelegte gefällige Verfügbarkeit, zu bloßen Konsumfilmen geworden, die im kommerziellen Schwachsinn eines tagtäglich sich reproduzierenden Filmbetriebs kaum mehr auffallen.

Im Herbst 1929 kündigt Benjamin zum letztenmal seine Ankunft in Palästina an, obwohl ihm die mangelnde Glaubwürdigkeit solcher Nachricht an Scholem bewußt war; er versucht, sie durch die dramatische Form des Telegramms zu überspielen. Tatsächlich gibt es nichts, das man nur im mindesten als Hinweis auf eine beabsichtigte Reise deuten könnte; alles spricht eher dagegen: die neu gewonnene Bekanntschaft mit Brecht, der Benjamin großen Wert beimaß, die erträglichen finanziellen Verhältnisse durch seine inzwischen gute Position bei der »Literarischen Welt« und der »Frankfurter Zeitung«, und schließlich eine erneute Krankheit seiner Freundin Asja Lacis. Am Vortage des Telegramms an Scholem erleidet sie einen akuten Anfall von Enzephalitis und wird einen Tag später von Benjamin nach Frankfurt zu ihrem Neurologen Kurt Goldstein geschickt. Es ist aufschlußreich, daß Benjamin an eben diesem Tag, an dem er die kranke Asja Lacis allein nach Frankfurt fahren läßt, ohne über ihren Zustand näher informiert zu sein, jenes Telegramm an Scholem aufgibt, das seine Ankunft in Palästina zu einem festen Termin ankündigt. Die Freudsche Umkehrung der Urworte gilt auch hier: das feste Ja muß als unbedingtes, dringendes Nein gelesen werden, denn Benjamin hätte die Frau, die er heiraten wollte, niemals in ihrer Krankheit allein gelassen. Er besucht sie dann mehrmals in Frankfurt, wo er auch mit Adorno und Horkheimer zusammentrifft, die ihm vermutlich einige Hoffnung auf eine künftige Zusammenarbeit machten.

Der entscheidende Grund aber, warum Benjamin nie an eine Übersiedlung nach Jerusalem ernsthaft gedacht hat, muß auf einer anderen, alogischen, Ebene liegen. Das Sammeln von Argumenten für oder gegen die Reise, für oder gegen Palästina ist einfach und ergibt dennoch keine Lösung. Es ist sinnvoll, sich in diesem Zusammenhang an das Bild des Spielers zu erinnern, der alles auf eine Chance setzt – wenn er an sie glaubt. Benjamin aber glaubte nicht an diese Chance der

Hebräischen Universität, weil er kein Zionist war. Aber auch diese Begründung ist nicht weittragend. Er glaubte nicht an seine Chance in Palästina, weil er sie nicht vor sich sah: die Universität, völlig von Geldspenden amerikanischer Juden abhängig, hatte 1928 zwar eine geisteswissenschaftliche Fakultät begründet, aber keine Räume dafür, auch keinen Lehrstuhl für deutsche Literatur; 1929 gab es an der ganzen Universität nur sechzig wissenschaftliche Mitarbeiter. Benjamins Denkkomfort aber bezog seine Dignität aus der bürgerlichen Tradition der Jahrhunderte von Gryphius bis Baudelaire; er war kein Pionier, sondern einer, der die Ernte einbrachte, ein Sammler. Für ihn war Jerusalem keine gewinnbringende Chance, sondern ein Verlust. Paris mußte das natürliche Ziel sein, die Hauptstadt des Geistes im neunzehnten Jahrhundert. Dorthin verabschiedet er sich für einige Zeit, von der »Literarischen Welt« ausgestattet mit einem Reisekostenvorschuß und dem Auftrag, ein »Pariser Tagebuch« zu schreiben, und nicht ohne seine Leser in einem Buchtip auf Georg Lukács' »Geschichte und Klassenbewußtsein« aufmerksam gemacht zu haben: »Das geschlossenste philosophische Werk der Marxistischen Literatur. Seine Einzigartigkeit beruht in der Sicherheit, mit der es in der kritischen Situation der Philosophie die kritische Situation des Klassenkampfes und in der fälligen konkreten Revolution die absolute Voraussetzung, ja den absoluten Vollzug und das letzte Wort der theoretischen Erkenntnis erfaßt hat. Die Polemik, die von den Instanzen der Kommunistischen Partei unter Führung Deborins gegen das Werk veröffentlicht wurde, bestätigt auf ihre Art dessen Tragweite.«[475]

Eigentlich hatte Benjamin einen längeren Parisaufenthalt schon für den August 1929 geplant, aber erst nach turbulenten Szenen in der elterlichen Villa, aus der ihn Dora zunächst zu Hessels in die Friedrich-Wilhelm-Straße 15 vertrieb, gelang ihm Ende Dezember die vorläufige Übersiedlung nach Paris. Im Tagebuch heißt es: »Kaum hat man die Stadt betreten, so ist man beschenkt. Vergeblich der Vorsatz, nichts über sie niederzuschreiben. Man baut sich den vergangenen Tag auf wie Kinder am Weihnachtsmorgen sich den Gabentisch wieder aufbauen. Auch das ist ja eine Art zu danken. Im übrigen halte ich mich an meine Veranstaltungen, eines Tages mehr zu unternehmen als das. Für diesmal aber verbieten mir eben sie, verbietet die Besonnenheit, die ich für jene Arbeit mir bewahren muß, der Stadt mich willenlos zu überlassen. Zum ersten Mal entweiche ich ihr, entziehe mich dem Stelldichein, zu dem der alte Kuppler Einsamkeit mich einlädt und richte es ein, daß ich an manchen Tagen vor Parisern die Stadt nicht sehe.«[476] So formulierte er den Auftrag seiner Redaktion, ein Tagebuch über das Pariser Kulturleben zu schreiben; das Unliebsame daran ist deutlich ablesbar. Doch würde er in den folgenden Tagen für die lästige Pflicht der Veranstaltungsbesuche durch mehrere auch für ihn wichtige Gespräche entschädigt. Von Léon-Paul Fargue läßt er sich im Bateau Ivre stundenlang über Proust erzählen. Dieser enge Freund des großen »Zerstörer(s) der Idee der Persönlichkeit«, wie Benjamin Proust bezeichnet, entwirft in großartigen Bildern die Geschichte einer über zwanzig Jahre dauernden Beziehung, in der auch jene Anekdote sich findet, wie Proust und Joyce sich zum ersten und letzten Mal trafen. Allerdings stimmt seine Erzählung, die Benjamins Tagebuch wiedergibt, mit den biographischen Details der Forschung nicht überein. Léon-Paul Fargue erzählte, daß er die beiden Schriftsteller zu einem Diner gebeten hatte, wo es zu peinlichen Szenen gekommen sein soll, als Proust, über eine kaiserliche oder prinzliche Hoheit begeistert, Joyce anvertraute, daß dies seine erste Bekanntschaft mit einer »Hoheit« sei. Der entnervte Joyce habe beim Verlassen des Diners hoch und heilig geschworen, nie wieder ein Zimmer zu betreten, in dem er diese lächerliche Figur zu treffen vermuten würde. Benjamin fährt fort: »Dieser frühe Proust vom Ende der neunziger Jahre stand am Beginn eines Weges, dessen Verlauf er selbst noch nicht absehen konnte.«[477]

Die hier geschilderte Begegnung hat sich aber nicht am Ende des vorigen Jahrhunderts ereignet, sondern am 18. Mai 1922, auch nicht anläßlich eines Diners von Fargue, sondern während einer Feier nach der Premiere von Stravinskys »Renard«, die Prousts englische Freunde und Übersetzer Violet und Sidney Schiff dem Ballett Diaghilevs und jenen vier Männern, die sie am meisten bewunderten, gaben: Picasso, Stravinsky, Proust und Joyce. Unpassend gekleidet, da er keinen Frack besaß, und leicht angetrunken, erschien Joyce gegen Mitternacht und widmete sich dem Champagner. Auf der Heimfahrt im gemeinsamen Taxi beging Joyce die beiden Fehler, ein Fenster zu öffnen und sich eine Zigarette anzuzünden – ein im Freundeskreis Prousts wegen dessen Krankheit sorgsam gewahrtes

Tabu. Die Autoren versicherten sich der gegenseitigen Unkenntnis ihrer Werke und schieden so.[478]
Es ist nicht auszumachen, wie es zu dieser offenbar falschen, von Benjamin referierten Darstellung durch Fargue kam; es ist möglich, daß es sich nur um eine phantasievoll ausgeschmückte Anekdote handelt, die von dem leichten Geist Fargues falsch datiert und mit eigenen Requisiten ausgestattet wurde; es ist auch möglich, daß eine Verwechslung mit Prousts Begegnung mit Oscar Wilde im Frühjahr 1894 vorliegt – hier kam es zu einem ganz ähnlichen peinlichen Vorfall, als Wilde zu einem Diner geladen war und einige Minuten auf den Gastgeber Proust im Salon warten mußte. Als Proust erschien, äußerte sich Wilde herablassend über die Einrichtung des Salons und ging wieder.
Authentischer sind die Informationen, die Benjamin kurz darauf von einem anderen Bekannten Prousts erhält: er wird bei Monsieur Albert, dem Inhaber des berühmten Proust-Bordells, eingeführt. Benjamins Annahme, dieser Albert »ist Albertine, ist das Verhältnis von Marcel Proust«,[479] stimmt allerdings nicht; Monsieur Albert versicherte immer wieder, so auch in seinem Gespräch mit Benjamin, daß er keine »körperlichen« Beziehungen zu Proust gehabt habe. Im Roman leiht er Jupien seine Züge.
Jener Bretone Albert Le Cuizat, zunächst Diener von Prinzen und Fürsten, war für den neugierigen Proust ein wandelndes genealogisches Lexikon, dessen Auskünfte dieser begierig in sich aufnahm: wer bei einem Diner den Vortritt hat, Bischof oder General, wer zur Rechten des Gastgebers sitzt usw. Durch seine untrügliche Sicherheit in Fragen des gesellschaftlichen Umgangs der bestimmenden zehn Familiendynastien wurde Le Cuizat für Proust, der dies alles für seinen Roman brauchte, überaus wertvoll. Als sie sich beim Grafen Orloff kennenlernten, war der kundige Diener dreißig Jahre alt, nicht zwanzig, wie Benjamin annimmt,[480] der über Prousts genealogischen Spleen wohl zuwenig wußte und von einem Liebesverhältnis ausgeht. Für seine Auskünfte wurde Le Cuizat von Proust großzügig bezahlt; wenn er ihn nicht sprechen konnte, schrieb er Briefe, die ihren Empfänger per Taxi erreichten. »Nach Prousts Tod besaß Albert ein paar Hundert dieser Briefe, die zum größten Teil in dem lebenslustigen Paris der zwanziger Jahre gestohlen oder an Invertierte

verhökert wurden, die ihn besuchten«[481] – der Rest wurde verschenkt.
Im Frühjahr 1917 kündigte der damals schon sechsunddreißigjährige Albert seine Stellung beim Herzog von Rohan und übernahm mit Prousts finanzieller Unterstützung das Hotel Marigny, rasch neu möbliert mit den zweitbesten Garnituren aus dem Elternhaus Prousts. Benjamin schreibt, daß es die Möbel einer verstorbenen Tante gewesen seien; so steht es später verschlüsselt im Roman.
Von Albert Le Cuizat und besonders von dem geschwätzigen Begleiter Maurice Sachs, der sein Wissen auch zu einem autobiographischen Roman verwandte, erfährt nun Benjamin einiges über Prousts sexuelle Praktiken: »Hier, wo seine bürgerliche Person selbstverständlich unbekannt blieb, hat man ihm den Beinamen l'homme aux rats gegeben. Nämlich: Proust hielt die jungen Leute, deren Bekanntschaft er bei M. Albert machte, dazu an, Ratten, die ihm in einem Käfig präsentiert wurden, mit langen Nadeln auf verschiedene überaus scheußliche Art zu quälen.«[482] Diese Mitteilung fehlt in dem offiziellen »Pariser Tagebuch« für die »Literarische Welt«; sie findet sich nur in einem privaten, für den Freund Scholem gedachten Bericht über den Abend mit Monsieur Albert. Was Benjamin so seinen deutschen Lesern vorenthielt, war in Paris nicht unbekannt: »Zwischen den beiden Weltkriegen war es ein beliebtes Vergnügen, den Taxichauffeur aufzusuchen, der mit stolzem und strahlendem Lächeln versicherte: ›Ich war es, der immer die Ratten zu Monsieur Marcel brachte!‹«[483] Die Tiere wurden von den Strichjungen gejagt, geschlagen, mit Hutnadeln zu Tode gequält, während der zuschauende Proust versuchte, dabei zu einem Orgasmus zu kommen. Vor allem Maurice Sachs erzählte diese Geschichte immer wieder jedem Neugierigen, und Benjamins Unbehagen über »die offenbar bereits mehrfach erprobte Treffsicherheit seiner Anekdoten«, die er wie ein »Verzeichnis oder einen Musterkatalog von Alberts Hauptgeschichten« empfand, war nicht unberechtigt.[484]
Auch mit einigen Surrealisten kam Benjamin zusammen: mit Louis Aragon, dessen »Le paysan de Paris« er die Anregung zu seinen »Pariser Passagen« verdankt, mit Robert Desnos, dem bedeutendsten surrealistischen Lyriker, der später deportiert und im KZ Theresienstadt umgebracht wurde, mit Julien

Green, dessen Bücher er oft Freunden empfahl, mit Jouhandeau, Berl, Félix Bertaux und mit Adrienne Monnier. Die Inhaberin der exklusiven Buchhandlung »Aux amis des livres«, die ihm in späteren Jahren eine hilfreiche Freundin blieb, gab ihm schon bei ihrem ersten Gespräch eine wichtige Anregung. Benjamin schreibt in seinem Tagebuch, daß es ihn fesselte, wie sie sich seiner »alten Idiosynkrasie gegenüber, die so heftig gegen Photos von Bildwerken reagiert, derer annahm. Zunächst scheint sie von meinem Satze frappiert, wieviel leichter ein Bild, vor allem aber eine Plastik, und nun gar Achitekturen, im Photo sich ›genießen‹ ließen als in der Wirklichkeit. Doch als ich weiter ging und solche Art und Weise mit Kunst sich zu befassen kümmerlich und entnervend nenne, wurde sie eigensinnig. ›Die großen Schöpfungen‹, sagte sie, ›kann man nicht als Werke Einzelner ansehen. Es sind kollektive Gebilde, so mächtig, daß sie zu genießen geradezu an die Bedingung, sie zu verkleinern geknüpft ist. Im Grunde sind die mechanischen Reproduktionsmethoden eine Verkleinerungstechnik. Sie verhelfen den Menschen zu jenem Grade von Herrschaft über die Werke, ohne die sie nicht zum Genuß kommen.‹ Und somit tauschte ich ein Photo der vierge sage von Straßburg, welches sie am Anfang der Begegnung mir versprochen hatte, gegen eine Theorie der Reproduktion ein, die mir vielleicht noch wertvoller ist.«[485]

Hier ist der Ausgangspunkt des Kunstwerkaufsatzes vorformuliert; fast wörtlich taucht darin später der letzte Satz Monniers wieder auf: »Die Architektur bot von jeher den Prototyp eines Kunstwerks, dessen Rezeption in der Zerstreuung und durch das Kollektivum erfolgt.«[486] Ganz deutlich ist dieser Gesprächsaufzeichnung abzulesen, wie negativ Benjamin dem reproduzierten Kunstwerk gegenübersteht, wie er in der Begegnung mit der Reproduktion ein inadäquates Verhalten zum Kunstwerk sieht, das an seine Einmaligkeit, sein Hier und Jetzt, wesentlich gebunden ist. Die Trauer über die Auflösung der Traditionszusammenhänge, die Entwertung der Echtheit und die Verkümmerung der Aura bilden das Fundament des Kunstwerkaufsatzes, der in seiner Rezeption durch die Studentenbewegung der sechziger Jahre durchaus mißverstanden wurde, da er als Programm, nicht als Resümee gelesen wurde. Benjamin proklamiert darin nicht den Verfall der Aura, sondern er beschreibt ihn und setzt seiner Konsequenz des Traditionsverfalls eine, wie noch zu zeigen sein wird, kaum eigene oberflächliche Theorie des Films auf.

Die neu empfangenen Anregungen in Paris und die etwas gefestigten Publikationsmöglichkeiten in Deutschland bilden den Hintergrund zu einem Brief, den Benjamin zu Beginn des Jahres 1930 an Scholem schreibt; es ist ein heikler Brief, und Benjamin benutzt dazu die französische Sprache wie eine Verkleidung, hinter der er versteckt, aber für einen Freund erkennbar ist. Er erklärt in vorsichtiger Umschreibung nun zum ersten Mal offiziell seine Palästinapläne für gescheitert und leitet, da ihm dieses Thema »peinlich« ist, sehr rasch zu einem anderen über: »Zunächst einmal habe ich mir – offen gesagt, in bescheidenen Maßen – in Deutschland eine Position geschaffen. Das Ziel, das ich mir gesteckt hatte, ist noch nicht ganz erreicht, aber, immerhin, ich bin ziemlich nahe daran. Es ist, daß ich als erster Kritiker der deutschen Literatur angesehen werde. Die Schwierigkeit dabei ist, daß seit mehr als fünfzig Jahren die literarische Kritik in Deutschland nicht mehr als ernsthafte Gattung betrachtet wird. Sich innerhalb der Kritik eine Position zu erarbeiten, heißt also im Grunde: sie als Gattung von neuem schaffen.«[487]

Scholem referiert den Brief und schreibt, Benjamins Ehrgeiz sei es gewesen, »der bedeutendste Kritiker der deutschen Literatur zu werden«.[488] Diese Übersetzung ist zu undifferenziert und trifft das Ziel nicht, da Benjamin nicht der bedeutendste unter vielen anderen sein wollte, sondern der erste, der das untergegangene Genre der literarischen Kritik neu belebt. Gemeint sind hier nicht Rezensionen über die Bestseller der Saison, kurzlebige Auseinandersetzungen mit vielleicht wichtigen Büchern, sondern literarische Essays, wie Benjamin sie exemplarisch über Keller, Kafka und Karl Kraus schrieb. Dazu gehört auch schon der Wahlverwandtschaftenaufsatz, von dem es gleich eingangs heißt, daß er als Kritik gemeint sei – als Kritik, die den Wahrheitsgehalt eines Kunstwerkes zu bestimmen sucht, im Gegensatz zu dem um den Sachgehalt bemühten Kommentar. Benjamin faßt dies in ein Bild: »Will man, um eines Gleichnisses willen, das wachsende Werk als den flammenden Scheiterhaufen ansehen, so steht davor der Kommentator wie der Chemiker, der Kritiker gleich dem Alchimisten. Wo jenem Holz und Asche allein die Gegenstände seiner

Analyse bleiben, bewahrt für diesen nur die Flamme selbst ein Rätsel: das des Lebendigen.«[489]

Das Bild ist prägnant: der Chemiker, dem sich die Werke auf ihren bloßen Sachgehalt reduzieren, erscheint als Rezensent, dem Alchimisten dagegen wird in seiner Arbeit die Auseinanderlegung eines Werks zu der neuen Aufgabe, es kritisch wieder zu erschaffen. Das Unzeitgemäße im Beruf des Alchimisten ist unübersehbar; seine Wiederkehr bedeutet nun: sich gegen berühmte Feuilletonisten mit einer eigenen, wiederentdeckten Kunst der Kritik durchzusetzen, die bei ihm die Form des übergreifenden Essays hat, im Gegensatz zur kurzatmigen Kerr-Rezension.

Der Essay zeigt das Alte als Neues. Schon darin unterscheidet er sich vom Tagesfeuilleton, in dem Neues rasch in erprobte Erfahrungen eingegliedert wird, konsumierbar gemacht für eilige Leser, die in den Überschriften meist auch schon das Resümee finden. Ganz anders beim Essay: seine Begriffe definieren sich in ihrem Verhältnis zueinander und sind nicht aus einem Oberbegriff abgeleitet. Die Rezension nimmt ihren Weg von der Feststellung der Faktizität eines Werks zum Urteil über dessen Sachgehalt, wie die wissenschaftliche Darstellung den ihren vom Einfachen zum Komplexen. Dem Essay aber ist mit dem ersten Schritt sein Gegenstand so komplex, wie er mit dem letzten Schritt – im Bewußtsein des Lesers – vielleicht einfach geworden ist, ohne jedoch seine Struktur verändert zu haben. Der Essay ist aber nicht allein eine literarische Form, sondern vielmehr eine kritische Methode. Er sucht sich der Wahrheit eines Kunstwerks anzunähern, nicht dieses der Wahrheit zu überführen. Die Distanz zum Stoff, die der Rezensent und der Wissenschaftler vorgeben, ersetzt er durch reflektierte Zuneigung oder Trauer.

Der Wahrheitsgehalt der Kunstwerke, der durch eine lange mißbräuchliche Tradition immer mehr verschüttet wurde, kann nur durch einen Alchimisten, der vermittels eines Verbrennungsprozesses das neue Alte wiedererstehen läßt, erkennbar werden. Ein Werk verrät erst seine ursprüngliche Absicht, wenn es durch den Essayisten dazu verführt, nicht durch einen Rezensenten abgeurteilt wird. Seine wissende Darstellung ordnet das Werk so, daß seine Teile sich gegenseitig erhellen, seine Begriffe sich selbst definieren und sein Anspruch ohne Zwang offenbar wird. Erst der Essayist verwirklicht dadurch das Kunstwerk über die reine Theorie hinaus, aber er ermöglicht dies auf der Ebene der Reflexion: sein Essay ist die Praxis des Kunstwerkes, aber er ist es als Theorie.

Diese Neubelebung eklatant romantischer Theoreme geht für Benjamin bruchlos ein in das materialistische Bewußtsein, daß Theorie des Klassenkampfes Teil des Klassenkampfes selber sei, da die Vermittlung von Theorie notwendig solange die einzige Praxis sein muß, wie jedes praktische Tun nur seine Vergeblichkeit bestätigt. Es wird eine unbequeme, aber nötige Aufgabe der nächsten Jahre sein, kritisch nachzuweisen, wie die sich mit Marx entwickelnde Theorie vom Klassenkampf ihn letztlich verhindert hat.

Zur Festigung seiner Position plante Benjamin, wie aus dem zitierten Brief hervorgeht, zwei Essays: über den Jugendstil und über den Stand und die Theorie der Literaturkritik. Vor allem aber will er sich auf die Arbeit an den »Pariser Passagen« konzentrieren. Diese Arbeiten, zur Publikation bei Rowohlt gedacht und von diesem auch teilweise bevorschußt, sind nie zu Ende geschrieben worden, dennoch wurden sie nach Benjamins Meinung plagiiert von dem Autor Dolf Sternberger. Er war wie Benjamin Mitarbeiter der »Frankfurter Zeitung« und des Südwestdeutschen Rundfunks, studierte in Frankfurt bei Adorno und muß entweder von diesem oder von Benjamin selbst über die Thematik der geplanten Werke erfahren haben. Schon als er 1935 seinen Aufsatz über den Roman »Die Heilige und ihr Narr« an Benjamin schickte, beklagte dieser in einem Brief an Adorno die Übernahme seiner Gedanken zum Thema Jugendstil. Am 19. Juli 1937 veröffentlichte die »Frankfurter Zeitung« Sternbergers Bericht über die Hitlerrede gegen die »entartete« Kunst, in dem es heißt, daß diese Rede eine noch nicht beendete Abrechnung »mit Gesinnungen und Theorien (sei), die das öffentliche Kunstleben der hinter uns liegenden Epoche bestimmten«. Wenig später erschien Sternbergers Buch »Panorama – Ansichten des 19. Jahrhunderts«, und Benjamin schrieb wütend an Adorno: »Der Titel ist das Eingeständnis versuchten, zugleich der einzige Fall des geglückten Plagiats an mir, das den Grundgedanken des Buches abgab. Der Gedanke der ›Passagen‹ ist hier doppelt filtriert worden. Von dem, was Sternbergers Schädel (Filter I) passieren konnte, ist das zum Vorschein gekommen, was die Reichsschrifttumskammer (Filter II) durchließ. Was da geblieben ist, davon können Sie sich unschwer einen Begriff machen... Der unbeschreiblich dürftige Begriffsapparat Sternbergers ist aus Bloch, aus Ihnen und mir zusammengestohlen. Besonders ungewaschen ist die Verwendung des Begriffs der Allegorie, den Sie auf jeder dritten Seite finden. Zwei jämmerliche Exkurse über die Rührung beweisen mir, daß er seine Finger auch in die Wahlverwandtschaften-Arbeit gesteckt hat... Daß der Junge, ehe er sich an dieses Meisterstück machte, im münchener Bericht über die hitlersche Rede gegen die entartete Kunst sein Gesellenstück lieferte, erscheint mir in vollster Ordnung.«[490]

Benjamin schrieb darüber auch eine Rezension für die »Zeitschrift für Sozialforschung«, die trotz mehrmaliger Nachfragen Benjamins nicht veröffentlicht wurde. Er entwarf auch einen bitteren Brief an Sternberger, den er aber offenbar nicht absandte. Das Manuskript ist erhalten: »Die Aufschlüsse, die ich Ihrer kunsttheoretischen Betrachtung vom 19. Juli 1937 in der Frankfurter Zeitung verdanke, sind mir durch Ihr neues Buch überzeugend bestätigt worden. Es ist Ihnen darin gelungen, die Synthese zwischen einer neuen Gedankenwelt, die Ihnen mit Adolf Hitler, und einer ältern, die Ihnen mit mir gemeinsam war, herzustellen. Sie haben dem Kaiser gegeben was des Kaisers ist und dem Verbannten genommen, was Sie gebrauchen konnten. Ihr Buch ist brüchig, aber Ihr Verhalten aus einem Guß, dem ›Guß der verlornen Form‹, wie die Bildhauer sagen.«[491]

Es gehört zum Selbstverständnis des so überaus rücksichtsvollen Herausgebers der Briefe Benjamins, Adorno, daß kein Brief, der dieses Thema berührt, in die Briefauswahl aufgenommen wurde. Ein Kommentar Benjamins in einem Brief an Scholem[492] wurde einfach gestrichen.

Auch wenn nach Sternbergers eigenen Angaben seine Arbeit keineswegs ein Plagiat darstellt und zudem kritisch motiviert war, was in damaligen Rezensionen auch bemerkt wurde, so ist es doch eine sonderbare Rücksicht auf Lebende, die den Toten selbst ihr Recht auf ein Mißverständnis vor der Nachwelt verweigert.

Ein letzter Aspekt des französisch geschriebenen Briefes an Scholem vom Januar 1930 sei noch erwähnt: Benjamin bemerkt, daß er für die Passagenarbeit ein theoretisches Gerüst braucht, daß er auch Hegel und Marx lesen müsse. »Für mich scheint heute festzustehen, daß ich für dieses Buch, wie auch für das ›Trauerspiel‹, auf eine Einleitung nicht verzichten kann, die sich auf die Erkenntnistheorie stützt – und dieses Mal besonders auf die Erkenntnistheorie der Geschichte. Hier werde ich auf meinem Weg Heidegger finden, und ich erwarte von diesem Zusammenprall unserer sehr differierenden Geschichtsauffassungen einige Funken.«[493] Diese hier angekündigte geschichtsphilosophische Einleitung ins Passagenwerk scheint so nicht geschrieben worden zu sein; es empfiehlt sich aber, die Geschichtsphilosophischen Thesen auch als solche zu lesen und zu verstehen.

Benjamins wichtigster Kontrahent aus dem Lager der etablierten Philosophie ist immer noch, seit 1916, Martin Heidegger, den er im Frühjahr 1930 in einer Lesegemeinschaft mit Brecht »zertrümmern« will – aber Brecht reist mit Elisabeth Hauptmann nach Le Lavandou in Südfrankreich, und allein will Benjamin diese Arbeit nicht beginnen.

Er arbeitet an seinem Essay über Karl Kraus und schreibt eine bedeutende Kritik des Buches von Kracauer über die Angestellten, eines der wichtigsten Bücher der Zeit, das auch heute noch nichts von seiner Aktualität eingebüßt hat. Hier defiliert das neu entstandene Proletariat der Großstädte vorüber: Ladenmädchen, Vertreter, Friseusen, Verkäufer, Sekretärinnen. Physiognomisch genau wird ihr entfremdetes Leben, entfremdeter als das der Lohnarbeiter, erfaßt und zur Rede gestellt. Kritisch befragt werden aber auch die radikalen linken Literaten, deren Protest gegen den Kapitalismus sich am sensationellen Einzelfall, nicht am schalen, unmerklich schrecklichen Alltag ausrichtet. »Der Radikalismus dieser Radikalen hätte mehr Gewicht, durchdränge er wirklich die Struktur der Realität, statt von der Beletage herab seine Verfügungen zu treffen. Wie soll der Alltag sich wandeln, wenn auch die ihn unbeachtet lassen, die dazu berufen wären, ihn aufzurühren?«[494] Diesen Aufruhr zur Politisierung der Intelligenz übernimmt Benjamin in seiner Kritik und schreibt dort, ganz von sich redend, daß die Proletarisierung des Intellektuellen keinen Proletarier schafft, da die Bürgerklasse ihm ein unverlierbares Bildungsprivileg mitgab, das die Solidarität mit ihr nicht schwinden läßt. Deshalb ist die Politisierung der eigenen Klasse die einzige politische Wirkung, »die ein schreibender

Revolutionär aus der Bürgerklasse heute sich vorsetzen kann«.[495] Dies war schwierig genug; die Bürgerklasse nämlich rannte lieber in die gerade uraufgeführte Lehar-Operette »Schön ist die Welt«, um Richard Tauber zu huldigen. Jede Vorstellung war ausverkauft, und der Star konnte pro Plattenaufnahme fünfzehntausend Reichsmark verlangen. »Schön ist die Welt«: so schuf sich eine Klasse, der von Hitler erfolgreich eingeredet wurde, daß mit seinem Regime die Welt noch schöner würde, ihre eigene Politik.

Dem Ziel der Politisierung des bürgerlichen Lagers sollte auch eine Zeitschrift dienen, die Benjamin und Brecht 1930 planten; sie sollte »Krisis und Kritik« heißen und bei Rowohlt verlegt werden. Sehr bald allerdings gab es Schwierigkeiten, die Benjamin zum Rücktritt von der Mitherausgeberschaft nötigten. An Brecht schreibt er: »die Zeitschrift war geplant als ein Organ, in dem Fachmänner aus dem bürgerlichen Lager die Darstellung der Krise in Wissenschaft und Kunst unternehmen sollten. Das hatte zu geschehen in der Absicht, der bürgerlichen Intelligenz zu zeigen, daß die Methoden des dialektischen Materialismus ihnen durch ihre eigensten Notwendigkeiten – Notwendigkeiten der geistigen Produktion und der Forschung, im weiteren auch Notwendigkeiten der Existenz – diktiert seien. Die Zeitschrift sollte der Propaganda des dialektischen Materialismus durch dessen Anwendung auf Fragen dienen, die die bürgerliche Intelligenz als ihre eigensten anzuerkennen genötigt ist.«[496] Den Herausgebern gelang es aber nicht, aktuelle und wichtige Beiträge zu versammeln, so daß auch dieses Zeitschriftenprojekt Benjamins scheiterte. Auch sein Plan, einiges über den Stand und die Theorie der Literaturkritik in Deutschland zu sagen, ging nicht in Erfüllung: vereinbart war mit Horkheimer und Adorno ein Vortrag über die »Philosophie der Literaturkritik«, im Frankfurter Institut für Sozialforschung für das Ende des Jahres 1930. Am 2. November starb nach langer Krankheit Benjamins Mutter, und er bat um eine Vertagung des Vortrages, der dann nicht mehr realisiert wurde.

Auch eine bei Rowohlt geplante Sammlung der Essays, der als Einleitung »Die Aufgabe des Kritikers« voranstehen und die jenen Versuch über den Jugendstil beinhalten sollte, kam nicht zustande. Benjamin lebte von Lektorengutachten für Rowohlt, schrieb Erzählungen und Artikel für das Juxblatt »Uhu«, in dem auch Tucholsky, ebenfalls des Geldes wegen, zuweilen schrieb, und er begann mit der Arbeit an den Hörmodellen für den Berliner Rundfunk, die bereits 1929 mit Ernst Schoen in Frankfurt projektiert waren. In einem »Gespräch mit Ernst Schoen«, publiziert in der »Literarischen Welt«, wird »eine Folge von Mustern und Gegenmustern der Verhandlungstechnik« angekündigt, für die angeblich Brecht gewonnen werden sollte. (In diesem Gespräch aus dem August 1929 geht es auch um die Möglichkeiten des Fernsehens, die um so vielfältiger seien, als es ihm gelingen werde, sich von bloßer Reportage zu emanzipieren.)[497] In den Hörmodellen werden Gesprächstaktiken an einfachen Mustern des täglichen Lebens vorgeführt: ein ungeschickter und ein gewandter Angestellter im Gespräch mit dem Chef über eine Gehaltserhöhung; ein sturer Vater, der seinen Sohn bei einer Lüge ertappt hat und ihn in seinem Verhör immer tiefer in die Unwahrheit treibt, im Gegensatz zur klugen Mutter, die dem Kind seinen Trotz nehmen kann; schließlich ein ungeschickter Mann, der seinen Freund vergeblich um Geld bittet, und ein cleverer, der es erhält. Wie Wolf Zucker, der eigentliche Autor dieser Hörmodelle, schreibt, verzichtet Benjamin bewußt darauf, den Rundfunk für die Propagierung einer bestimmten politischen Ideologie zu benutzen. Dennoch gab es nach der Ausstrahlung des Spiels um eine Gehaltserhöhung Ärger, da die Gewerkschaft darin eine vorgeschlagene Umgehung kollektiver Lohnverhandlungen sah. Benjamin und Zucker mußten einen Stapel Protestbriefe beantworten: »Seine Briefe waren kurz und unbündig. Regelmäßig dankte er dem Einsender für sein lebhaftes Interesse und versicherte ihm, daß sein Einwand völlig gerechtfertigt sei. Mit keinem Wort versuchte Benjamin den gesendeten Text zu verteidigen oder die Kritik zurückzuweisen. ›Es gehört zum Geschäft der Hörmodelle, daß der Kunde immer recht hat.‹«[498] Der Bericht Zuckers, aus dem auch hervorgeht, daß Benjamin keine Zeile der Hörmodelle geschrieben, sondern sie in produktiven Kaffeestunden improvisierend vorgedacht hat, worauf Zucker daraus einen Text schreiben mußte, ist nicht nur sehr anschaulich, sondern ersetzt auch die falschen Kommentare zu den Hörmodellen in den Gesammelten Schriften. Aufschlußreich ist auch folgende Mitteilung Zuckers, der Benjamin gefragt hatte, ob er Kommunist sei: »Er verstehe, sagte er, daß mir die Frage nach seiner politischen Einstellung wichtig und für die Zusammenarbeit sogar notwendig sei. Nein, er sei nicht Kommunist und auch nicht Marxist. Dennoch sehe er seine Aufgabe als Schriftsteller darin, die Lüge und Brüchigkeit der bürgerlichen Gesellschaft nachzuweisen und dadurch ihren notwendigen Zusammenbruch zu beschleunigen. Was aber die Form der politischen Zukunft sein werde, könne sich erst nach der Befreiung vom falschen Bewußtsein zeigen.« Benjamin arbeitete nicht für das Ziel des Kommunismus, aber mit dessen Erkenntnissen gegen die von ihm als verrottet erkannte bürgerliche Gesellschaft. Dieses empfindliche Gleichgewicht zwischen den Fronten versuchte er mehrmals seinen Freunden zu erklären, die ihn wegen seiner dialektisch-materialistischen Argumentationsweise in seiner Ablehnung des Bürgertums für einen Marxisten hielten. So schrieb er an Max Rychner: »die denkbar stärkste Propaganda einer materialistischen Anschauungsweise hat mich nicht in Gestalt kommunistischer Broschüren, sondern in der der ›repräsentativen‹ Werke erreicht, die in meiner Wissenschaft – der Literaturgeschichte und der Kritik – auf bürgerlicher Seite in den letzten zwanzig Jahren ans Licht traten. Mit dem, was da die akademische Richtung geleistet hat, habe ich genauso wenig zu schaffen wie mit den Monumenten, die ein Gundolf oder Bertram aufgerichtet haben – und um mich früh und deutlich gegen die abscheuliche Öde dieses offiziellen und inoffiziellen Betriebs abzugrenzen, hat es nicht marxistischer Gedankengänge bedurft – die ich vielmehr erst sehr spät kennengelernt habe – sondern das danke ich der metaphysischen Grundrichtung meiner Forschung. Wie weit gerade eine strenge Beobachtung der echten akademischen Forschungsmethoden von der heutigen Haltung des bürgerlich-idealistischen Wissenschaftsbetriebs abführt, darauf hat mein Buch ›Ursprung des deutschen Trauerspiels‹, die Probe gemacht, indem es von keinem deutschen Akademiker irgendeiner Anzeige gewürdigt wurde. Nun war dieses Buch gewiß nicht materialistisch, wenn auch bereits dialektisch. Was ich aber zur Zeit seiner Abfassung nicht wußte, das ist mir bald nachher klarer und klarer geworden: daß von meinem sehr besonderen sprachphilosophischen Standort aus es zur Betrachtungsweise des dialektischen Materialismus eine – wenn auch noch so gespannte und problematische – Vermittlung gibt. Zur Saturiertheit der bürgerlichen Wissenschaft aber gar keine.«[499]

Es ist sinnvoll, hier eine Parallele zu Benjamins gleichzeitigem Essay über Karl Kraus zu ziehen. Darin nämlich zitiert er einen Abschnitt aus der »Fackel« vom November 1920 (Nr. 554–556, S. 8), den er als politisches Credo von Kraus und als »stärkste bürgerliche Prosa des Nachkriegs« bezeichnet. Dort heißt es gegen die saturierte Bürgerklasse: »Der Kommunismus als Realität ist nur das Widerspiel ihrer eigenen lebensschänderischen Ideologie, immerhin von Gnaden eines reineren ideellen Ursprungs, ein vertracktes Gegenmittel zum reineren ideellen Zweck – der Teufel hole seine Praxis, aber Gott erhalte ihn uns als konstante Drohung über den Häuptern jener, so da Güter besitzen und allen anderen zu deren Bewahrung und mit dem Trost, daß das Leben der Güter höchstes nicht sei, an die Fronten des Hungers und der vaterländischen Ehre treiben möchten. Gott erhalte ihn uns, damit dieses Gesindel, das schon nicht mehr ein und aus weiß vor Frechheit, nicht noch frecher werde, damit die Gesellschaft der ausschließlich Genußberechtigten, die da glaubt, daß die ihr botmäßige Menschheit genug der Liebe habe, wenn sie von ihnen die Syphilis bekommt, wenigstens doch auch mit einem Alpdruck zu Bette gehe! Damit ihnen wenigstens die Lust vergehe, ihren Opfern Moral zu predigen, und der Humor, über sie Witze zu machen!«[500]

In beiden Zitaten erscheint der kommunistische Gedanke als notwendiges Korrektiv bestehender Wirklichkeiten, nicht als eigenständiges, immanent sinnvolles Ziel, sondern als furchtbares und zugleich fruchtbares Regulativ. Ein drittes Zitat gehörte noch in diesen Zusammenhang, doch ist es zu berühmt, so daß es hier nur erwähnt sei: in der Sonderausgabe der »Literarischen Welt« vom 6. Juni 1932 »Vom Weltbürger zum Großbürger« hatte Benjamin aus dem Vorwort Heines zur französischen Ausgabe der Lutetia einen großen Teil veröffentlicht, der eben jene Zwiespältigkeit im Umgang mit dem Kommunismus dokumentiert. »Aus Haß gegen Partisanen des Nationalismus könnte ich die Kommunisten fast lieben«, hatte Heine geschrieben. Diese Zwiespältigkeit, die aber kein ungewisses Schwanken zwischen den Extremen, sondern eine eigene moralisch begründete politische Haltung ist, konstituiert auch Benjamins Schriften, und Scholem kritisiert dies auf eine sehr einfache Art: ihm wäre es lieber, wenn Benjamin entweder eindeutig metaphysisch oder eindeutig materialistisch arbeiten würde. »Du gewinnst Deine Einsichten«, schrieb er an Benjamin, »nicht etwa durch eine strenge Anwendung einer materialistischen Methode, sondern vollständig unabhängig davon (bestenfalls), oder (schlechtestenfalls, wie in manchen Arbeiten aus den letzten zwei Jahren) durch ein Spielen mit den Zweideutigkeiten und Interferenzerscheinungen dieser Methode.«[501] Dies ist sehr richtig beschrieben, aber leider als harte Kritik gemeint; Scholem denkt als Aufklärer in unversöhnlichen Gegensätzen und meint es mit einer »Selbsttäuschung« Benjamins zu tun zu haben, die »nur dauern kann, solange sie nicht auf die materialistische Probe gestellt wird« – soll heißen: daß Benjamins Schriften innerhalb der Kommunistischen Partei keine Zukunft hätten. Aber dies strebte Benjamin auch nicht an. Es sei zwar richtig, daß er vom Parteistandpunkt aus »gegenrevolutionäre« Schriften verfasse, antwortete er seinem Freund, aber »soll man sie der Gegenrevolution auch noch ausdrücklich zur Verfügung stellen? Soll man sie nicht vielmehr denaturieren, wie Spiritus, sie – auf die Gefahr hin, daß sie ungenießbar für jeden werden – bestimmt und zuverlässig ungenießbar für jene machen? Kann die Deutlichkeit, mit der man sich von den Verlautbarungen, der Sprache von Leuten unterscheidet, die im Leben zu vermeiden man immer besser lernt, jemals zu groß sein? Ist sie in meinen Schriften nicht eher zu klein und ist sie in anderer Richtung zu vergrößern als der kommunistischen?«[502] Die bittere Berechtigung dieser letzten Fragen sollte Benjamin Jahre später erfahren, als er von den Kommunisten als Gefolgsmann Heideggers abgeurteilt wurde.

Scholem dagegen forderte ihn auf, »dich zu deinem Genius zu bekennen, den zu verleugnen du zu Zeiten so aussichtslos versuchst. Zu leicht schlägt Selbstbetrug in Selbstmord um, und der deine wäre, weiß Gott, mit der Ehre der revolutionären Rechtgläubigkeit zu teuer bezahlt. Dich gefährdet das Verlangen nach Gemeinschaft, und sei es selbst der apokalyptischen Revolution, mehr als das Grauen der Einsamkeit, das aus so manchen deiner Schriften spricht...«[503]

Diese Worte sind hellsichtig und verständnislos zugleich: es war gerade jede Gemeinschaft, außer der mit Brechts Produktion, die Benjamin strikt vermied und aus deren Ablehnung er seine Produktivität gewann. Der Gedanke des Selbstmords, hier prophetisch und unüberlegt ausgesprochen, kam Benjamin nicht, weil er isoliert schrieb, sondern weil er dadurch keine Leser, keine Einkünfte mehr hatte. Scholem, der allen Ernstes erwartete, daß Benjamin sein geplantes, aber dann von Rowohlt nicht realisiertes Essaybuch »dem Andenken von Gundolf« widmen würde,[504] konnte Benjamins Situation aus der Ferne nicht verstehen, da er zu dieser Zeit in Jerusalem nicht mehr über geeignete Nachrichtenquellen aus Deutschland verfügte. Die deutschnationalen Blätter las er vermutlich nicht, nur die »Fackel« hatte er noch, seit 1923, abonniert. Dort fand er in der Mainummer 1931, allerdings nicht, wie er zitiert, auf Seite 52, sondern auf Seite 27, die nur scheinbar verständnislose Reaktion von Kraus auf den Benjaminschen Essay über ihn – Kraus war viel zu egozentrisch, als daß er zugegeben hätte, jemand, den er zudem nicht kannte, hätte ihn erkannt. Der Hinweis auf die von Kraus mit großer heimlicher Angst beständig ironisierte Psychoanalyse in seiner Bemerkung verdeutlicht, wie tief er sich getroffen fühlte und dies in der Wendung von »gut gedacht« auch anerkannte, und wie leicht er diese Beklemmung wieder abschüttelte: »Ich hatte dieser Arbeit, die sicherlich gut gemeint und wohl auch gut gedacht ist, im wesentlichen nur entnehmen können, daß sie von mir handelt, daß der Autor manches von mir zu wissen scheint, was mir bisher unbekannt war, obschon ich es auch jetzt noch nicht klar erkenne, und ich kann bloß der Hoffnung Ausdruck geben, daß sie die andern Leser besser verstehen als ich. (Vielleicht ist es Psychoanalyse.)«[505]

Benjamin hatte offenbar insgeheim eine andere Reaktion erwartet, auch wenn sie nach seiner Kenntnis von Kraus nicht anders vernunftgemäß zu erwarten war; jedenfalls beschloß er, nie wieder über ihn zu schreiben. Er schrieb dies an Scholem aus Le Levandou; vor der bedrückenden politischen und ökonomischen Realität in Deutschland war er geflüchtet, zuerst nach Juan-les-Pins, dann nach Sanary und Marseille. Ab Mai 1931 nämlich erreichte die konsequente Deflationspolitik Brünings langsam ihren Tiefpunkt. Brüning hatte im März 1930 sein Amt übernommen mit drei Millionen Arbeitslosen; als er von Hindenburg im Mai 1932 entlassen wurde, waren es sechs Millionen. In diesen zwei Jahren drückte er durch seine Politik die Einkommen um fünfundzwanzig Prozent, den Export um fünfzig Prozent, und er verdoppelte fast die Konkursrate klein- und mittelständischer Unternehmen. Die Deflationspolitik des Kabinetts Brüning hätte wahrscheinlich zu anderen, besseren Ergebnissen geführt, wenn vorgesehene flankierende Maßnahmen auch wirklich eingeleitet worden wären; so profitierte von den Plänen zum Autobahnbau, die in der Schublade verstaubten, nur Hitler. Statt die Arbeitslosenzahl systematisch abzubauen und damit die Radikalisierung der Bevölkerung einzudämmen, setzte Brüning die Arbeitslosenunterstützung auf acht Mark die Woche herab und begrenzte zudem den Empfängerkreis. Am 13. Juli mußte die »Darmstädter- und Nationalbank« alle Zahlungen einstellen, vorübergehend wurden alle Banken geschlossen; es wurde kein Geld mehr ausgezahlt, und es durften keine Überweisungen ins Ausland mehr erfolgen. Diese Sperre wurde nie aufgehoben, so daß viele Exilanten kurze Zeit später ohne Geld ins Ausland fliehen mußten. Für nicht wenige kam diese Notverordnung der verendenden Weimarer Republik einem Todesurteil gleich.

Auch Benjamins ökonomische Situation verschlechterte sich rapide. An Scholem schreibt er, daß seine Existenz ohne jedes Vermögen und festes Einkommen mit der Zeit zu einem Paradoxon geworden sei, »vor dessen Anblick ich manchmal selber in einen stupor des Staunens versinke«.[506] Die gesellschaftlichen und politischen, finanziellen und privaten Schwierigkeiten lassen ihn mit dem Gedanken vertraut werden, sich das Leben zu nehmen. In seinem Tagebuch von Anfang Mai 1931 in Juan-le-Pins, wohin er nur dank einer großzügigen Hilfe Thankmar von Münchhausens hatte fahren können, resümiert er die »drei großen Liebeserlebnisse« – Dora, Jula, Asja – seines Lebens: »Ich habe drei verschiedene Frauen im Leben kennengelernt und drei verschiedene Männer in mir.« Und im »Tagebuch vom siebenten August neunzehnhunderteinunddreißig bis zum Todestag« heißt es: »Sehr lang verspricht dieses Tagebuch nicht zu werden. Heute kam die ablehnende Antwort von Kippenberg (Benjamin hatte dem Inselverlag ein heute verlorenes Exposé für ein Goethebuch eingereicht) und damit gewinnt mein Plan die ganze Aktualität, die ihm die Ausweglosigkeit nur geben kann ... Wenn aber etwas die Entschlossenheit, ja den Frieden, mit denen ich an mein Vorhaben denke, noch steigern kann, so ist es kluge, menschenwürdige Verwendung der letzten Tage oder Wochen. Die eben zurückliegenden ließen in dieser Hinsicht manches vermissen. Unfähig etwas zu unternehmen, lag ich auf dem Sofa und las, oft verfiel ich am Ende der Seite in so tiefe Abwesenheit, daß ich umzublättern vergaß; meist mit meinem Plan beschäftigt, ob er unumgänglich sei, ob besser hier im Atelier oder im Hotel ins Werk zu setzen.«[507]

Dieses »Atelier« war seine Wohnung Prinzregentenstraße 66 in Wilmersdorf, die er von der Malerin Eva Boy übernommen hatte. Gegenüber wohnte sein Vetter, der Arzt Egon Wissing mit seiner Frau; beide führten mit ihm zusammen einige Rauschgiftexperimente durch. Benjamins Lage war vor allem deswegen so aussichtslos, weil er aus Geldmangel im Sommer 1931 nicht ins billigere Ausland flüchten konnte. »Könnte ich Deutschland verlassen, so wäre es, meiner Meinung nach, höchste Zeit. Ich halte es nach allem was ich erfahre – und meine Informationen sind gewöhnlich sehr gut – für überaus fraglich, ob der Beginn des Bürgerkrieges länger als bis zum Herbst auf sich warten läßt.«[508] Er will nun vor jenem Umsturz fliehen, den er selbst für nötig hielt. Solche Putschpläne der Kommunisten gab es spätestens seit 1930 in regelmäßiger Folge, ohne daß einer davon auch nur ansatzweise realisiert wurde. Auch als am 20. Juni 1932 die sozialdemokratische Regierung Braun in Preußen kaltgestellt wurde, gab es wohl eine innere Putschbereitschaft, aber die braven deutschen Revolutionäre warteten auf den Befehl von oben, von Moskau: »Wie viele Genossen aber sind in diesen Tagen geschlagen worden, ermordet. Und wie viele werden das gleiche gedacht haben wie wir: Wir müssen was tun! ... wir warteten nur auf ein Zeichen, einen Befehl, loszuschlagen gegen den Faschismus; alles war organisiert, alles durchdacht, wir hätten in einer halben Stunde die wichtigsten Positionen in unserem Gebiet einnehmen können. Darauf hatten wir nur gewartet und gewartet ... im KZ trafen wir uns dann alle.«[509] Moskau ließ die deutschen Genossen kaltblütig im Stich, nicht zum ersten und nicht zum letzten Mal.

Unterdessen wird die soziale Lage für Benjamin immer unerträglicher: »Ausgreifende Planungen sind gänzlich unmöglich. Jeder größere Essay ist Produkt einer Konzentration, die mit seinem Wert kaum mehr im Verhältnis zu stehen scheint und es gibt Tage und Wochen, wo ich nicht ein noch aus weiß.«[510] Aus Not übernimmt er ein Lektorat für ein Tonfilmpreisausschreiben, bei dem er in der Woche über einhundert Entwürfe lesen und beurteilen muß. Eine andere Arbeit ist ihm willkommener: »der größte deutsche Lichtenberg-Sammler hat mich, gegen ein monatliches Entgelt, mit der Durchführung einer von ihm begonnenen aber nicht abgeschlossenen Lichtenberg-Bibliographie betraut.«[511] Es handelt sich vermutlich um den Berliner Rechtsanwalt Martin Domke, den Benjamin aus dem Brecht-Kreis kannte. Aus seinem Besitz gelangte die Zettelkartei zu Beginn der sechziger Jahre ins Antiquariat Heinemann (Montreal), wo sie zusammen mit anderen Manuskripten Benjamins von dem Germanisten Clemens Heselhaus erworben wurde, der seither hartnäckig ihre Veröffentlichung verweigert.

Außerdem arbeitet Benjamin, der vieles beginnen muß, um ein wenig Geld zu verdienen, im Herbst 1931 an einem kurzen Aufsatz über Valéry, an einer Rezension eines Buches von Theodor Haecker und an einem »Versuch, die Zusammenhänge des Kantischen Schwachsinns (im Alter) mit seiner Philosophie darzustellen«.[512] Es ist fraglich, ob es diesen »Versuch« gegeben hat, oder ob Benjamin hier in einem Brief an Scholem seiner belanglosen Sammlung von unbekannten Anekdoten über den Philosophen, die in der »Literarischen Welt« unter dem Titel »Allerhand Menschliches vom großen Kant« erschien, einen bedeutenderen Anschein geben wollte. Der Anlaß zu dieser Veröffentlichung ist äußerlich genug: im »Querschnitt« (5, 1931) war ein Aufsatz »Der komische Kant« von Fred Alstern erschienen, der auf amüsante Querschnitt-Art einige Anekdoten zum Besten gab, die Benjamin zur Preisgabe der seinen gereizt haben müssen.

Die Arbeit an der Lichtenberg-Bibliographie hat noch ein Gutes: durch die Beschäftigung mit ihm gewinnt Benjamin Kenntnisse, die er in ein Hörspiel für den Berliner Rundfunk umzusetzen gedenkt; sein Vorhaben wird gebilligt und – vor allen Dingen – bevorschußt. Zusammen mit einigen hundert Mark, die er durch »die merkantile Konjunktur des Goethejahres«[513] mit einem Überblick über »Hundert Jahre Schrifttum um Goethe« verdiente, ermöglichte dieser Vorschuß im Frühjahr 1932 einen Aufenthalt auf Ibiza, das damals noch nicht vom Massentourismus entdeckt war. »Aus der zuletzt über alle Begriffe anspannenden berliner Erwerbs- und Verhandlungsschmach zu entrinnen, war dies jedenfalls die einzige Gelegenheit. Auch durfte sie keinen Tag verschoben werden, um die

spärlichen Mittel nicht zu vermindern, von behördlichen Schwierigkeiten zu schweigen. Du wirst dies verstehen, wenn ich Dir sage, daß ich hier in einem Hause für mich allein lebe, drei Mahlzeiten zwar sehr provinzieller Art und mit jedwedem goût du terroir – im ganzen aber delikate – einnehme und für all dies täglich 1,80 Mark zahle. Danach begreift es sich von selbst, daß die Insel wirklich seitab des Weltverkehrs und auch der Zivilisation liegt, so daß man auf jede Art von Komfort verzichten muß. Man kann es mit Leichtigkeit, nicht nur der inneren Ruhe wegen, die die ökonomische Unabhängigkeit sondern auch der Verfassung wegen, die diese Landschaft einem mit gibt; die unberührteste, die ich jemals gefunden habe ... und dazu das fast gänzliche Freisein von Fremden, das man durch sparsamste Informationen über die Insel zu wahren hat.«[514] Wer Ibiza heute kennenlernt, vermag es in diesen Sätzen nicht mehr wiederzufinden.
Benjamin war die Kenntnis von Ibiza durch Noeggerath übermittelt worden, der mit seiner Familie aus Berlin dorthin zog. Von einem Betrüger wurde ihm in Berlin ein Haus auf Ibiza vermittelt, das diesem nicht gehörte – und die Benjaminsche Wohnung an den Schwindler vermietet, der natürlich die Miete nicht bezahlte, was Benjamins ohnehin prekäre finanzielle Situation noch verschlimmerte, und der sich auch noch an seiner wertvollen Bibliothek vergriff. Die Befürchtung, er habe auch den Manuskriptschrank geplündert, erwies sich allerdings als falsch.
Auf Ibiza lernte Benjamin Jean Selz und seine Frau kennen; sie befreundeten sich, rauchten zusammen Haschisch und arbeiteten später auch zusammen. In den Erinnerungen von Jean Selz heißt es: »Wir lasen einander alles vor, was wir schrieben. Manchmal ließ er mich auch wissen, was er in seine kleinen Notizheftchen eintrug, mit seiner Schrift, die so klein war, daß ihm keine Feder fein genug war, was ihn dazu zwang, beim Schreiben den Federhalter immer verkehrt zu halten. Von seinen unzähligen Heftchen verwendete er eines für seine Notizen, in ein anderes schrieb er die Titel der Bücher, die er gelesen hatte, und ein drittes war für Auszüge aus seiner Lektüre, die er einmal als Motto verwenden wollte, bestimmt. Für seine Manuskripte brauchte er mit Vorliebe die Rückseite der Briefe seiner besten Freunde. In allem, was seine Arbeit betraf, war er besessen, wie kein anderer. Und was gab es, das

nicht seine Arbeit betroffen hätte? Er schien außerstande zu sein, sich für irgend etwas zu interessieren, das nicht seiner literarischen Tätigkeit zugute kam. In dieser Hinsicht kann man Walter Benjamin als den vollendeten Typus des ausschließlich intellektuellen Menschen betrachten ... Nach den heftigen Herbstregen, die jedes Jahr über Ibiza hinweggehen, waren die Abende so kühl geworden, daß man sich das Vergnügen machen konnte, ein Feuer anzuzünden. Wir verbrannten in meinem großen offenen Kamin ganze Bäume, die man in mächtige Klötze zerhackt hatte ... Er beobachtete, wie sich das Gerüst allmählich auftürmte: über den Feueranzündern und die Holzkohle wurden zuerst kleinere Scheite und dann schließlich die großen Klötze gelegt. Als die Flammen über dem Holzstoß zusammenschlugen, sagte Benjamin: ›Sie arbeiten wie ein Romancier.‹ Ich schaute ihn verwundert an. ›Ja‹, fuhr er fort, ›ich wüßte nichts, mit dem man einen Roman besser vergleichen könnte, als mit einem brennenden Scheiterhaufen. Dieser kunstvolle, sorgfältige Aufbau, wo ein Stück das andere im Gleichgewicht hält, was geschieht mit ihm? Er wird zerstört. Beim Roman ist es genau gleich. Auch die Romanfiguren stützen sich aufeinander und halten sich im Gleichgewicht; und das Ziel jedes Romans ist es, seine Figuren zu vernichten.‹«[515]

Erst zwanzig Jahre später, als Adrienne Monnier 1952 im »Mercure de France« den 1936 geschriebenen Essay Benjamins über den Erzähler veröffentlichte, verstand Jean Selz, was mit dem Vergleich gemeint war. In diesem Essay, der sich das Werk Nikolai Lesskows zum Anlaß nimmt für eine wehmütige Klage über den Niedergang der Erzählkunst – den Verfall ihrer Aura –, gibt es eine Stelle, an der die Gesellschaft des Erzählers von der Einsamkeit des Lesers geschieden wird: »In dieser seiner Einsamkeit bemächtigt der Leser des Romans sich seines Stoffes eifersüchtiger als jeder andere. Er ist bereit, ihn restlos sich zu eigen zu machen, ihn gewissermaßen zu verschlingen. Ja, er vernichtet, er verschlingt den Stoff wie Feuer Scheiter im Kamin. Die Spannung, welche den Roman durchzieht, gleicht sehr dem Luftzug, der die Flamme im Kamin ermuntert und ihr Spiel belebt.« Und von der Romanfigur heißt es, daß der Sinn der Darstellung ihres Lebens sich dem Leser erst von ihrem Tode her erschließt. Und da der Leser von Romanen in ihnen die Antwort auf die Frage nach dem Sinn des Lebens sucht, muß er den Tod der Figuren suchen: »Wie geben sie ihm zu erkennen, daß der Tod schon auf sie wartet, und ein ganz bestimmter, und das an einer ganz bestimmten Stelle? Das ist die Frage, welche das verzehrende Interesse des Lesers am Romangeschehen nährt.«[516]

In dieser Zeit auf Ibiza schrieb Benjamin selbst einige sehr schöne, poetische Texte, von denen »Das Taschentuch« die Thematik des späteren Erzähleressays vorwegnimmt. Es sind Geschichten, durchaus autobiographisch, die zuweilen eine Fortsetzung des Reflexionenbuches »Einbahnstraße« bilden, manchmal auch kleine Erzählungen, die keinen tiefen Sinn beanspruchen, so vollendet sie sprachlich auch erscheinen, und darin an Kafka erinnern. Von dem Philosophen Günther Anders, einem Verwandten von Benjamin, gibt es in seinem Fabelbuch »Der Blick vom Turm« einen Dialog aus dem Jahr 1935 zwischen ihm und einem bekannten Romancier über die Unfähigkeit Benjamins, sich eine Romanfigur zu erfinden oder gar einen Roman zu schreiben. Diese »Unfähigkeit« wird dargestellt am Beispiel eines Schachmeisters, der keine Partie zwischen zwei Hobbyspielern sich ausdenken kann: »Genauso erginge es W. B., wenn er sich daran machen würde, Romanfiguren nachzuzeichnen oder gar zu erfinden. Auch er ist auf seine Art ein Weltmeister. Immer würde ihm die Wahrheit dazwischenkommen. Was ihm fehlt, ist diejenige Dosis von Dummheit und Unlogik, die ein Romancier selbst besitzen muß, um fähig zu sein, sie seinen Figuren in den Mund zu legen und diese lebendig sprechen zu lassen. Mit der Dummheit kämpfen Götter selbst vergebens? Nein, gerade diese, denn gerade diese sind unfähig, falsches Denken zu verstehen oder gar denjenigen Blödsinn zu erfinden, den sie den erfundenen Figuren in den Mund zu legen hätten, um diese glaubhaft zu machen. Wo das Imperium der Stupidität – also leider das der Wirklichkeit – beginnt, da endet die Kompetenz des Geistes.«[517] Damit ist die autobiographische Eigenart auch der poetischen Texte Benjamins zwar zu erklären, aber man müßte ein mit einem geheimen Sinn begabter Leser sein, wollte man ihnen die schwere Krise Benjamins im Sommer 1932 ablesen. Äußerlich ist sie erkennbar in seinem unruhigen Bemühen, ein Treffen mit Scholem, der kabbalistischer Handschriften wegen nach Europa kam, unbedingt zu vermeiden: er verschob die Begegnung unter vielen Vorwänden immer wieder auf einen späteren Zeitpunkt, obwohl doch gerade der 15. Juli, sein vierzigster Geburtstag, ein willkommener Anlaß für ein Treffen der Freunde hätte sein können. Benjamin aber schrieb ihm, daß er diesen Tag in Nizza mit »einem ziemlich skurrilen Burschen« verbringen wolle, dem er auf den Seitenwegen seines Lebens schon des öfteren begegnet sei, »und den ich zu einem Glase Festwein einladen werde, wenn ich das Alleinsein nicht vorziehen sollte«.[518]

Es gibt keinen Zweifel, daß Benjamin hier vom Tod spricht, daß er beabsichtigt, sich an seinem Geburtstag das Leben zu nehmen. Die Tage des Kampfes um diesen Entschluß werden vermutlich unrekonstruierbar bleiben, auch die wenig späteren, als er den nicht ausgeführten Vorsatz auf ernsthafteste Weise wieder ins Auge faßte.

Seinen Geburtstag verbrachte er in Gesellschaft des Ehepaares Selz und einer Freundin, Olga Parem, auf Ibiza, dann schiffte er sich ein, um über Nizza nach Poveromo (Marina di Massa) zu gelangen, wo er mit Wilhelm Speyer bis weit in den Herbst blieb. Im Juli 1932 war die preußische sozialdemokratische Regierung durch Papen verjagt worden, so daß alle Rundfunkpläne Benjamins und Speyers illusorisch wurden. Vom Scheitern seines Lebens berichtet ein Brief Benjamins an Scholem vom 26. Juli aus Nizza, dicht an der nun erneut errichteten Schwelle des Freitods geschrieben: »Die literarischen Ausdrucksformen, die mein Denken in den letzten zehn Jahren sich geschaffen hat, sind restlos bestimmt durch die Präventivmaßnahmen und Gegengifte, mit welchen ich der Zersetzung, die mich, infolge jener Kontingenzen, in meinem Denken fortgesetzt bedroht, entgegentreten mußte. (Dies ist eine sehr denkwürdige Erklärung für die materialistische Perspektive des Benjaminschen Denkens. W. F.) So sind zwar viele, oder manche, meiner Arbeiten Siege im Kleinen gewesen, aber ihnen entsprechen die Niederlagen im Großen. Ich will nicht von den Plänen reden, die unausgeführt, unangerührt bleiben mußten, aber doch an dieser Stelle jedenfalls die vier Bücher aufzählen, die die eigentlichen Trümmer – oder Katastrophenstätte bezeichnen, von der ich keine Grenze absehen kann, wenn ich das Auge über meine nächsten Jahre schweifen lasse. Es sind die ›Pariser Passagen‹, die ›Gesammelten Essays zur Literatur‹, die ›Briefe‹ und ein höchst bedeutsames Buch über das Haschisch. Von diesem letzteren

Thema weiß niemand und es soll vorläufig unter uns bleiben.«[519]

Es erscheint fast wie eine Flucht aus dieser Trostlosigkeit in ein neues Leben, als er Olga Parem im Juni bat, seine Frau zu werden, und es ist wahrscheinlich, daß ihre negative Entscheidung den letzten Anstoß zu dem Gedanken gab, sich nun in Nizza im Hotel das Leben zu nehmen. Er schreibt außer an Scholem auch einen Abschiedsbrief an Egon Wissing (27. Juli 1932), in dem es heißt, daß sein Entschluß aus »tiefer Müdigkeit« heraus, nicht »unbezweifelbar«, aber doch »wahrscheinlich« sei. An Ernst Schoen, Franz Hessel und Jula Radt schrieb er kurze Sätze, so an die einstige Freundin Jula: »Du weißt daß ich Dich einmal sehr geliebt habe. Und selbst im Begriffe zu sterben, verfügt das Leben nicht über größere Gaben als die Augenblicke des Leidens um Dich ihm verliehen haben. Darum soll es mit diesem Gruß genug sein. Dein Walter.«[520] Er setzte auch ein Testament auf, in dem er seinen gesamten handschriftlichen Nachlaß dem Freund Gerhard Scholem anvertraut, und er erklärt Wissing zum Testamentsvollstrecker. Zusammen mit Teilen des Nachlasses liegt das Testament seit Kriegsende in der DDR, die eine Erfüllung von Benjamins Wunsch bis heute verweigert. Er hat auch die Abschiedsbriefe nicht vernichtet, sondern sie als Dokumente bewahrt und gesammelt, als er sich entschloß, von seinem Vorhaben abzulassen. Als diese schwere Krise so vorüber war, beeilte er sich, nun doch ein Treffen mit Scholem herbeizuführen, aber er war, da er kein Geld für eine Reise aufbringen konnte, auf Wilhelm Speyer angewiesen, der ihn erst Mitte November mit seinem Wagen von Poveromo nach Berlin zurückfahren wollte; Scholem aber kehrte einen Monat früher nach Jerusalem zurück. So blieb Benjamin also in Poveromo, half Speyer bei der Arbeit an einem Kriminalstück und arbeitete intensiv an der »Berliner Kindheit um 1900«. Nach der lebensbedrohenden Krise ermöglichte dieses Manuskript ein Wiederfinden der eigenen Person in der des Kindes, eine Rückgewinnung der Identität in der Tiefe der Erinnerung, als der Schatz glücklicher Tage noch unangetastet war.

Scholem besuchte inzwischen in Frankfurt den Freund Benjamins Ernst Schoen, vermied es aber, sich auch mit Adorno zu treffen. Als er seine Scheu Benjamin mitteilte, antwortete dieser, daß es zu kompliziert sei, über Adorno zu sprechen, als daß man es brieflich erledigen könne. »Wenn ich Dir mitteile, daß er schon im zweiten Semester, in Fortsetzung des vorhergehenden, Seminar über das Trauerspielbuch liest, ohne dies aber im Vorlesungsverzeichnis kenntlich zu machen, so hast Du eine kleine Miniature, die bis auf weiteres ihre Dienste tun mag.«[521] In dieser Mitteilung hat Benjamin jenes Leiden Adornos hellsichtig erfaßt, unter dem er später nicht wenig zu leiden hatte: die Differenz zwischen der intellektuellen Kühnheit Adornos und seiner privaten Feigheit, die sich in einem von vielen Bekannten Adornos bestätigten, übervorsichtigen Taktieren, einer allzu bereiten Rücksichtnahme auf äußere Verhältnisse und in ihrer Konsequenz in einem Opfer heterogener Interessen zugunsten der eigenen äußert. Es ist Adornos Verdienst, Benjamins Trauerspiel schon vor 1933 einer akademischen Diskussion zugeführt zu haben – wie denn sein Eintreten für das Werk Benjamins nach 1945 kaum zu überschätzen ist –, aber es war ein Akt privater Feigheit, den Namen des von den Frankfurter Geisteswissenschaftlern Gedemütigten im Vorlesungsverzeichnis zu verschweigen. Es ist eben diese Haltung, die viel später fälschende Manipulationen in der Edition der Briefe Benjamins erzwingt, in der auch die obigen Zeilen von ihm bezeichnenderweise ausgelassen wurden, und die Benjamin die finanziell notwendige Zusammenarbeit mit Adorno zeitweilig zur Tortur werden ließ. Auch Ernst Bloch wurde mit dieser Haltung konfrontiert, als er 1958 zum Kongreß der Hegel-Gesellschaft nach Frankfurt kam, wo Adorno das Hauptreferat hielt. Bloch und Adorno waren seit mehr als zwanzig Jahren zerstritten, und letzterer wünschte ausdrücklich, seinem früheren Freund und späteren Kontrahenten aus der Exilzeit nicht zu begegnen. Beim Diner an getrennten Orten wurde dies noch ermöglicht, dann aber erschien Bloch zu Adornos Referat, nahm an der Diskussion teil und beherrschte mit seinen bekannt glänzend improvisierten Beiträgen den Saal. Als Adorno am Ende eilig die Veranstaltung verlassen wollte, trat dem Erschreckenden Bloch in den Weg und begrüßte ihn herzlich. Der burschikose Angriff überbrückte eine tiefe Distanz. Es lag in Blochs pfälzischer Natürlichkeit – Benjamin wäre ein ähnliches Vorgehen unmöglich gewesen; er war der Eigenart Adornos hilflos ausgeliefert und beantwortete sie mit, wie Scholem es nannte, »chinesischer Höflichkeit«.

Benjamin kehrte im November 1932 nach Deutschland zurück.

Er machte zuerst in Frankfurt Station, wo er sich bei Adorno und damit auch beim »Institut für Sozialforschung« brieflich angekündigt hatte. Durch die Veränderung in der Leitung des Berliner Rundfunks aufgrund der progredierenden faschistischen Tendenzen war er einer sicheren Einnahmequelle beraubt; die »Frankfurter Zeitung« beantwortete seine Briefe seit vier Monaten (seit der Reichstagswahl, bei der die Nazis 37,8% der Mandate erkämpft hatten) nicht mehr und ließ seine Texte ungedruckt, die »Literarische Welt« schickte ihm einen Brief, in dem sie mitteilte, daß sie zur Zeit auf seine Mitarbeit keinen Wert lege – so war er am Ende des Jahres 1932 gezwungen, sich einen neuen Partner zu suchen, den er im »Institut« zu finden hoffte. »Mir liegt diesmal außerordentlich daran, Horkheimer zu sehen. Und zwar in präziser Absicht. Soll und kann vom Institut aus etwas zur Stützung meiner Arbeit unternommen werden, so ist es jetzt der Augenblick, da sie von allen Seiten sabotiert wird. (Sie verstehen; und Sie verstehen auch, wenn ich Sie an dieser Stelle bitte, die Nachricht von meinem Kommen ganz vertraulich zu behandeln.) Ich möchte Horkheimer eingehende Vorschläge für einen großen Aufsatz im Archiv ... machen. Stellen Sie ihm die Notwendigkeit einer Aussprache dringlich vor.«[522] Mit Horkheimer verabredet Benjamin einen Aufsatz »Zum gegenwärtigen gesellschaftlichen Standort des französischen Schriftstellers«; einigermaßen befriedigt berichtet er in einem Brief vom 15. Januar 1933 an Scholem, daß die »Frankfurter Zeitung« vielleicht seine Arbeit »Berliner Kindheit« drucken wird, daß aber ungewisse Veränderungen in der Leitung bevorstehen. »Ich habe daher in letzter Zeit versucht, mir neue Verbindungen zu schaffen und bin dabei einerseits auf die Vossische Zeitung, andererseits auf die frankfurter Zeitschrift für Sozialforschung gestoßen. Diese hat mir Aufträge teils gegeben, teils in Aussicht gestellt.«[523] Während Benjamin noch seinen Hörspielauftrag »Lichtenberg« zu Ende bringen mußte, geht am 27. Februar 1933 das Reichstagsgebäude in Flammen auf, was von den Nazis sofort und gewalttätig gegen die angeblich kommunistischen Brandstifter genutzt wurde. Hitler: »Es gibt jetzt kein Erbarmen; wer sich uns in den Weg stellt, wird niedergemacht. Das deutsche Volk wird für Milde kein Verständnis haben. Jeder kommunistische Funktionär wird erschossen, wo er angetroffen wird. Die kommunistischen Abgeordneten müssen noch in dieser

Nacht aufgehängt werden.« Eine Welle braunen Terrors überzieht Deutschland; ohne rechtliche Grundlage werden in dieser Nacht mehr als zehntausend Personen, allein in Berlin mehr als eintausendfünfhundert, verhaftet. Unabhängig vom Anlaß des Reichstagsbrandes existierten die Verhaftungslisten bereits schon einige Zeit, wie Göring später im Nürnberger Prozeß zugab. Gejagt, gefoltert und ermordet wurden kommunistische Parteigenossen, Abgeordnete und Schriftsteller ebenso wie ihre linksliberalen Kollegen ohne Parteibindung. Die gesamte kommunistische und sozialdemokratische Presse wurde verboten. Ohne das Ausmaß der nächtlichen Terroraktion zu kennen, schreibt Benjamin am folgenden Tag in einem Brief: »Das bißchen Fassung, das man in meinen Kreisen dem neuen Regime entgegengebracht hat, ist rasch verbraucht und man gibt sich Rechenschaft, daß die Luft kaum mehr zu atmen ist; ein Umstand, der freilich dadurch an Tragweite verliert, daß einem die Kehle zugeschnürt wird. Dies vor allem einmal wirtschaftlich. Die Chancen, die von Zeit zu Zeit durch den Rundfunk geboten wurden und die überhaupt meine einzig ernsthaften waren, dürften so gründlich fortfallen, daß selbst dem ›Lichtenberg‹, wiewohl er in Auftrag gegeben war, eine Aufführung nicht mehr sicher ist. Die Desorganisation der Frankfurter Zeitung schreitet fort... Soweit mich nicht die faszinierende Gedankenwelt Lichtenbergs fesselt, befängt mich das Problem, das mir die nächsten Monate stellen, von denen ich weder weiß, wie ich sie in noch außerhalb Deutschlands überstehen kann. Es gibt Orte, an denen ich ein Minimum verdienen und solche, an denen ich von einem Minimum leben kann, aber nicht einen einzigen, auf den diese beiden Bedingungen zusammen zutreffen.«[524] Erst als »von allen überhaupt in Frage kommenden Stellen Manuscripte zurückgereicht, schwebende, beziehungsweise abschlußreife Verhandlungen abgebrochen, Anfragen unbeantwortet gelassen wurden«,[525] und er einsehen muß, daß er in Deutschland auch das nötige Minimum nicht mehr verdienen kann, verläßt er, gedrängt von Gretel Adorno, das Land am 18. März 1933.

Exil

Als die erste deutsche Demokratie zerschlagen war, weigerte sich die SPD noch hartnäckig, die Scherben zur Kenntnis zu nehmen. Sie hatte in jahrelanger Passivität die progredierende Faschisierung Deutschlands hingenommen, hatte die Wiederwahl des altersdementen Hindenburg zum Reichspräsidenten unterstützt, weil sie in einem hilflosen Legalismus an eine Verfassung glaubte, die längst nicht mehr unverletzt existierte. Dieser Glaube an die Regeln des Parlamentarismus ließ dann zwar die Opposition gegen das Ermächtigungsgesetz am 23. März 1933 zu, erlaubte aber auch Konzessionen an die Nazis: das Schweigen über den individuellen Terror gegen die Abgeordneten der KPD, die Verleugnung eigener emigrierter Abgeordneter, den Austritt aus der Sozialistischen Arbeiter-Internationale, schließlich sogar in einem Akt von selbstmörderischer Naivität die Zustimmung zu Hitlers »Friedensresolution« vom 17. Mai 1933. Hitler, der Lenins Wort vom »nützlichen Idioten« geschickt in seiner Taktik praktisch umsetzte, ließ die Partei danach verbieten und ihre Mitglieder verfolgen.

Die bereits illegalisierte KPD hingegen sah in den Scherben einen Beweis ihrer Theorie, daß auf die Zerstörung der Demokratie, deren Höhepunkt die faschistische Diktatur sei, zwangsläufig die Diktatur des Proletariats folgen müsse. Da sie den Faschismus nicht erst seit 1933 in ihre Milchmädchenrechnung einbezog und ihn zum Garanten des eigenen, mit historischer Notwendigkeit zu erwartenden Sieges machte, hatte sie lange Jahre nicht nur die Nazis, sondern die auch SPD bekämpft, die mit ihrer legalistischen Haltung die offene Diktatur verschleierte. Diese legalistische Haltung der SPD, die eine Zusammenarbeit mit den Kommunisten ablehnte, ermöglichte es der KPD zuzeiten, aus Propagandazwecken ihren Genossen einen Generalstreik zu versprechen – wohl wissend, daß er nicht realisiert werden könnte. Gegen die pedantische Erfüllung der Reparationslasten durch die SPD-Regierungen wandte sich die KPD mit den Nazis seit der »Programmerklärung der KPD zur nationalen und sozialen Befreiung des deutschen Volkes« am

24. August 1930: hier wurde gegen Versailles und den Young-Plan Front gemacht. Auch am rechtsradikalen Volksentscheid gegen den preußischen Landtag im Sommer 1931 beteiligte sich die KPD auf Befehl Moskaus, um eine rasche Machtergreifung Hitlers durchzusetzen. Nach dem Scheitern des Volksbegehrens wurde dieser Kurs auf der III. Reichsparteikonferenz am 20. Oktober 1932 wieder korrigiert. Der nicht unbeträchtliche antisemitische Teil der KPD-Propaganda, der vom bayerischen Wahlkampf des Jahres 1924 (es wurden Flugblätter »Nieder mit der Judenrepublik!« verteilt) über den Bankenkrach 1931 hinausgeht, kann hier nicht ausführlich dargestellt werden.[526] Mit Parolen ähnlicher Undiskutierbarkeit versuchte nach der Machtergreifung Hitlers die KPD ihre angeblich zwangsläufige Nachfolge herzustellen. Im Bericht der Delegation der KPD vom Genossen Wilhelm Pieck, später Präsident der DDR, an das XIII. Plenum des EKKI vom Dezember 1933 heißt es unter den antifaschistischen Kampflosungen für die werktätige Landbevölkerung, sie sollten keine Steuern mehr zahlen, sich Düngemittel und Saatgetreide von den großen Gütern holen und ihr Vieh auf die Weiden der Großagrarier treiben. Dem kleinbürgerlichen Mittelstand empfahl die KPD, die Zahlung von Miete und Stromgebühren zu verweigern. Den Arbeiterinnen und werktätigen Frauen legte die Partei nahe, »daß sie sich aus den großen Warenhäusern Kleider und Schuhe für ihre Kinder holen sollen, daß sie in gemeinsamen Demonstrationen vor den Gefängnissen, den Folterhöllen der SA-Kasernen, den Konzentrationslagern die Freilassung ihrer Männer und Söhne fordern sollen«.[527] So dachte sich die KPD den antifaschistischen Widerstand. Und Maniulski entblödete sich nicht, vor eben diesem Plenum zu erklären: »Wir arbeiten jetzt daran, Schweine zu züchten und legen darein alle unsere revolutionäre Leidenschaftlichkeit, all unser bolschewistisches Ungestüm, die glühende Energie der ehemaligen Frontkämpfer des Bürgerkrieges. Im Frühjahr schon werden wir eine massenhafte Geflügelzucht entfalten, weil wir wissen, daß im Sowjet-Ei die revolutionäre Weltkrise ausreift; in den nächsten zwei Jahren werden wir den Viehbestand vergrößern, und wir sind überzeugt, daß die Jaroslawler Sowjetkuh nicht nur den Faschismus, sondern auch den gesamten Weltkapitalismus mit ihren Hörnern zu Tode stoßen wird.«[528] Diese Zitate, beliebig ausgewählt und beliebig vermehrbar aus offiziellen KPD-

Organen, belegen den historischen Wert des antifaschistischen Widerstandes dieser Partei, die vom Faschismus profitieren wollte. Glücklicherweise blieb den meisten Exilanten damals solche Lektüre erspart; sie hatten andere Sorgen, private und alltägliche, die trotz ihrer scheinbaren Nebensächlichkeit oft zur lebensbestimmenden Hauptsache wurden – vor allem die des Gelderwerbs.

Die erste Welle der Emigration kam hauptsächlich aus jenen Berufen, die »schlagartig« (die NS-Vokabel hat sich leider eingebürgert) für Juden verboten waren: entartete Künstler, oppositionelle Intellektuelle wie Benjamin, verfolgte Politiker. Meist hatten sie aber ihre Heimat in Panik verlassen, physisch bedroht und ökonomisch kaltgestellt. Meist auch hatten sie in die wenigen Koffer ihre besten Anzüge gepackt, und nun saßen sie in Paris reichlich overdressed in den Cafés. Sie hatten deutsche Café-Gewohnheiten und verzehrten Kaffee und Gebäck, womit sie nicht nur die alten Stammgäste vertrieben, sondern auch die Cafetiers und Kellner verärgerten, die auf die Bestellung der teureren Aperitifs vergeblich warteten. Es gab nur wenige Emigrantencafés; man war, zumindest anfangs, immer zusammen, ging sich sehr bald auf die Nerven und erfand, um die eigene kärgliche Existenz nicht zugeben zu müssen, Luftgeschäfte und Phantasieprodukte – Filme, Bücher, Verträge und Vertragsbrüche.[529] Jeder war von Hitler persönlich am meisten getroffen worden. Der nach seinen Worten zum Repräsentanten, nicht zum Märtyrer geschaffene Thomas Mann lamentierte bösartig, als er von der Ermordung Theodor Lessings durch die Nazis erfuhr: »Mir graust vor einem solchen Ende, nicht weil es das Ende, sondern weil es so elend ist und einem Lessing anstehen mag aber nicht mir.«[530]

Der Philosoph Martin Heidegger kam dagegen mit den Nazis zu einem neuen Sein in der Zeit. Bei der Übernahme des Rektorats der Universität Freiburg hielt er am 27. Mai 1933 eine Rede mit dem Titel »Die Selbstbehauptung der deutschen Universität«. Wer darin ein Oppositionsangebot erwartete, sah sich getäuscht: Heidegger sprach einleitend von der Macht jeden Anfangs und nannte Griechenland, noch nicht das »neue« Deutschland. Seine Terminologie war scheinbar philosophisch: Wissenschaft sei das fragende Standhalten inmitten des sich ständig verbergenden Seienden im Ganzen; jeder

Hörer konnte sich dazu seine eigenen Gedanken machen. Als er konkreter wird, endet die Freiheit des Denkens: der Anfang liege nicht als Historie hinter uns, sondern er stehe als Aufgabe vor uns – damit meinte er die NS-Diktatur. Die bedingungslose akademische Freiheit sei nicht dem Anfang nachfragend gewesen, dies gelte es zu ändern. Die geistige Verpflichtung des Lernens und Lehrens sei ein Dienst am Volke in der dreifachen Form des Arbeits-, des Wehr- und Wissensdienstes. Mit dieser Formel hatte sich Heidegger gleichgeschaltet; seine Rede wurde im dritten Band der »Zeitschrift für Sozialforschung« kurz rezensiert, in jenem Band, der auch Benjamins Aufsatz »Zum gegenwärtigen gesellschaftlichen Standort des französischen Schriftstellers« enthält.
An diesem Aufsatz arbeitet Benjamin, der schon Anfang April nach Ibiza weiterfährt, nun hauptsächlich. Er hatte aus Genf, wohin sich das Institut retten konnte, von Horkheimer die Versicherung erhalten, daß man auf seine Mitarbeit rechne, und Benjamin mußte dieses Angebot annehmen »da ich von dieser Seite zumindest auf Bezahlung rechnen kann«.[531] Der Aufsatz war Ende Juni 1933 beendet, veröffentlicht wurde er von Horkheimer sehr zum Ärger Benjamins mit redaktionellen Änderungen unbekannten Ausmaßes, die mit dem Autor nicht besprochen worden waren. Gegen Ende des Textes, bei der Kritik von Malraux' »Condition humaine«, erscheint wieder eine Selbstbegegnung Benjamins in der Gestalt des revolutionären Intellektuellen: »Daß diese Intelligenz ihre Klasse verlassen hat, um die Sache der proletarischen zu ihrer eigenen zu machen, das will nicht heißen, diese letztere habe sie in sich aufgenommen. Sie hat das nicht. Daher die Dialektik, in der die Helden Malraux' sich bewegen. Sie leben für das Proletariat; sie handeln aber nicht als Proletarier. Zumindest handeln sie viel weniger aus dem Bewußtsein einer Klasse als aus dem Bewußtsein ihrer Einsamkeit. Das ist die Qual, der keiner dieser Menschen sich entwindet. Sie macht auch ihre Würde. ›Es gibt keine Würde, die nicht im Leiden fußt.‹ Leiden vereinsamt, und es nährt sich an der Einsamkeit, die es erzeugt ... Welchem Bedürfnis des Menschen die revolutionäre Aktion entspricht? – diese Frage läßt sich erheben einzig aus der ganz besonderen Situation des Intellektuellen. Seiner Einsamkeit allerdings entspricht sie.«[532]
Diese Sätze führten zu einer heftigen brieflichen Kontroverse

zwischen Benjamin und Scholem, der in ihnen und im ganzen Text ein »kommunistisches Credo« sah. Benjamin antwortete: »Daß mein Kommunismus von allen möglichen Formen und Ausdrucksweisen am wenigsten die eines Credos sich zu eigen macht, daß er – um den Preis seiner Orthodoxie – nichts, aber gar nichts ist, als der Ausdruck gewisser Erfahrungen, die ich in meinem Denken und in meiner Existenz gemacht habe. Daß er ein drastischer, nicht unfruchtbarer Ausdruck der Unmöglichkeit des gegenwärtigen Wissenschaftsbetriebes ist, meinem Denken, der gegenwärtigen Wirtschaftsform, meiner Existenz einen Raum zu bieten, daß er für den der Produktionsmittel ganz oder fast beraubten den naheliegenden, vernünftigen Versuch darstellt, in seinem Denken wie in seinem Leben das Recht auf diese zu proklamieren – daß er dies alles und vieles mehr, in jedem aber nichts anderes als das kleinere Übel ist ... – habe ich nötig Dir das zu sagen? ...
Du zwingst mich, es auszusprechen, daß jene Alternativen, die offenkundig Deiner Besorgnis zu Grunde liegen, für mich nicht einen Schatten von Lebenskraft besitzen. Diese Alternativen mögen im Schwange gehen – ich leugne nicht das Recht einer Partei, sie kundzugeben – es kann mich aber nichts bewegen, sie anzuerkennen.«[533]
Dies ist eine eindeutige Ablehnung jeder offiziellen, von einer Partei vertretenen kommunistischen Politik, und es ist noch einmal die Erinnerung daran, daß Benjamins materialistisches Denken Ausdruck einer Protesthaltung gegen seine Zeit, gegen den reaktionären universitären Wissenschaftsbetrieb und den entwürdigenden und depravierenden Feuilletonmarkt der Weimarer Republik darstellt: eine private Lösung im »kleineren Übel« der Negation und des Nihilismus, aber nicht im politisch sterilen, eindeutigen programmatischen Denken im Sinne der KPD. Vom orthodox-kommunistischen Standpunkt aus erscheint diese Haltung als kleinbürgerlich privatistisch, eine bloße Vorform zum wahren proletarischen Einheitsdenken, das von der Partei nicht sowohl reglementiert, als vielmehr in Parolen vorformuliert wird. Es ist so auch seine Einschätzung durch Hilde Benjamin, seiner Schwägerin und späteren Justizministerin der DDR, nur zu gut verständlich. Sie, die von Zeitgenossen wie Günther Anders als einst außerordentlich charmante und liebenswerte Frau geschildert wird und die dann als Justizministerin auf ihrem mitleidslosen

Weg eine breite Spur des Leidens in der DDR hinterließ, schrieb dem Autor dieser Arbeit in einem kooperativen Brief: »Meine Einschätzung der Entwicklung Walter Benjamins ist die, daß er mit vielen Umwegen und Irrwegen auf dem Weg zum Marxismus und Sozialismus war, ein Weg, der von der westdeutschen Walter-Benjamin-Literatur weitgehend – mit wenigen Ausnahmen – bewußt verwirrt wird.«[534] Diese Beurteilung Benjamins ist falsch, aber sie muß falsch sein, sonst setzte sie die Realität jener KPD-Parolen aufs Spiel, deren Wahrheitsgehalt anzuerkennen Benjamin sich nachdrücklich weigerte.

Sehr rasch kam er allerdings in Verlegenheit, als er von der »Frankfurter Zeitung«, die sich nach dem Schock der Hitlerschen Machtübernahme langsam erholte, zu einer Rezension über Stefan George gebeten wurde. »Ein Aufsatz über Stefan George – vielleicht der einzige, der zu seinem 65ten Geburtstag erschienen ist – sagt, was ich im Namen meiner nächsten Freunde zu diesem Anlaß zu sagen hatte.«[535] Von den Nazis wurde der eilige Versuch unternommen, George, den Verkünder eines mißverstandenen »Neuen Reichs«, für sich zu vereinnahmen, aber George lehnte den Vorsitz der Deutschen Akademie ab: er beauftragte mit der Ablehnung seinen jüdischen Freund Ernst Morwitz und verläßt Deutschland. Es blieb Gottfried Benn vorbehalten, in einer Rede davon zu schwärmen, wie derselbe Geist »in der Kunst Stefan Georges wie im Kolonnenschritt der braunen Bataillone als *ein* Kommando« lebt.[536] Immer wieder wird in nazistischen Schriften die Prophetie des neuen Führers und der nationalen Erhebung gerühmt, und Hans Naumanns Aufsatz »Stefan George und das neue Reich«, gipfelte in bösen Lügen: »Er hat das neue Deutschland ausdrücklich gesegnet ... Er hat sich wohl gefühlt in der Umgebung der jungen braunen Garde des Reichs und hat sein Mahl mit ihnen gern geteilt.«[537]

Benjamin befindet sich in einer zwiespältigen Situation: er kann George nicht ehren, muß aber einer nazistischen Vereinnahmung entgegentreten, er will George zwar retten, ihn aber nicht den Nazis und ihrer Gegenwart zur Verfügung stellen: »Rückblick auf Stefan George«, ist darum der Titel seiner Kritik, in der es eingangs heißt: »Stefan George schweigt seit Jahren. Indessen haben wir ein neues Ohr für seine Stimme gewonnen. Wir erkennen sie als eine prophetische.« Dies konnte viel bedeuten, und tatsächlich schrieb Reich-Ranicki in einem heftigen Artikel gegen Benjamin, es »mußte von vielen Lesern als Verbeugung vor dem ›Dritten Reich‹ mißverstanden werden«.[538] Doch diese Behauptung ist nur möglich, da Reich-Ranicki die folgenden entscheidenden Sätze nicht zitiert; Benjamin nämlich fährt fort: »Das heißt nicht, daß George das historische Geschehen, noch weniger, daß er dessen Zusammenhänge vorausgesehen hätte. Das macht den Politiker, nicht den Propheten. Prophetie ist ein Vorgang in der moralischen Welt. Was der Prophet voraussieht, sind die Strafgerichte. Sie hat George dem Geschlecht der ›eiler und gaffer‹, unter welches er versetzt war, vorausgesagt.«[539] Dies nun ist ein deutlicher Affront gegen jede nazistische Vereinnahmung; Benjamin konstruiert eine andere Tradition: »Er steht am Ende einer geistigen Bewegung, die mit Baudelaire begonnen hatte« – von dort zum Dritten Reich führt kein Weg, und die Leser der pseudonym verfaßten Kritik haben dies auch richtig verstanden: »Es scheint, nach dem, was man mir berichtet, ein paar helle Köpfe gegeben zu haben, die wußten, was sie von ›Stempflinger‹ zu halten hatten.«[540]

Ibiza veränderte sein Gesicht im Sommer 1933: die Emigranten, wie weit sie auch politisch links standen, wählten nicht Moskau, sondern überwiegend die westlichen Länder als Exil. Bis Anfang 1934 hatten ungefähr 60 000 Menschen Deutschland verlassen, bis 1936 wuchs die Zahl auf hunderttausend. Das klassische Asylland Europas seit dem neunzehnten Jahrhundert war Frankreich; hier galten noch die Ausländergesetze aus dem Jahre 1849. Zur Bewilligung eines Aufenthaltes, der zwei Monate überschritt, mußte man auf der örtlichen Präfektur eine Carte d'Identité beantragen; wurde sie verweigert, kam dies einer Abschiebung gleich. Zumindest 1933 wurde die Aufenthaltserlaubnis noch großzügig erteilt; erst nach dem Sturz der Regierung Daladier im Oktober 1933 und besonders nach der Affäre Stavisky zu Beginn des Jahres 1934 änderte sich die Lage, als Frankreich von einer antisemitischen Woge erfaßt und an den Rand des Bürgerkriegs gedrängt wurde. Der starke Rechtsdruck der öffentlichen Meinung entlud sich in wilden Straßenschlachten, von denen die des sechsten Februar die schwerste war: mehr als 40 000 rechtsradikale Putschisten versuchten in immer neuen Angriffen den Sturm auf die Deputiertenkammer, wurden aber schließlich mit

großen Verlusten von den Ordnungskräften zurückgeschlagen.
Die Emigranten kamen keineswegs in ein innenpolitisch gefestigtes Land; zeitweilig sah es so aus, als drohe Frankreich eine faschistische Diktatur nach deutschem und italienischem Vorbild. Als dann im Oktober 1934 der jugoslawische König und der ihn begleitende französische Außenminister bei einem Staatsbesuch in Marseille durch ein Attentat kroatischer Nationalisten, die mit gefälschten deutschen Papieren nach Frankreich eingereist waren, ermordet wurden, kam es zu einer erneuten Eskalation der Fremdenfeindlichkeit. Die französische Bürokratie, sonst eher schwerfällig und lax, reagierte hektisch auf den Druck der rechten Presse und lieferte viele Emigranten an ihre Verfolger aus. Das Interesse, das eine bisher weitgehend unbekannte Insel wie Ibiza auf die Exilanten ausübte, ist so verständlich – zumal das Leben dort viel billiger war als in Paris. Jean Selz schreibt in seinen Erinnerungen: »Bei unserer Ankunft im Frühjahr hatten wir die unschätzbare Stille wieder gefunden, die wir vom Vorjahr her kannten; im Sommer wurde es anders. Einer Menge von Leuten war es plötzlich in den Sinn gekommen, sich auf der Insel niederzulassen, und einige unter ihnen waren gar nicht sympathisch. Unter die politischen Flüchtlinge, die in immer größerer Zahl aus Deutschland ankamen, hatten sich heimlich echte Nazis eingeschlichen, die, wie wir später erfuhren, für die Gestapo spionierten.«[541]
Mit Jean Selz arbeitete Benjamin in dieser Zeit an der französischen Übersetzung der »Berliner Kindheit«: »Wir arbeiten täglich daran. Der Übersetzer kann kein Wort deutsch. Die Technik, mit der wir vorgehen, ist . . . nicht von Pappe. Und so entsteht aber fast durchweg Hervorragendes.«[542] Jean Selz führt Pierre Klossowski, mit dem später Benjamin die Übersetzung des Kunstwerkaufsatzes unternahm, als Zeugen dafür an, »was für philologische Angstzustände er seine Übersetzer durchstehen ließ. Denn Benjamin ließ auch nicht die kleinste Sinnesabweichung zu. Und wenn man ihm beibringen mußte, daß es ein Wort, das er gern verwendet hätte, im Französischen einfach nicht gab, brachte er einen mit seiner Bestürzung und Traurigkeit in schmerzliche Verwirrung. Stundenlang diskutierten wir über ein Wort, über ein Komma . . .«[543] Von der französischen Übersetzung hatte sich Benjamin einen günsti-

gen literarischen Auftakt im Exil versprochen; es wurde nichts daraus, weil, so Benjamin, »ich mit dem Mitarbeiter mich überworfen habe«. So lautet das Briefzitat ohne Kürzungszeichen (!) in der Kommentarversion der Herausgeber des Bandes IV, 2; in der Briefausgabe heißt es dagegen weiter: », aus Umständen die höchst pittoresk aber brieflicher Darstellung nicht zugänglich sind – im übrigen nichts mit dieser Arbeit zu tun haben.«[544] Diese pittoresken Umstände werden von Jean Selz erhellt: in einer Hafenbar, die zum Treffpunkt der Ausländer geworden war, wurde Benjamin von einer Polin provoziert, zwei Gläser eines vierundsiebzigprozentigen Gins auf einen Zug nacheinander auszutrinken. »Er verzog dabei keine Miene, bald aber erhob er sich und bewegte sich auf den Ausgang zu. Kaum war er an der frischen Luft, brach er auf dem Trottoir zusammen.«[545] Selz schleppt den Angeschlagenen mit vielen Mühen über die steilen Straßen und Treppen der Insel, wobei Benjamin zwischendurch manchmal einnickt oder aber von Selz verlangt, er solle sowohl drei Schritte vor ihm als auch drei Schritte hinter ihm gehen. Selz quartiert Benjamin in seinem Haus ein, aber am nächsten Tag ist er unter Zurücklassung einer schriftlichen Entschuldigung verschwunden und blieb es für einige Tage.

Der Vorfall war ihm so peinlich, daß er es nicht wagte, Selz wiederzusehen, und sogar die Insel verlassen wollte. Erst als Selz ihm durch einen Dritten übermitteln ließ, daß die Angelegenheit bedeutungslos sei, überwand sich Benjamin. »Aber als ich ihn darauf wiedersah, spürte ich, daß sich zwischen uns etwas geändert hatte. Er verzieh es sich nicht, daß er sich mir in einer Situation gezeigt hatte, die er offensichtlich als erniedrigend empfand, und er nahm es, so seltsam das klingen mag, mir übel.«[546]

Die Zusammenarbeit war durch diesen Vorfall gestört, eine französische Übersetzung kam nicht zustande. Teile der deutschen Fassung schickte Benjamin im Januar 1934 an Hermann Hesse. Dieser hatte sich einst lobend über die »Einbahnstraße« geäußert: »Inmitten der Trübe und Ahnungslosigkeit, die für unsere jüngste Literatur charakteristisch scheint, war ich erstaunt und beglückt, etwas so Straffes, Geformtes, Klares, Helläugiges anzutreffen wie die ›Einbahnstraße‹ von Walter Benjamin.«[547] Hesse antwortete bald und schlug S. Fischer als Verleger vor, was Benjamin ablehnen mußte, da ein deutscher

Verlag für ihn nicht in Frage kam. Auf den Rat Adornos hin versuchte er es dann doch bei dem Berliner Verlag Erich Reiss und bat Hesse dafür erneut um ein kleines Gutachten. Der Verlag lehnte dann aber das Projekt ab, das Buch wurde erst 1950 veröffentlicht.

Die Zusammenarbeit mit Selz war nicht allein durch jenen »pittoresken« Vorfall gestört, sondern auch durch erste Malariaanfälle Benjamins, deren gefährlicher Verlauf ihn zwingt, Anfang Oktober Ibiza zu verlassen, um sich in Paris in die Behandlung durch einen befreundeten Arzt zu begeben. »Ich bin schwer krank in Paris angekommen. Das will sagen, daß ich auf Ibiza überhaupt nicht mehr gesund gewesen bin, und der Tag meiner endlichen Abreise fiel mit dem ersten einer Folge schwerster Fieberanfälle zusammen. Die Reise habe ich unter unvorstellbaren Umständen gemacht. Und hier wurde dann gleich nach meiner Ankunft Malaria festgestellt. Eine energische Chininkur hat mir inzwischen einen freien Kopf, wenn auch durchaus noch nicht meine Kräfte wiedergegeben. Diese sind überhaupt durch die vielfachen Unbilden – nicht zum wenigsten die trostlose Ernährung – meines ibizenkischen Aufenthalts sehr geschwächt.«[548]

In Paris trifft er auf Brecht, der nur durch den Umstand eines Aufenthalts in einer Privatklinik den Schlägertrupps der Nazis entgangen und am Tag nach dem Reichstagsbrand nach Prag geflüchtet war. Brecht reist von dort nach Wien, dann nach Lugano, im Mai nach Paris, von dort nach Thurö, kauft Anfang August ein Haus in Skovsbostrand bei Svendborg auf der Insel Fünen, fährt wieder nach Paris, wo bei Münzenberg seine »Lieder« erscheinen sollen, dann nach Sanary-sur-Mer zu Lion Feuchtwanger und ist Ende September wieder in Paris: gejagt von den Nazis, getrieben von Hoffnungen, ständig planend und organisierend, um den Verlust seiner bürgerlichen Identität zu kompensieren.

Brecht, der Züge Benjamins in seinem Stück »Die Mutter« in die Gestalt des melancholischen bürgerlichen intellektuellen Lehrers integriert hat, lädt Benjamin ein, in sein Haus nach Dänemark zu kommen, aber dieser zögert: »noch graut mir vor dem dänischen Winter, dem dortigen Angewiesensein auf einen Menschen, das sehr leicht eine andere Form der Einsamkeit werden kann, einer ganz unbekannten Sprache, die niederdrückend ist, wenn man für alle alltäglichen Verrichtungen selbst aufzukommen hat.«[549] Obwohl das »Einverständnis mit der Produktion von Brecht einen der wichtigsten, und bewehrtesten Punkte meiner gesamten Position darstellt«,[550] hält er sich vor ihm zurück, weil er offenbar fürchtet, Brecht würde ihn vielleicht ebenso vereinnahmen wie er seine Mitarbeiter(innen) verbraucht. »Dazu kommt, daß man bei völliger Mittellosigkeit, doch gut tut jene Anonymität zu suchen, die einem die große Stadt gibt.«[551] Er blieb in Paris, von dem Gustav Regler in seinen Memoiren schrieb: »Keine andere Stadt der Welt macht Einsamkeit so erträglich, verwandelt sie ohne Kampf sogar in einen Gewinn.«[552]

Benjamin ist am Ende des Jahres 1933 in einer in jeder Hinsicht verzweifelten Situation. Von seiner Krankheit ist er so geschwächt, daß er die Stufen der billigsten Hotels, in denen er wohnt, kaum ersteigen kann, von aller Emigrantengesellschaft isoliert er sich aus Scham über seine Armut, die er als persönliche Schande empfindet, und dennoch versucht er, Kontakte zu französischen Literaten zu knüpfen, die Publikationsmöglichkeiten versprechen. Auch an eines der jüdischen Hilfscomités scheint er sich gewendet zu haben. Sie waren im heißen Sommer 1933 rasch eingerichtet worden; die Pariser Bevölkerung war wie immer der Steinwüste aufs Land entflohen, die Boulevards verödeten, und als Paris sich wieder sah, fand es sich voller Emigranten. In den Wartesälen der Hilfscomités hingen Schilder: »Absolute Ruhe! Vermeidet politische Gespräche! Sie könnten belauscht werden und zu Gerüchten führen, die uns allen schaden!« Also sprach man nicht über Politik, sondern über sein privates Schicksal, aber was war dies anderes als politisch? Während der Nummernausgabe wurde die Flucht nach England erwogen, die Angst vor der Auslieferung an die Nazis beschwichtigt, die Hoffnung auf eine neue Heimat in Palästina oder Südamerika genährt. Jedes private Gespräch war politisch, da jede weitere Existenz von der Politik abhing. Benjamin schreibt: »Deutsche zu sehen, vermeide ich. Lieber spreche ich noch mit Franzosen, die zwar kaum etwas tun können oder mögen, aber die große Annehmlichkeit haben, einem nicht ihre Schicksale zu erzählen.«[553] Enttäuscht reagiert er auf die jüdischen Hilfscomités: »Was von Juden und für Juden hier geschieht, kann man vielleicht am besten als fahrlässige Wohltätigkeit bezeichnen. Es verbindet mit der Perspektive auf Almosen – die selten eingelöst werden – das

Höchstmaß an Demütigungen.«[554] Trotz offenbar intensiver Bemühungen hat Benjamin von derartigen Stellen keine Unterstützung bekommen. Aussichtsreicher als halboffizielle Stellen, aber auch mit Demütigungen verbunden waren die privaten Gelegenheiten: so unterhielt die Frau des Berliner Bankiers Hugo Simon, einer in jüdischen Gesellschaftskreisen wichtigen und mit bedeutenden Künstlern befreundeten Persönlichkeit, im Pariser Exil ab 1933 einen Salon, in dem Lesungen und Empfänge gegen Eintritt veranstaltet wurden. Für das Entgeld von hundert verkauften Eintrittskarten zu jeweils hundert francs (100 frcs = 15 DM) las zum Beispiel Joseph Roth bei ihr aus seinem jüngsten Roman »Tarabas«. Als er fünfundzwanzig Minuten lang gelesen hatte, brach er ab, da er die Gäste, die einhundert Francs für eine Karte bezahlt hatten, nicht mit einer Pogromschilderung belästigen wollte. Auch Benjamin suchte solche Möglichkeiten, hatte einige Hoffnung auf Vorträge über Kafka und Bloch und wurde wieder enttäuscht. In der aussichtslosen Lage erreicht ihn eine Überweisung durch Gretel Adorno, die schon früher mit unregelmäßigen Zuwendungen zum kärglichen Etat Benjamins beigesteuert hatte; nun aber ist es Hilfe aus tiefster Not. Erst ab dem folgenden Frühjahr 1934 erhält Benjamin vom »Institut für Sozialforschung« eine monatliche Rente von fünfhundert Francs.

Es ist vielleicht nicht falsch, die Pläne Benjamins über eine Vortragsfolge »L'avantgarde allemande« mit ihren Teilen Kafka (Roman), Bloch (Essay), Brecht (Theater) und Karl Kraus (Journalismus) an das »Institut zum Studium des Faschismus« zu binden, in dem er Ende April 1934 seinen Vortrag »Der Autor als Produzent«, halten wollte. Vielleicht hatte Benjamin zunächst andere Salons in Aussicht genommen, doch dieses Plenum wurde ihm nun zugänglich, und er wollte es nutzen; vermutlich erhoffte er sich durch diese Verbindung Vorteile für andere, auch interne französische Salons, aber, wie der Leiter der Pariser Zweigstelle des Instituts für Sozialforschung, Paul Honigsheim, schrieb, hatte es die emigrierte Intellektuellenschicht in Paris besonders schwer: »Der typische französische Intellektuelle, der auf Sicherheit und eine vorhersehbare Zukunft für sich und seine Familie aus war, sah seine Lebensweise durch jene verdammten deutschen Intellektuellen bedroht, die ihre Zeit nicht damit zubrachten, mit ihren Freunden beim Apéritif zu sitzen, sondern doppelt soviel arbeiteten wie die Franzosen ... Deshalb freute man sich in Frankreich ganz im Gegensatz zu den Vereinigten Staaten, wo Verständnis und Mitgefühl den Ausschlag gaben, keineswegs über Berufungen deutscher Wissenschaftler. Es bedurfte deshalb eines gewissen Mutes, sich offen zugunsten deutscher Emigranten einzusetzen.«[555] Eine spätere empirische Arbeit des »Institut für Sozialforschung«, die allerdings nie veröffentlicht wurde, ergibt in der Auswertung ihres unter dem Protektorat Thomas Manns gesammelten Datenmaterials das Ergebnis, daß Katholiken und Konservative den jüdischen Verfolgten mehr geholfen haben als Protestanten und Liberale. Horkheimer hat dieses Untersuchungsergebnis dann stillschweigend zur Grundlage seiner Theorie gemacht, daß die Konservativen oft die besseren Bewahrer bedrohter kritischer Ideale seien als die Liberalen.[556]

Wie die Verbindung zum »Institut zum Studium des Faschismus« zustande kam, ist nicht leicht zu erklären, da es hierüber keine Zeugnisse gibt; auch in den Memoiren Arthur Koestlers, der ein Jahr lang Geschäftsführer dieses Institutes war, taucht der Name Benjamin in diesen Zusammenhängen nicht auf. Das Institut war eine kommunistische Tarnorganisation, von Mitgliedern der KP betrieben und von der Komintern kontrolliert. In der Emigrantenzeitschrift des Schutzverbandes Deutscher Schriftsteller »Der Schriftsteller« vom August 1934 heißt es, daß diese Einrichtung »von französischen Wissenschaftlern, Schriftstellern und Künstlern begründet« worden sei. Um den umfassend antifaschistischen Standort des Instituts zu demonstrieren, wurde ein Kuratorium benannt, dem Frans Masereel ebenso angehörte wie der Soziologe Levi-Bruehl und Vertreter der Gewerkschaften. Es wurde sorgsam alles vermieden, was auf den kommunistischen Charakter des Unternehmens hätte schließen lassen. Umfängliche Publikationsserien waren geplant, die kaum verwirklicht wurden, und es ist möglich, daß man sich gerade linksbürgerliche Schriftsteller wie Benjamin als Alibiautoren heranzuziehen wünschte. Benjamin hielt seinen Vortrag schließlich nicht; das von ihm angegebene Datum 27. April 1934 wird durch einen Brief an Adorno vom 28. April, in dem noch von einem zukünftigen Termin die Rede ist, widerlegt.[557] Publiziert wurde er erst 1966.

Indessen versuchte Scholem, der durch die kommunistischen

Signale seines Freundes zutiefst beunruhigt war, bei ihm eine Wende oder zumindest eine Denkpause der Rückbesinnung herbeizuführen, indem er ihm im Frühjahr 1934 den Auftrag der Berliner »Jüdischen Rundschau« vermittelte, einen Essay über Kafka zu schreiben – ein Plan, den Benjamin schon seit Jahren hatte. Er hatte darüber Anfang Juni 1931 mit Brecht in Le Levandou gesprochen und war von dessen »überaus positiver Stellung zu Kafkas Werk«[558] überrascht worden. In seinem Tagebuch notierte Benjamin über diese Gespräche: »Brecht sieht in Kafka einen prophetischen Schriftsteller. Er erklärt von ihm, er verstehe ihn wie seine eigne Tasche. Wie er das aber meint, ist nicht so leicht zu ermitteln.« Erstaunt notiert Benjamin, daß Brecht »ihn als den einzig echten bolschewistischen Schriftsteller gelten lassen« will.[559] Der Essay ist erstaunlich schnell, in nur sechs Wochen, geschrieben, ohne daß die Beschäftigung mit ihm deswegen beendet wäre. Im Juni 1934 übersiedelt Benjamin in Brechts Haus nach Svendborg, wohin durch Egon Wissing ein großer Teil seiner Berliner Bibliothek evakuiert werden konnte. In seinem Svendborger Tagebuch notiert er, daß Brecht sich wochenlang um eine Diskussion über den Kafkaaufsatz gedrückt hat, dann aber unerwartet doch noch auf ihn zu sprechen kam.

»Den, etwas unvermittelten und halsbrecherischen Übergang bildete eine Bemerkung, auch ich sei nicht ganz freizusprechen vom Vorwurf einer tagebuchartigen Schriftstellerei im Stil Nietzsches. Mein Kafkaaufsatz zum Beispiel – er beschäftigte sich mit Kafka lediglich von der phänomenalen Seite – nehme das Werk als etwas für sich Gewachsenes – den Mann auch – löse es aus allen Zusammenhängen – ja sogar aus dem mit dem Verfasser. Es sei eben immer wieder die Frage nach dem *Wesen*, auf die es bei mir herauskomme.« Brecht hingegen will sich Kafka auf seine Brauchbarkeit hin ansehen: »›Man wird dann eine Anzahl sehr brauchbarer Sachen finden. Die Bilder sind ja gut. Der Rest ist aber Geheimniskrämerei. Der ist Unfug. Man muß ihn beiseite lassen. Mit der Tiefe kommt man nicht vorwärts. Die Tiefe ist eine Dimension für sich, eben Tiefe – worin dann gar nichts zum Vorschein kommt.‹ Ich erkläre B. abschließend, in die Tiefe zu dringen, sei meine Art und Weise, mich zu den Antipoden zu begeben.«[560]

Die interpretatorische Eigenart Benjamins ärgert Brecht vor allem deshalb, weil es mit ihr nicht rasch genug vorwärts im

Cui bono

Oberfläche

antifaschistischen Kampf geht, weil Benjamin seine Scheidung des Wahren und Falschen zuweilen mit Argumenten vorbringt, die Brecht zur zwecklosen Kategorie des puren Tiefsinns zählt. Er wird aggressiv und polemisch: »das, was er selbst die hetzerische Haltung seines Denkens nennt, macht sich jetzt im Gespräch viel deutlicher bemerkbar als früher. Ja, mir fällt ein besonderes, dieser Haltung entsprungenes Vokabular auf. Zumal den Begriff des ›Würstchens‹ handhabt er gern in solchen Absichten.« Benjamin widmete sich der Lektüre von Dostojewskis »Schuld und Sühne«, während Brecht Haŝeks »Schweyk« liest und polemisch den Wert beider Autoren verglich: »Dabei konnte Dostojewski sich neben Haŝek nicht sehen lassen, wurde vielmehr ohne Umstände zu den ›Würstchen‹ gerechnet, und es hätte nicht viel gefehlt, so wäre wohl auch auf seine Werke die Bezeichnung ausgedehnt worden, die Brecht neuerdings für alle Arbeiten in Bereitschaft hält, denen ein aufklärender Charakter fehlt oder von ihm abgesprochen wird. Er nennt sie einen ›Klump‹.«[561] Die Struktur der Gespräche setzt sich beim Schachspiel, das einst weniger ein König als ein Emigrant erfunden haben dürfte, fort: Brecht war ein zügiger Angriffsspieler, der Benjamins hartnäckige Verteidigungsstrategien und Ermattungstaktik so entnervend fand, daß er ein neues Spiel ausarbeiten wollte: »›Ein Spiel, wo sich die Stellungen nicht immer gleich bleiben; wo die Funktion der Figuren sich ändert, wenn sie eine Weile auf ein und derselben Stelle gestanden haben: sie werden dann entweder wirksamer oder auch schwächer. So entwickelt sich das ja nicht; das bleibt sich zu lange gleich.‹«[562]

Zu Beginn des Oktober 1934 verläßt Brecht Dänemark wegen geschäftlicher Angelegenheiten; Benjamin bleibt noch einige Wochen in dem Haus, da er in Brechts Bibliothek das Material für eine mit dem »Institut für Sozialwissenschaft« verabredete Arbeit aus dem Umkreis der sozialdemokratischen Presse findet; diese Arbeit wird nicht realisiert und von dem Auftrag zu einem Artikel über den sozialdemokratischen Sittengeschichtler Eduard Fuchs abgelöst. Inzwischen hatte im Sommer das Institut seinen Sitz von Genf nach Amerika verlegt, da ein rasches Aufkommen des Faschismus auch in der Schweiz befürchtet wurde.

Dieses Institut war eine private Stiftung: es war dem damaligen Studenten Felix Weil, der 1921 an der Frankfurter Universität über das Thema der Sozialisierung promovierte und auf der Suche nach der gesellschaftlichen Wahrheit des Marxismus war, von seinem steinreichen Vater, einem Getreidehändler, sozusagen geschenkt worden. Von Brecht gibt es dazu eine listige Notiz in seinem Arbeitsjournal: »Mit Eisler bei Horkheimer zum Lunch. Danach schlägt Eisler für den Tuiroman als Handlung vor: die Geschichte des Frankfurter soziologischen Instituts. Ein reicher alter Mann (der Weizenspekulant Weil) stirbt, beunruhigt über das Elend auf der Welt. Er stiftet in seinem Testament eine große Summe für die Errichtung eines Instituts, das die Quelle des Elends erforschen soll. Das ist natürlich er selber.«[563]

Der alte Weil erhielt für die Stiftung den Ehrendoktor der Universität Frankfurt; es war in den Statuten festgelegt, daß der jeweilige Institutsleiter auch Ordinarius an der Universität sein müsse, wodurch eine enge wissenschaftliche Bindung bei gleichzeitiger finanzieller Unabhängigkeit garantiert war. Seit der Gründung hatte Weil einen Jahresetat von umgerechnet heute ca. fünfhunderttausend Mark zur Verfügung gestellt. Noch vor 1933 wurde das in Wertpapieren angelegte Institutsvermögen nach Holland transferiert, so daß ein Weiterbestehen nach der Schließung im März 1933, bei der das Gebäude und die 60000 Bände umfassende Bibliothek von den Nazis beschlagnahmt worden waren, im Exil möglich war. Als Felix Weil in Amerika ans Institut zurückkehrte, spendete er zur Feier des neuen Beginns einhunderttausend Dollar.

Benjamin hatte gerade seine große Ausgabe der Werke Franz von Baaders an Scholem und damit an die Universitätsbibliothek Jerusalem verkaufen müssen, um einigermaßen überleben zu können, als er mit Schrecken von der Institutsverlegung nach Amerika erfährt. »Bedrohlich ist die Tatsache, daß das Institut für Sozialforschung nach Amerika übersiedelt. Eine Lösung, ja nur Lockerung meiner Beziehung zu seinen Leitern könnte leicht davon die Folge sein. Was das bedeutet, will ich nicht ausführen.«[564] Diese Befürchtungen erfüllten sich zwar nicht, aber es gab auch keine Besserung der finanziellen Misere Benjamins. Der Fehler des Institutes war es, zu viele Emigranten nahezu ohne engere Kriterien mit minimalen Geldbeträgen zu versorgen; leider läßt sich über die Verteilungsprinzipien und ihre Praxis nichts Genaues sagen, da die Geschäftskorre-

spondenz des Instituts zum Nachlaß Horkheimers in Montagnola gehört und der Öffentlichkeit nicht zugänglich ist.
Im Herbst 1934 hatte Horkheimer brieflich versichert, daß Benjamins Mitarbeit am Institut trotz der Übersiedelung nach Amerika fortdauern könnte; dieser Brief trifft Benjamin in Paris, wo er krank und aus Angst vor dem dänischen Winter Zwischenstation zur Weiterreise nach San Remo macht – dort betrieb seine geschiedene Frau eine Pension, in der er für einige Zeit ein kostenloses Unterkommen findet. »Eben diesem Umstand«, so schließt sein sehr ernster Antwortbrief an Horkheimer, »verdanke ich es, diese Zeilen nicht mit einer Bitte abschließen zu müssen. Aber es sind nur ein bis zwei Monate, die dergestalt als Ruhepause noch vor mir liegen und wenn dieser Brief Sie erreicht, wird ein Viertel dieser Frist schon verstrichen sein.«[565]
In diesem Brief hatte Benjamin auch bedingungslos sein Einverständnis mit jedem Plan des Instituts mit ihm oder über ihn erteilt: »Sie verfügen für jedes Arrangement, das Ihnen zweckmäßig erscheint, im voraus über meine Zustimmung.«
Es war vermutlich so, daß Horkheimer darauf mit einem vagen Versprechen der Erhöhung der Monatsrente reagierte, oder vielleicht ein Stipendium in Verbindung mit dem nun in Auftrag gegebenen Aufsatz über Eduard Fuchs in Aussicht stellte. (Die Kommentatoren datieren anders: schon im Frühjahr 1934 sei dieses Projekt besprochen worden, denn im Sommer habe Benjamin bereits Bücher von Fuchs »studiert«. Diese Angabe stützt sich einzig auf eine beflissene Aussage in einem Brief an Horkheimer aus dem Jahr 1935, deren Bedeutung aber weniger sachlich als vielmehr taktisch zu werten ist. Die Bücher von Fuchs, die Benjamin laut Kommentar schon im Sommer »studiert« haben soll, gehörten zur Bibliothek Brechts, und in einem Brief an Horkheimer vom 2. Januar 1935 heißt es, daß Benjamin nach Svendborg zurückkehren müsse, da diesen Bänden »die Arbeit der dortigen Monate gelten wird«[566] – eine Briefstelle, die deutlich gegen das »Studium« dieser Bücher bereits im Sommer 1934 spricht.) Eine Aufbesserung der Bezüge erfolgte dann aber nicht, worauf sich wahrscheinlich jene sarkastische Bemerkung in einem Brief bezieht: »In der sehr schlechten Lage, in der ich bin, macht es den Leuten Spaß, billige Hoffnungen in mir zu erwecken.«[567]
Benjamin hatte Horkheimer an sein »Passagen«-Projekt erin-

nert, mußte nun aber mit dem Fuchs-Auftrag zurechtkommen. Die Ankündigung Horkheimers einer einmaligen Zahlung von zusätzlichen 700 frcs konnte ihn wenig über die Erwartung hinwegtrösten, die das Institut an den Auftrag knüpfte: »Es wäre eine schöne Gelegenheit, darzutun, wie der psychologisch viel primitivere Apparat, dessen Fuchs sich bedient, infolge des Umstandes, daß er von Anfang an die richtige historische Orientierung besaß, ihn in der Sozialpsychologie viel weitsichtiger machte als Freud, in dessen Schriften die Verzweiflung in der bestehenden Wirklichkeit als das Unbehagen eines Professors zum Ausdruck kommt.«[568]
Gegen diese groteske Fehleinschätzung setzte sich Benjamin in seiner späteren Baudelaire-Arbeit für das Institut sublim zur Wehr: dort nämlich zeigt er exemplarisch, wie tief Freud in die Sozialpsychologie des modernen Menschen eingedrungen ist. Vorerst aber muß er sich gefügig zeigen: »Aber schon heute möchte ich Ihnen sagen, wie wichtig mir Ihr dringlicher Wunsch die Arbeit über Fuchs angehend ist. Es ist mir nach Ihrem Brief selbstverständlich, sie allen anderen Projekten vorangehen zu lassen. Wenn sich das im Moment noch nicht auswirkt, so deshalb, weil ich Bedenken habe, Fuchs zur Sendung neuer Bücher – mehrere habe ich im vergangenen Sommer studiert – in einem Augenblick zu veranlassen, wo meine ferneren Dispositionen nicht übersehbar sind.« Der Brief schließt mit einer flehentlichen Bitte Benjamins, die einiges über seine Situation sagte: »Bitte, lieber Herr Horkheimer, lassen Sie mich jede nähere Gestaltung Ihrer europäischen Projekte umgehend wissen, da ich meine eignen Dispositionen so sehr wie möglich ihnen anpassen will.«[569] Die Editionspraxis dieses Briefes ist typisch für das Vorgehen der Verwalter: er ist weder in der Briefausgabe noch in der Kommentarversion[570] vollständig publiziert und muß aus beiden Teilpublikationen zusammengesetzt werden, wobei fraglich bleibt, wieviel davon dennoch unveröffentlicht und unterschlagen ist.
Benjamin verläßt die Pension seiner früheren Frau Ende Februar 1935, da es offenbar Differenzen zwischen ihnen gibt. Er will bei seiner Schwester Dora in deren Wohnung in Paris unterkommen, aber sie erkrankt schwer, und Benjamin findet ein Asyl in Nizza. Von dort wiederholt er seine Erklärungen der Ergebenheit an die Adresse Horkheimers: »Es ist mir nichts

dringlicher als meine Arbeit so eng und so produktiv wie möglich mit der des Instituts zu verbinden.«[571]
Daß Benjamin den Aufsatz über Fuchs jahrelang vor sich her schiebt, bezeugt sein wahres Interesse an diesem Komplex.
Gegen Ende April 1935 ist er wieder in Paris und muß eine Niederlage nach der anderen einstecken: der Aufsatz über Johann Jakob Bachofen, den er für die Nouvelle Revue Française geschrieben hatte und von dem er sich einen Beginn neuer Publikationsmöglichkeiten in Frankreich versprach, wurde abgelehnt und an den Mercure de France weitergeleitet, wo er ebenfalls nicht veröffentlicht wurde. Im April 1935 hatte eigentlich seine Rezension des Dreigroschenromans Brechts in der von Klaus Mann herausgegebenen Zeitschrift »Die Sammlung« erscheinen sollen. Über das Schicksal dieser Arbeit heißt es in einem Brief an Brecht: »Das kurze und lange von der Sache ist, daß ich – ohne die mindeste Neigung den Marktwert meiner Produktion zu überschätzen – den Honorarvorschlag von 150 fr frcs für ein zwölf Seiten umfassendes und von der Redaktion bestelltes Manuscript, als eine Frechheit betrachtete. Ich habe in einem kurzen Brief 250 fr frcs verlangt und es abgelehnt, unter diesem Entgelt das Manuscript ihm zu überlassen. Darauf habe ich es, obwohl es bereits gesetzt war, zurückbekommen. Selbstverständlich hätte ich die Zumutung von Mann eingesteckt, wenn ich das Ergebnis vorausgesehen hätte. Ich habe mich für dieses Leben nicht klug genug erwiesen und das an einem Punkt, an welchem Klugheit mir viel wert gewesen wäre.«[572]
Benjamins monatliches Existenzminimum in Paris betrug tausend Francs; die Hälfte davon bekam er vom Institut, die andere Hälfte fiel nun mit der Ablehnung seiner Kritiken aus. Ein Gespräch mit Pollock hatte eine vorübergehende Anhebung der Rente auf dieses Minimum zur Folge, gleichzeitig aber wurde mit dem Wunsch des Instituts, er möge ein Exposé der Passagenarbeit vorlegen, jede andere Tätigkeit blockiert. Er hatte nicht die Hoffnung, daß das Institut sich ernsthaft für das Projekt interessieren würde, und muß nun dennoch aus seinen langjährigen Notizen einen Plan erstellen, der einem Exposé ähnlich sehen soll. Es gelingt ihm erstaunlich rasch; während dieser Arbeit muß er allerdings erkennen, daß seine frühen Notizen kaum zur Konstruktion des Werks geeignet sind. Er nennt sein Projekt nun »Paris, die Hauptstadt des neunzehnten

Jahrhunderts«, und schickt das Exposé am 31. Mai 1935 an Adorno mit der Ankündigung, daß ein weiter ausgearbeiteter Plan für das Institut folgen werde. »Mir geht es, wie Sie wissen, vor allem um die ›Urgeschichte des 19ten Jahrhunderts‹. In dieser Arbeit sehe ich den eigentlichen, wenn nicht den einzigen Grund, den Mut im Existenzkampf nicht aufzugeben. Schreiben kann ich sie – soviel ist mir heute und unbeschadet der großen sie fundierenden Masse von Vorarbeiten vollkommen klar – vom ersten bis zum letzten Wort nur in Paris. Natürlich, zunächst, einzig in deutscher Sprache. Mein Minimalverbrauch in Paris sind 1000 frs im Monat; soviel hat mir Pollock im Mai zur Verfügung gestellt, soviel soll ich nochmals für Juni erhalten. Aber soviel brauche ich auf eine Weile, um weiter arbeiten zu können. Schwierigkeiten machen sich ohnehin genug bemerkbar; heftige Migräneanfälle halten mir oft genug meine prekäre Daseinsart gegenwärtig.«[573]

Eine kurzfristige Ablenkung von seinen materiellen Sorgen findet Benjamin allenfalls bei Veranstaltungsbesuchen des Kongresses der antifaschistischen Schriftsteller zur Rettung der Kultur, der vom 21. bis 25. Juni in der Mutualité stattfindet. Er sollte weniger zur Rettung der Kultur vor der nazistischen Barbarei, als vielmehr zur Vorbereitung der Volksfront in Frankreich dienen. Bis zur Mitte des Jahres 1934 hatten die Kommunisten noch die Sozialisten beschimpft und jedes Bündnis abgelehnt. Dann kam aus Moskau der Appell für eine Einheitsfront in einem Artikel der Prawda, der von der französischen Parteizeitung L'Humanité übernommen wurde. Die Kommunisten drängten nun auf ein Bündnis mit den Sozialisten und den Radikalsozialisten, die trotz ihres Namens die Repräsentanten des Kleinbürgertums darstellten. Jener Kongreß war eines der Propagandamittel, die auf einer breiten antifaschistischen Front Wahlhilfe für die nur im Hintergrund agierenden Kommunisten leisten und vor allem die bürgerlichen Intellektuellen gewinnen sollten. Mit den Worten Victor Serges diente der Kongreß dazu, »unter den französischen Intellektuellen eine stalinfreundliche Bewegung ins Leben zu rufen und ein paar berühmte Namen zu kaufen«.[574]

Es waren weit mehr als nur ein paar berühmte Namen, selbst Robert Musil war zu einer Rede gebeten worden, die allerdings peinlich deplaciert ausfiel: »Ich habe mich zeitlebens der Politik ferngehalten, weil ich kein Talent für sie spüre. Den Einwand, daß sie jeden für sich anfordere, weil sie etwas sei, das jeden angehe, vermag ich nicht zu verstehen. Auch die Hygiene geht jeden an, und doch habe ich mich niemals über sie öffentlich geäußert, weil ich zum Hygieniker ebensowenig Talent verspüre wie zum Wirtschaftsführer oder zum Geologen.«[575]

Andere Reden waren etwas bedeutender. André Gide bekannte sich vor Musils Beitrag (der Abend vom 22. Juni stand unter dem Motto »Individuum«, was Musil etwas zu individualistisch verstanden haben muß) in einer langen Rede zum Kommunismus, was man insgeheim erhofft hatte, und in der allgemeinen Überschätzung des Wortes glaubte man, daß diese Rede auf viele bürgerliche Intellektuelle eine große Wirkung haben würde. Als dann aber am Montag, dem 24. Juni, zum Thema »Schöpferische Fragen und Würde des Geistes« (für Deutschland sprachen Heinrich Mann, Lion Feuchtwanger, Ernst Bloch) Gustav Regler eine inspirierte Rede hielt, an deren Ende sich das Publikum spontan erhob und die Internationale sang, erschien diese solidarische Demonstration den kommunistischen Organisatoren zu verräterisch: Becher nannte Regler einen Saboteur, und in einer eigens anberaumten Sitzung wurde er gerügt, da nicht er es zu bestimmen habe, wann die Internationale gesungen würde. Als Regler entgegnete, es sei spontan gesungen worden, warf sein Parteivertreter Abusch, später Kulturbeauftragter in der DDR, ihm eben dies vor: »Revolutionen haben nicht spontan zu sein.«[576]

Vor allem Brecht, der in dem Kongreßgeschehen genügend Material für seinen Tui-Roman fand, hatte an solchen und ähnlichen Ereignissen seine heimliche Freude. An George Grosz schreibt er sarkastisch: »Wir haben soeben die Kultur gerettet. Es hat 4 (vier) Tage in Anspruch genommen, und wir haben beschlossen, lieber alles zu opfern, als die Kultur untergehen zu lassen. Nötigen Falles wollen wir 10 – 20 Millionen Menschen dafür opfern. Gott sei Dank haben sich genügend gefunden, die bereit waren, die Verantwortung dafür zu übernehmen. Übrigens sind wir sowohl kühn als auch vorsichtig vorgegangen. Unser Bruder Henricus Mannus hat seine flammende Rede für das freie Wort, bevor er sie hielt, der Sureté vorgelegt. Ein kleiner Zwischenfall hat Aufsehen erregt: Bruder Barbussius fraß gegen Schluß Bruder Andreas Gideus bei offener Bühne mit Haut und Haaren auf, welcher Vorgang tragisch ausging, da ein Zuschauer, wie es heißt, aus

Langeweile Selbstmord verübte, als er das sah. – Der Faschismus wurde allgemein verurteilt, und zwar wegen seiner *unnötigen* Grausamkeiten.«[577] Für Benjamin war die Begegnung mit Brecht »das erfreulichste – fast das einzig erfreuliche – Element der Veranstaltung«.[578]

Wie so oft, wenn sich bei Benjamin zwei Vorhaben widerstreiten, hier die Neigung zur Passagenarbeit, dort die Last des Fuchsauftrages, entscheidet er sich für ein drittes. Es entsteht so der Aufsatz »Das Kunstwerk im Zeitalter seiner technischen Reproduzierbarkeit«. Er äußert sich darüber in einem Brief an Horkheimer, der auch eine private Situationsschilderung enthält: »Meine Situation ist so schwierig, wie eine Lage ohne Schulden es überhaupt sein kann. Ich will mir damit nicht etwa das geringste Verdienst zuschreiben, sondern nur sagen, daß jede Hilfe, die Sie mir gewähren, eine unmittelbare Entlastung für mich bewirkt. Ich habe, verglichen mit meinen Lebenskosten im April, als ich nach Paris zurückkam, mein Budget außerordentlich beschränkt. So wohne ich jetzt bei Emigranten als Untermieter. Es ist mir außerdem gelungen, Anrecht auf einen Mittagstisch zu bekommen, der für französische Intellektuelle veranstaltet wird. Aber erstens ist diese Zulassung provisorisch, zweitens kann ich von ihr nur an Tagen, die ich nicht in der Bibliothek verbringe, Gebrauch machen; denn das Lokal liegt weit von ihr ab. Nur im Vorbeigehen erwähne ich, daß ich meine Carte d'Identité erneuern müßte, ohne die dafür nötigen 100 Francs zu haben.«[579]

Benjamin muß diese Mitteilungen an die Adresse des Instituts machen, weil er nach einem Vierteljahr mit monatlichen 1000 frcs wieder auf die alte halbe Rente gesetzt worden war; der appellative Charakter dieser Zeilen wird besonders im Understatement des letzten Satzes deutlich, in dem von der überlebenswichtigen Carte d'Identité scheinbar beiläufig wie von einem beliebigen Theaterabonnement gesprochen wird. Auf ein moralisches Bewußtsein des Empfängers zielend, führt Benjamin dann einige Details über sein Tagesprogramm an, »das in seinem Hauptteile von der Studie über Fuchs bestimmt wird« – er hatte in Wahrheit noch nicht mit ihr begonnen, obwohl er zuvor an Scholem geschrieben hatte: »Mich rettet vor der Arbeit über Fuchs kein Gott mehr. Ja, ich habe mehr denn je Grund, mich den Anregungen des Instituts gegenüber gefügig zu zeigen. Denn das Entgegenkommen, das ich bei meinen Verhandlungen im Mai gefunden habe, kam nicht zustande ohne daß ich die Aussicht, einige Monate in Palästina zu verschwinden und seiner Fürsorge enthoben zu sein, meinem Partner eröffnet hatte. Ihm, wie Du Dir denken kannst, eine lockende Perspektive, die ihn nunmehr zerstreuen zu müssen mich vor eine bedenkliche Aufgabe stellt.«[580] Diese Aufgabe unternimmt Benjamin nun mit seinem Brief an Horkheimer, der einerseits über die fortdauernde finanzielle Misere berichtet, andererseits die beständige Arbeit im Sinne des Instituts hervorhebt. So bindet er den Kunstwerkaufsatz eng an das Passagenbuchprojekt und schreibt: »Diesmal handelt es sich darum, den genauen Ort in der Gegenwart anzugeben, auf den sich meine historische Konstruktion als auf ihren Fluchtpunkt beziehen wird. Wenn der Vorwurf des Buches das Schicksal der Kunst im neunzehnten Jahrhundert ist, so hat uns dieses Schicksal nur deswegen etwas zu sagen, weil es im Ticken eines Uhrwerks enthalten ist, dessen Stundenschlag erst in *unsere* Ohren gedrungen ist. Uns, so will ich damit sagen, hat die Schicksalsstunde der Kunst geschlagen, und deren Signatur habe ich in einer Reihe vorläufiger Überlegungen festgehalten ... Diese Überlegungen machen den Versuch, den Fragen der Kunsttheorie eine wahrhaft gegenwärtige Gestalt zu geben: und zwar von innen her, unter Vermeidung aller *unvermittelten* Beziehung auf Politik.«[581]

Auf den ersten, finanziellen, Teil des Briefes antwortet Horkheimer, daß man Anweisung gegeben hatte, den üblichen Betrag zu überweisen. »Ich sehe nun nicht ganz klar, ob Ihnen mit diesem Betrag gedient ist oder ob Sie mit Ihrem Brief infolge außerordentlicher Umstände um eine Erhöhung bitten wollten. In diesem Falle erwarte ich eine Nachricht darüber.«[582] Die vermeintlich außerordentlichen Umstände bestanden lediglich in der fast alltäglichen Gefahr zu verhungern oder wegen einer abgelaufenen Identitätskarte ins Nazireich abgeschoben zu werden oder einen Arzt nicht aufsuchen zu können. (Benjamin war seit längerem herzkrank und konnte nur sehr mühsam sich bewegen.) Der indignierte, fast barsche Ton der Mitteilung wurde auch durch die rasch folgende nicht aufgehoben: »Meinen eben in Eile an Sie abgesandten Brief kann ich noch durch den Zusatz ergänzen, daß wir Ihnen ffrs. 300,– mehr als die ursprünglich bestimmte Summe überwiesen haben.«[583] So dankbar Benjamin dafür sein mußte – die Form solcher »Großzügigkeit« mußte ihm eine Äußerung in dieser Richtung verbieten. Die hier offensichtliche Ahnungslosigkeit der bequem in Amerika lebenden Wissenschaftler über die alltägliche Not der Emigranten in Europa ist erschreckend, aber es ist nicht nur die räumliche Distanz dafür verantwortlich, vielmehr erwies sich das Institut als eine Art Elfenbeinturm, der jeden Kontakt zur Realität der Außenwelt problematisch machte, obwohl doch gerade das, was hier gedacht wurde, gesellschaftlich relevant sein wollte – wenn auch, mit Adorno, in der Negation des schlechten Ganzen der Gesellschaft. Diese wissenschaftliche Haltung trieb freilich die groteskesten Blüten im alltäglichen Leben. Günther Anders erinnert sich an einen Vorfall aus den späten dreißiger Jahren, der in diesen Zusammenhang gehört. Noch aus Frankfurt war Horkheimer mit dem Regisseur Wilhelm Dieterle bekannt, der nun als Emigrant in Hollywood einen Film über Thomas Morus plante und in Drehbuchnöten war. Günther Anders, den er seit einem gemeinsamen Husserl-Seminar im Jahre 1921 kannte, verdiente zu dieser Zeit seinen Lebensunterhalt in einer Möbelfabrik; Horkheimer wußte, daß es ihm finanziell schlecht ging und daß er literarisch begabt war, also fragte er ihn, ob er helfen könne. Anders kam, abgeholt vom Chauffeur, eines Abends in Horkheimers Haus, und sie arbeiteten bis Mitternacht. Als er sich dann verabschieden wollte, erschien Frau Horkheimer mit einer Tüte, die sie ihm mitgab. Anders öffnete sie erst zu Hause. Ihr Inhalt waren eine Dose Ölsardinen, eine Tomate, ein Apfel und mehrere Schachteln Streichhölzer. Umgehend telefonierte Anders mit dem Spender, er möge sofort seinen Chauffeur schicken, da er ihm etwas zu übergeben habe. Der Chauffeur kam und holte die großzügige Gabe wieder ab; der Kontakt zu Horkheimer blieb nach diesem Abend abgebrochen.[584]

Für Benjamin war die Beschäftigung mit dem Kunstwerkaufsatz ein guter Grund, die Arbeit am ungeliebten Fuchs-Auftrag ruhen zu lassen: »Den Fuchs habe ich wieder einmal auf seine lange Bank geschoben.«[585] Er mochte diesen Auftrag unter anderem deswegen nicht, weil das Institut aus unerfindlichen Gründen, z. T. aus sonderbaren Fehleinschätzungen heraus, wie sie im Vergleich mit Freud deutlich wurden, eine positive »Würdigung« des vielbändigen Werkes von Fuchs erwartete, während Benjamin dessen Bücher wie gefährliche Virusträger behandelte: »Aber mit der Zeit härte ich mich gegen seinen Text ab, dem ich zudem weiterhin nur unter mannigfachen Vorkehrungen mich aussetze.«[586]

Über den Kunstwerkaufsatz im Zusammenhang mit dem Passagenbuchprojekt, das für Benjamin »gleichsam das Wetterdach, unter das ich trete, wenn es draußen zu schlimm wird«, darstellt,[587] schreibt er an die wenigen Freunde; so an Scholem, daß seine Überlegungen die Geschichte der Kunst im neunzehnten Jahrhundert in »der Erkenntnis ihrer gegenwärtigen von uns erlebten Situation« verankern.[588]

Diese gegenwärtige Situation, in der erst das Ticken jenes Uhrwerks hörbar wird, ist die des Verfalls der Aura, der Einzigartigkeit der Kunstwerke im Augenblick der reproduzierbaren Werke, wie der Film sie anbietet. Es ist für diesen Aufsatz charakteristisch, daß er gänzlich unzeitgemäß war: er war der Realität der zeitgenössischen Filmproduktion unterlegen, indem er einzig an frühe Stummfilme anknüpft, und er kam als Diskussionsbeitrag zur Theorie des Films zu spät, da diese Diskussion seit nahezu zehn Jahren verstummt war, und Benjamin eigentlich nur wiederholt, was damals extensiv diskutiert worden war, aber zugunsten der literarischen Beschäftigung mit dem Expressionismus kaum nachhaltig gewirkt hatte.

Es wurde bereits gesagt, daß Benjamin zu Beginn des Aufsatzes vom Verfall der Aura spricht, den er beklagt und keineswegs, wie der sich anschließende Teil eines Filmtheorieversuchs vermuten läßt, zum Programm erhebt. Die Klage ist deutlich: »Was im Zeitalter der technischen Reproduzierbarkeit des Kunstwerks verkümmert, das ist seine Aura.«[589] Wenig später heißt es: »Im flüchtigen Ausdruck eines Menschengesichts winkt aus den frühen Photographien die Aura zum letzten Mal. Das ist es, was deren schwermutvolle und mit nichts zu vergleichende Schönheit ausmacht.«[590] Es ist freilich sonderbar definiert, was »Aura« eigentlich sei. In jenen Haschischnotizen vom März 1930 wird »das Auszeichnende der echten Aura« begriffen als »eine ornamentale Umzirkung in der das Ding oder Wesen fest wie in einem Futteral eingesenkt liegt. Nichts gibt vielleicht von der echten Aura einen so richtigen Begriff wie die späten Bilder van Gogh's, wo an allen Dingen – so könnte man diese Bilder beschreiben – die Aura mit gemalt ist.«[591] Diese Definition eines Bildes durch andere Bilder führt nicht weit. Im Kunstwerkaufsatz heißt es dann, scheinbar nur wenig deutlicher, über Aura: »Diese letztere definieren wir als einmalige Erscheinung einer Ferne, so nah sie sein mag. An einem Sommernachmittag ruhend einem Gebirgszug am Horizont oder einem Zweig folgen, der seinen Schatten auf den Ruhenden wirft – das heißt die Aura dieser Berge, dieses Zweiges atmen.«[592] Dies mag ein poetischer Text sein, es ist keine wissenschaftliche oder philosophische Definition; es erklärt nichts, sondern ist erklärungsbedürftig. Zunächst fällt auf, daß Benjamin im Zusammenhang einer geschichtlichen Überlegung vom Verfall der Aura von Nähe und Ferne spricht, daß er die historische Dimension in eine räumliche umsetzt. Dabei bleibt er als Betrachter der Zeitlichkeit entzogen, er hat am temporalen Prozeß keinen Anteil, sondern ist durch die Verlagerung in den Raum zum Unbewegten und Unbeteiligten geworden. Nur dadurch läßt sich das Geschehen überhaupt für den Betrachter sichtbar werden, indem es temporal auseinanderliegende Dimensionen räumlich vereinigt: im Blick des Ruhenden sind die Ferne eines Gebirges und die Nähe eines Zweiges, der seinen Schatten wirft, gleichzeitig vorhanden, ohne ihre Einmaligkeit, die Aura, in dieser Verfügbarkeit zu verlieren. Hier setzt Benjamin ein, um die gesellschaftliche Bedingtheit des Verfalls der Aura zu erklären: *»Die Dinge sich räumlich und menschlich ›näherzubringen‹ ist ein genau so leidenschaftliches Anliegen der gegenwärtigen Massen wie es ihre Tendenz einer Überwindung des Einmaligen jeder Gegebenheit durch die Aufnahme von deren Reproduktion ist.«*[593] Dieser Satz hält die sonst disparaten Teile des Aufsatzes zusammen: er vereint die Trauer über den Verfall der Aura in der Momentaufnahme einer Forderung der historisch neu entstandenen proletarisierten Masse mit der sich anschließenden, von politisch-taktischen Erwägungen bestimmten Frage, wie der Verfall der Aura, so er nun einmal vorhanden ist, am reproduzierbaren Kunstwerk genutzt werden könne, wie der Verlust der Identität, der diesen Massen aufgezwungen wurde, durch den Verlust der Aura im Medium des Films eine neue Qualität konstruieren kann. Die gewiß nicht neuen Zwänge des technischen Apparates werden von Benjamin nun in fast naiver Weise mit einer aktuellen politischen Dimension ausgestattet. So zitiert er zustimmend aus einem Aufsatz von Pirandello:

»›Der Filmdarsteller‹, schreibt Pirandello, ›fühlt sich wie im Exil. Exiliert nicht nur von der Bühne, sondern von seiner eigenen Person. Mit einem dunklen Unbehagen spürt er die unerklärliche Leere, die dadurch entsteht, daß sein Körper zur Ausfallserscheinung wird, daß er sich verflüchtigt und seiner Realität, seines Lebens, seiner Stimme und der Geräusche, die er verursacht, indem er sich rührt, beraubt wird, um sich in ein stummes Bild zu verwandeln, das einen Augenblick auf der Leinwand zittert und sodann in der Stille verschwindet ...‹ «[594] Dieses Zitat ist nur verständlich aus der Existenz des politisch Exilierten, dessen Situation es genau beschreibt. Und wie der Punkt der Krisis beim Filmschauspieler und beim exilierten Schriftsteller das anonyme Publikum ist, so wird notwendig dessen Bedeutung überschätzt: das anonyme Publikum, dem der sich produzierende Darsteller nicht anpassen kann und das durch den fehlenden Kontakt mit ihm nicht von seinem Urteil abgelenkt wird, entwickelt sich, so Benjamin, zu einem unabhängigen Tester, es wird durch Übung und Gewöhnung zum Sachverständigen und damit zum potentiellen Produzenten in eigener Sache. Der Glaube Benjamins, daß ein nicht vorgebildetes Publikum, das angesichts eines Bildes von Picasso verständnislos und höhnisch reagiert, bei der Rezeption eines Chaplinfilmes fortschrittlich sich erweist, indem es die Schicksalsschläge des kleinen Mannes zu enträtseln vermag und im Lachen über dessen Scheitern seine eigene bessere Erkenntnis artikuliert – dieser Glaube Benjamins ist nicht allein hoffnungslos, er ist affirmativ, da er sich der zeitgenössischen Realität verweigert. Es lacht das Publikum nicht, weil es als fachmännischer Beobachter die Situation, die seine eigene ist, durchschaut, sondern weil einen anderen das Übel stellvertretend für alle ereilt. Dies ist Adornos Kritik an diesen grundsätzlichen Gedanken gewesen, die er in der »Dialektik der Aufklärung« im Kapitel »Kulturindustrie« formulierte. Schon in einem Brief Adornos vom 18. März 1936 heißt es, daß das Lachen »nichts weniger als gut und revolutionär sondern des schlechtesten bürgerlichen Sadismus voll« ist.[595] In der »Dialektik der Aufklärung« wird dieses Thema dann zentral, wenn nicht nur Chaplin, sondern im weiteren die Cartoons erwähnt werden, deren gepeinigte Helden ihre Prügel im Film erhalten, »damit die Zuschauer sich an die eigenen gewöhnen.«[596] Das Lachen hat keinen emanzipatorischen Charakter, es entsteht

aus der Schadenfreude, daß der Figur auf der Leinwand etwas passiert, was dem Lacher genauso passieren könnte – es ist solche Einsicht abweisend, nicht solidarisierend. Adorno befand sich durch seinen Aufenthalt in Amerika in einem medienkritischen Vorsprung gegenüber Benjamin, der ihn in die Lage setzte, Entwicklungen zu kritisieren, deren soziologische Konsequenzen es in Europa noch nicht im Ansatz gab. Der technologische Vorsprung ist dabei weniger bedeutsam als eben die massenweise Rezeption der neuen technischen Errungenschaften. Es gibt für diese Situation einen brauchbaren Vergleich: als Günther Anders nach Kriegsende von Amerika nach Europa zurückgekehrt war und mit der Realität des beginnenden Fernsehens hierzulande konfrontiert wurde, schrieb er einen kritischen Aufsatz, der nicht allein bis heute aktuell ist, sondern der vor allen Dingen zu dem Zeitpunkt, als er veröffentlicht wurde, gar nicht verstanden werden konnte, weil er fortgeschrittene Erfahrungen aus dem amerikanischen Exil für eine eigene Analyse nutzte. Dieser Aufsatz »Die Welt als Phantom und Matrize« erschien zuerst 1956 in einem heute wieder aufgelegten Buch mit dem provozierenden Titel »Die Antiquiertheit des Menschen«; er erschien in einer Zeit, als man in Europa, besonders in Deutschland gerade wieder eine heile Welt aufbaute und an die Individualität des Menschen appellierte – so widersprach schon der Buchtitel allen herrschenden Tendenzen. Der Aufsatz über das Fernsehen aber kam in allen Einsichten zu früh, da dieses Medium hier noch kaum durchgesetzt war, Anders aber aufgrund amerikanischer Erfahrungen bereits die Konsequenzen aus seiner Verbreitung gezogen hatte. So ist diese Kritik des Fernsehens 1956 zu früh erschienen, um beachtet zu werden, und heute wird sie nicht berücksichtigt, weil ihr Erscheinen zu weit zurückliegt; von ihr hätte aber jede prinzipielle Kritik des Mediums auszugehen.
Zeitgemäß wurde der Aufsatz Benjamins erst in den sechziger Jahren, als seine umfassende Rezeption durch eine Studentengeneration einsetzte, die wesentlich zur »Benjaminrenaissance« beitrug, sie sogar erst schuf. In der desolaten kulturellen und politischen Situation jener Jahre füllte der Aufsatz eine Lücke und konnte als Programm für eine neue emanzipative Kunst mißverstanden werden. Es war jene Zeit, als eine Welle von Karl-May- und Edgar-Wallace-Filmen die Bundesrepublik überschwemmt hatte, als der neue deutsche Film mit seinen

Regisseuren wie Fassbinder, Kluge und Syberg erst zögernd begann, und ein Programm nur in der Negation »Opas Kino ist tot« bestand. Hier sprang Benjamins Aufsatz ein und wurde zur verbindlichen Aussage über die Möglichkeiten des emanzipatorischen Films. Die ihn so lasen, benutzten ihn vor allen Dingen zur eigenen Emanzipation von den affirmativen Fernsehgewohnheiten des Elternhauses und unterschlugen notwendig alle historischen Bezüge, die ihn erst konstituieren.

Schon sehr früh in der Filmdiskussion, 1910, hatte man erkannt, wie tief die Struktur der bewegten Bilder in der Erfahrung der Großstadt verwurzelt ist: »Die Psychologie des kinematographischen Triumphes ist Großstadt-Psychologie. Nicht nur, weil die große Stadt den natürlichen Brennpunkt für alle Ausstrahlungen des gesellschaftlichen Lebens bildet, im besonderen auch noch, weil die Großstadtseele, diese ewig gehetzte, von flüchtigem Eindruck zu flüchtigem Eindruck taumelnde, neugierige und unergründliche Seele so recht die Kinematographenseele ist.«[597] Die ersten Filmaufnahmen zeigten denn auch in einfacher Ablichtung das hektische Treiben auf den großen Straßen. Der von Benjamin gern zitierte und gegen Adorno nachdrücklich verteidigte Philosoph Georg Simmel hatte 1903 in seinem Aufsatz über die »Großstadt und das Geistesleben« bereits fast alles thematisiert, was Benjamin später zu einer Rezeptionstheorie zusammenzog. Bei Simmel heißt es: »Die rasche Zusammendrängung wechselnder Bilder, der schroffe Abstand innerhalb dessen, was man mit einem Blick umfaßt, die Unerwartetheit sich aufdrängender Impressionen« seien die wesentlichen Apperzeptionsaspekte der Großstadt. Ihnen entspricht, so Egon Friedell 1912, das Kino: »es ist kurz, rapid, gleichsam chiffriert, und es hält sich bei nichts auf. Es hat etwas Knappes, Präzises, Militärisches. Das paßt sehr gut zu unserem Zeitalter, das ein Zeitalter der Extracte ist. Für nichts haben wir ja heutzutage weniger Sinn als für jenes idyllische Ausruhen und epische Verweilen bei den Gegenständen, das früher gerade für poetisch galt.«[598] Mit Benjamins Worten: Friedell spricht vom Verfall der Aura. Beim Film gibt es keine Kontemplation, keine Sammlung wie vor dem einmaligen, auratischen Kunstwerk, sondern einzig Zerstreuung. »*Die Rezeption in der Zerstreuung, die sich mit wachsendem Nachdruck auf allen Gebieten der Kunst bemerkbar macht und das Symptom von tiefgreifenden Veränderun-*

gen der Apperzeption ist, hat am Film ihr eigentliches Übungsinstrument«, [599] da dem Film als formale Struktur das Schockprinzip eigen ist. So faßt Benjamin die alte Diskussion über den Stummfilm zusammen: »Der Film ist die der gesteigerten Lebensgefahr, der die Heutigen ins Auge zu sehen haben, entsprechende Kunstform. Das Bedürfnis, sich Chokwirkungen auszusetzen, ist eine Anpassung der Menschen an die sie bedrohenden Gefahren. Der Film entspricht tiefgreifenden Veränderungen des Apperzeptionsapparates – Veränderungen, wie sie im Maßstab der Privatexistenz jeder Passant im Großstadtverkehr, wie sie im geschichtlichen Maßstab jeder heutige Staatsbürger erlebt.«[600]

Die anonyme Masse »Publikum« lernt also nach Benjamin bei der Betrachtung von Stummfilmen – wer eigentlich sah sich 1936 noch Stummfilme an? –, indem sie sich zerstreut. »Das Publikum ist ein Examinator, doch ein zerstreuter.«[601]

Auch für das, was Benjamin hier mit »Zerstreuung« meint, nämlich eine heimliche Form und Aneignung der Freiheit, gibt es frühe Zeugnisse aus dem Bereich der Stummfilmdiskussion. Bereits im Jahr 1921 hatte Hugo von Hofmannsthal seinen bemerkenswerten Aufsatz »Der Ersatz für die Träume« geschrieben, in dem er sehr genaue sozialpsychologische Einsichten über die Faszination des Films niederlegte. Die lohnabhängigen Massen flüchten, so schreibt er, vor der Entfremdung ihres Lebens ins Kino, um dort die Träume zu rezipieren, deren Realität der Alltag ihnen vorenthält. Aber sie flüchten auch vor der Herrschaft der Sprache, die den Alltag bestimmt und eine Sprache der Herrschaft ist, zu den bewegten stummen Bildern. »Daß diese Bilder stumm sind, ist ein Reiz mehr; sie sind stumm wie Träume. Und im Tiefsten, ohne es zu wissen, fürchten diese Leute die Sprache; sie fürchten in der Sprache das Werkzeug der Gesellschaft.«[602] Das Gefühl der Freiheit als Fehlen der Sprache im Film hat Döblin in einer kurzen Szene des Romans »Berlin Alexanderplatz«, den Benjamin rezensiert hatte, festgehalten. Franz Biberkopf ist gerade aus dem Gefängnis entlassen worden und geht sofort in ein Kino: »Ganz wunderbar ergriff es Franz, als das Kichern um ihn losging. Lauter Menschen, freie Leute, amüsierten sich, hat ihnen keiner was zu sagen, wunderbar schön ...«[603] Benjamin mußte dann diese Gedanken nur noch marxistisch fundieren, um die gewünschte Filmtheorie zu erhalten. Sie nimmt dann aber unter seiner Hand und ganz gewiß gegen seinen Willen für den heutigen Leser sehr merkwürdige Züge an. Diese sind bereits angelegt in dem Satz, daß ein Bedürfnis, sich Schockwirkungen auszusetzen, womit die massenweise Rezeption der Stummfilme gemeint ist, eine *Anpassung* der Menschen an die sie bedrohenden Gefahren sei. Dann aber heißt es weiter, daß die »Aufgaben, welche in geschichtlichen Wendezeiten dem menschlichen Wahrnehmungsapparat gestellt werden«, nicht auf dem Wege der Kontemplation, sondern nur durch Gewöhnung an das Schockerlebnis bewältigt werden können. Hier schlägt Benjamins Theorieversuch ins Affirmative um und gibt den Leitfaden für Goebbels' subtile Unterhaltungstaktik: »Gewöhnen kann sich auch der Zerstreute. Mehr: gewisse Aufgaben in der Zerstreuung bewältigen zu können, erweist erst, daß sie zu lösen einem zur Gewohnheit geworden ist. Durch die Zerstreuung, wie die Kunst sie zu bieten hat, wird unter der Hand kontrolliert, wieweit neue Aufgaben der Apperzeption lösbar geworden sind. Da im übrigen für den einzelnen die Versuchung besteht, sich solchen Aufgaben zu entziehen, so wird die Kunst deren schwerste und wichtigste da angreifen, wo sie Massen mobilisieren kann. Sie tut es gegenwärtig im Film«[604] – aber eben, genau nach diesen Worten, im faschistischen Unterhaltungsfilm, im Ufa-Tonfilm, den Benjamin nicht kennen konnte und dessen Programm er hier doch unfreiwillig lieferte. Aufgrund seiner vorgerückten amerikanischen Erfahrung kann Adorno später diese Theorie mit Recht scharf ablehnen: »Vergnügen heißt allemal: nicht daran denken müssen, das Leiden vergessen, noch wo es gezeigt wird. Ohnmacht liegt ihm zu Grunde. Es ist in der Tat Flucht, aber nicht, wie er behauptet, Flucht vor der schlechten Realität, sondern vor dem letzten Gedanken an Widerstand, den jene noch übrig gelassen hat. Die Befreiung, die Amusement verspricht, ist die von Denken als von Negation.«[605]

Nichts weniger als Anleitung zum emanzipatorischen Film ist Benjamins Aufsatz schließlich; er ist mißverständlich als Fundierung dessen, was heute, wo ständig alte Ufafilme im Fernsehen laufen, zur Gewohnheit geworden ist: die Theorie der Ware im Zeitalter der lustlosen Rezeption.

Benjamin wollte seinen Aufsatz, der in der französischen Übersetzung von Pierre Klossowski im fünften Band der »Zeitschrift für Sozialforschung« erschien, in der deutschen

Fassung gerne in einer deutschsprachigen Moskauer Zeitschrift veröffentlichen, in der von Johannes R. Becher herausgegebenen »Internationalen Literatur«. An Grete Steffin schreibt er: »Zu diesem Zweck werde ich ihn mehreren Genossen vorlesen, mit denen ich darüber diskutieren werde. Auf der Grundlage dieser Diskussion wird dann eine öffentliche Verhandlung im hiesigen Schriftstellerschutzverband anberaumt werden.«[606]
Der Vortrag stieß bei den Parteimitgliedern auf verständnislose Ablehnung; sie versuchten wohl auch die öffentliche Diskussion zu verhindern. Als dies nicht gelang, »beschränkten sie sich darauf, die Sache schweigend zu verfolgen, soweit sie ihr nicht ganz fernblieben«.[607]
Auch von Brecht gibt es eine gänzlich ablehnende Notiz in seinem Arbeitsjournal. Er kritisiert besonders Benjamins Begriff der Aura: »Diese soll in letzter zeit im zerfall sein, zusammen mit dem kultischen. b(enjamin) hat das bei der analyse des films entdeckt, wo aura zerfällt durch die reproduzierbarkeit von kunstwerken. alles mystik, bei einer haltung gegen mystik. in solcher form wird die materialistische geschichtsauffassung adaptiert! es ist ziemlich grauenhaft.«[608]
Den Plan einer Veröffentlichung in der »Internationalen Literatur« ließ Benjamin bald wieder fallen, dafür versuchte er es nun in der ab Juli 1936 neu erscheinenden Moskauer Zeitschrift »Das Wort«, deren Redakteur Bredel aber ebenfalls diese umfangreiche Arbeit ablehnte. »Unverdrossen habe ich ihm ... gleich neue Vorschläge gemacht; dazu einen Gesang angestimmt, wie ihn wohl die Sirenen hätten erschallen lassen, wenn sie Geld von Odysseus hätten bekommen wollen.«[609]
Dennoch war Benjamins Mitarbeit am »Wort« sehr begrenzt; außer dem »Pariser Brief«, erschienen im November 1936, wurde von ihm dort nichts mehr veröffentlicht, obwohl Bredel eine Fortsetzung des Aufsatzes in Auftrag gegeben hatte.
Für die Nazibürokratie genügte jedoch schon dieser eine »Pariser Brief« als Anlaß, dem Autor die deutsche Staatsbürgerschaft abzuerkennen. Auf dem Antrag mit dem Datum vom 23. Februar 1939 heißt es als Begründung: »Benjamin war für die im Jahre 1936 neu erschienene Monatsschrift ›Das Wort‹ als Mitarbeiter tätig.« In seinem grundlegenden Buch »Nationalsozialismus und Exil. Die Politik des Dritten Reiches gegenüber der deutschen politischen Emigration« (München 1975)

hat Herbert E. Tutas die Ausbürgerungspolitik der Nazis ausführlich dargestellt, so daß die Darstellung hier in der Form eines stark gekürzten Referates des dort Mitgeteilten erfolgen kann.

Das »Gesetz über den Widerruf von Einbürgerungen und die Aberkennung der Staatsangehörigkeit« vom 14. 7. 1933 stellte zwei Themen zur Entscheidung: der »Widerruf von Einbürgerungen« sollte hauptsächlich zwischen 1918 und 1933 eingebürgerte »Ostjuden« treffen; die Durchführungsverordnung zu diesem Gesetz verzeichnet dies ausdrücklich. Davon unterschieden ist die »Aberkennung der Staatsangehörigkeit«, die gegen alle Reichsdeutschen ausgesprochen werden konnte, die sich entweder im Ausland aufhielten und/oder sich eines die deutschen Belange schädigenden Verhaltens schuldig gemacht haben sollen. Die Ausführungsbestimmungen bezeichnen letzteren Punkt sehr genau: es sei auszubürgern, wer »der feindseligen Propaganda gegen Deutschland Vorschub geleistet oder das deutsche Ansehen oder die Maßnahmen der nationalen Regierung herabzuwürdigen gesucht hat«. Derart entledigt man sich bequem der Regimekritiker im In- und Ausland. Zur Verstärkung der abschreckenden Wirkung fiel im Fall der Aberkennung der Staatsangehörigkeit das Vermögen des Betroffenen an den Staat, weshalb denn auch in Benjamins Akte besonders vermerkt ist: »Inländische Vermögenswerte sind nicht vorhanden.« Die Durchführung der Ausbürgerungsverfahren lag in dieser frühen Phase noch beim Reichsministerium des Inneren und beim Auswärtigen Amt.

Am 23. 8. 1933 erschien im Reichsanzeiger die erste Liste mit den Namen von 33 prominenten Deutschen, deren Staatsangehörigkeit nun aberkannt und deren Vermögen beschlagnahmt wurde. Es handelte sich u. a. um Sozialdemokraten wie Breitscheid, Stampfer und den Parteivorsitzenden Wels, um Kommunisten wie den auch intern umstrittenen Max Hölz, den Organisator der Arbeiterhilfe Willi Münzenberg und den Parteiführer Heinz Neumann und um Schriftsteller wie zum Beispiel Alfred Kerr, Ernst Toller oder Heinrich Mann.

Es ist verständlich, daß den deutschen Auslandsvertretungen bei einer derartigen Politik verstärkte Bedeutung zukam; schließlich waren die im Ausland lebenden Deutschen auf ihre Vertretungen angewiesen, wenn sie nur einen Reisepaß verlängern lassen wollten. Durch den Runderlaß des AA vom

19. 9. 1933 wurden diese Stellen verpflichtet, »ständig darauf zu achten, ob in ihrem Amtsbezirk Fälle vorliegen, in denen die Aberkennung in Frage kommen könnte«. Die fleißigen Missionschefs denunzierten so viele Emigranten, daß die Nazibürokratie sich gezwungen sah, in neuen Richtlinien die Aberkennung der Staatsangehörigkeit nur auf jene zu beschränken, »die sich besonders schwer gegen die Volksgemeinschaft vergangen haben«, besonders gegen solche, die »ihren Einfluß oder ihren Beruf dazu mißbraucht haben, um in der Öffentlichkeit durch Wort und Schrift gegen das neue Deutschland zu hetzen«. Solche Beschränkungen wurden 1936 auf Wunsch Hitlers, der bereits ein Jahr zuvor schon alle Emigranten hatte ausbürgern wollen, aufgehoben und damit der Beginn der Massenausbürgerung eingeleitet, die sich nun auch auf Familienangehörige der Exilanten erstreckte. Im Fall Benjamin verzeichnet die Akte: »Die Erstreckung der Aberkennung auf die Ehefrau und das Kind wird nicht beantragt, da die Ehe geschieden ist.«
Die von Hitler gewünschte Ausweitung der Ausbürgerungspraxis setzte die Gestapo nun verstärkt in Entscheidungsbefugnis. Ihr oblagen die Untersuchungen zum Nachweis der »staatsfeindlichen« Gesinnung mißliebiger Regimekritiker. Mit dem wachsenden Einfluß der Gestapo auf die nur noch formal entscheidungskompetenten Stellen des RMdJ und des AA wuchs auch die Zahl der »Ausgebürgerten«. Bis Ende September 1935 waren es 4137 gewesen, bis Februar 1939 folgten rd. 2000 weitere, zwischen Februar 1939 und Juli 1939 wurden allein schon fast 5000 Aberkennungen ausgesprochen, zu denen auch die Akte Benjamin gehört. Insgesamt wurden bis zum 31. 7. 1939 nach den Ermittlungen von Herbert E. Tutas 10000 Deutsche auf diese Weise um ihre Staatsbürgerschaft gebracht.
Für die Nazibürokratie war die Ausbürgerung Walter Benjamins eine unter Tausenden; für den Angestellten der deutschen Vertretung in Paris, Pfleiderer, war sie im Mai 1939 eine unter fünf. Auf auskunftsuchende Schreiben des Reichsführers SS vom 10., 13. und 25. März und vom 4. und 12. Mai 1939 antwortete er für alle fünf pauschal mit Datum vom 26. Mai 1939. Seine Antwort erstreckt sich außer auf Benjamin auf vier weitere namentlich genannte Personen, von denen eingangs versichert wird: »Die nachstehend genannten Personen sind

hier nicht in Erscheinung getreten. Gegen ihre Ausbürgerung bestehen keine Bedenken.« Diese Mitteilung erstaunt den heutigen Leser, denn Benjamin ist durchaus in Paris »in Erscheinung getreten«, aber nicht nur diese Ignoranz berechtigt zu Zweifeln über die Allgegenwärtigkeit von Nazi-Spitzeln, wie sie von Exilanten gern erzählt wird. Es ist auffällig, daß die Akte Benjamin in mehreren Punkten Fehler enthält.
Der Antrag auf Aberkennung der deutschen Staatsbürgerschaft Walter Benjamins wurde an die Adresse der Geheimen Staatspolizei formal von einem ihrer Angehörigen auf deren eigenem Briefbogen gestellt. Während richtig festgestellt wird, daß dieser sich zur Zeit in Paris aufhält, wird fälschlich konstatiert: »Zeit der Abwanderung: 1. 7. 1930«. Tatsächlich trat Benjamin, vermutlich an diesem genannten Datum, mit Fritz und Jula Radt eine längere Seereise an, von der er aus Zoppot an Scholem schreibt.[610] Die Angabe der damaligen Wohnung: Berlin-Charlottenburg, Meinekestraße 9, bei Glücksmann ist richtig, doch kehrte Benjamin nach dieser Reise nach Berlin zurück und schrieb z. B. seinen Brief vom 4. Oktober 1930 aus seiner Wohnung Prinzregentenstraße 66, die er erst 1933 aufgab. Erst Mitte März 1933 flieht Benjamin aus Berlin nach Paris. Es liegt also offiziell kein Aufenthaltsnachweis für die Zeit Juli 1930 bis März 1933 vor, durch den die Fehler der Akte hätten vermieden werden können. Wiederum korrekt wird vermerkt: »Benjamin befindet sich zur Zeit in Paris«, doch ist der Nachsatz falsch: »wohin er aus Palma di Mallorca geflüchtet ist.« Diese Feststellung entspricht dem eindimensionalen Verfolgerdenken der Nazis, nicht aber der Realität. 1933 verläßt Benjamin Berlin, hält sich kurz in Paris auf und verbringt die Monate von April bis September auf Ibiza. Ein behördliches, französisches Dokument verzeichnet den 25. September als Datum der Abreise. Spätestens am 6. Oktober befand er sich wieder in Paris. Der Ausbürgerungsantrag verzeichnet lakonisch weiter: »Sonst ist Nachteiliges nicht bekannt.« Für die Nazis war Benjamin, ob in Berlin oder Paris, ein Unbekannter, der nur durch einen Artikel in der kommunistischen Zeitschrift »Das Wort« aufgefallen war.
Zu Beginn des Jahres 1937 beendet Benjamin endlich seinen Aufsatz über Eduard Fuchs und kann nun einmal befreit seine wahre Meinung darüber äußern; an Adorno schreibt er: »Ich kann in der Tat nicht leugnen, daß auch bei meiner Beschäfti-

gung mit Fuchs Verachtung der Affekt war, der in mir genau in dem Maße wuchs als meine Bekanntschaft mit dessen Schriften zunahm.«[611] Es war die Verachtung für den vollständigen Mangel an Tiefsinn, der die Bücher von Fuchs auszeichnet, und seine Verbindung mit den simpelsten vulgärsoziologischen Interpretationen, die Horkheimer noch über Freuds geniale Prosa gestellt wissen wollte. Und es war wohl auch die Verachtung für den sich so emanzipativ gebärdenden sozialdemokratischen Provinzialismus, der in diesen Büchern erscheint und sich als Bahnbrecher der freien Künste tarnt. »Es ist ja nicht wahr«, schrieb F. J. Raddatz in der ZEIT vom 24. März 1978 erbost, »daß diese Partei traditionsgemäß auf seiten der Kultur stand; man lese die Parteitagsprotokolle von 1896 über den Kampf gegen den Naturalismus. Es ist nicht wahr, daß je und irgendwo die Sozialdemokratie Mut zum künstlerischen Experiment gehabt oder auch nur gemacht hätte« – und heute sowieso nicht.

Benjamins hartnäckige Kritik an den Werken von Eduard Fuchs ist zwar berechtigt, doch hat sie bis heute verschleiert, wieviel Material er ihnen zu eigenen Zwecken entnahm. Die Bemerkungen zur Geschichte der Reproduktionstechniken am Beginn des Kunstwerkaufsatzes stammen von Fuchs, der darüber in seinem Buch »Die Frau in der Karikatur« (1928[3], S. 80 ff) einen historischen Abriß gegeben hatte. Diesem Buch sind auch die für das Passagenwerk bestimmten Gedanken Benjamins über die Mode entnommen. Dort wurde aus Aufsätzen Friedrich Theodor Vischers zitiert, der im Baudelaire-Kapitel »Die Moderne« ebenfalls zur Veranschaulichung des »Albatros«-Gedichtes herangezogen wird. Vor allem aber verdankt Benjamin jenem Werk von Fuchs den Grundgedanken des stetigen Wechsels der Mode als »ewige Wiederkehr des Neuen«, wie er es im »Zentralpark« notierte. Dazu gehört besonders die von Fuchs dargestellte plötzliche Änderung der Mode in der Französischen Revolution vom Rokokokleid zum Antikenkostüm. Fuchs hatte S. 330 geschrieben: »Die französische Revolution hat mit Bewußtsein auf diese Mode zurückgegriffen, und sie erfüllte auch damit ein allen Revolutionen der Vergangenheit eigentümliches Gesetz. Alle bisherigen Revolutionen haben die Geister der Vergangenheit heraufbeschworen.« Dies kehrt in Benjamins geschichtsphilosophischer These XIV wieder: »Die französische Revolution verstand sich als ein wiedergekehrtes Rom. Sie zitierte das alte Rom genauso wie die Mode eine vergangene Tracht zitiert. Die Mode hat die Witterung für das Aktuelle, wo immer es sich im Dickicht des Einst bewegt.« Eine eingehendere Untersuchung solcher Materialübernahmen würde sich bestimmt lohnen; jedenfalls hat Benjamin das Werk von Fuchs so behandelt, wie er es einmal über Georg Simmel an Adorno schrieb: man könne darin, »wenn man von seinen Grundgedanken abzusehen entschlossen ist, sehr Interessantes finden«.

Die verständliche Freude über die Beendigung des Fuchs-Aufsatzes wurde rasch zunichte gemacht durch eine neue und sehr schwere finanzielle Krise. Der Sieg der Volksfront-Koalition bei den Wahlen 1936 hatte eine Panik der Oberschicht, die nun russische Zustände befürchtete, zur Folge gehabt. Innerhalb einer Woche setzte eine beispiellose Kapitalflucht und ein Run auf Gold ein, die den Staatshaushalt in beträchtliche Unordnung brachten. Leon Blum, der seit seinem Amtsantritt auch gegen einen massiven Antisemitismus anzukämpfen hatte, scheute sich, die Kapitalflucht ins Ausland durch ein Ausfuhrverbot von Gold und Devisen zu verhindern, da er damit die Bankiers und Geschäftsleute zu verprellen fürchtete – jene Leute, die ohnehin alles taten, um seine Regierung auf kaltem Wege zu stürzen. Statt dessen brach er sein früheres Versprechen, den Franc nicht abzuwerten. Aber die radikale Abwertung um 30 Prozent holte keineswegs das abgeflossene Kapital zurück, sondern verstärkte die Krise im Innern. Die Preise stiegen, und Streiks um höhere Gehälter begannen. Der Franc sank gegenüber dem Dollar weiter; im Frühjahr 1937 war endgültig klar, daß die Finanzpolitik Blums gescheitert war. Als er im Juni zurücktrat, waren die sozialen Fortschritte seiner Regierung durch die gestiegenen Lebenshaltungskosten wieder zunichte gemacht.

Entsprechend miserabel war die finanzielle Situation Benjamins. Ein dringlicher Brief vom 16. März 1937 an Stephan Lackner zeigt, wie jede außerplanmäßige Ausgabe für ihn ein unüberwindbares Problem darstellte: »Mir geht es ganz schlecht und traurig. Der gefürchtete Augenblick, an dem ich meine seit Jahren unveränderten Augengläser durch neue ersetzen mußte, war bei mir schon zu lange verschoben worden und durfte es länger nicht ohne Gefahr bleiben. Nun kann ich zwar wieder sehen, wage mich aber aus Scheu vor jeder

Ausgabe, die den lächerlichen Betrag, der mir noch für den Monat bleibt, vermindert, nicht aus dem Hause. Ich schreibe Ihnen das, in der wachen Hoffnung, daß Sie mir, fast sagte ich: in alter Freundschaft, hier etwas helfen können. – Niemals gern, doch mit etwas geringerem Widerstreben, hätte ich dies Ihnen von Mund zu Mund anvertraut. Und doch habe ich keine Wahl indem die folgenden vierzehn Tage wie ein Himalaya vor mir getürmt liegen, und mir an jedem einzelnen von ihnen eine halsbrecherische und stubenhockerische Kletterei bevorsteht. Und wie ruhmlos ist selbst der bezwungene Gipfel! Kann Ihre Hand diesen Weg halbwegs glätten? Das Gesagte ist genug, Sie erkennen zu lassen, wie sehr ich Ihnen dankbar wäre« (Neue Dt. Hefte, 1/79).

Benjamin mußte nun versuchen, unbedingt eine Erhöhung seiner Rente vom Institut zu erreichen. Sein Existenzminimum gab er mit 1300 Francs an, und zur Verdeutlichung seiner Forderung erstellte er ein Budget:

»Ordentliche Ausgaben	
Miete (einschließlich Anteil an Nebenkosten, Telefon und Concierge)[1]	480 frs
Essen	720 frs
Instandhaltung von Kleidung und Wäsche	120 frs
Nebenausgaben (Hygiene, Café, Briefporto usw.)	350 frs
Fahrgeld	90 frs
	Sa. 1760 frs
Außerordentliche Ausgaben	
Anzüge (einer im Jahr)	50 frs
Schuhe (zwei Paar im Jahr)	25 frs
Wäsche	25 frs
Kino, Ausstellungen, Theater, ärztliche Behandlung	50 frs
	Sa. 150 frs

[1] Ich wohne möbliert bei deutschen Emigranten. Durch einige Anschaffungen – Vorhänge, Matte, Bettüberwurf – ließe sich das Zimmer so herrichten, daß ich gelegentlich französische Bekannte bei mir sehen könnte.«[612]

Dieser demütigenden Liste legte er einen Begleitbrief bei, in dem es heißt: »Wenn ich in der Anlage versucht habe, dem Institut eine Grundlage für seine Entscheidung zu geben, so hat mich dazu mehr als meine derzeitige Lage die Hoffnung veranlaßt, fortan dem Institut meine Arbeit zur Verfügung zu stellen, ohne auf die Frage ihrer materiellen Sicherheit zurückkommen zu müssen.«[613] Bis zu einer Entscheidung mußte sich Benjamin wieder von Stephan Lackner aushelfen lassen (»Glauben Sie nicht, es werde leicht vergessen! Glauben Sie noch weniger, es sei für mich nur eine Grundlage neuer Bitten! Und darum lassen Sie mich diese in die Worte fassen: helfen Sie mir diesen Monat, wenn es sich für Sie einrichten läßt ...«), und er mußte sich Ende Juni wieder nach San Remo in die Pension seiner geschiedenen Frau zurückziehen, da die Lebenshaltungskosten rapide stiegen. Er versuchte dort, sich in die Eranos-Jahrbücher des C. G. Jung-Kreises einzulesen, da er mit Adorno, den er im Oktober 1936 zu Gesprächen in Paris getroffen hatte, eine Kritik Jungs geplant hatte – Horkheimer lehnte dies dann zugunsten der Baudelaire-Arbeit ab. Als er im September nach Paris zurückkommt, findet er sein Zimmer vermietet vor. Es wird ihm von den Wirtsleuten ein Ausweichquartier unentgeltlich zur Verfügung gestellt. »Es liegt zu ebner Erde an einer der Haupt-Ausfallstraßen außerhalb von Paris und ist von früh bis spät vom Lärm zahlloser Lastwagen umbraust. Meine Arbeitsfähigkeit hat unter diesen Umständen sehr gelitten.«[614] Es ist ein Zufall, daß in dieser Situation Horkheimer nach Paris kommt und das Elend seines Stipendiaten sieht. Deutlich bedrückt schreibt er an Adorno: »Ich werde alles tun, was nur in meinen Kräften steht, damit er aus seiner finanziellen Misere herauskommt.«[615] Tatsächlich erhält Benjamin nun ab Dezember 1937 ein von den Kursschwankungen des Francs unabhängiges Stipendium von achtzig Dollar im Monat. Gleichzeitig wird ihm noch einmal eine Rate von 1500 frcs ausgezahlt, damit er in eine andere Wohnung ziehen kann. Dort, in der Rue Dombasle 10, seiner letzten Wohnung, hat er nur ein Zimmer, »dennoch stellt ihre Einrichtung ein derzeit ungelöstes Problem für mich dar«.[616] Ungefähr zeitgleich mit Benjamin zog Arthur Koestler in das Haus Rue Dombasle 10. Koestler, den Benjamin als Vorsitzenden des »Institut pour l'Etude du Facismn« kennengelernt hatte, übernahm die Wohnung von Otto Katz (=Andre Simon), einem der wichtigsten Mitarbeiter Münzenbergs. Bis 1933 war Katz wesentlich für die von Münzenberg gegründete sowjetische Filmgesellschaft »Meshrabpom« verantwortlich, im Exil war er Hauptautor des »Braunbuches«, in dem erste Mitteilungen über KZ's und Naziopfer standen und das für den Reichstagsbrandprozeß und gegen Goebbels außerordentlich wichtig wurde.

Es ist bei all den Schwierigkeiten ein Rätsel, wie Benjamin unter solchen Umständen überhaupt noch arbeiten konnte; er schrieb nicht nur einige Rezensionen, sondern begann auch schon mit der Arbeit an seinem Aufsatz »Das Paris des Second Empire bei Baudelaire«, der das bevorzugte Gesprächsthema ist, als Adorno und Benjamin sich im Dezember und Januar in San Remo treffen. Auch Scholem sieht er nach elf Jahren wieder; er machte im Februar für fünf Tage in Paris Zwischenstation vor seiner Amerikareise. Benjamin hatte ihm und seiner Frau das Hotel Littré empfohlen, wo er gut bekannt sei. Sie waren allerdings sehr befremdet, als sie in diesem Hotel abstiegen und merkwürdigen Blicken nicht nur des Portiers begegneten. Dann stellte sich rasch heraus, daß das Hotel eine Hochburg der französischen Faschisten war und als einzige Zeitung die Action Française zur Lektüre auslag. Was sich Benjamin bei seiner Empfehlung gedacht haben mag, wird wohl unbeantwortet bleiben. Mit Scholem, der seinen Freund sehr verändert wiedersah – »Er war breiter geworden, trug sich etwas nachlässiger und sein Schnurrbart war viel buschiger geworden. Sein Haar war stark graumeliert.«[617] –, kam es zu lebhaften Diskussionen über Benjamins Arbeiten und seine Situation. Mit Recht kritisierte Scholem am Kunstwerkaufsatz, daß dessen erster Teil mit dem zweiten in keinem einsichtigen Zusammenhang stehe. Benjamin antwortete: »Das von dir vermißte philosophische Band zwischen den beiden Teilen meiner Arbeit wird von der Revolution wirksamer geliefert werden als von mir.«[618] Damit anerkannte er zwar Scholems Kritik einer Unvermitteltheit der Teile, schnitt aber eine weitere Diskussion darüber ab. Da jene Revolution, die den Aufsatz hätte vollenden sollen, ausblieb, müßte man ihn im Sinne Benjamins zu seinen Fragmenten rechnen.

Es ist nur natürlich, daß Scholem seinen Freund auch fragte, ob er den Gedanken an eine Übersiedlung nach Palästina gänzlich aufgegeben habe und wie es um seine Position in Paris als

Mitarbeiter des Instituts bestellt sei. Die politische Situation in Palästina war zu dieser Zeit allerdings wenig einladend: britische Truppen beherrschten Jerusalem, um Terroraktionen der Araber zu verhindern, dennoch explodierten Autos oder ganze Züge. Die aus Nazideutschland geflohenen Juden konnten keine adäquate Arbeit finden: ehemalige Rechtsanwälte verdienten ihren Lebensunterhalt als Tellerwäscher. Meist konnten sie, wie Benjamin, kein Hebräisch, da sie zur assimilierten Generation gehörten. Die niedrige Arbeit aber wurde durch politische Zustände verschlimmert, die an die verlassene Heimat erinnerten: der Terror arabischer Gruppen seit Oktober 1937, der keineswegs militärisch organisiert war, sondern wahllos Passanten traf, schien kein Ende zu nehmen. Sei es, daß er diese Lage nicht kannte, sei es aus einer verständlichen Antinomie gegen das Institut: Benjamin schloß unter gewissen Bedingungen einen Aufenthalt in Palästina nicht aus, wenngleich für ihn dies rein hypothetisch, niemals ernsthaft war. Er gab zu, daß er dem Institut eine sehr bescheidene Existenzmöglichkeit verdanke, auch wenn ihm manche der Aufträge nicht behagten. Er sprach darüber derart, daß in seinen Worten »ein stärkerer Ton fortdauernder Kritik, ja Bitterkeit mitschwang, der der versöhnlichen Haltung seiner Briefe an Horkheimer keineswegs entsprach«.[619] Zwar sah er die Möglichkeit, daß sein langwieriges Passagenprojekt durch das Institut finanziert werden könne, aber als Scholem sein intensives Interesse an Kafka ansprach, reagierte Benjamin mit der Eröffnung, »es würde für ihn eine große Befreiung darstellen, in seiner Arbeit für längere Zeit, er nannte mindestens zwei Jahre, vom Institut völlig unabhängig sein zu können«.[620] Er bat Scholem, sich bei Schocken um einen Auftrag für ein Buch über Kafka zu bemühen und ihm damit solche Unabhängigkeit zu ermöglichen. Die gerade erscheinende Kafka-Biographie Max Brods schien für ein derartiges Unternehmen ein günstiger Anlaß zu sein. Vorerst aber mußte er die Arbeit an seinem Baudelaire-Aufsatz vorantreiben. Im April 1938 heißt es: »Noch ist kein Wort davon geschrieben; seit einer Woche bin ich aber dabei, das Ganze zu schematisieren.«[621] Dieser Aufsatz war zunächst als zentraler Teil des Passagenprojektes gedacht, mußte dann aber zuerst geschrieben werden und entwickelte sich zu dessen Miniaturmodell. »Wenn ich einem Bilde sagen darf, was ich vorhabe, so ist es, Baudelaire zu zeigen, wie er ins neunzehnte

Jahrhundert eingebettet liegt. Der Abdruck, den er darin hinterlassen hat, muß so klar und so unberührt hervortreten, wie der eines Steins, den man, nachdem er jahrzehntelang an seinem Platz geruht hat, eines Tages von der Stelle wälzt.«[622] Benjamin wollte »das Schicksal der Kunst im neunzehnten Jahrhundert«[623] darstellen, indem er, ausgehend von der Bedeutung der Allegorie bei Baudelaire, deren Funktionswandel analysiert, der am Ende sich in der allegorischen Anschauung des Warencharakters am Beispiel der Dirnenmotive Baudelaires aufhebt. »Die einzigartige Bedeutung Baudelaires besteht darin, als erster und am unbeirrbarsten die Produktivkraft des sich selbst entfremdeten Menschen im doppelten Sinne des Wortes dingfest gemacht – agnostiziert und durch die Verdinglichung gesteigert – zu haben.«[624] Ein wesentliches Motiv neben dem der Dirne ist dabei das der Großstadtmenge, die der Rausch des Einsamen und das Asyl des Geächteten zugleich ist, deren Spur sich in ihrem Labyrinth verliert.

Man müßte eine eigene Arbeit als Gegenmodell zu der Benjamins schreiben, um in praxi zu zeigen, weshalb sein Passagenprojekt zumindest zum Teil scheitern mußte. Einen wesentlichen Anhaltspunkt bietet bereits der Titel: »Paris, die Hauptstadt des neunzehnten Jahrhunderts«; er ist abgeleitet aus dem Titel »Hauptstadt der Welt«, mit dem man im neunzehnten Jahrhundert die Metropole London belegte. Benjamin scheint Hegels These vom Ende der Kunst im bürgerlichen Zeitalter nicht gekannt zu haben, sonst hätte er sich ihrer bedient, da er eben dies beschreiben wollte, was Hegel im Ansatz konstatierte, und was er unvergleichlich leichter und evidenter am Ausgangspunkt »London« hätte beschreiben können. Er war aber seit Jahrzehnten auf Baudelaire und Paris fixiert, beherrschte zudem die englische Sprache nicht, so daß ihm angelsächsische Quellen kaum zugänglich waren. Als er mit marxistischem Seziermesser an Baudelaire ging, um den Prozeß der Verdinglichung in seinen Gedichten freizulegen, erweiterte er nur sein langdauerndes und ursprünglich ganz anders gelagertes Interesse an diesem Autor, statt der veränderten Voraussetzung Rechnung zu tragen und das Objekt zu wechseln. Er hätte es notwendig im englischen Sprachkreis finden müssen, denn Paris mag er zwar die Hauptstadt des neunzehnten Jahrhunderts nennen, aber sie war es doch nur in einem Aspekt: dem intellektuellen. Gerade dieser aber ist für

Benjamins materialistische Methode der nebensächlichere. London war die ökonomische Hauptstadt des neunzehnten Jahrhunderts; hier hätte er das Material gefunden, dessen Evidenz er bei seinem Versuch erst mühsam konstruieren mußte. Es ist kein Zufall, daß er an wenigen, aber entscheidenden Stellen auf Material zurückgreifen muß, daß sich auf London bezieht. In der literarischen Welt dieser Metropole liegt der Verdinglichungsprozeß offen zutage; alle Motive, die Benjamin aufgreift: die Masse, die Dirne, die Mode etc. treten hier früher und prägnanter auf. Einiges auch hätte Benjamin bei dem Hegelschüler Heine, den er nicht mochte und deswegen nicht las, lernen können, der in seinen »Englischen Fragmenten« in wenigen Absätzen der Beschreibung Londons ganze Kapitel Benjamins enthält, und der auch lange vor Baudelaire den Chok des erkennenden Blicks aus einer anonymen Passantenmenge festgehalten hat.[625] Was Benjamin an seinen Untersuchungsgegenstand fesselte, war im Grunde nicht die materialistische Ebene, um die er sich bemühte, sondern die artistische und intellektuelle, die er für jene nutzbar zu machen versuchte. Er suchte an den Spuren der Entfremdung in Baudelaires Werk die Entfremdung selbst zu beweisen; dies war ein Verfahren, das ihn in harten Gegensatz zu Adorno brachte, der mit Recht von einer Art Vulgärmarxismus sprach. Benjamin stand mit seiner Fixierung auf Baudelaire und der Stadt seines Exils zwischen den noch nicht wie heute etablierten Stühlen der erkenntnistheoretischen und der soziologischen Interpretation. Er versuchte in dieser Situation eine Synthese, die an ihrem Objekt scheitern mußte. Es wäre das umgekehrte Verfahren erfolgreicher gewesen: am Beispiel fortgeschrittener Entfremdung, die evident und nicht erst zu konstruieren ist, deren Spuren im Verfall der Kunst oder als deren Konstituans nachzuweisen; dies aber wäre nur im englischen Sprachkreis möglich gewesen – oder im deutschen. Für die Analyse der ökonomischen Basis, die eine soziologische Interpretation zumeist verlangt, war Benjamin nicht geschult, deshalb versuchte er eine materialistische Analyse mit einem theoretischen Begriffsapparat, der nicht grob genug war, das nicht zu verarbeitende Rohmaterial auszusieben, und der nicht fein genug war, seine Theorie vom historischen Übergang der Kunst zur Ware endlich zu vermitteln. Nicht allein die Bewunderung für Karl Kraus, sondern auch die Teilhabe an dessen theoretischer Hilflosigkeit, die Benjamin gleichwohl bemerkte, mögen dazu geführt haben, daß er sein Passagenprojekt schließlich ohne jeden Kommentar komponieren wollte, wie das Drama »Die letzten Tage der Menschheit«, mit dessen Titel seine Arbeit einiges gemein hat, nur aus Zitaten zusammengesetzt.

Zur Vollendung des Baudelaire-Aufsatzes zieht sich Benjamin im Sommer 1938 wieder in Brechts Haus in Svendborg zurück. (Brecht war seit Mai in Paris gewesen, um die Einstudierung von acht Szenen aus »Furcht und Elend des Dritten Reiches« mit Helene Weigel und einem deutschen Emigrantenteam unter der Regie Slatan Dudows zu überwachen.) Aus Svendborg schreibt Benjamin: »Mein hiesiger Aufenthalt kommt einer Klausur gleich; und wäre er nur das, die lange Reise wäre gerechtfertigt. Ich brauche diese Abgeschiedenheit; ich kann es in der Tat nicht wagen, eine größere Unterbrechung, geschweige einen Milieuwechsel eintreten zu lassen, bevor die Arbeit im großen und ganzen abgeschlossen vorliegt. Hinzukommt, daß die hiesigen Arbeitsbedingungen nicht nur durch die Abgeschiedenheit denen in Paris überlegen sind. Ich habe einen großen Garten zu ungestörter Verfügung und meinen Schreibtisch an einem Fenster mit freiem Blick über den Sund. Die Schiffchen, die ihn passieren, stellen denn auch, von der täglichen Schachpause mit Brecht abgesehen, meine einzige Zerstreuung dar.«[626]

Es existiert eine Fotografie von Benjamin aus dem Sommer 1938, aufgenommen vor dem Domizil Brechts. Dort steht er vor den roh behauenen Steinstufen, die zur halb geöffneten und ins Zimmerdunkel weisenden Tür hinaufführen, und läßt sich merkwürdig ansehen. Wüßte man nicht von seiner sehr mißlichen Lage, ließe sich nach einem raschen Blick sagen: hier steht einer, dem die Dinge gedeihen und dessen Haus wohlbestellt ist. So sicher breitbeinig steht er da, scheinbar eben aus dem Zimmer gerufen von einem Besucher, den er nicht kennt und dessen Begehren er nun zu hören erwartet; die Hände tief in den Hosentaschen vergraben. Man sieht noch die Falten in der Hose von der sitzenden Tätigkeit, aber man sieht vor allem, mit dem Blick von den gepflegten Schuhen an aufwärts, die scharfe Bügelfalte, die nicht dünne und wohl goldene Uhrkette, das weiße Hemd mit Kragen und Krawatte: ein Habitus, der solide Bürgerlichkeit verrät.

Da steht man vor einem Mann in der zweiten Hälfte seines Lebens, beleibt ohne Aufdringlichkeit des Körpers, sieht das schöne, schon stark ergraute Haar, das in seinem gebändigten Wuchs noch die Starrheit erkennen läßt, mit der es sich über einer ausdrucksvoll breiten Stirn erhebt. Es entsteht nicht die künstliche Pathetik wie zuweilen bei Photographien Thomas Manns, es fehlt diesem Bild auch jeder peinliche Kunstcharakter, wie ihn Aufnahmen von Großbürgern meist haben. Hier scheint Sicherheit zu herrschen, ohne daß sie gleich martialisch demonstriert werden müßte, und eine Ruhe geht von dem Porträtierten aus, die es sich leisten kann, ohne aufgesetzte Lässigkeit auszukommen. Nichts scheint hier mitzureden, wovon Benjamin einmal als dem Grundprinzip seines Lebens sprach: jenem bucklichtem Männlein aus dem Kinderlied, das ihm alle Möglichkeiten zunichte macht und jedes Erreichte halb für sich begehrt. »Wen dieses Männlein ansieht, gibt nicht acht. Nicht auf sich selbst und auf das Männlein auch nicht. Er steht verstört vor einem Scherbenhaufen: ›Will ich in mein Küchel gehn,/Will mein Süpplein kochen;/Steht ein bucklicht Männlein da,/Hat mein Töpflein brochen.‹
Wo es erschien, da hatte ich das Nachsehn. Ein Nachsehn, dem die Dinge sich entzogen, bis aus dem Garten übers Jahr ein Gärtlein, ein Kämmerlein aus meiner Kammer und ein Bänklein aus der Bank geworden war... Das Männlein kam mir überall zuvor. Zuvorkommend stellte sich's in den Weg... So stand das Männlein oft. Allein, ich habe es nie gesehn. Es sah nur immer mich. Und desto schärfer, je weniger ich von mir selber sah.«[627]

Verändert sich unter diesen Sätzen das Bild dessen, der so herausfordernd vor einem Haus steht, das ihm nicht gehört? Dies ist das geringste: daß Benjamin nicht hineinbittend vor jener halb offenen Tür postiert ist, keine einladende Geste macht und sein Blick keineswegs freundlich auf dem Betrachter ruht. Die Augen sind fast ganz zusammengekniffen; man mag dies dem starken Sonnenlicht zuschreiben. Aber auch die Lippen sind angespannt zusammengepreßt, als sollte aus diesem Mund kein gutes Wort kommen. Der Gestus der ruhigen Sicherheit, wie er beim flüchtigen Betrachten sich einschleichen will, offenbart sich eher als Abwehr und Trotz. Wer unsicher ist, steht breitbeinig so da, um beim ersten gegen ihn gerichteten Schlag den Halt nicht zu verlieren, und wer genötigt ist, den Schlag abzuwarten, steckt ostentativ die Hände in die Taschen, um zu demonstrieren, daß er nichts zu verlieren hat.

Auf diesem Bild stellt sich keiner vor, dem man etwas nehmen könnte, vielmehr stellt sich einer jenem historischen Moment, wo er auch den eigenen Rückzug kaum mehr verteidigen mag. Die Ruhe, die von diesem Menschen ausgeht, ist erpreßt und die Situation nicht die seine. Daß hinter seinem Rücken die Blumen blühn, geht ihn nichts an. Dieser Garten ist nicht sein Garten, es ist das aufgezwungene Gärtlein und jenes Zimmer hinter der Tür das Kämmerlein. Wenn er von der Bildfläche wieder im Dunkel verschwindet, so bedeutet es die Photographie, wartet auf ihn nur die allbekannte Erfahrung: »Will ich in mein Stüblein gehn,/Will mein Müslein essen:/Steht ein bucklicht Männlein da,/Hat's schon halber 'gessen.«

Die trotzige Resignation, mit der sich Benjamin hier einer Kamera stellte, die seinen sicheren Unwillen zur aktiven Verteidigung festhielt, ist vielleicht nie deutlicher erfaßt worden. So zufällig der Anlaß zur Photographie gewesen sein mag, so entschieden wehrte sich Benjamins Gestus dagegen, daraus einen beliebigen Schnappschuß werden zu lassen. Wie er es von den Photographien Atgets gesagt hatte, so ist auch dieses Bild zum Indiz im historischen Prozeß geworden, nicht wie so viele von anderen zum puren Alibi. Nicht die flüchtig vorscheinende Attitüde des prahlend Sicheren: »Hier stehe ich«, ist dem Bild wahr ablesbar, sondern die schwer lastende Position des in vielen Schriften stumm und hilflos Opponierenden: »Ich kann nicht mehr anders.« In einem tiefsinnigen Satz über Kafka hat er zu dieser Zeit seine eigene Situation festgehalten: »War er des endlichen Mißlingens erst einmal sicher, so gelang ihm unterwegs alles wie im Traum.«[628] Alles das, was sein Leben ermöglichen sollte, gelang ihm beinahe, nur das Leben nicht. »Für meine Person«, so hatte er schon ein Jahr zuvor in einem Brief geschrieben, »weiß ich, rund gesagt, kaum woher noch einen Begriff *sinnvollen* Leidens und Sterbens nehmen.«[629]

Vorerst war es die Baudelaire-Arbeit, die ihn provisorisch an eine immer fraglicher werdende Existenz band. Brecht notierte in seinem Arbeitsjournal: »benjamin ist hier. er schreibt an einem essay über baudelaire. da ist gutes, er weist nach, wie die vorstellung von einer bevorstehenden geschichtslosen epoche nach 48 die literatur verbog. der versailler sieg der bourgeoisie über die kommune wurde vorauseskomptiert. man richtete sich mit dem bösen ein. es bekam blumenform. das ist nützlich zu lesen. merkwürdigerweise ermöglicht ein spleen benjamin, das zu schreiben, er geht von etwas aus, was er *aura* nennt, was mit dem träumen zusammenhängt (dem wachträumen). er sagt: wenn man einen blick auf sich gerichtet fühlt, auch im rücken, erwidert man ihn(!). die erwartung, daß was man anblickt, einen selbst anblickt, verschafft die aura. diese soll in letzter zeit im zerfall sein . . .«[630]

Wie man sieht, war von Brecht in dieser Hinsicht nicht viel Verständnis zu erwarten, und Benjamin schrieb denn auch: »Bei aller Freundschaft mit Brecht muß ich dafür sorgen, meine Arbeit in strenger Abgeschiedenheit durchzuführen. Sie enthält ganz bestimmte Momente, die für ihn nicht zu assimilieren sind.«[631] Seine Kritik an der Interpretation Benjamins hat Brecht festgehalten in den Notizen über die »Schönheit in den Gedichten des Baudelaire«. Sehr deutlich zeigt sich hier das von Benjamin bewunderte »einfache Denken« des Bayern, aber auch seine simple Praxis, die Dinge nach ihrer Nützlichkeit oder Brauchbarkeit zu beurteilen. Baudelaire, so urteilt Brecht, »wird nicht lange verstanden werden, schon heute sind zu viele Erläuterungen nötig. Seine Wörter sind gewendet wie abgetragene Röcke, wieder ›wie neu‹. Seine Bilder sind wie eingerahmt, und alles ist überstopft. Das, was erhaben sein soll, ist nur gespreizt. Man nehme ein Gedicht wie das III. des Zyklus ›Die kleinen alten Frauen‹, das eines seiner besten ist. Es ist schon heute komisch, nicht im schlechten Sinn, es ist ein gutes komisches Gedicht; aber wieviel Geschichte muß man kennen, um das zu sehen, um da zu lachen. Es zeigt nicht etwa die Demagogie des falschen Bonaparte, es lebt nur von ihr. Es ist charakteristisch, daß ich, das Gedicht übersetzend, den Marmor am Schluß, aus dem die Stirn der Alten gemacht sein soll, nicht mehr über die Lippen brachte. Heute scheißt schon jeder Kleinbürger auf Marmor, die Toiletten sind draus verfertigt.«[632] Für Brecht war dies ein abschließendes Urteil, für Benjamin wohl eher eine zu negierende indiskutable Äußerung.

Als Vorbote kommender Katastrophen erreicht Benjamin im Hause Brechts ein Heft der Zeitschrift »Internationale Literatur«, in der er vor nicht langer Zeit selbst einmal publizieren wollte. Im Programm der Zeitschrift hieß es, daß man »Wert

auf die ernsthafte Abrechnung mit dem Gegner« lege, daß eine »schonungslose Entlarvung aller gedanklichen Mißbildung und alles schriftlichen Unwerts« erfolgen würde.[633] Nun hatte Benjamin im der deutschen Romantik gewidmeten Frühjahrssonderheft 1937 der Zeitschrift »Cahiers du Sud« einen von Klossowski übersetzten Abschnitt aus seiner Wahlverwandtschaftenarbeit veröffentlichen können, und zwar jenen Teil, der in seiner Gliederung »Die Bedeutung der mystischen Welt für Goethe« heißt und in der Übersetzung den Titel trägt: »L'angeoisse mythique chez Goethe.« In der »Internationalen Literatur« wurde dieses Sonderheft von Kurella ausführlich besprochen; er urteilte abfällig über Benjamins Arbeit, sie sei ein »Versuch, der Heidegger alle Ehre machen würde«.[634]
Dies ist nun das letzte Erscheinen jenes Namens, der Benjamins Leben über Jahrzehnte wie die Figur des bucklichten Männleins verfolgte; es ist es in seiner hohnvollsten Form. Im November 1916 erwähnt Benjamin zum ersten Mal Heideggers Antrittsvorlesung über das Problem der historischen Zeit, die er ganz unzulänglich findet; zu Beginn des Jahres 1920 stößt er auf Heideggers Habilitationsschrift, als er sich selbst noch in Bern mit einem sprachphilosophischen Thema habilitieren will, auch diese Arbeit kritisiert er heftig. Als er 1930 über sein Passagenprojekt spricht, ist für ihn eine geschichtsphilosophische Einleitung zur Notwendigkeit geworden; er will sie am Gegenpol Heidegger formulieren, von dessen Buch »Sein und Zeit« er sich in einer kritischen Lesegemeinschaft mit Brecht, die dann nicht realisiert wird, einigen Zündstoff verspricht: er will Heidegger »zertrümmern«. Ein Jahr später, 1931, heißt es in einem großen Bekenntnisbrief an Max Rychner, daß keineswegs die Bedeutung materialistischer Weltanschauung ihn ins Lager der intellektuellen Linken gebracht habe, sondern die Korrumpiertheit der bürgerlichen Wissenschaft, als deren Exponenten er Heidegger nennt. Nur durch diese Vorgeschichte ist verständlich, was es für Benjamin bedeuten mußte, als er nun in einer Zeitschrift, mit deren Zielen er sich doch weitgehend solidarisiert hatte, jene vernichtende Bemerkung lesen mußte. Die, deren Sache er betrieb, rechneten ihn zum Lager derer, mit denen er keinesfalls zu tun haben wollte. Mit einem Satz wurde ihm die Folie weggerissen, vor deren Hintergrund er überhaupt noch arbeiten konnte. Aus dem Einsamen wurde ein völlig Isolierter; sein Name war

fortan verdächtig, seine Gestalt obskur, seine Worte verräterisch. In seinem letzten Manuskript »Über den Begriff der Geschichte« legt Benjamin dann Rechenschaft darüber ab, »wie *teuer* unser gewohntes Denken« (das bürgerlich-heideggersche wie das kommunistische) »eine Vorstellung von Geschichte zu stehen kommt, die jede Komplizität mit der vermeidet, an der diese Politiker weiter festhalten«.[635] »Teuer« – das meint Benjamins Ende voraus.

Im September 1938 schickt Benjamin sein Manuskript – die Teile: Die Boheme, Der Flaneur, Die Moderne; alle sind erst spät veröffentlicht worden – an Horkheimer und rechnet fest mit ihrer baldigen Publikation in der Zeitschrift des Instituts. An Adorno schreibt er am 4. Oktober 1938 aus Skovsbostrand: »Es war ein Wettrennen mit dem Krieg; und ich empfand, aller würgenden Angst zum Trotz, ein Gefühl des Triumphes am Tage da ich den seit fast fünfzehn Jahren geplanten ›flaneur‹ vor dem Weltuntergang unter Dach und Fach... gebracht hatte.«[636] Zum Datum des 1. November lief Benjamins Aufenthaltsgenehmigung in Dänemark ab, und er mußte nach Paris zurückkehren. Es existiert aus diesen Tagen ein noch sehr optimistischer Brief an Gretel Adorno, aber schon kurz danach ereilt ihn das Urteil über seine Baudelaire-Arbeit in Form eines vernichtenden Briefes von ihrem Mann. Adorno kritisiert vor allem eine fehlende theoretische Vermittlung: »Es herrscht durchweg eine Tendenz, die pragmatischen Inhalte Baudelaires unmittelbar auf benachbarte Züge der Sozialgeschichte seiner Zeit und zwar möglichst solche ökonomischer Art zu beziehen... Man kann es auch so ausdrücken: das theologische Motiv, die Dinge beim Namen zu nennen, schlägt tendenziell um in die staunende Darstellung der bloßen Faktizität.« Adorno erkennt genau, daß einzig Benjamins Abhängigkeit von seinen Geldgebern solche Textgestalt erzwungen hat: »Ihre Solidarität mit dem Institut... hat Sie dazu bewogen, dem Marxismus Tribute zu zollen, die weder diesem noch Ihnen recht anschlagen.« Obwohl, wie er schreibt, andere Redaktionsmitglieder, besonders Leo Löwenthal, die Publikation befürworten, hat Adorno sie verhindert und fordert von Benjamin die Herstellung einer neuen Textfassung, ohne im mindesten auf dessen psychologische Situation einzugehen.[637] Für Benjamin war die ganz unerwartete Ablehnung seiner Arbeit ein tiefer Schock. In dem Antwortbrief an Adorno, zu dem er sich nur langsam wieder aufraffen kann, schreibt er über seine Lage anhand eines Zitates aus einem Buch von Horkheimer: »Unter der Überschrift ›Warten‹ steht darin: ›Die meisten Menschen warten jeden Morgen auf einen Brief. Daß er nicht eintrifft oder eine Absage enthält, gilt in der Regel für die, welche ohnehin traurig sind.‹ Ich war, als ich die Stelle aufschlug, traurig genug, um einen Wink und eine Voranzeige Ihres Briefes darin zu finden.«[638] Er versucht Adorno zu erklären, daß eine Publikation »in etwas die Isolierung, in der ich arbeite, kompensieren könnte«, aber Adorno ist diese persönliche Seite des Problems nicht einsichtig. »Was die oben berufene Traurigkeit angeht«, schreibt Benjamin weiter, »so hatte sie, von dem genannten Vorgefühl einmal abgesehen, hinreichende Gründe. Es ist einmal die Lage der Juden in Deutschland, gegen die sich keiner von uns abdichten kann. Es kommt eine schwere Erkrankung meiner Schwester dazu. Bei ihr hat sich im Alter von 37 Jahren eine hereditär bedingte Arterienverkalkung herausgestellt. Sie ist fast bewegungs- und damit auch fast erwerbsunfähig; (zur Zeit hat sie wohl noch ein Miniaturvermögen). Die Prognose ist in diesem Alter fast hoffnungslos. Von alledem abgesehen ist, hier zu atmen, auch nicht immer ohne Beklemmung möglich. Es ist natürlich, daß ich alles daran setze, meine Naturalisation zu fördern. Die notwendigen démarchen kosten leider nicht nur viel Zeit, sondern auch einiges Geld – der Horizont ist mir im Augenblick also auch von dieser Seite eher verhangen.«[639] Vierzig Jahre später resümierte der im Pariser Exil mit Benjamin in näheren Kontakt getretene Soziologe Alfred Sohn-Rethel im Gespräch mit Mathias Greffrath jene Situation: »Das war also wirklich eine höhere Menschenquälerei, dieses Verhältnis von Benjamin zum Institut. Er hatte alle möglichen Spannungen, und er stöhnte und ächzte unter der fürchterlichen Arbeit, die er da machen mußte...« Benjamins Bemühungen um die Erlangung der französischen Staatsbürgerschaft blieben erfolglos. In dieser Phase tiefster Depression, in der er gleichwohl an die Umarbeitung seines Textes gehen muß, erreicht ihn ein Brief Horkheimers, in dem von angeblichen oder realen wirtschaftlichen Schwierigkeiten des Instituts die Rede ist. Er kündet an, daß »in nicht allzu ferner Zeit der Tag kommen könnte, an dem wir Ihnen mitteilen müssen, daß wir beim besten Willen nicht imstande sind, Ihren Forschungsauftrag zu verlängern ... In Ihrem und unserem Interesse liegt es jedoch, wenn ich Sie darum bitte, daß Sie auf jeden Fall auch drüben versuchen, sich irgendeine Geldquelle zu erschließen.«[640] Für den erschütterten Benjamin mußten diese Zeilen die Drohung bedeuten, einen Nichtschwimmer demnächst auf hoher See auszusetzen. Umgehend entwirft er einen Brief an Scholem, in dem er nachdrücklich um die Realisation eines von Schocken zu vergebenden Auftrages für ein Kafka-Buch bittet. »Ich müßte natürlich auch jeden andern Auftrag entgegennehmen, den er im Bereich meiner Arbeitsmöglichkeiten etwa zu vergeben hätte. Zeit zu verlieren ist nicht. Was mich in den früheren Jahren bei der Stange gehalten hatte, war die Hoffnung, irgendwann einmal auf halbwegs menschenwürdige Weise beim Institut anzukommen. Unter halbwegs menschenwürdig verstehe ich mein Existenzminimum von 2400,– francs. Von ihm wieder abzusinken, würde ich à la longue schwer ertragen. Dazu sind die Reize, die die Mitwelt auf mich ausübt, zu schwach, und die Prämien der Nachwelt zu ungewiß. Das Entscheidende wäre, ein Interim zu überstehen. Irgendwann einmal werden die Leute wohl noch Geldverteilungen vornehmen. Bei dieser Gelegenheit noch zur Stelle zu sein, wäre wünschenswert.«[641] Der Brief mit seiner unverhüllten Andeutung eines Selbstmordes aus finanziellen Gründen – tatsächlich wurden die Zahlungen an ihn dann nicht ausgesetzt – war noch nicht abgeschickt, als Benjamin von Scholem erfahren muß, daß Schocken den Plan eines Kafka-Buches abgelehnt hatte. Schocken hielt Benjamin für einen von Scholem erfundenen Popanz. Er erwägt noch einmal einen Aufenthalt in Palästina, mit ebenso geringer Hoffnung auch eine Übersiedelung nach Amerika. Die Familie Stephan Lackners emigrierte im April 1939 von Paris weiter nach Amerika, und Benjamin bat den Freund und seinen Vater, sich für ihn beim Institut einzusetzen. In einem an den Vater gerichteten Schreiben heißt es dazu: »Bisher habe ich keinen übermäßigen Eifer, nach Amerika zu gehen, an den Tag gelegt. Es wäre gut, wenn die Leiter des Instituts die Gewißheit bekämen, daß hierin ein Wandel eingetreten ist« (Neue Dt. Hefte 1/79). Gretel Adorno hatte ihm dringend geraten, die englische Sprache zu erlernen, und er will dies wohl auch versuchen, aber es bleibt beim Vorsatz. Er versucht verzweifelt, das Institut an sich zu binden: »So muß ich nahezu alle Hoffnung, *die ich so nötig habe*, auf die

Bemühungen setzen, die das Institut drüben für mich aufwendet.«[642] Durch Verkäufe von seltenen Stücken aus seiner Bibliothek versucht er Geld für die Überfahrt zu bekommen; er erwägt sogar, das von ihm so geliebte Bild von Klee »Angelus Novus« zu verkaufen. »An meinen Verhältnissen«, heißt es in einem Brief, »hat sich bis dato nichts geändert; das heißt ich lebe in Erwartung einer über mich hereinbrechenden Unglücksbotschaft.«[643] Gemeint ist damit die Nachricht über die Streichung seiner Bezüge, die gleichwohl ausblieb; nicht aber, nachdem Benjamin noch seine Umarbeitung des Baudelaire-Aufsatzes an Horkheimer geschickt hatte, blieb eine andere Unglücksbotschaft aus: die Naziregierung und Stalin schlossen einen Nichtangriffspakt.

Das Ende

Die Nachricht vom Hitler-Stalin-Pakt, mit der in der Nacht vom 21. August 1939 der Deutschlandsender sein Musikprogramm unterbrach, veränderte ganz plötzlich nicht nur die weltpolitische Lage, sondern auch die Situation der Emigranten. Die kommunistische Partei Frankreichs stürzte in einen Zustand völliger Verwirrung. Nur dadurch, daß Daladier sie verbot, wurde sie überhaupt vor ihrer Auflösung bewahrt und konnte sich an neue Perspektiven des Untergrundkampfes klammern. Brecht erfand sich in hilflosen Parabeln im »Me-ti/Buch der Wendungen« eine Rechtfertigung Stalins, die an die groteske Haltung der Kommunistischen Partei nach der Machtübernahme Hitlers anknüpft. Damals hatte es in der Resolution des Exekutiv-Komitees der Komintern vom 1. April 1933 geheißen: »Die Errichtung der offenen faschistischen Diktatur, die alle demokratischen Illusionen in den Massen zunichte macht und die Massen aus dem Einfluß der Sozialdemokratie befreit, beschleunigt das Tempo der Entwicklung Deutschlands zur proletarischen Revolution.«[644] Brecht überträgt den historischen Augenblick in das Bild eines kranken Körpers, der mittels der »Großen Methode«, welche die »praktische Lehre der Bündnisse und der Auflösung der Bündnisse . . ., der Vereinbarkeit einander ausschließender Gegensätze« ist,[645] geheilt werden kann. »So könne man etwa fiebrige Erkrankungen durch Mittel heilen, welche ebenfalls Fieber hervorrufen.«[646] Indem also Stalin den kranken Körper des deutschen Volkes unterstütze, würde er notwendig ein heilendes Fieber hervorrufen: ein unglücklicher Glaube an die Zwangsläufigkeit einer proletarischen Revolution, den Brecht in seiner Hilflosigkeit hier dokumentiert.

Durch den Pakt, der ein Stillhalten Stalins bei dem deutschen Überfall auf Polen erreichte, wurden die politischen Emigranten in den Augen der französischen Regierung zu potentiellen Hitlerverbündeten; man wußte sich in der allgemeinen Ratlosigkeit nicht anders zu helfen, als alle Männer zwischen 16 und 50 Jahren umgehend in Lagern zusammenzufassen. Der Aufruf wurde plakatiert: Benjamin mußte sich mit einer Decke und Lebensmitteln um acht Uhr morgens im Stadion Colombes einfinden, wo zuletzt die Deutschen bei einem Fußballspiel gegen die Franzosen 3 : 1 gewonnen hatten. Zunächst hieß es, der Zwangsaufenthalt sei auf drei Tage begrenzt. In drückender Hitze standen die Emigranten, jeder mit seinem kleinen Koffer, stundenlang in Viererkolonnen vor dem Stadion. Sie wurden von Polizeiposten untersucht und mußten alle scharfen oder spitzen Gegenstände, alles Geld und alle Papiere abgeben. So waren sie nun, die in die Freiheit geflohen waren, Gefangene der dritten französischen Republik; im Stade Colombes etwa sechstausend. Nachts wurde es empfindlich kalt, das Schlafen auf den Steinbänken war fast unmöglich. Nach der dritten Nacht ahnte man, daß der Aufenthalt nicht so rasch beendet sein würde. Die sanitären Bedingungen waren katastrophal: leere Konservendosen dienten als Waschbecken, und die Notdurft mußte in Fässer in den Seitengängen verrichtet werden, indem man das mannshohe und von Kot verschmierte Faß erklettern und auf dessen glitschigem Rand balancieren mußte. Als nach neun Tagen die Fässer übergelaufen waren und die Nachbarschaft sich über den unerträglichen Gestank zu beschweren begann, beschloß man, die Internierten in kleineren Gruppen im Inneren Frankreichs in Lager zu sammeln. In dieser letzten, der zehnten Nacht im Stade Colombes wurden die Männer durch Lautsprecher wachgehalten, die zur Eile und Aufstellung antrieben. Die Gendarmerie teilte die Gruppen ein, im Morgengrauen erschien ein General und ließ die Gefangenen in Omnibusse umladen. Vor den Toren des Stadions hatten die Angehörigen vieler Emigranten gewartet; sie sahen nun weinend und hilflos gestikulierend dem makabren Transport zu. Einigen gelang in der Unruhe dieser Verlegung die Flucht, so Arthur Koestler. Benjamin kam in eine Gruppe mit Hans Sahl, der Erinnerungen an ihn über die Zeit im Lager überliefert hat. Der Omnibus brachte sie unter militärischer Bewachung durch die noch morgendlich ruhigen Straßen von Paris zur Gare d'Austerlitz, von dort ging es in einem plombierten Eisenbahnwaggon nach Nevers. Als sie gegen Abend dort eintrafen, wurden die Gefangenen in einem Eilmarsch in das noch zwei Stunden entfernte Lager getrieben. Benjamin, der seit Jahren herzkrank war und weder rasch, noch überhaupt längere Strecken ohne regelmäßige Pausen gehen konnte, brach auf diesem Marsch zusammen. Ein jüngerer Mann half ihm, nahm ihm den Koffer ab und stand ihm auch später im Lager helfend zur Seite.[647] Dieses Lager war ein verlassener, völlig ausgeräumter schloßartiger Bau, in dem es weder Licht, noch Tisch, Bett oder Stuhl gab. Geschlafen wurde auf den Fußböden.

Benjamin schrieb sofort eine kurze Mitteilung an Adrienne Monnier, die seine Adresse: Camp des travailleurs volontaires, groupement 6, Clos St. Joseph Nevers (Nièvre) und die Bitte um Fürsprache von prominenten Franzosen enthielt. Die Bemühungen von ihr hatten dann entscheidenden Anteil an seiner endlichen Freilassung. Durch die Entlassung Hermann Kestens, der zwei Kilometer entfernt interniert war, aber zum Essen immer in das verfallene Schloß kommen mußte, hatte wohl auch der PEN-Club von Benjamins Situation Kenntnis. Kesten war nach Kenntnis Benjamins im Gästehaus des PEN untergebracht und soll dort Benjamins Fürsprecher und zeitweiligen PEN-Präsidenten Jules Romains gesprochen haben. Die Frau Kestens indes kam ins berüchtigte Frauenlager Gurs. Ihr Mann hatte ihr vor der Internierung empfohlen, sich an Pierre Bertaux zu wenden. Er ließ ihr sagen, daß es ihm unmöglich sei, mit ihr zu sprechen.[648] Nur die gefährliche Flucht aus Curs rettete sie dann vor den Gaskammern in Auschwitz. Von Kesten bekam Benjamin im Lager eine Ausgabe der Confessions von Rousseau, die dieser mit ins Stade Colombes genommen hatte, wie aus seinem Brief an Schickele vom Vorabend der Internierung hervorgeht.[649] Es scheint Benjamins einzige Lektüre in dieser Zeit gewesen zu sein, die ihn allerdings sehr fesselte. Ein anderer Zeitvertreib brachte ihm immerhin Zigaretten ein: nach dem Zeugnis von Hans Sahl begann er, einen Philosophiekursus für Fortgeschrittene abzuhalten – gegen den Eintrittsbeitrag von drei Gauloises. Als Benjamin sah, daß zwei Filmleute auf die listige Idee gekommen waren, dem Lagerkommandanten einen patriotischen Film aufzuschwatzen, dessentwegen sie täglich nach Nevers fahren mußten – angeblich des Materials in der Stadtbibliothek wegen, in Wirklichkeit genossen sie nur ein kleines Stück Freiheit in billigen Bistros – versuchte er, eine jener Armbinden, die das ungehinderte Verlassen und Betreten des Lagers garantieren, mit einem skurrilen Plan zu erobern. Er wollte allen Ernstes eine literarische Zeitschrift herausbringen, natürlich auf höchstem Niveau, wie er sagte, um den Franzosen zu zeigen, wer diese Gefangenen eigentlich seien. Es fanden tatsächlich sogenannte Redaktionskonferenzen statt, bei denen Benjamin das Absurde eines solchen Unternehmens keineswegs erkannte. Günther Anders hat einmal in diesem Zusammenhang von einer »Weltahnungslosigkeit« Benjamins gesprochen; so richtig dieses Urteil ist – für Benjamin ging es bei seinem ehrgeizigen Plan nur um eines: »›Meine Herren, es geht um die Armbinde‹, wiederholte er immer wieder, als gelte es, einen anfechtbaren philosophischen Standpunkt zu verteidigen. Die Armbinde war für ihn zum Symbol des Überlebens schlechthin geworden. Sie war das Detail, von dem aus das Ganze manipulierbar wurde.«[650] Bevor die erste Nummer der Zeitschrift zustande kam und Benjamin die ersehnte Armbinde erhielt, wurde er Ende November entlassen: fast drei Monate hatte er unter entwürdigendsten Bedingungen in den Lagern gelebt. Seine Befreiung war vor allem Adrienne Monnier zu verdanken, die in unermüdlichen Kontakten, vor allem durch einen befreundeten Diplomaten, die interministerielle Kommission zur Überprüfung seiner Akte bewegen konnte. Im Auftrag von Jules Romains hatte sich auch der PEN für ihn eingesetzt, aber dessen kompliziertes Vorgehen hätte noch Monate des Wartens bedeutet. Der Brief an Horkheimer, in dem Benjamin dies schreibt, spricht auch von der großen psychischen Belastung: »Sie können sich freilich ohne Mühe vorstellen, was ständiger Lärm und die Unmöglichkeit einer Trennung von den andern auch nur für eine Stunde auf die Dauer für mich bedeuten mußten. Ich empfinde also momentan eine außerordentliche Müdigkeit und bin in einem Grade erschöpft, daß ich oft mitten auf der Straße anhalten muß, weil ich meinen Weg nicht fortsetzen kann. Es handelt sich dabei sicherlich um eine nervöse Erschöpfung, die vorübergehen wird – vorausgesetzt, die Zukunft hält nichts noch Schrecklicheres für uns bereit.«[651] Benjamin beabsichtigt, die Arbeit am »Baudelaire« bald wiederaufzunehmen. Aus seiner Lagerlektüre der Confessions stammt der Vorschlag, jene historische Kategorie des Auraverfalls nun bei einem Vergleich der Confessions mit den Tagebüchern Gides anzuwenden, wobei Rousseau jenen Entwurf eines sozialen Charakters abgeben soll, der in der Person Gides sich auflöst.

Paris hatte sich verändert, als Benjamin zurückkehrte; er versucht zwar, eine Kontinuität seiner Existenz in der Arbeit am »Baudelaire« herzustellen, aber sie gelingt kaum. In der ersten Nacht nach seiner Rückkehr gab es Fliegeralarm, seither tauchte die Stadt ab vier Uhr nachmittags ins Dunkel. Das Nachtleben der Bars und Cafés unterblieb; Einsamkeit und Unsicherheit wurden die einzig zuverlässigen Gefährten. In dieser Situation erhält Benjamin einen Brief des »National Refugee Service«, der durch Vermittlung französischer Freunde mit amerikanischen Beziehungen zustandekam. Er eröffnet ihm die vage Möglichkeit einer Ausreise nach Amerika, aber Benjamin zögert und schreibt ratlos an Horkheimer, daß seine Ankunft keinesfalls irgendwelche finanziellen Schwierigkeiten aufwerfen dürfe. Der Brief schließt mit einem heute unverständlichen und durch nichts zu rechtfertigenden Kompliment für dessen miserablen Aufsatz »Die Juden und Europa«, von dem er gerade die Korrekturfahnen gelesen hatte: »Während der ganzen Lektüre hatte ich das Gefühl, auf Wahrheiten zu stoßen, die ich weit eher geahnt als durchdrungen hatte, und die endlich mit aller Kraft und der notwendigen Prägnanz ausgedrückt worden sind. Meine wilde Feindschaft gegen den albernen Optimismus unserer linken Führer sieht sich in Ihrem Aufsatz durch die grundlegendsten Argumente genährt. Obwohl Sie keine Namen nennen, sind diese Namen allen gegenwärtig.«[652] Damit bezieht sich Benjamin auf einen Satz des umfangreichen Aufsatzes, in dem es heißt, daß der Liberalismus »ein demoralisiertes, von den Führern verratenes Proletariat« hinterläßt;[653] offensichtlich münzt er dies aber aufgrund der aktuellen historischen Situation, die allein sein Lob erklärt, nur auf Stalin, während in Horkheimers Formulierung auch Hitler mitgedacht ist.

Nach dem Pakt war für Benjamin die Hoffnung auf eine »Revolution«, wie er sie noch im Gespräch mit Scholem über den Kunstwerkaufsatz geäußert hatte, verflogen. Er revidiert nun seine Ansichten vorsichtig verschlüsselt in einem Brief an den Freund vom 11. Januar 1940. Von »Veranstaltungen des Zeitgeistes, der die Wüstenlandschaft dieser Tage mit Markierungen versehen hat«, ist da die Rede, und er stimmt schließlich der hartnäckigen antikommunistischen Kritik Scholems zu, indem er auf die letzten Pariser Auseinandersetzungen anspielt und schreibt: »Heute ist dazu kein Anlaß mehr. Und vielleicht ist es sogar schicklich, ein kleines Weltmeer zwischen sich zu haben, wenn der Moment eingetreten ist, einander

spiritualiter in die Arme zu fallen.«[654] Das literarische Dokument dieser radikalen Abkehr vom existierenden Kommunismus sind die Thesen über den Begriff der Geschichte, zugleich sein letztes Manuskript. Aber sie sind mehr als nur eine Kritik des Kommunismus; sie müssen auch gelesen werden als die geplante, aber nicht realisierte geschichtsphilosophische Einleitung zum Passagenwerk bzw. zum Baudelaire-Buch. Benjamin schreibt, daß der Krieg »und die Konstellation, die ihn mit sich brachte«, der Anlaß zur Niederschrift dessen war, was er seit langen Jahren bei sich, ja sogar vor sich verwahrt hatte, daß der Text wohl aus diesem historischen Anlaß heraus »reduziert«, aber die Beziehung zur Baudelairearbeit dennoch vorhanden sei.[655] Zum Baudelaire-Komplex vermitteln sich die Thesen vor allem in ihren stärksten Stellen, die zugleich die konstitutiven Theoreme der Kommunisten angreifen: in ihrer radikalen Fortschrittskritik, deren einsamer Exponent Baudelaire zu seiner Zeit war. »Daß Baudelaire dem Fortschritt feindlich gegenüberstand, ist die unerläßliche Bedingung dafür gewesen, daß er Paris in seiner Dichtung bewältigen konnte.«[656] Zu dieser Bemerkung aus seiner Notizensammlung »Zentralpark« zum Baudelairekomplex gehört eine andere, die in die 8. These eingeht: »Der Begriff des Fortschritts ist in der Idee der Katastrophe zu fundieren. Daß es ›so weiter‹ geht, *ist* die Katastrophe. Sie ist nicht das jeweils Bevorstehende, sondern das jeweils Gegebene. Strindbergs Gedanke: die Hölle ist nichts, was uns bevorstünde – sondern *dieses Leben hier*.«[657]
Mit dem Begriff der »Hölle« ist ein theologischer Bezugsrahmen im ganz profanen Vergleich gegeben. Auch die Thesen argumentieren auf vertrackteste Art mit messianischer Theologie, die sich eines materialistischen Vokabulars bedient. Vielleicht sind sie deswegen für manche so schwer verständlich, vielleicht ist aber auch ein Extrakt jüdischer Hoffnung und Geschichtsbewußtseins nie mehr so deutlich formuliert worden.
In der Gestalt eines Denkmodells führt die 1. These nicht nur die theoretischen Begriffe (historischer Materialismus – Theologie) ein, sie gibt auch das erkenntnistheoretische Fundament, von dem aus alles Folgende verstanden werden muß: Benjamin berichtet von einer schachspielenden Puppe, die jeden Gegner besiegen konnte; das Motiv der Kempelenschen Automate mußte ihm spätestens aus Baudelaires Poe-Übersetzung be-

kannt sein. Natürlich siegte nicht die Puppe, sondern ein buckliger Zwerg, der ein genialer Schachspieler war und die Puppe lenkte, saß im Innern des Gehäuses, von dem das Publikum durch Spiegeltricks glaubte, daß es leer und durchsichtig sei. »Zu dieser Apparatur kann man sich ein Gegenstück in der Philosophie vorstellen. Gewinnen soll immer die Puppe, die man ›historischen Materialismus‹ nennt. Sie kann es ohne weiteres mit jedem aufnehmen, wenn sie die Theologie in ihren Dienst nimmt, die heute bekanntlich klein und häßlich ist und sich ohnehin nicht darf blicken lassen.«[658]

Das Bild ist anschaulich, aber seine Prägnanz begünstigt, daß man zu schnell fortschreitet. Benjamin spricht hier von einer Apparatur, die die Illusion ihrer Transparenz dazu benutzt, jeden Anspruch des Publikums auf Durchschaubarkeit abzuweisen. Der Apparat nutzt den Fortschrittsglauben der Menschen aus, indem er eine selbsttätige Automate vorstellt, die indes nur eine Marionette ist. So gewinnt das Bild an historischer Klarheit.

Die Faszination dieser Puppe, deren philosophisches Äquivalent der »historische Materialismus« sein soll, beruht einzig in ihrer scheinbaren Automatik, die als solche eine Vermeidung menschlicher Fehlleistungen und damit Überlegenheit suggeriert. In Wahrheit aber kann die Puppe des historischen Materialismus nur deshalb gewinnen, weil sie den versteckten Zwerg in ihren Dienst genommen hat, den Benjamin »Theologie« nennt. Der Zwerg ordnet sich der Puppe unter, da er weiß, daß er nur durch ihre Vermittlung zum Zuge kommt. Er steht in ihrem Dienst insofern, als er auf den öffentlichen Nachweis seiner Leistung verzichtet. Hier setzt die Hegelsche Phänomenologie ein: Die Puppe ist zwar Herr, wenn sie – mit Hegel – »die Seite der Selbständigkeit« dem Knecht überläßt, der das Ding (das Schachspiel) für sie bearbeitet. Nach Hegel wird aber der scheinbar fremde Sinn der Arbeit durch das arbeitende Bewußtsein »zur Anschauung des selbständigen Seins als seiner selbst«. Da sich der Knecht »Theologie« nicht blicken lassen darf, verschafft er sich mittels der Puppe »historischer Materialismus« ein Selbstbewußtsein, dessen Siege als für sich erarbeitete unerkannt bleiben müssen, da sie im Namen des historischen Materialismus errungen wurden. Dieses Verhältnis zwischen Aktion und Erfolg, bei dem der Ausgang des Handelns etwas mit sich bringt, was mit seinem Ziel scheinbar nicht vereinbar ist, ist von Benjamin im Hegel-Motto zur 4. These zitiert: »Trachtet am ersten nach Nahrung und Kleidung, dann wird euch das Reich Gottes von selbst zufallen.« Dieser Satz aus einem Brief Hegels an Knebel[659] wurde in anderer Form von Benjamin schon in seinem Briefbuch »Deutsche Menschen« mitgeteilt. Er hieß dort: »gebt uns nur erst alles Andere, das Himmelreich wollen wir schon selbst zu finden trachten.«[660] Dem, der nach den elementarsten Gütern trachtet, wird das Reich Gottes zufallen, oder er wird befähigt, es selbst zu suchen. Daß Benjamin das Hegelzitat vorzog, macht eine deutliche Stellungnahme sichtbar: das handelnde Subjekt wird zum theologischen Objekt der Erlösung. Der Mensch ist nicht mehr fähig oder berechtigt, das Himmelreich selbst zu finden, es kann ihm nur noch zufallen. Die Ohnmacht des Objekts ist die Benjamins. War er als Antifaschist vor dem Pakt tendenziell Kommunist, so versucht er nun, im goetheschen Bild des zwischen den zwei Prophetenstühlen stehenden »politischen Weltkindes« seine neue Rolle zu finden. Davon spricht die 10. These, die das Ziel des Textes nennt: »Er beabsichtigt in einem Augenblick, da die Politiker, auf die die Gegner des Faschismus gehofft hatten, am Boden liegen und ihre Niederlage mit dem Verrat an der eigenen Sache bekräftigen, das politische Weltkind aus den Netzen zu lösen, mit denen sie es umgarnt hatten. Die Betrachtung geht davon aus, daß der sture Fortschrittsglaube dieser Politiker, ihr Vertrauen in ihre ›Massenbasis‹ und schließlich ihre servile Einordnung in einen unkontrollierbaren Apparat drei Seiten derselben Sache gewesen sind.«[661] Diese Sache ist das blinde Vertrauen in Automatismen historischer Entwicklung, deren Einsehbarkeit gerade die Durchschaubarkeit ihres Betruges verhindert. Diese Kritik des Marxismus, der »nur die Fortschritte der Naturbeherrschung, nicht die Rückschritte der Gesellschaft wahr haben« will,[662] hätte bei Marx selbst einsetzen können. Aus seiner Lektüre der »Klassenkämpfe in Frankreich« kannte Benjamin jenen Satz: »Nicht in seinen unmittelbaren tragikomischen Errungenschaften brach sich der revolutionäre Fortschritt Bahn, sondern umgekehrt in der Erzeugung einer geschlossenen, mächtigen Konterrevolution, in der Erzeugung eines Gegners, durch dessen Bekämpfung erst die Umsturzpartei zu einer wirklich revolutionären Partei heranreifte.«[663] Die Illusion solchen Fortschrittglaubens, der jedes historische Er-

eignis in seinen Dienst zu nehmen gedenkt, wird im Moment des Hitler-Stalin-Paktes evident, da gerade durch diesen der Faschismus eine neue Selbständigkeit gewinnt und für seine früheren Gegner unangreifbar wird.
Seine eigene Haltung zur Geschichte hat Benjamin in der 9. These in ein allegorisches Bild gefaßt, das von seinem Meditationsbild »Angelus Novus« getragen wird. Die Interpretation, die er diesem nun gibt, stammt von Baudelaire. In dessen »Fusees« gibt es einen faszinierenden Abschnitt, der apokalyptisch den geistigen Untergang der Welt durch den Fortschritt prophezeit. Er schließt mit den Sätzen: »Was mich betrifft, der ich manchmal bei mir selbst fühle, wie hilflos Propheten sind, so weiß ich, daß ich kein ärztliches Mitleid haben werde. Verloren in dieser verachtenswerten Welt, abgestoßen von den Massen, bin ich ein Ermüdeter, dessen rückwärts gewandter Blick in der Flucht der Jahre einzig Mißbrauch und Enttäuschung erkennt und vor sich nur einen Sturm, der nichts Neues bringt ...« Dies überträgt Benjamin nun auf den Angelus Novus, den Engel der Geschichte: »Er hat das Antlitz der Vergangenheit zugewendet. Wo eine Kette von Begebenheiten vor *uns* erscheint, da sieht *er* eine einzige Katastrophe, die unablässig Trümmer auf Trümmer häuft und sie ihm vor die Füße schleudert. Er möchte wohl verweilen, die Toten wecken und das Zerschlagene zusammenfügen. Aber ein Sturm weht vom Paradiese her, der sich in seinen Flügeln verfangen hat und so stark ist, daß der Engel sie nicht mehr schließen kann. Dieser Sturm treibt ihn unaufhaltsam in die Zukunft, der er den Rücken kehrt, während der Trümmerhaufen vor ihm zum Himmel wächst. Das, was wir den Fortschritt nennen, ist *dieser* Sturm.«[664]
Der Angelus möchte zwar in Benjamins Interpretation jene restitutio in integrum bewirken, die im Begriff des Paradieses als Erlösung angelegt ist, aber eingefangen in den Sturm des geschichtlichen Fortschritts bleibt sie ihm verwehrt. Es ist die historische Entwicklung, die Erlösung verhindert; vorbehalten ist sie dem Erscheinen des Messias im Stillstand der Zeiten. Schon zwanzig Jahre früher – und hierauf bezieht sich jene Briefstelle, in der Benjamin sagt, daß er diese Gedanken »zwanzig Jahre bei mir verwahrt« habe – hatte er in dem »Theologisch-Politischen Fragment« geschrieben: »Erst der Messias selbst vollendet alles historische Geschehen, und zwar

in dem Sinne, daß er dessen Beziehung auf das Messianische selbst erst erlöst, vollendet, schafft. Darum kann nichts Historisches von sich aus sich auf Messianisches beziehen wollen. Darum ist das Reich Gottes nicht das Telos der historischen Dynamis; es kann nicht zum Ziel gesetzt werden. Historisch gesehen ist es nicht Ziel, sondern Ende.«[665]
Das Erreichen des Zeitstillstandes als Aufbrechen eines geschichtlichen Kontinuums ist das Ziel des Klassenkampfes und der Revolution. Ein korrumpierter Fortschrittsglaube, der die Arbeiterklasse in der Rolle der Erlöserin von künftiger Ausbeutung sehen wollte, ist zu ersetzen durch die revolutionäre Kraft der Aktion, die den Stillstand der homogenen Zeit in einem erfüllten Augenblick der »Jetztzeit« bewirkt. Es ist der Augenblick, in dem das historische Subjekt die Erfahrung mit einem Moment der Vergangenheit macht, welcher ihm die Konstruktion von Geschichte erst ermöglicht. Die Erfahrung aktueller Gefahr, die ein Moment der Vergangenheit als ihr entsprechendes erkennt und es damit aus dem Ablauf der leeren Zeit heraussprengt, eröffnet die Möglichkeit »einer revolutionären Chance im Kampfe für die unterdrückte Vergangenheit«, und damit im Kampf gegen deren unablässig gehäufte Trümmer die Beförderung der messianischen Zeit.
Es sei an dieser Stelle darauf hingewiesen, daß die geschichtsphilosophischen Thesen Benjamins ihre bisher unerkannte Vorlage in Franz von Baaders thesenhaften »Elementarbegriffen über die Zeit als Einleitung zur Philosophie der Sozietät und der Geschichte« haben, auf die er den Freund Scholem schon im Juni 1917 nachdrücklich aufmerksam machte.[666] Baader hatte erkannt, daß »die Zeit in ihrem Fortschreiten, freilich durch Schuld des in selbes (Fortschreiten. W. F.) gesetztes Wesens, anstatt dessen Evolution fördernd, deprimierend auf selbes zurückwirkt«, und versucht, diese Hemmung oder Depression zur fördernden Hilfe umzuwandeln.[667] Er unternimmt diesen Versuch in einer Konstruktion, der Benjamins Bild vom Schachautomaten und dem Zwerg dann genau entspricht. Baader entwickelt dies in drei sich bedingenden Schritten: zuerst führt er die »Gemeinschaftlichkeit (Einigung oder Bund)« des »befreienden Hilfswesens und des der Hilfe zur Integration bedürftig wordenen Wesens« ein, also den Bund von Puppe und Zwerg. Die zweite Bedingung ist, »daß das Hilfswesen als das die Evolution fördernde und befreiende

nicht nur selber in seiner Evolution frei ist . . ., sondern daß sich dieses Hilfswesen in dem selben höheren Grade oder Stufe seiner Evolution befindet, in welchem das Hilfsbedürftige in dieser letzteren zurückgesunken oder gedrückt ist« – die Überlegenheit des Zwerges über die Puppe. »Die dritte Bedingnis einer solchen befreienden Vermittlung ist die, daß der befreiende Mittler seine volle eigene Evolution . . . an sich hält (oder suspendiert) . . . Ein solches Hilfswesen muß also zugunsten des Hilfsbedürftigen selber eine retrograde Bewegung machen und sich der vollen Manifestation seiner eigenen Herrlichkeit entäußern« – die Knechtsrolle des Zwergen. Für Baader wie für Benjamin ist die Hilfsperson die Theologie, die unsichtbar bleiben muß. Aber, so Baader, nur das Unsichtbare hat das Vermögen, sich selbst sichtbar zu machen. So konstituiert sich bei Benjamin das historische Subjekt als Klasse nur, indem es den unsichtbaren historischen Moment der Gefahr im aktuellen erkennt. Dieser »Tigersprung ins Vergangene« (dieses Bild aus Benjamins These XIV, bei Baader These 26) ist ein Sprung als Antizipation der Zukunft im Akt der Revolution. »Das Bewußtsein, das Kontinuum der Geschichte aufzusprengen, ist den revolutionären Klassen im Augenblick ihrer Aktion eigentümlich«[668] – und nur in diesem Augenblick. Im Moment der revolutionären Aktion erfüllt sich Vergangenheit als von Gegenwart gesättigte »Jetztzeit«. In dieser erweist sich Gegenwart nicht als Übergang zur je nächsten, sondern antizipiert als stillgelegte Zeit die Zukunft, da erst jetzt die Möglichkeit messianischer Erlösung gegeben ist. Gerade der Verzicht eines zukunftsweisenden Anspruchs revolutionärer Aktion vermittelt deren Bedeutung für den Eintritt der messianischen Zeit. Es »handelt sich ja eben darum«, hatte Benjamin 1934 in der Hoffnung auf eine Revolution geschrieben, »durch die praktikablen Erkenntnisse desselben (des Kommunismus, W. F.) die unfruchtbare Prätension auf Menschheitslösungen abzustellen«,[669] da diese einerseits der profanen Ordnung historischer Praxis nicht unterworfen, andererseits von ihr nicht ablösbar sind. »Bekanntlich war es den Juden untersagt, der Zukunft nachzuforschen. Die Thora und das Gebet unterweisen sie dagegen im Eingedenken. Dieses entzauberte ihnen die Zukunft, der die verfallen sind, die sich bei den Wahrsagern Auskunft holen. Den Juden wurde die Zukunft aber darum doch nicht zur homogenen und leeren Zeit. Denn in ihr war jede Sekunde die kleine Pforte, durch die der Messias treten konnte.«[670]

Dieses letzte Manuskript Benjamins ist zum Teil auf Zeitungskreuzbändern geschrieben, deren spätestes vom 9. Februar 1940 datiert. Er las die Thesen einigen Freunden vor; zur Veröffentlichung waren sie in dieser Form nicht gedacht. Sie sind in gewisser Weise sein Vermächtnis als Fokus seines Denkens. Auch so sollten sie gelesen werden.

Benjamin ist schwerkrank; ein Arzt diagnostiziert eine Herzmuskelentzündung. Da er beim Gehen alle drei Minuten eine Pause einlegen muß, verläßt er seine Wohnung kaum noch. Um der Kälte in dem unzureichend geheizten Zimmer zu entgehen, bleibt er meist im Bett. Es gehört zum Tragischen seines Lebens, daß er nun über hinreichend Geld verfügt: die monatliche Rente war auch in seiner Lagerzeit weitergezahlt worden, und zur Publikation seines umgearbeiteten Baudelaire-aufsatzes, der vom Institut mit viel Beifall aufgenommen worden war, kam ein Kommentar zu Jochmann, der ebenfalls im achten Band der Zeitschrift für Sozialwissenschaft erschien und zusätzliches Honorar brachte.

Seine Ausreise nach Amerika betrieb Benjamin langsam; sein Brief vom 5. Mai 1940 an Stephan Lackner zeigt, daß er nicht mehr ernstlich diese Reise erwog: »Was mich betrifft, so erscheint mir der Augenblick, zu dem ich Europa provisorisch oder auf Dauer verlassen werde, keineswegs nahe. Falls jemals die entgegenstehenden Schwierigkeiten überbrückbar werden sollten, würde dies eine lange Kette konsequenter Anstrengungen erfordern. Dies bringt mich wieder auf das Bild von Klee, über das Sie Erkundigungen einzogen. Da dieses Gemälde das einzige wichtige und verkäufliche Objekt ist, das mir verblieb, zögere ich sehr, mich davon zu trennen, um ungewöhnliche Ausgaben zu bestreiten. Es ist ja gerade der Klee, auf den ich immer für den Fall gerechnet habe, daß ich nach Amerika kommen könnte. Da dieser Tag noch nicht in Sicht ist, möchte ich der Versuchung nicht nachgeben, diese Leinwand zu opfern, um vorübergehenden Schwierigkeiten entgegenzuwirken.

Damit will ich Ihnen sagen, daß ich einer solchen Versuchung ausgesetzt war. Und es bedarf meines ganzen Vertrauens auf Ihre Freundschaft, daß ich diesem Geständnis eine Bitte anfüge. Sie wird durch meinen Gesundheitszustand veranlaßt. Die

Unzulänglichkeit meines Herzens ist viel ernsthafter geworden. Sie zwingt mich, meinen Arzt regelmäßig aufzusuchen. (Dies sind fast meine einzigen Ausgänge, weil die wenigen Freunde, die ich in Paris noch habe, sich angewöhnt haben, mich zuhause zu besuchen.) Ich sehe mich infolge dieser Behandlung beträchtlichen Ausgaben gegenüber. Gewiß habe ich Grund anzunehmen, daß das Institut sich nicht an meinen Angelegenheiten desinteressieren wird: aber um so mehr muß ich Diskretion ausüben, wenn ich mich dorthin wende...
Wenn Sie in Anbetracht dieser Umstände mir helfen könnten, so wie Sie es bisweilen früher getan haben, würde mir die Gegenwart Ihrer Freundschaft diese verdunkelten Tage erhellen...« (Neue Dt. Hefte, 1/79). Er hatte sich vom amerikanischen Konsulat den üblichen Fragebogen geholt, der als 14. Frage die nach einem Lehrverhältnis an einer Akademie oder Seminar enthielt. Könnte er dies bejahen, so käme er für ein Visum außerhalb der Reihenfolge in Betracht; also bat er Horkheimer um eine solche Bestätigung, aber bevor er sie erhält, beginnt die Invasion der Nazitruppen. Benjamin übergibt seine Manuskripte George Bataille, der sie in der Nationalbibliothek versteckt, und flieht nach Lourdes. Zwischen dem neunten und dem dreizehnten Juni, als die Deutschen vor Paris standen, flohen zwei Millionen Menschen in verzweifelter Angst nach Süden. Kaum hatten sie das Nötigste zusammengepackt und transportierten es auf Handwagen, Fahrrädern und in Kinderwagen. Durch die Dörfer schob sich ein Zug ratloser Menschen. Rasch waren die kleinen Läden leergekauft, es gab keine Lebensmittel mehr, und Wasser wurde von einzelnen Bauern zu Wucherpreisen verkauft. Wer mit dem Auto fliehen wollte, kam auf den verstopften Straßen nicht voran. Die Deutschen überrollten das Land. Benjamin flieht weiter nach Marseille, dort bekommt er vom amerikanischen Konsulat ein Dringlichkeitsvisum zur Einreise in die USA. Inzwischen schließt die aus Paris nach Vichy geflohene Regierung Petain einen Waffenstillstand mit den Deutschen, der die Bedingung einer Auslieferung aller Emigranten nach Deutschland enthält. Um den Deutschen gefällig zu sein, verweigern die französischen Behörden nun jedem die Ausreisegenehmigung. Benjamin bekommt ausnahmsweise auch ohne sie ein Transitvisum für Spanien: eine große Seltenheit, da andere Flüchtlinge im überfüllten Marseille oft Monate darauf warten mußten, und

wenn sie es dann erhielten, waren oft die Einreisevisen ihrer Aufnahmeländer ungültig geworden. Benjamin hatte das Glück des Hoffnungslosen: »war er des endlichen Mißlingens erst einmal sicher, so gelang ihm unterwegs alles wie im Traum«, hatte er über Kafka geschrieben.

Es gab eine Möglichkeit, auch ohne Ausreisevisum Frankreich zu verlassen: der Fußweg über die Berge zur Grenzstation Port Bou, den Hunderte wählen mußten und der von der französischen Polizei nicht gesperrt war. Am Tag vor dem Marsch traf Benjamin in Marseille noch zufällig Arthur Koestler. Mit ihm teilte er seinen Vorrat von fünfzig Morphiumtabletten; das sei genug, um ein Pferd umzubringen, sagte er.[671]

Am frühen Morgen des 26. September 1940 begann in einer kleinen Gruppe der Aufstieg nach Port Bou. Der Weg war glatt von Schiefer, Disteln gab es zum Festhalten beim Vorwärtskommen auf Knien. Für den Herzkranken muß es eine unbeschreibliche Qual gewesen sein. Die Gruppe erreichte nach zwölf Stunden das kleine Zollhaus und mußte erfahren, daß gerade an diesem Tag die spanische Grenze gesperrt war und die Visa nicht mehr anerkannt wurden. Die Zöllner wollten die Flüchtlinge zurückschicken. Für Benjamin bedeutete das die Auslieferung in ein deutsches Konzentrationslager. Man erlaubte ihnen noch, sich eine Nacht zu erholen, unter der Bewachung von drei Polizisten, die sie am nächsten Morgen zur französischen Grenzstation bringen sollten. In dieser Nacht nahm Benjamin die Tabletten. Am Morgen lebte er noch, gab einer Frau Gurland aus seiner Begleitung einen kurzen Abschiedsbrief an Adorno, den sie las und vernichtete. Kurz darauf verlor er das Bewußtsein und starb. Der notwendig verständigte Arzt diagnostizierte einen Gehirnschlag und stellte einen Totenschein aus. Jene Frau Gurland verhandelte nun mit den Behörden, die offenbar unter dem Eindruck dieses Todes den übrigen Flüchtlingen die Einreise erlaubten. Es gelang Frau Gurland auch, für Benjamin eine auf fünf Jahre befristete Grabstätte zu kaufen. Als Hannah Arendt einige Monate später nach diesem Grab suchte, konnte sie es nicht finden, weil offenbar vergessen worden war, eine Grabplatte mit Benjamins Namen in Auftrag zu geben, so daß es lediglich mit einer Nummer bezeichnet worden war.

Als im September 1945 die Mietfrist ablief, konnte sich aus naheliegenden Gründen niemand darum kümmern. Das Grab wurde zu diesem Zeitpunkt geräumt und weitervermietet. Die Gebeine Benjamins kamen deshalb, wie dort üblich, ins Beinhaus des Friedhofs. Als in den fünfziger Jahren Freunde immer häufiger nach dem Grab Benjamins fragten, erfand sich der Friedhofswärter eines an einer schönen Stelle und nahm seither dafür von den Besuchern Trinkgelder dankend an. Erst im Frühjahr 1975 veröffentlichte die spanische Zeitschrift »El Ciervo« den Bericht des Jura-Professors Juan-Ramón Capella, der bereits im Januar 1972 mit einigen Freunden nach Port Bou gereist war, um nähere Ermittlungen über das Ende Walter Benjamins anzustellen. Im Rathaus fand er die mit einem Paßbild versehene alte Akte, die den Tod des Dr. Benjamin durch Hirnschlag in der Pension »Fonda Espana« dokumentiert. Weitere Nachforschungen ergaben, daß Benjamin in der Grabnische Nr. 563 beigesetzt worden war, die heute zu dem Grab einer spanischen Familie gehört.

Zitatnachweise

1 Walter Benjamin, Briefe, ed. G. Scholem u. Th. W. Adorno, Ffm. 1966, S. 559 (künftig: Br., Seitenzahl)
2 Walter Benjamin, Gesammelte Schriften, Ffm. 1972 ff, Bd. IV, 2, 965 (künftig: GS, Bandnummer, Seitenzahl)
3 GS, IV, 2, 964
4 GS, IV, 2, 964
5 GS, IV, 1, 237
6 Walter Benjamin, Berliner Chronik, ed. G. Scholem, Ffm. 1970, S. 79 (künftig: Chronik, Seitenzahl)
7 Chronik, 73
8 Chronik, 71 f
9 GS, IV, 1, 269, 273
10 GS, II, 1, 322
11 Chronik, 11
12 Zur Aktualität Walter Benjamins, Ffm. 1972, S. 68 (künftig: Akt., Seitenzahl)
13 GS, IV, 1, 287
14 GS, IV, 1, 279
15 GS, IV, 1, 245, 278
16 GS, IV, 1, 279, 245, 280
17 Akt., 100
18 Akt., 87 ff
19 Akt., 94
20 Akt., 100
21 Akt., 92
22 Akt., 110 f
23 Akt., 111
24 Akt., 94
25 M. Gumpert, Hölle im Paradies, Stockholm 1939, S. 32 ff (künftig: Gumpert, Seitenzahl)
26 (Über Walter Benjamin, Ffm. 1968, S. 31 (künftig: ÜWB, Seitenzahl)
27 GS, IV, 1, 277
28 GS, IV, 1, 284
29 GS, IV, 1, 284
30 GS, IV, 1, 287
31 GS, IV, 1, 286
32 Chronik, 79
33 ÜWB, 28
34 GS, IV, 1, 288
35 Akt., 61, 65
36 GS, IV, 1, 112
37 GS, IV, 1, 109, 110
38 Akt., 101

39 Akt., 101
40 Akt., 102
41 GS, III, 131
42 GS, IV, 2, 723 ff
43 Br., 61
44 GS, IV, 1, 251
45 GS, IV, 1, 288
46 GS, IV, 1, 288
47 GS, IV, 1, 273
48 E. Dronke, Berlin, 1. Aufl. Ffm. 1846; Darmstadt/Neuwied 1974; die Zitation folgt dem Neudruck
49 Dronke, 76
50 Dronke, 67
51 St. Zweig, Die Welt von Gestern, Ffm./Hamburg 1970, S. 70
52 G. Zivier, Das Romanische Café, Berlin 1968[2], S. 8 f
53 Zivier, 9
54 cf. A. Lange, Berlin zur Zeit Bismarcks und Bebels, Berlin 1972, S. 722, 670
55 Br., 66 f
56 Br., 69
57 Die Aktion, 1914, Sp. 50 f
58 Gumpert, 53
59 H. Blüher, Werke und Tage, München 1953, 76
60 Gumpert, 54
61 Blüher, 242 f
62 Blüher, 242 f
63 GS, II, 1, 52 f
64 Br., 48
65 cf. Br., 42
66 Br., 44
67 Br., 44
68 Br., 56
69 Gumpert, 202
70 Gumpert, 56
71 Br., 59
72 zit. n. H. Braulich, Max Reinhardt, Berlin 1969, S. 135 f
73 Br., 63
74 Br., 63
75 Br., 63
76 Br., 66
77 Br., 73
78 Br., 76
79 Br., 83
80 Br., 86 f
81 Br., 66
82 Br., 92 f
83 GS, II, 1, 76
84 GS, II, 1, 81 f
85 GS, II, 1, 80 f

86 Der Aufbruch, Berlin/Jena 1915, Heft 2/3, S. 58 f
87 Br., 115
88 Br., 115
89 St. Zweig, Die Welt von Gestern, Ffm./Hamburg 1970, S. 160 f
90 R. Dehmel, Kriegsbrevier, Insel-Bücherei 229, S. 16/21
91 Th. Mann, Das essayistische Werk, ed. H. Bürgin; Pol. Schriften u. Reden, Bd. 2, Ffm./Hamburg 1968, S. 9 ff
92 Aufrufe u. Reden deutscher Professoren im Ersten Weltkrieg, ed. K. Böhme, Stuttgart 1975, S. 49 f
93 Chronik, 44
94 Chronik, 39, 41
95 Proletarische Lebensläufe, ed. W. Emmerich, Reinbek 1975, Bd. 2, S. 40
96 G. Wyneken, Jugend! Philister über dir!, Ffm. 1965^2, S. 19
97 Br., 120 ff
98 GS, III, 215
99 GS, II, 2, 765
100 GS, II, 2, 768
101 cf. GS, III, 260 ff
102 GS, III, 183 ff
103 GS, III, 280 f
104 GS, II, 2, 695
105 Chronik, 66 f
106 Akt., 59
107 Akt., 59
108 cf. Br., 124
109 Br., 127
110 Br., 126 f
111 Br., 127
112 Br., 131 f
113 G. Scholem, Walter Benjamin – die Geschichte einer Freundschaft, Ffm. 1975, S. 84 f (künftig: Scholem, Freundschaft, Seitenzahl)
114 GS, IV, 1, 97
115 R. M. Rilke, Briefe, Wiesbaden 1950, S. 484
116 Br., 516
117 GS, IV, 2, 615 f
118 W. B., J. J. Bachofen, in: Text u. Kritik, 31/32, München 1971, S. 35
119 zuerst veröffentlicht in: Text und Kritik 31/32, S. 24
120 Br., 614
121 Akt., 66
122 Br., 515
123 GS, II, 1, 140 ff
124 Br., 128
125 cf. E. Böklen, Adam und Quain, Leipzig 1907, S. 35
126 Br., 88
127 GS, II, 1, 142
128 GS, II, 1, 144
129 GS, II, 1, 147
130 GS, II, 1, 150

131 GS, II, 1, 153
132 GS, I, 1, 216 f
133 ÜWB, 40 f
134 GS, II, 1, 210 ff
135 GS, II, 1, 204 ff
136 GS, II, 1, 206 f
137 GS, II, 1, 75
138 Br., 129 f
139 M. Heidegger, Frühe Schriften, Ffm. 1972, S. 355 ff
140 cf. auch: Heidegger, Sein und Zeit, Tübingen 1963[10], S. 421 ff
141 cf. GS, IV, 2, 888
142 Scholem, Freundschaft, 21
143 Ch. Wolff, Innenwelt und Außenwelt, München 1971, S. 205
144 Br., 199
145 Br., 137
146 Br., 151
147 Br., 150
148 GS, II, 1, 157 ff
149 Br., 166
150 Br., 171
151 GS, I, 3, 835 ff
152 Br., 164
153 H. Arendt, Benjamin, Brecht, München 1971, S. 33
154 Br., 179 f
155 Hugo Ball, Die Flucht aus der Zeit, Zürich 1946, S. 71
156 ebd., S. 71
157 ebd., S. 85
158 T. Durieux, Eine Tür steht offen, Berlin 1954, S. 121
159 H. Ball, Flucht aus der Zeit, S. 224
160 zit. n. U. M. Schneede, George Grosz, Köln 1975, S. 40
161 Br., 201 f
162 GS, I, 3, 826 ff
163 Scholem, Freundschaft, 74
164 cf. H. Cohen, Jüdische Schriften, Bd. 1, Berlin 1924, S. 300 f
165 cf. K. Eisner, Die halbe Macht den Räten, ed. R. u. G. Schmolze, Köln 1969, S. 55 ff
166 Scholem, Freundschaft, 78 f
167 GS, IV, 1, 441 ff
168 DVJS Heft 1/2 (1976), S. 259 ff
169 cf. Br., 367 u. 457
170 cf. Br., 205
171 Scholem, Freundschaft, 82 f
172 cf. J. Drews (Hrsg.), Zum Kinderbuch, Ffm. 1975, S. 201 ff
173 GS, IV, 2, 609 ff
174 Br., 198 f
175 GS, IV, 1, 391
176 Br., 203
177 Br., 216
178 Scholem, Freundschaft, 107

179 cf. Br., 214
180 Br., 341
181 Scholem, Freundschaft, 101
182 Br., 217
183 Br., 219
184 Scholem, Freundschaft, 111
185 GS II, 1, 173
186 GS II, 1, 175 f.
187 Scholem, Freundschaft, 77
188 GS II, 1, 176
189 GS II, 1, 178
190 Br., 226
191 Br., 226
192 Br., 230
193 Br., 236
194 Br., 237
195 Br., 239
196 Br., 238
197 Br., 238
198 Br., 241
199 Br., 241
200 Br., 248 f
201 Scholem, Freundschaft, 117
202 Br., 219
203 GS II, 1, 203
204 S. Fraenkel, Die Judenfrage, Münchener Neueste Nachrichten, 14. 9. 1920
205 Weltbühne, 21. 7. 1921, S. 74 f
206 Weltbühne, 20. 7. 1926
207 GS, II, 1, 179
208 GS, II, 1, 182
209 GS, II, 1, 183
210 GS, II, 1, 183
211 GS, II, 1, 184
212 GS, II, 1, 185
213 GS, II, 1, 189
214 GS, II, 1, 189
215 GS, II, 1, 190 f
216 GS, II, 1, 194
217 GS, II, 1, 194
218 Br., 530
219 Br., 530
220 Weltbühne, 27. 3. 1919
221 in: P. Dirr, Bayerische Dokumente zum Kriegsausbruch und zum Versailler Schuldspruch, München/Berlin 1925, S. 43 ff
222 K. Tucholsky, Ausgewählte Werke, Hamburg 1965, Bd. 2, S. 126 f
223 Br., 299
224 GS, IV, 1, 95 ff
225 Die Welt am Montag, Nr. 46 vom 12. 11. 1928

226 M. Nordau, Paris unter der dritten Republik, Leipzig 1890, S. 189
227 Weltbühne, 15. 2. 1927
228 Weltbühne, 18. 8. 1925
229 Br., 311
230 Br., 306 f
231 Br., 250
232 Br., 253
233 GS, IV, 2, 891
234 Scholem, Freundschaft, 23
235 GS, IV, 1, 41
236 GS, IV, 2, 890 f
237 Br., 259
238 Br., 259
239 GS, IV, 1, 12
240 GS, IV, 1, 12
241 GS, IV, 1, 13
242 GS, IV, 1, 15
243 GS, IV, 1, 16
244 GS, IV, 1, 18
245 GS, IV, 1, 18
246 GS, IV, 1, 19
247 Scholem, Freundschaft, 122
248 Scholem, Freundschaft, 122
249 Br., 252
250 Br., 265
251 Br., 266
252 G. Regler, Das Ohr des Malchus, Ffm. 1975, S. 123
253 cf. M. Kommerell, Briefe und Aufzeichnungen 1919–1944, hrsg. v. I. Jens, Olten/Freiburg 1967, S. 129
254 GS, II, 2, 622 f
255 GS, II, 2, 623
256 Br., 271
257 GS, II, 3, 983
258 Br., 278
259 Scholem, Freundschaft, 136
260 GS, II, 1, 241
261 GS, II, 1, 242
262 GS, II, 1, 242 f
263 Br., 284
264 Br., 281
265 Br., 283
266 Ch. Wolff, Innenwelt und Außenwelt, München 1971, S. 206
267 Ch. Wolff, S. 207
268 Br., 293
269 Br., 302
270 Br., 302
271 H. v. Hofmannsthal – F. C. Rang, Briefwechsel 1905–1924, in: Neue Rundschau 3, 1959, S. 27
272 Br., 306

273 Br., 306
274 Br., 311 f
275 H. Herzfeld, Die Weimarer Republik, Ullstein-TB 3846, S. 90
276 H. v. Hofmannsthal – F. C. Rang, Briefwechsel, S. 39
277 GS, I, 1, 195
278 F. Schlegel, Seine prosaischen Jugendschriften, hrsg. v. J. Minor, Wien 1906, Bd. II, S. 246
279 Th. W. Adorno, Ästhetische Theorie, Ffm. 1970, S. 184
280 ebd., S. 185
281 GS, I, 2, 646 f
282 GS, I, 1, 194
283 Novalis, Werke, hrsg. v. G. Schulz, München 1969, S. 393
284 Goethe im Urteil seiner Zeitgenossen, hrsg. v. J. W. Braun, Berlin 1885, Bd. 3, S. 232
285 Savigny an Creuzer am 24. 10. 1809, in: A. Stoll, Der junge Savigny, Berlin 1927, S. 396
286 Goethes Werke, Hamburger Ausg., Bd. 6, S. 620
287 GS, I, 1, 140 f
288 GS, I, 1, 139
289 GS, I, 1, 196
290 Br., 316
291 F. Schlegels Briefe an seinen Bruder August Wilhelm, hrsg. v. O. F. Walzel, Berlin 1890, S. 344
292 GS, I, 1, 51 f u. I, 3, 809
293 GS, IV, 2, 945
294 GS, IV, 2, 948
295 P. Szondi, Satz und Gegensatz, Ffm. 1976, S. 96
296 GS, IV, 2, 949 f
297 GS, IV, 2, 945 f
298 GS, IV, 2, 950
299 Goethes Werke, Hamburger Ausg., Bd. 6, S. 647
300 GS, IV, 1, 138
301 C. Schmitt, Die Diktatur. Von den Anfängen des modernen Souveränitätsgedankens bis zum proletarischen Klassenkampf. München/Leipzig 1928^2
302 GS, I, 3, 887
303 C. Schmitt, Hamlet oder Hekuba, Düsseldorf/Köln 1956, S. 62 ff
304 Akt., 46
305 Br., 515
306 Br., 515 f
307 GS, I, 2, 540
308 E. L. Bulwers sämtliche Romane, a. d. Engl. v. F. Notter u. G. Pfizer, Stuttgart 1845, Bd. 4, S. 54
309 GS, I, 2, 485
310 Th. W. Adorno, ÜWB, 152
311 Th. W. Adorno, ÜWB, 139 f
312 GS, I, 2, 540
313 Br., 785
314 Th. W. Adorno, ÜWB, 148 f

315 Br., 808
316 GS, I, 2, 649
317 Br., 825
318 Br., 825
319 Br., 339
320 Br., 340
321 Br., 339
322 Adorno, ÜWB, 13 f
323 Bd. 8, 1931, S. 28f
324 GS, I, 3, 909
325 Br., 326 f
326 GS, IV, 1, 107
327 Br., 339 f
328 Br., 347
329 Br., 347
330 A. Lacis, Revolutionär im Beruf, München 1971, S. 41 f
331 GS, IV, 1, 90
332 Lacis, 42 f
333 Adorno, ÜWB, 68
334 Lacis, 43
335 Br., 349
336 Br., 350
337 Br., 355
338 Scholem, Freundschaft, 155
339 Br., 322
340 G. Lukács, Geschichte und Klassenbewußtsein, Neuwied 1970, S. 95
341 Br., 322
342 Lukács, 105
343 Lukács, 481 f
344 Br., 355
345 Br., 355
346 Br., 358
347 Br., 368
348 Br., 373
349 Br., 373
350 Br., 392
351 Br., 418
352 Br., 372
353 GS, I, 1, 218
354 GS, I, 1, 226
355 GS, I, 3, 953 f
356 GS, I, 1, 227
357 GS, I, 1, 227
358 GS, I, 1, 228
359 GS, I, 1, 207
360 GS, I, 1, 228
361 Th. W. Adorno, Ästhetische Theorie, Ffm. 1970, S. 437
362 Adorno, Ästh. Th., 544
363 Adorno, Ästh. Th., 510

364 GS, I, 1, 235
365 GS, I, 1, 236
366 GS, I, 1, 236
367 Br., 808
368 GS, I, 1, 244
369 cf. GS, I, 1, 256
370 GS, I, 1, 250
371 GS, I, 1, 250
372 GS, I, 1, 250
373 GS, I, 1, 363
374 Akt., 99
375 GS, IV, 1, 247
376 GS, I, 1, 359
377 GS, IV, 1, 389
378 Ch. Wolff, Innenwelt und Außenwelt, 210 ff
379 GS, IV, 1, 389
380 W. Benjamin, Lesezeichen, Leipzig 1970, S. 19
381 GS, I, 1, 327
382 S. Freud, Aus den Anfängen der Psychoanalyse 1887–1902, Briefe an Wilhelm Fließ, Ffm. 1962, S. 82
383 Ch. Wolff, S. 207
384 GS, I, 1, 334
385 H. Arendt, Benjamin, Brecht, München 1971, S. 26
386 GS, I, 1, 357 f
387 Br., 751
388 Kursbuch 20, 1970, S. 6 f
389 Kursbuch 20, 1970, S. 1
390 Kursbuch 20, 1970, S. 8
391 GS, III, 290
392 GS, III, 287
393 GS, III, 340
394 GS, III, 287
395 cf. GGL (= G. Alexander), Der proletarische Roman, in: Die Rote Fahne, Jg. 8, 1925, Nr. 229
396 cf. W. Emmerich (Hrsg.), Proletarische Lebensläufe Bd. 2, Reinbek 1975, S. 19 f
397 A. Ždanov, Über Kunst und Wissenschaft, Berlin (DDR) 1951, S. 7 ff
398 E. Kästner, Fabian, Ullstein-TB 102, S. 37 f
399 Kästner, 41
400 Kästner, 38
401 Kästner, 143 f
402 Kästner, 151
403 GS, IV, 1, 133
404 GS, IV, 1, 131 f
405 Br., 404
406 GS, III, 23 ff
407 GS, III, 611
408 Br., 381
409 Das Lot, Heft 4, Berlin, Okt. 1950

410 Br., 395
411 GS, IV, 1, 110
412 Lacis, 52 f
413 GS, IV, 1, 117
414 GS, IV, 1, 111
415 GS, IV, 1, 112
416 Br., 415
417 Br., 414
418 Br., 420
419 Br., 417
420 Br., 416
421 Br., 423
422 Br., 423
423 Br., 425 ff
424 Br., 436
425 GS, III, 50 f
426 Lacis, 54
427 Br., 439
428 Br., 440
429 GS, II, 3, 1466 f
430 GS, II, 3, 1467
431 GS, II, 3, 1468
432 Br., 441 f
433 Br., 440
434 GS, IV, 1, 483
435 Br., 444
436 Illuminationen, 197
437 Scholem, Freundschaft, 166
438 GS, II, 1, 288
439 GS, II, 1, 313
440 GS, II, 1, 314
441 GS, II, 1, 289
442 Illuminationen, 194
443 Br., 849
444 GS, II, 1, 210
445 GS, II, 1, 204
446 Scholem, Freundschaft, 170
447 GS, II, 1, 285
448 Scholem, Freundschaft, 172 ff
449 Scholem, Freundschaft, 174
450 Br., 455
451 Adorno, ÜWB, 26
452 Scholem, Freundschaft, 184
453 Br., 457
454 Br., 464
455 Br., 470
456 Br., 477
457 Br., 480 f
458 Br., 473

459 GS, IV, 1, 89
460 GS, IV, 1, 528
461 Br., 483
462 B. Reich, Im Wettlauf mit der Zeit. Berlin (DDR), 1970, S. 301
463 S. Schiller, Zu Walter Benjamins Rundfunkarbeiten, in: Literatur und Rundfunk 1923–1933, hrsg. v. G. Hay, Hildesheim 1975
464 GS, II, 3, 1442
465 Br., 499 f
466 Goethe und Reinhardt, Briefwechsel in den Jahren 1807–1832, Wiesbaden 1957, S. 390
467 GS, III, 257
468 GS, III, 259
469 GS, III, 176
470 Lacis, 60
471 Br., 502
472 B. Reich, Im Wettlauf mit der Zeit, 305
473 GS, III, 159
474 GS, I, 2, 496 f
475 Literarische Welt, Jg. 1929, Nr. 20, 6
476 GS, IV, 1, 567 f
477 GS, IV, 1, 570
478 G. D. Painter, Marcel Proust, Bd. 2, Ffm. 1968, S. 538
479 Br., 509
480 GS, IV, 1, 588
481 Painter, 2, 414
482 GS, IV, 1, 589
483 Painter 2, 422
484 GS, IV, 1, 588
485 GS, IV, 1, 582
486 GS, I, 2, 504
487 Br., 505, i. Orig. frz.
488 Scholem, Freundschaft, 200
489 GS, I, 1, 126
490 GS, III, 700 f
491 GS, III, 701
492 Br., 802
493 Br., 506, i. Orig. frz.
494 S. Kracauer, Die Angestellten, Ffm. 1971, S. 109
495 GS, III, 225
496 Br., 521
497 GS, IV, 1, 548 ff
498 W. Zucker, So entstanden die Hörmodelle, in: DIE ZEIT, 24. 11. 1972 LIT 7
499 Br., 522 f
500 GS, II, 1, 366
501 Br., 526
502 Br., 531
503 Br., 533
504 Scholem, Freundschaft, 212

505 Die Fackel, Mai 1931, Nr. 852–856, S. 27
506 Br., 535
507 Scholem, Freundschaft, 223 f
508 Br., 535 f
509 W. Emmerich (Hrsg.), Proletarische Lebensläufe, Bd. 2, S. 298
510 Br., 539 f
511 Br., 538
512 Br., 542
513 Br., 547
514 Br., 548 f
515 ÜWB, 42 f
516 GS, II, 2, 456
517 G. Anders, Der Blick vom Turm, München 1968, S. 90
518 Scholem, Freundschaft, 231
519 Br., 556
520 Scholem, Freundschaft, 234 f
521 Scholem, Freundschaft, 238
522 GS, II, 3, 1509
523 Br., 561
524 Br., 562 f
525 Br., 566
526 cf. H. H. Knütter, Die Juden und d. deutsche Linke i. d. Weimarer Republik, Düsseldorf 1971, S. 186 ff
527 Faschismusanalyse, Heidelberg 1974, S. 293 f
528 Faschismusanalyse, S. 325
529 cf. E. J. Aufricht, Erzähle, damit du dein Recht erweist, München 1969, S. 122
530 Th. Mann, Tagebuch 1. 9. 1933
531 Br., 572
532 GS, II, 2, 800 f
533 Br., 604 f
534 Brief H. Benjamins an Vf. v. 9. 8. 1976
535 Br., 587
536 zit. n. C. David, Stefan George, München 1967, S. 383
537 H. Naumann, St. George u. d. Neue Reich, Zeitschr. f. Deutschkunde, 1934, S. 283 ff
538 DIE ZEIT, 24. 11. 1972, LIT 8
539 GS, III, 392 f
540 Br., 590
541 ÜWB, 46
542 Br., 589
543 ÜWB, 45 f
544 Br., 620
545 ÜWB, 48
546 ÜWB, 49
547 Verlagsanzeige i. d. Literarischen Welt, Jg. 4, 1928, Heft 21/22, S. 12
548 Br., 593
549 Br., 596
550 Br., 594

551 Br., 599
552 G. Regler, Das Ohr des Malchus, Ffm. 1975, S. 149
553 Br., 595
554 Br., 595
555 zit. n. M. Jay, Dialektische Phantasie, Ffm. 1976, S. 58
556 Jay, 267
557 GS, II, 3, 1460 f
558 Br., 539
559 GS, II, 3, 1204
560 W. Benjamin, Versuche über Brecht, Ffm. 1966, S. 121 f
561 W. B., Vers. über Brecht, 127
562 W. B., Vers. über Brecht, 120
563 B. Brecht, Arbeitsjournal, Ffm. 1973, Bd. 1, S. 443
564 Br., 624
565 Br., 627
566 GS, II, 3, 1318
567 Lacis, 72
568 GS, II, 3, 1319
569 Br., 650 f
570 GS, II, 3, 1319
571 Br., 652
572 Br., 657
573 Br., 664 f
574 V. Serge, Beruf: Revolutionär, Ffm. 1967, S. 358
575 R. Musil, Tagebücher, Aphorismen, Essays und Reden, Hamburg 1955, S. 899 ff
576 Regler, 313
577 Brecht, Brief an G. Grosz, Juli 1935, in: Brecht, Sein Leben in Bildern und Texten, Ffm. 1978, S. 135; unveröffentl. Material dazu im BBA 808/15–16
578 Br., 670
579 Br., 689
580 Br., 683 f
581 Br., 690
582 GS, II, 3, 1326
583 GS, II, 3, 1326
584 Gesprächsprotokoll, 14. 12. 1976
585 Scholem, Freundschaft, 249
586 Br., 695
587 Br., 695
588 Br., 695
589 GS, I, 2, 477
590 GS, I, 2, 485
591 W. B., Über Haschisch, Ffm. 1972, S. 107
592 GS, I, 2, 479
593 GS, I, 2, 479
594 GS, I, 2, 489
595 Th. W. Adorno, ÜWB, 130
596 Horkheimer/Adorno, Dialektik der Aufklärung, Ffm. 1971, S. 124

597 H. Kienzl, Theater u. Kinematograph, in: Der Strom 1911/12, S. 219 f; zit. n. A. Kaes (Hrsg.), Kino-Debatte, München 1978, S. 6
598 E. Friedell, Prolog vor dem Film, in: Blätter des deutschen Theaters 2, S. 509 f
599 GS, I, 2, 505
600 GS, I, 2, 503
601 GS, I, 2, 505
602 H. v. Hofmannsthal, Prosa IV, Ffm. 1955, S. 45 ff.
603 A. Döblin, Berlin Alexanderplatz, München 1965, S. 24
604 GS, I, 2, 505
605 Horkheimer/Adorno, Dialektik d. Aufklärung, Ffm. 1971, S. 130
606 GS, I, 3, 1026
607 Br., 716
608 B. Brecht, Arbeitsjournal Bd. 1., Ffm. 1973, S. 16
609 GS, I, 3, 1027
610 Br., 514 ff
611 GS, II, 3, 1330
612 GS, II, 3, 1343
613 GS, II, 3, 1344
614 Br., 740
615 GS, II, 3, 1352
616 Br., 740
617 Scholem, Freundschaft, 255
618 Scholem, Freundschaft, 258
619 Scholem, Freundschaft, 261
620 Scholem, Freundschaft, 262
621 Br., 748
622 Br., 752
623 Br., 700
624 Br., 752
625 H. Heine, Sämtliche Schriften, hrsg. v. K. Briegleb, Bd. 2, München 1969, S. 251 f
626 Br., 764 f
627 GS, IV, 1, 303 f
628 Br., 764
629 Br., 747
630 Brecht, Arbeitsjournal 1, 16
631 Br., 768
632 Brecht, Werkausgabe, Ffm. 1967, Bd. 19, S. 408 f
633 H. A. Walter, Deutsche Exilliteratur, Bd. 7, Darmstadt/Neuwied 1974, S. 175
634 Internationale Literatur, Jg. 8, 1938, S. 127, Heft 6
635 GS, I, 2, 698
636 Br., 778
637 GS, I, 3, 1093 ff
638 GS, I, 3, 1105
639 Br., 797
640 GS, II, 3, 1184
641 GS, II, 3, 1185

642 GS, II, 3, 1187 f
643 Br., 813 f
644 Proletarische Lebensläufe, 310
645 Brecht, Werkausgabe, Bd. 12, S. 475
646 Brecht, Bd. 12, S. 432
647 Akt, 74 ff
648 H. Kesten (Hrsg.), Deutsche Literatur im Exil, Ffm. 1973, S. 105
649 Kesten, 85
650 Akt., 80
651 Br., 835, i. Orig. frz.
652 Br., 840, i. Orig. frz.
653 Studies in Philosophy and Social Science, formerly Zeitschr. f. Sozialforschung, vol. VIII, 1939, S. 121
654 Br., 846
655 GS, I, 3, 1226
656 GS, I, 2, 683
657 GS, I, 2, 683
658 GS, I, 2, 693
659 cf. GS, I, 3, 1259
660 GS, IV, 1, 180
661 GS, I, 2, 698
662 GS, I, 2, 699
663 Die Klassenkämpfe in Frankreich, MEW 7, S. 11
664 GS, I, 2, 697 f
665 GS, II, 1, 203
666 Br., 139
667 F. v. Baader, Gesellschaftslehre, München 1957, S. 163 ff
668 GS, I, 2, 701
669 Br., 616
670 GS, I, 2, 704
671 A. Koestler, Abschaum der Erde, Wien/München/Zürich 1971, S. 529 f

Verzeichnis der benutzten Literatur

Th. W. Adorno, Ästhetische Theorie, Ffm. 1970
ders., Über Walter Benjamin, Ffm. 1970
G. Anders, Der Blick vom Turm, München 1968
ders., Die Antiquiertheit des Menschen, München 1968
H. Arendt, Benjamin, Brecht, München 1971
E. J. Aufricht, Erzähle, damit du dein Recht erweist, München 1969

F. v. Baader, Gesellschaftslehre, München 1957
H. Ball, Die Flucht aus der Zeit, Zürich 1946
Walter Benjamin, Gesammelte Schriften, hrsg. v. R. Tiedemann u. H. Schweppenhäuser, Ffm. 1972 ff
Walter Benjamin, Illuminationen, Ffm. 1969
Walter Benjamin, Angelus Novus, Ffm. 1966
Walter Benjamin, Briefe, hrsg. v. G. Scholem u. Th. W. Adorno, Ffm. 1966
Walter Benjamin, Berliner Chronik, hrsg. v. G. Scholem, Ffm. 1970
Walter Benjamin, Über Haschisch, Ffm. 1972
Walter Benjamin, Lesezeichen. Schriften zur deutschsprachigen Literatur, hrsg. v. G. Seidel, Leipzig 1970
Walter Benjamin, Der Flaneur, hrsg. v. R. Tiedemann, in: Neue Rundschau 4, 1967
Walter Benjamin, Die Moderne, hrsg. v. R. Tiedemann, in: Das Argument, Heft 1/2, 1968
Walter Benjamin, Das Paris des Second Empire bei Baudelaire, hrsg. v. R. Heise, Berlin/Weimar 1971
Walter Benjamin, Fragment über Methodenfragen einer marxistischen Literatur-Analyse, in: Kursbuch 20, 1970, S. 1 ff
W. Benjamin, Versuche über Brecht, Ffm. 1966
H. Blüher, Werke und Tage, München 1953
K. Böhme (Hrsg.), Aufrufe und Reden deutscher Professoren im Ersten Weltkrieg, Stuttgart 1975
E. Böklen, Adam und Quain, Leipzig 1907
H. Braulich, Max Reinhardt, Berlin (DDR) 1969
B. Brecht, Gesammelte Werke, Werkausgabe Ffm. 1967
ders., Arbeitsjournal 1938–1955, 2 Bde., Ffm 1973
ders., Sein Leben in Bildern und Texten, Ffm. 1978
H. Brüggemann, Literarische Technik und soziale Revolution, Reinbek 1973
P. Bulthaupt (Hrsg.), Materialien zu Benjamins Thesen »Über den Begriff der Geschichte«, Ffm. 1975
E. L. Bulwers sämtliche Romane, a. d. Engl. v. F. Notter u. G. Pfizer, Stuttgart 1845

H. Cohen, Jüdische Schriften 1, Berlin 1924

C. David, Stefan George, München 1967
R. Dehmel, Kriegsbrevier, Leipzig o. J. (1917)
Deutsch für Deutsche (Tarnschrift), hrsg. v. Schutzverband dt. Schriftsteller, Juni 1935, Reprint 2001, Frankfurt 1978
A. Döblin, Berlin Alexanderplatz, München 1965
J. Drews, Der Literaturkritiker Walter Benjamin – eine Fiktion, in: Merkur 12, 1973
ders., Index der Kinderbuchsammlung Walter Benjamin, in: J. Drews (Hrsg.), Zum Kinderbuch, Ffm. 1975
E. Dronke, Berlin, Darmstadt/Neuwied 1974
Tilla Durieux, Eine Tür steht offen, Berlin 1954

K. Eisner, Die halbe Macht den Räten, Köln 1969
W. Emmerich (Hrsg.), Proletarische Lebensläufe, Reinbek 1975

Faschismusanalyse und Antifaschistischer Kampf der Kommunistischen Internationale und der KPD 1923–1945, Heidelberg 1974
S. Freud, Aus den Anfängen der Psychoanalyse 1887–1902, Briefe an Wilhelm Fließ, Ffm. 1962, S. 82
W. Fuld, Agesilaus Santander oder Benedix Schönflies. Die geheimen Namen Walter Benjamins, in: Neue Rundschau 2, 1978, S. 163 ff

Gebhardt/Grzimek/Harth/Rumpf/Schödlbauer/Witte, Walter Benjamin – Zeitgenosse der Moderne, Kronberg 1976
Goethes Werke, Hamburger Ausg. Bd. 6, Hamburg 1958
Goethe im Urteil seiner Zeitgenossen, hrsg. v. J. W. Braun, Berlin 1885
Goethe und Reinhardt, Briefwechsel in den Jahren 1807–1832, Wiesbaden 1957
H. Gumnior/R. Ringguth, Horkheimer, Reinbek 1973
M. Gumpert, Hölle im Paradies, Stockholm 1939
H. Günther, Walter Benjamin, Olten/Freiburg 1974

M. Heidegger, Frühe Schriften, Ffm. 1972
ders., Sein und Zeit, Tübingen 1963[10]
ders., Hölderlin und das Wesen der Dichtung, München 1937
H. Heine, Sämtliche Schriften, hrsg. v. K. Briegleb, München 1969
H. v. Hofmannsthal, Prosa IV, Ffm. 1955
ders., Briefwechsel m. F. C. Rang, in: Neue Rundschau 3, 1959
ders., Briefwechsel m. R. M. Rilke, Ffm. 1978
M. Horkheimer/Th. W. Adorno, Dialektik der Aufklärung, Ffm. 1971

M. Jay, Dialektische Phantasie, Die Geschichte der Frankfurter Schule und des Instituts für Sozialforschung 1923–1950, Ffm. 1976

A. Kaes (Hrsg.), Kino-Debatte, München 1978
E. Kästner, Fabian, Berlin 1970
H. Graf Kessler, Tagebücher 1918–1937, Ffm. 1961

H. Kesten (Hrsg.), Deutsche Literatur im Exil, Ffm. 1973
H.-H. Knütter, Die Juden und die deutsche Linke in der Weimarer Republik, Düsseldorf 1971
A. Koestler, Abschaum der Erde, Wien/München/Zürich 1971
J. Kolbe, Goethes »Wahlverwandtschaften« und der Roman des 19. Jahrhunderts, Stuttgart/Berlin/Köln/Mainz 1968
M. Kommerell, Briefe und Aufzeichnungen 1914–1944, hrsg. v. I. Jens, Olten/Freiburg 1967
S. Kracauer, Die Angestellten, Ffm. 1971
W. Kraft, Spiegelung der Jugend, Ffm. 1973

A. Lacis, Revolutionär im Beruf, München 1971
A. Lange, Berlin zur Zeit Bismarcks und Bebels, Berlin (DDR) 1972
G. Lukács, Geschichte und Klassenbewußtsein, Neuwied 1970

Th. Mann, Das essayistische Werk, hrsg. v. H. Bürgin, Ffm./Hamburg 1968
S. Markun, Ernst Bloch, Reinbek 1977
R. Musil, Tagebücher, Aphorismen, Essays und Reden, Hamburg 1955

E. E. Noth, Erinnerungen eines Deutschen, Hamburg/Düsseldorf 1971
Novalis, Werke, hrsg. v. G. Schulz, München 1969

D. Oehler, Ein hermetischer Sozialist, in: Diskussion Deutsch, Heft 26, Dezember 1975, S. 569 ff.

G. D. Painter, Marcel Proust (Bd. 2), Ffm. 1968
H. Pfotenhauer, Ästhetische Erfahrung und gesellschaftliches System, Untersuchungen zum Spätwerk Walter Benjamins, Stuttgart 1975

F. J. Raddatz, Sackgasse, nicht Einbahnstraße, in: Merkur 11, 1973
G. Regler, Das Ohr des Malchus, Ffm. 1975
B. Reich, Im Wettlauf mit der Zeit, Berlin (DDR) 1970
R. M. Rilke, Briefe, Wiesbaden 1950
M. Rumpf, Walter Benjamins Nachleben, in: DVJS 1/1978, S. 137 ff

H. Sahl, Die Wenigen und die Vielen, Ffm. 1977
O. Sahlberg, Die Widersprüche Walter Benjamins, in: Neue Rundschau 3, 1974
H. Salzinger, Swinging Benjamin, Ffm. 1973
S. Schiller, Zu Walter Benjamins Rundfunkarbeiten, in: G. Hay (Hrsg.), Literatur und Rundfunk 1923–1933, Hildesheim 1975
F. Schlegel, Seine prosaischen Jugendschriften, hrsg. v. J. Minor, Wien 1906
ders., Briefe an seinen Bruder August Wilhelm, hrsg. v. O. F. Walzel, Berlin 1890
C. Schmitt, Hamlet oder Hekuba, Düsseldorf/Köln 1956
ders., Die Diktatur, München/Leipzig 1928²
U. M. Schneede, George Grosz, Köln 1975

G. Scholem, Walter Benjamin – Die Geschichte einer Freundschaft, Ffm. 1975
V. Serge, Beruf: Revolutionär, Ffm. 1967
W. L. Shirer, Der Zusammenbruch Frankreichs, München/Zürich 1970
A. Stoll, Der junge Savigny, Berlin 1927
P. Szondi, Satz und Gegensatz, Ffm. 1976

Text und Kritik: Walter Benjamin, Heft 31/32, 1971
R. Tiedemann, Zur ›Beschlagnahme‹ Walter Benjamins, in: Das Argument, Heft 1/2, 1968
ders., Studien zur Philosophie Walter Benjamins, Ffm. 1973
K. Tucholsky, Ausgewählte Werke, Hamburg 1965
H. E. Tutas, Nationalsozialismus und Exil, München 1975

Über Walter Benjamin, Ffm. 1968
S. Unseld (Hrsg.), Zur Aktualität Walter Benjamins, Ffm. 1972

K. Völker, Brecht-Chronik, München 1971
ders., Brecht. Eine Biographie, München 1976

Ch. Wagenknecht/E. P. Wiekenberg, Die Geheimsprache der Kustoden, in DVJS 1/2, 1976
H.-A. Walter, Deutsche Exilliteratur Bd. 2, Darmstadt/Neuwied 1972
ders., Bd. 7, Darmstadt/Neuwied 1974
L. Wawrzyn, Walter Benjamins Kunsttheorie, Darmstadt/Neuwied 1973
O. K. Werckmeister, Walter Benjamin und Paul Klee, in: Neue Rundschau 1, 1976
B. Witte, Walter Benjamin – Der Intellektuelle als Kritiker, Stuttgart 1976
ders., Feststellungen zu Benjamin und Kafka, in: Neue Rundschau 3, 1973
Ch. Wolff, Innenwelt und Außenwelt, München 1971
G. Wyneken, Jugend! Philister über dir!, Ffm. 1965[2]

A. Ždanov, Über Kunst und Wissenschaft, Berlin (DDR) 1951
L. Zingarelli, Eduard Fuchs, vom militanten Journalismus zur Kulturgeschichte, in: Ästhetik und Kommunikation, Heft 25, 1976, S. 32 ff
G. Zivier, Das Romanische Café, Berlin 1968[2]
W. Zucker, So entstanden die Hörmodelle, in: DIE ZEIT, 24. 11. 1972, LIT 7
St. Zweig, Die Welt von Gestern, Ffm./Hamburg 1970

Namensverzeichnis